U0150153

中國茶全書

—湖南长沙卷 —

周长树 主编　　陈先枢 汤青峰 执行主编

中国林业出版社

图书在版编目（CIP）数据

中国茶全书.湖南长沙卷 / 周长树主编；陈先枢，汤青峰执行主编.--北京：
中国林业出版社，2023.2
ISBN 978-7-5219-1974-5

Ⅰ.①中… Ⅱ.①周… ②陈… ③汤… Ⅲ.①茶文化—长沙 Ⅳ.①TS971.21

中国版本图书馆CIP数据核字(2022)第219886号

中国林业出版社
策划编辑：段植林 李 顺
责任编辑：李 顺 陈 慧
封面设计：视美艺术设计
出版咨询：（010）83143569

出 版：中国林业出版社（100009 北京市西城区刘海胡同7号）
网 站：http://www.forestry.gov.cn/lycb.html
印 刷：北京博海升彩色印刷有限公司
发 行：中国林业出版社
版 次：2023年2月第1版
印 次：2023年2月第1次
开 本：787mm×1092mm 1/16
印 张：29.25
字 数：560千字
定 价：298.00元

《中国茶全书》
总编纂委员会

总　顾　问：陈宗懋　刘仲华

顾　　　问：周国富　王　庆　江用文　禄智明
　　　　　　王裕晏　孙忠焕　周重旺

主　　　任：李凤波

常务副主任：王德安

总　主　编：王德安

总　策　划：段植林　李　顺

执 行 主 编：朱　旗　覃中显

副　主　编：王　云　蒋跃登　姬霞敏　李　杰　丁云国　苏芳华
　　　　　　胡皓明　刘新安　孙国华　李茂盛　杨普龙　张达伟
　　　　　　宗庆波　王安平　王如良　宛晓春　高超君　曹天军
　　　　　　熊莉莎　毛立民　罗列万　孙状云

编　　　委：王立雄　王　凯　包太洋　谌孙武　匡　新　朱海燕
　　　　　　刘贵芳　汤青峰　黎朝晖　郭运业　李学昌　唐金长
　　　　　　刘德祥　何青高　余少尧　张式成　张莉莉　陈先枢
　　　　　　陈建明　幸克坚　易祖强　周长树　胡启明　袁若宁
　　　　　　陈昌辉　李春华　何　斌　陈开义　陈书谦　徐中华
　　　　　　冯　林　唐　彬　刘　刚　陈道伦　刘　俊　刘　琪
　　　　　　侯春霞　李明红　罗学平　杨　谦　徐盛祥　黄昌凌
　　　　　　王　辉　左　松　阮仕君　王有强　聂宗顺　王存良
　　　　　　徐俊昌　刁学刚　温顺位　李廷学　李　蓉　李亚磊
　　　　　　龚自明　高士伟　孙　冰　曾维超　郑鹏程　李细桃
　　　　　　胡卫华　曾永强　李　巧　李　荣

副 总 策 划：	赵玉平	张岳峰	伍崇岳	肖益平	张辉兵	王广德
	康建平	刘爱廷	罗 克	陈志达	喻清龙	丁云国
	吴浩人	孙状云	樊思亮	梁计朝		
策 划：	周 宇	饶 佩	施 海	廖美华	吴德华	陈建春
	李细桃	胡卫华	郗志强	程真勇	牟益民	欧阳文亮
	敬多均	向海滨	张笑冰	高敏玲	文国伟	张学龙
	宋加兴	陈绍祥	卓尚渊	赵 娜	熊志伟	
编 辑 部：	李 顺	陈 慧	王思源	陈 惠	薛瑞琦	马吉萍

《中国茶全书·湖南长沙卷》

顾问委员会

主　　任：刘仲华

副 主 任：张迎龙　余　雄　李　蔚　邹　特

委　　员：曹文成　黎　勇　周重旺　肖力争　张曙光

编纂委员会

主　　任：曾慧明

副 主 任：戴建文　邹春林　余学辉　毛　葵　黄志强　陈　锦
　　　　　邓西京　郭　驰　毛　晓　陈谷良　蒋功明　宋伟奇
　　　　　周长树（常务）

主　　编：周长树

执行主编：陈先枢　汤青峰

副 主 编：柳伟文　文海涛

委　　员：李朝晖　王团结　蒋次文　向　伟　张平安　鄢兴杰
　　　　　石　争　曾建新　李　奇　罗玉林　罗德辉　廖上鉴
　　　　　吉甫成　张永红　贺荣华　胡云铃　何胜军　杨正武
　　　　　周　宇　罗　宇　熊鼎新　雷建恒　黄雪钦　苏建伟
　　　　　姜胜标　杨应辉　王松力　王定国　王文武　金志升
　　　　　王壮波　简伯华　周小虎　罗　强　吴　琪　杨四清

编 辑 部：饶　佩　陈雪姣　李　平

 # 出版说明

2008年，《茶全书》构思于江西省萍乡市上栗县。

2009—2015年，本人对茶的有关著作，中央及地方对茶行业相关文件进行深入研究和学习。

2015年5月，项目在中国林业出版社正式立项，经过整3年时间，项目团队对全国18个产茶省的茶区调研和组织工作，得到了各地人民政府、农业农村局、供销社、茶产业办和茶行业协会的大力支持与肯定，并基本完成了《茶全书》的组织结构和框架设计。

2017年6月，在中国林业出版社领导的指导下，由王德安、段植林、李顺等商议，定名为《中国茶全书》。

2020年3月，《中国茶全书》获国家出版基金项目资助。

《中国茶全书》定位为大型公益性著作，各卷册内容由基层组织编写，相关资料都来源于地方多渠道的调研和组织。本套全书可以说是迄今为止最大型的茶类主题的集体著作。

《中国茶全书》体系设定为总卷、省卷、地市卷等系列，预计出版180卷左右，计划历时20年，在2030年前完成。

把茶文化、茶产业、茶科技统筹起来，将茶产业推动成为乡村振兴的支柱产业，我们将为之不懈努力。

王德安

2021年6月7日于长沙

序 一

开千古茗饮之宗 拓万里茶贸之路

长沙，自古为三湘首邑、潇湘洙泗，不仅是湖湘文化的发源地，更是中国茶饮和茶文化的发祥地，在茶史中有着极其重要的地位。"湖南之白露，长沙之铁色"不仅"开千古茗饮之宗"，更使璀璨夺目的湖湘文明飘荡着茶叶的芳香。

一方山水一方茶。长沙，有着天赐之美的自然山水，土地肥沃，四季分明。这一方山水不仅孕育了长沙茶的至高口感，更孕育了长沙茶和茶文化的恢宏气象——如麓山之巍峨，如湘江之浩荡，在五千年茶史中冠绝群伦，雄视天下。

"茶之为饮，发乎神农氏"，而古道圣土的长沙是炎帝神农氏晚年定居的地方，更是其安寝的福地所在。据晋代《帝王世纪》载："（炎帝）在位一百二十年而崩，葬长沙。"宋代《路史》记载得更为具体："（炎帝）崩葬长沙茶乡之尾，是曰茶陵。"可见，在炎帝时代，长沙即为"茶乡"，茶陵为古长沙辖地，长沙茶为炎帝晚年之饮。

自炎帝时始，在漫长的历史发展中，长沙茶渗透到宫廷和社会，成为人们的生活必需品。无论帝王将相、文人雅士、僧侣道人，还是贩夫走卒、田野村夫，几乎人人"不可一日无茶"。由此形成源远流长的长沙茶文化，融入诗词书画，呈现出各种形式的茶道、茶礼、茶俗、茶具，瑰丽多姿，蔚为大观。

相传，夏商时期，长沙即产贡茶。20世纪70年代马王堆汉墓出土的茶文物，反映出汉代长沙茶业的盛况。在唐代，茶圣陆羽几度寓居长沙，品茗著书；湖南观察使裴休更是奏立税茶之法，可见当时长沙茶业的繁荣。五代十国时期，长沙的"茶马互市"极为兴盛。在宋代，茶税成为长沙府的主要财源。明朝，是中国茶业和茶文化的高峰时期，也是长沙绿茶崛起的黄金时代。明太祖朱元璋下诏废团茶和饼茶，从此散形茶叶成为茶饮主流，长沙金井茶异军突起，成为朝廷上下喜爱之物。据《张居正传》记载，张居正好饮金井白露茶，并用来招待贵宾。李时珍《本草纲目》所载医食同源的"湖南之白露"即为金井、高桥一带白露时节所产的绿茶。自此，长沙绿茶一直以扛鼎之姿在世界茶业历史和现实中独树一帜。

作为中国的主要产茶区之一，长沙的内销茶、边销茶和外销茶都广受欢迎。长沙茶叶自汉代以来，一直通过海上丝绸之路和陆上丝绸之路销往世界各地，成为历史上与瓷器、丝绸相提并论的"国家名片"。

新中国成立以后，特别是改革开放以来，长沙国营茶厂和乡、村集体茶企蓬勃发展。可是，到了20世纪90年代，面对全面开放的茶叶市场，长沙茶企的国营和集体所有制已明显力不从心。茶人在呼唤企业改制，茶业在期盼政策红利。顺应茶人的呼声，20世纪末21世纪初，湖南省委、省政府和长沙市委、市政府出台了一系列扶持政策，不但将茶叶产业定位为湖南省的农业支柱产业，还强力推动了长沙市国营茶厂和集体茶企的产权制度改革。从此，被改革开放激活的民营资本成为长沙茶业发展的澎湃动力，长沙茶业和茶文化迎来了大繁荣大发展的春天，一批茶人、茶企、茶品牌、茶叶基地脱颖而出，共同奏响新时期长沙茶业的宏伟乐章。

在当代长沙茶业的"满园春色"中，绿茶、红茶与黄茶各美其美，美美与共；黑茶、白茶与烟熏茶各领风骚，共生共荣。长沙茶业的六茶争芳，成就了"五彩湘茶"的丰美多姿。特别是那翠色天姿的"长沙绿茶"产业带，绿染千村，茶兴万户，成为湖湘茶业中最壮丽的景观。这条产业带，主要集中在长、望、浏、宁的"一廊三片"区域，处于北纬28°附近绿茶黄金产业带上，茶叶产销量雄踞全省前列。得天独厚的自然条件、匠心培育的优良品种和省级非物质文化遗产的传统工艺，加上现代先进的绿茶科技，造就了长沙绿茶无与伦比的品质与口感。正是这种品质与口感，使"长沙绿茶"成为世界茶叶市场的新贵，成为国家地标保护产品，成为长沙市委、市政府战略部署中的"一县一特"主导产业。2019年以来，随着长沙市委、市政府系列激励政策的出台，随着市财政每年巨资的投入，"长沙绿茶"产业的发展日新月异，成为践行乡村振兴战略的产业排头兵，成为引领"五彩湘茶"产业发展的行业翘楚。

在当代长沙茶业的宏阔版图中，300km长的绿茶产业带涌动着科技兴茶的磅礴力量；三产融合的"百里茶廊"谱写着产业兴农的壮丽诗篇；绿水青山的"一廊三片"描绘着金山银山的富丽画卷。产业兴盛的华章中，昂扬着龙头企业的勃勃英姿，闪耀着高质量产品的品牌之光：金井、湘丰两大国家级龙头企业如日中天；云游、乌山等7家省级龙头企业蒸蒸日上；"金井""湘丰""密印寺""怡清源"四件中国驰名商标熠熠生辉；"密印寺""湘沩"等17件湖南省著名商标光彩夺目；在"湖南十大名茶（绿茶）"中，金井毛尖、高桥银峰位居前列；在长沙绿茶公共品牌中，金井、湘丰、沩山与云游、乌山、浏阳河同辉煌共灿烂，它们以"国家地理标志产品"的卓越品质，不仅畅销祖国的大江南北，更远销欧美、东南亚等80多个国家和地区。在长沙茶业大繁荣的同时，长沙茶文化也得到了大发展，无论是《长沙茶业》的精心出版，还是协会网站的用心传播；无论是金井艺术团的精彩演出，还是大街小巷的茶馆飘香，都推动着雅俗共赏的长沙茶文化走进机关、团体，走进企业、工厂，走进普罗大众的心田。随着世界茶叶大会、中华茶祖神农文化论坛、星沙茶文化节的成功举办，长沙茶叶在全国乃至世界的影响越来越大，在"一带一路"上谱写着万里茶贸的崭新篇章。

在新时代长沙茶业发展的壮阔征程中，民营企业和民营企业家成为产业扶贫和乡村振兴的中坚力量，成为党和政府信赖的"自己人"，像长沙绿茶制作技艺非物质文化遗产传承人周长树，全国农业劳动模范周宇，湖南"十大杰出制茶师"黄雪钦、姜泽均，望城区级非物质文化遗产格塘绿茶手工制茶技艺代表性传承人杨正武，等等。他们以当仁不让的使命感，统筹做好长沙"茶文化、茶产业、茶科技"这篇大文章；他们以舍我其谁的责任感，带动茶农致富，带动乡村发展；他们以时不我待的紧迫感，带领茶企员工，撸起袖子加油干，朝着百亿产业目标、朝着茶业强市目标砥砺前行！

灿烂的历史、辉煌的现实，凝聚着一代又一代长沙茶人的心血、智慧和汗水，正是他们的奋力拼搏，才有了长沙茶业和茶文化的巍巍荡荡——开千古茗饮之宗，拓万里茶贸之路。今逢长沙市茶业协会精心编纂《中国茶全书·湖南长沙卷》，献此拙文，是为序。

刘仲华

（中国工程院院士，药用植物资源工程学科带头人、湖南农业大学教授、博士生导师）

2021年9月

序二

　　长沙茶和长沙茶产业有幸入选鸿篇巨制《中国茶全书》而单独立卷，这是长沙茶界全面梳理和总结长沙茶历史、茶产业、茶文化的极好机会。

　　长沙茶乡，历史源远流长，文化底蕴深厚，是中华茶文化的发源地之一。相传炎帝神农氏晚年到南方巡视，一面了解民情，一面尝草采药，曾"日中七十二毒，得茶（荼）而解之"。因此，茶圣陆羽在世界第一部茶学著作《茶经》里说："茶之为饮，发乎神农。"这说明，茶是中国原始先民在寻求各种可食植物、治病之药的过程中被发现，后来才由药用、食用逐步发展到饮用阶段的。这一历史过程长达几千年之久。炎帝神农氏不断尝草采药，终于因误食断肠草而"崩，葬于长沙茶乡之尾"。长沙茶乡，因炎帝而倍增其光。马王堆汉墓考古及其他有关资料也证明，长沙茶叶的人工种植历史至少已有2000多年，长沙自古就是中国重要的茶叶生产基地，茶叶也一直是长沙农业的支柱产业和出口创汇的拳头产品之一。唐代裴休任湖南观察使时，在长沙立《税茶十二法》，实行"官茶"，税额未增，税收却倍增，茶商、园户也满意，从而促进了长沙茶叶生产和贸易的发展，茶业亦使与之相关的陶瓷业得到长足发展。茶具，成为闻名中外的长沙铜官窑最主要的产品，大量销往国内其他地区及东南亚、中亚和西亚各地。

　　五代十国时期，马楚政权统治湖南，大力发展茶叶种植，组织茶马贸易，获得"岁百万计"的丰厚利润，成为其政权的经济命脉。宋代，茶税同样成为长沙地方政权的主要财源。明代，长沙进一步发展成为中国的四大茶市之一。当时湘茶著名品牌据李时珍《本草纲目》载："楚之茶则有湖南之白露，长沙之铁色。"清代及民国，长沙红、绿、黑茶开始出口国外，长沙同时成为湘茶的转口贸易中心、湖南最大的茶叶集散市场，也是全国几大著名的茶叶、茶具市场之一。中华人民共和国成立后，长沙茶业得到迅猛发展，其种植面积、产量和出口量都是空前的，是国家主要的出口红、绿茶生产基地，并产生了高桥银峰、金井毛尖、湘波绿、沩山毛尖、猴王牌茉莉花茶、野针王等一大批名茶。

　　进入21世纪，长沙茶业逐步从近十年的低谷中走出来。尤其作为长沙市农业四大产业带之一的长沙县百里茶叶走廊建设，以及浏阳淳口、宁乡沩山、望城西片等茶叶基地建设，得到了各级政府和社会各界的高度重视，呈现出良好的发展势头。沩山毛尖和长沙绿茶先后获批为国家地理标志产品，但长沙茶业在资源整合、规模经营、品牌建设、文化引导等方面还有很大的提升空间。如何发挥好刘仲华院士挂帅成立的"长沙绿茶"名优茶技术创新中心优势，如何利用湖南农业大学、湖南茶叶研究所等单位雄厚的科研力量打造长沙绿茶品牌，利用悠久深厚的茶文化积淀振兴湘茶产业，是值得研究的重大课题。

人所共知，没有品牌的产业是做不大、做不强、做不久的。说到底，品牌是一种文化的积淀，是一种文化的彰显。在文明社会里，我们已经很难找到没有文化标识的产品，很难找到不借助文化影响的销售，很难找到不体现文化意义的消费。文化是活的生命，只有继承和发展才有持久影响，只有传播和推广才能长盛不衰。长沙要发展茶产业，必须弘扬茶文化。片片清丽香醇的茶叶，既是物质文明和精神文明的奇妙载体，也是长沙茶业以文取胜的宝贵资源。我们应该在茶产品中加入更多的文化元素、注入更深的文化内涵，提升其竞争力、附加值和占有率，做到以质取胜，以优取胜，最后以文取胜。

茶全书不仅局限于一个"茶"字，她涵盖了茶具鉴赏与收藏，茶商品包装及广告设计，茶馆设计与营销，茶艺术作品创作、演出、展示等诸多环节，每一个方面都可以形成一个大产业。可以说，内涵丰富，潜力无限。因此，我们今天总结长沙茶产业，不能就产业而产业，而应以在产业中注入历史和文化的内涵，以激发创造原动力为出发点，提升长沙茶产业的文化魅力、整体形象和茶产品的知名度、美誉度。

《中国茶全书·湖南长沙卷》作为一部长沙茶产业、茶文化的专著，力图通过对长沙地区古往今来茶历史、茶产业和茶文化资料的收集、整理、研究，以及文化精神的弘扬，从一个侧面和一个领域来解读长沙、宣传长沙、展示长沙，为长沙茶产业乃至文化旅游、商贸流通等相关产业的发展和乡村振兴提供可以利用的原始资料和可资借鉴的历史经验，进一步催生出长沙又好又快发展的推动力，从而创造长沙茶业新的辉煌，打造古城长沙的新名片。

（长沙市人民政府原副秘书长）

2021年9月

目 录

除瘴利大小肠，袪痰热，止渴，令人少睡，有力悦志。治痿疮，利小便，去痰热，止渴，令人少睡，有力悦志。治伤暑，合醋治泄痢，甚效。炒煎

第一章 长沙茶史述略

长沙种植茶叶已有2000多年历史，茶叶、茶具生产、销售和茶饮活动，以及茶叶科研、文化、教育活动历来十分发达。中国茶的起源，源于"神农尝百草"的传说，茶圣陆羽《茶经》中记有"茶之为饮，发乎神农氏"。这个美丽的神话正是滋生在古代长沙——中国古老的"茶乡"。就茶叶生产来说，从文字的记载到文物的证明，至迟开始于战国时代（公元前475—前221年）。战国时期的著作《尚书·禹贡》中有荆州"三邦底贡厥名"的记载。"贡厥名"即"贡厥茗"，贡茗即贡茶。当时的荆州包括今湖南全境和湖北的大部分地域，直到东汉末年长沙郡仍属荆州。屈原放逐沅湘（长沙地区）时作《九歌》，其《东皇太一》有"奠桂酒兮椒浆"之句，《东君》中有"援北斗兮酌桂浆"之句。经后人考证，椒浆和桂浆都是当时楚国的茶饮。举世闻名的马王堆汉墓出土了整箱的茶叶陪葬品，说明当时"长沙国"茶叶生产已成规模，茶饮已成风气。

第一节　炎帝神农氏之茶乡缘

茶圣陆羽在《茶经》中说："茶之为饮，发乎神农氏。"据《后汉书·郡国志》、晋皇甫谧《帝王世纪》、宋罗泌《路史·后纪三》等记载，炎帝神农氏曾"日中七十二毒，得荼（茶）而解之"，后终因误食断肠草而"崩，葬长沙茶乡之尾"。"茶乡之尾"即今日之茶陵、炎陵县。秦汉时期茶陵为长沙郡或长沙国辖地，地处长沙南端，所以称作"长沙茶乡之尾"。

炎帝是中国上古时代的部落首领，传说中的神人。据《史记》等古籍记载，炎帝姓伊耆，名石年。母为有娇氏女，名曰女登，于烈山（今湖北随县）生炎帝，长于姜水，因此史书上又说他姓姜，号烈山氏或厉山氏、连山氏。炎帝先都陈（今河南淮阳县），再迁鲁，都曲阜，管辖着南到交趾（今岭南一带）、北到幽都（今河北北部）、东到阳谷（今山东西部）、西到三危（今甘肃敦煌一带）的大半个中国。典籍中还有炎帝建"长沙厉山国"的说法。《水经注》云："烈山氏秉火德而王天下，乃就于长沙正南离火之地，也称炎帝，号烈山氏，即厉山氏，以长沙为厉山国。"《荆州记》也说："神农生于随县厉山，就都于长沙，死葬茶乡。"

炎帝为火德王，故称炎帝。因为他始作耒耜，教天下耕种五谷而食之，又被称为神农氏。他所属的部落是最早进入农耕文化的氏族，所以他是中国农业的始祖。他尝遍百草，发明医药，成为我国医药的始祖。他"耕而作陶"，治麻为布，制作衣裳，日中为市，互通有无，削桐为琴，结丝为弦，作五弦之琴，弦木为弧，削木为矢，弧矢之利，以威天下。炎帝是中华农耕文化的开创者，缔造了中华古国最早的文明。

炎帝神农氏晚年到南方巡视，一面了解民情，一面尝草采药，为百姓治病。世界上第一部药物著作，据考证是成书于先秦的《神农本草》。书中云："神农尝百草，日遇七十二毒，得荼而解之。""荼"即"茶"的古体字。与此相关的传说有几种：一说神农尝到茶叶后，五脏六腑如经过洗涤一般，干干净净，神清气爽；一说神农煮水，茶叶落入锅内，偶然中发现了茶叶的神奇作用；一说神农尝了金绿色滚山珠而中毒，幸得茶树汁流入口中而得救。因此，炎帝神农氏又成为茶的始祖。唐代茶圣陆羽在世界上第一部茶学著作《茶经》中也说："茶之为饮，发乎神农。"这一传说和有关资料说明，茶是中国原始先民在寻求各种可食植物、治病之药的过程中被发现的，后来才由药用、食用逐步发展到饮用阶段的，这一历史过程长达几千年之久。炎帝神农不断尝草采药，终于有一天误食了一种藤状植物，这种植物就是人们传说"青藤爬墙，叶绿花黄，人吃断肠，牛吃解凉"的断肠草，不幸身亡，"葬于长沙茶乡之尾，是曰茶陵"。湖南茶乡，因炎帝而倍增其光；湖南茶业，自古至今，不断繁茂。

炎帝赞

火德开统，连山感神。谨修地利，粒我丞民。鞭荙尝草，形神尽瘁。

避湿调元，以逃人害。列廛聚货，吉蠲粢盛。夷疏损谷，礼仪以兴。

善俗化下，均封便势。虚素以公，咸厉不试。弗伤费害，受福耕桑。

日省月考，献功明堂。天不爱道，其鬼不孤，万世同仁。

（宋·罗泌）

关于炎帝与湖南及长沙的关系，别开"长沙厉山国"之说，史学界认为要从炎、黄二帝的战争说起。《史记·五帝本纪》载，黄帝"征"天下"不顺者"，"南至于江，登熊湘"，指的就是黄帝对南方炎帝部落后裔的征伐。"江"即长江，"湘"即湘山。据《史记正义》引《括地志》云："湘山，一名么山，在岳州巴陵县南十八里也。"《水经注》作"编"，中云，洞庭湖"有君山，编山"，君山"东北对编山"，"两山相次去数十里，回崎相望，孤影若浮"。可见，黄帝"南伐"已越过长沙，直抵洞庭湖区和湖南境内。由于黄帝部落的追逐向南流徙，从洞庭之野直达九疑苍梧。于是在湖南各地留下了许多关于炎帝的传说和遗迹。

晋皇甫谧《帝王世纪》载："（炎帝神农氏）在位一百二十年而崩，葬长沙。"《后汉书·郡国志》也有相同记载。宋罗泌《路史·后纪三》所载更详："炎帝死后葬于长沙茶乡之尾，叫茶陵，其后裔庆甲等徙居在此。"秦汉时期茶陵为长沙郡或长沙国辖地，所以称作"长沙茶乡之尾"，或统称"长沙"。"茶陵"即"茶乡之陵墓"。显然，茶陵之名与炎帝陵有关。南宋时从茶陵析置酃县（今炎陵县），炎帝陵在酃县境内。罗泌之子罗苹注："炎陵今在麻陂，林木茂密，数里不可入，石麟石土，两杉苍然，逾四十围。两杉而上，陵也。前正两紫金岭。丁未春，予至焉。寓人云，年常有气出之，今数载无矣。所葬代云衣冠，赤眉时人虑发掘，夷之。陵下龙潭，传石上古有铜碑陷入焉。"南宋王象之《舆地纪胜》载："炎帝墓在茶陵县南一百里康乐乡白鹿原""炎帝庙在陵侧"。白鹿原即今鹿原陂。

炎帝陵始建于宋乾德五年（967年），为宋太祖所诏建。据明代东阁学士吴道南《重修炎陵庙碑》载："宋太祖登极，遍访古陵，求之弗得。忽梦一神人戴笠持两火。朝访群臣，有测其为帝者。乃遣使南来，至长沙峤梁岭，遇老人指示，果在岭下十里得帝陵。"

重建神庙为前后二殿，分别祀神农和赤松子，明清两朝曾多次重修。今日炎帝陵为1986年湖南省人民政府拨专款重建，占地$2.4km^2$，洣水环抱，山峦叠翠，古树荫翳，烟云出没，蔚为壮观。陵殿坐北朝南，分为午门、行礼亭、主殿、墓碑亭四进。午门左右立戟门、掖门。主殿绘彩龙9999条，殿中供炎帝坐像。殿后为陵墓，今已成为世界华人寻根谒祖之圣地（图1-1）。

到汉初，长沙及其所属的茶陵县已成为我国重要的茶叶产区。汉初茶陵为侯国，隶长沙国。宋王象之《舆地纪胜》载："三江庙茶陵侯刘欣，长沙定王子，汉元朔四年封，国朝赐庙额。"茶陵县始置于汉初元封五年（公元前106年），为长沙国22县之一，是中国最早用"茶"字命名的地名，也是中国县名中唯一使用"茶"字的行政区。陆羽《茶经》载："茶陵者，所谓陵谷生茶茗焉。"可见茶陵的得名与种茶有关。20世纪50年代，长沙魏家堆第十九号墓出土的随葬品中有一方石章，就是著名的"茶陵"石印（图1-2）。

图1-1 炎帝陵

图1-2 茶陵古印

汉以前"荼""茶"完全不分，汉代是"荼"与"茶"交替使用，"茶"往往是"荼"字的简化。因此，"荼陵"也就是今天的茶陵。它是西汉文景时期的随葬冥器印，呈长方形，规格为2.5cm×1.8cm×1.9cm，鼻钮，所用材料为滑石，凿刻认真，印面装饰感较强。由此推知，该墓的主人应是茶陵的地方官。茶陵是我国含有"茶"字的地名中知名度最高的一个，"荼陵"印则可以说是目前为止唯一一方明确与茶叶产地有关的荼字古印。

茶陵县从汉初置县而始就一直隶属于长沙国、长沙郡、湘州、潭州[①]，长沙为其都城、郡治、州治。明清两朝茶陵县升为茶陵州，仍隶属于长沙府，长沙为其府治。

第二节　马王堆汉墓中的茶文物

在长沙五里牌附近的地面上原有两个大土堆，平地兀立，东西相连，传说这里是五代时期楚王马殷及其家族的墓地，"马王堆"因此得名。1972年有关部门对马王堆进行发掘，才得知这里埋葬的并非马氏家族，而是比他还要早1000多年的西汉长沙国丞相利苍及其家族。3座墓中随之出土的有一大批国宝级文物，尤其令世界震惊的是，其中埋葬着利苍夫人辛追的第一号墓的棺椁被揭开后，尸体竟然没有腐朽，体型完整，全身润泽，部分关节尚可活动，软组织仍有弹性，中外专家一致认为这是一大世界奇迹。

马王堆汉墓出土文物有漆器、纺织物、帛书、帛画、简牍、兵器、乐器、陶器，还有粮食、水果、茶叶、肉食之类，总数达3000余件，绝大多数保存完好。漆器有餐具、家具，还有用来娱乐的博具。图案朴实大方，件件精美绝伦，轻巧、实用、耐磨，经历了两千多年，颜色和亮度几乎没有消损，令人叹为观止。

其中与茶有关的文物，引起了茶界和茶文化专家的极大兴趣。1972—1973年发掘的马王堆汉墓的出土文物中不仅有"茶孖"封泥印鉴（图1-3），墓中还有一幅敬茶仕女帛画和多件漆茶具，是皇室贵族之家烹用茶饮的写实。这就从考古发掘上证实了汉以前长沙已有种茶和饮茶活动。

尤其令人兴奋的是，一、三号墓还4次发现有"槚[②]一笥"或"槚·笥"的竹简和木牍（图1-4）。这里的"槚"，据考证就是《尔雅》"槚，苦荼"中"槚"的异体字或楚文字。所谓"槚一笥"或"槚·笥"就是指"苦荼一箱"或"苦荼箱"，即茶叶包装。这是我国至今发现最早的茶叶随葬品。笥是用竹篾编织而成的方形箱盒。出土时有百余只，有许多还保持完整，除装茶叶外，还有许多装有食物、丝帛、中药、香料等日用品，这

---

① 潭州：古代行政区，在隋朝至明朝是治所（州治或府治）长沙的古称，辖区多变。
② 槚："槚"字右部"口"字上还要加"十"字，下同。

显然已经属于商品包装了。这几箱称为"槚"的物品，出土时呈黑色颗粒状（图1-5）。通过切片处理，被确认为茶叶。

图1-3 汉印泥封"茶豸"

图1-4 马王堆汉墓
出土木牍

图1-5 马王堆汉墓出土苦茶

　　马王堆出土的漆器并不是专用的茶具，有些是用来饮酒的，上面写有"君幸酒"；有些是用来盛羹食的，上面书有"君幸食"。有一件五彩漆食奁内盛有碎饼状的东西，有人认为属于酒曲之类，也有人认为是苦茶饼。竹筒中装的"槚"也是苦茶。苦茶是大叶茶，产于湖南省江华瑶族自治县。江华苦茶与马王堆汉墓主人的关系，可从3号墓出土的长沙国南部驻军图上得到印证。《驻军图》全长98cm、宽78cm，主区位于九嶷山与南岭之间，大致就在今江华瑶族自治县的潇水上游一带。江华苦茶药用价值较高，驻军普遍饮用，以治瘴气。江华苦茶叶大质软，当地人习惯用于制成黑茶，其外形乌润，汤味纯浓，具有先苦后甜的清凉感。戍边将领将其带回长沙送给轪侯享用是极有可能的。至今江华、蓝山等地还有大片苦茶野生林。

　　马王堆汉墓出土的有些酒、食漆器，为什么也可叫茶具呢？在四五千年前的远古时代，我们的祖先是把茶叶当作一种药物和食料来利用的，他们从野生大茶树上采集嫩梢，直接放进嘴里嚼食，这就是茶叶的最初食用方式。这种情况下，所谓的茶具自然就无从谈起。《诗经》中有"采茶"的描写，"采茶"就是摘茶叶。《晏子春秋》视茗为珍贵的祭品。秦汉以后饮茶的风气渐盛。汉初，茶叶由药用、食用，发展到食用与饮用并行的阶段。因此，"槚"既是作羹汤吃的食物，又是作饮料喝的苦茶。当茶作为一种被蒸煮的熟食和饮料时，茶具的产生条件就已经具备了。马王堆竹简中记载有"牛苦羹一鼎""狗苦羹一鼎"等。据专家考证，这里所谓的"苦羹"，就是指苦茶制作的羹汤，"鼎"就成了与其他食物共用的茶具。

　　现在长沙、湘阴等古长沙国一带地区仍保留着泡芝麻豆子姜盐茶、煮擂茶、喝茶吃茶根的风俗，就是一种茶为食品时代的遗留习惯。汉以前长沙地区已有种茶和饮茶活动，但当时茶饮、食茶之风还远不如饮酒活动的频繁与普及。因此，成套专业的茶具直到唐代陆羽创制以后才出现。因此，马王堆汉墓出土文物中的"君幸酒"与"君幸食"漆器也只是酒和盛食分用，而不是在形制上有别。至于茶饮和茶羹就更是与其他饮食、食具分用的阶段都还没有达到。由此可以推断，墓主当年使用称得上豪华奢侈品的漆制酒具、食具分用的器具来作为喝茶、吃茶羹共同的器具就理所当然了。因此，马王堆出土的漆制酒具、食具，就是我们目前为止最有理由认定的年代最早的与酒具、食具共用的茶具（图1-6至图1-8）。

图1-6 马王堆汉墓出土云纹漆鼎　　图1-7 马王堆汉墓出土　　图1-8 马王堆汉墓出土"君幸食"
　　　　　　　　　　　　　　　　　　云纹漆钟　　　　　　　　　耳杯

至于马王堆汉墓出土的苦茶，是否就是江华苦茶，安化县的一些制茶师另有说法。他们以为马王堆汉墓出土的苦茶很可能就是安化黑茶的前身，并提出了三大理由。

首先，从地理位置上看，汉唐时益阳、安化均隶属长沙郡管辖，安化黑茶是当时上层人士的首选茶品；从保存品质上看，黑茶独特的工艺让其可以长期存放。

其次，三国时期吴、蜀屯兵益阳，关羽曾用以竹篾包裹的茶叶为将士解除疾病，而竹篾是安化黑茶特有的包装形式，与马王堆出土的黑茶包装——竹笥正好契合。

最后，早期的安化黑茶经过松枝松木的烘烤干燥等制作工序，不仅气味芳香，还有杀虫防腐的功效，具备了陪葬功能，足以展现黑茶的功效与作用。况且，马王堆汉墓出土的已凝结成规则不一的黑色小颗粒茶叶与1949年前后生产的陈年安化散装黑茶如出一辙。

第三节　陆羽寓长沙和裴休颁税茶十二法

中唐以后，由于荆州一带人口大量南迁，加之长江中下游一带种茶风气的影响，湖南茶叶生产有了较大的发展。

唐代的茶叶用途已由药用广泛转向饮用。唐封演《封氏闻见记》卷六《饮茶》中记载，南人"到处煮饮，多开店铺煎茶卖之，不问道俗，投钱取饮"，以致"风俗贵茶"。据报道，长沙一带曾出土数以百计一模一样的唐代茶碗，其中一件碗内底部竟特别烧制"茶碗"两字，说明饮茶已成一种风尚。当时送别友人甚至也以茶代酒：

道林寺送莫侍卿

何处堪留客，香林隔翠微。薜萝通驿骑，山竹挂朝衣。

霜到台乌集，风惊塔雁飞。饮茶胜饮酒，聊以送将归。

（唐大历六年，潭州刺史张谓）

张谓，字正言，河内（今河南泌阳）人。唐天宝二年进士，官至礼部尚书，唐大历六年为潭州刺史，撰《长沙土风碑记》，作有《长沙失火后戏题莲花寺》等有关长沙的诗。其诗以边塞生活为题材，颇具特色。《全唐诗》录存其诗一卷。

同时，长沙铜官窑生产的茶水壶等陶瓷茶具大量销往东南亚、中亚和西亚各地。唐代湖南已出现不少名茶，据李肇《唐国史补》载："风俗贵茶，茶之名品益众……湖南（潭州）有'衡山'，岳州有'㴩湖之含膏'。"当时衡山隶属于潭州，岳州亦紧邻长沙，齐己曾作诗赞美该茶的高贵与清香。

谢㴩湖茶

㴩湖唯上贡，何以惠寻常。还是诗心苦，堪消蜡面香。

碾声通一室，烹色带残阳。若有新春者，西来信勿忘。

（唐末·长沙诗僧齐己）

唐代长沙饮茶之风盛行，与茶圣陆羽所著《茶经》在长沙流传不无关系。陆羽在世界上第一部茶学著作《茶经》中说："茶之为饮，发乎神农。"可见陆羽与湖南茶业缘分甚深。他一生三次到湖南，其中两次到长沙，对湖南茶产业和茶文化的影响是可以想见的。

陆羽（733—804年），字鸿渐，号东冈子，自称桑苎翁，复州竟陵（今湖北天门）人（图

图1-9 陆羽

1-9）。肃宗时著《茶经》三卷，被后世誉为茶圣。陆羽在安史之乱前主要在竟陵一带活动，其烹茶技艺很闻名。安史之乱后，他流亡江南，遍历长江中下游和淮河流域各地茶区，沿途考察茶树，访问山僧野老，搜集了大量关于茶的采制生产等资料。定居湖州苕溪后，他又与精通茶艺的诗僧皎然结成了忘年之交。在以陆羽为中心的文人推荐下，顾渚紫笋一时名重天下，列为贡茶。贡茶属贡品之列，源起于汉代，但贡茶制的形式却始于唐代。唐大历五年（770年），唐朝廷在顾渚山建构规模宏大、组织严密、管理精细、制作精良的贡茶院。它是中国历史上第一座官营茶叶加工厂。贡茶院的建立，结束了中国古代贡茶单是地方官吏土贡的历史，开创了官办贡茶的新纪元，对茶业的发展有着深远的影响。

唐大历十年（775年），在颜真卿、皎然等人的帮助下，陆羽完成了茶学巨著《茶经》的修订、刻印，更使他扬名海内，被尊为"茶圣"。他的朋友、大历十才子之一的耿湋诗赞其"一生为墨客，几世作茶仙"。

耿湋、陆羽连句赠陆三山人（摘录）

一生为墨客，几世作茶仙。（耿）　　喜是攀阑者，惭非负鼎贤。（陆）

禁门闻曙漏，顾渚入晨烟。（耿）　　拜井孤城里，携龙万壑前。（陆）

闲喧悲异趣，语墨取同年。（耿）　　历落惊相偶，衰赢猥见怜。（陆）

（耿湋、陆羽）

据考证，陆羽一生可能三次到过湖南，其中至少两次在长沙有过相当长的逗留时间。据唐敬宗宝历年间（825—826年）张又新所著《煎茶水记》一书记载，唐大历元年（766年）秋，陆羽与御史大夫李季卿第一次相见，当李季卿问及陆所历之地各茶泉水味情况时，陆羽有"郴州圆泉第十八"之语。圆泉是优质矿泉水，水色晶莹，水质清醇，水味甘洌。用圆泉水沏茶，芬芳馥郁，妙不可言。明万历《郴州志》也作了记载，唐代江州刺史张又新《煎茶水记》说，"茶神"陆羽同李季卿评论水品，陆羽把天下煎茶之水分为二十等，郴州圆泉排列第十八。南宋嘉定十一年（1218年），郴州知军万俟侣在泉水左上方的石壁上竖镌"天下第十八泉"六字，从此，圆泉便以"天下第十八泉"而驰名了。这说明陆羽到过郴州。

有些史家对唐大历元年陆羽是否来过湖南提出质疑，认为陆羽安史之乱的流亡路线是顺长江而下，活动区域是江淮之间，因此认为到郴州的可能性不大。但唐贞元五年（789年）来郴州是有可能的。一是这一年陆羽寓居江西上饶，而郴州紧挨江西著名茶区遂川等地，因此他此时到郴州的可能性较大。还有一个可能，也是这一年他应广州刺史兼南岭节度使李复之邀，秋天去广州之际，路过郴州。但时间都在唐大历元年（766年）之后，这就使陆羽的这次郴州之行与张又新有关圆泉的记载有点扑朔迷离了。陆羽品评天下二十处茶泉的轶事历代相传，颇有传奇色彩，各茶泉所在地皆引以为自豪，所以人们宁信其真。

陆羽另外两次的湖南之行事实相对比较清楚。一次是唐建中初年（780年），戴叔伦（732—789年）做湖南观察使曹王李皋的幕宾时，邀请陆羽到了长沙。在长沙，令陆羽兴奋的是，他巧遇了戴叔伦的好友、他倾慕已久的书僧怀素。陆羽《陆文学自传》所称"名僧高士，谈宴永日"很可能包括怀素。陆羽与怀素相识后，很快成为挚友。

怀素亦嗜茶，是被陆羽结为挚友的重要原因。怀素（725—785年），俗姓钱，号藏真，"家长沙"，自幼出家，于参禅礼佛之余，勤研翰墨，且颇具悟性。其《自叙帖》云："怀素，家长沙，幼而事佛。经禅之暇，颇好笔翰。"初临王羲之等书法名家之草书帖，后游学长安，得草圣张旭及其弟子邬彤和颜真卿、韦陟等的传授，终于形成自己奔放飘逸、骤雨旋风的狂草风格。怀素的《苦笋帖》是向人乞茶的茶帖手札，虽只寥寥"苦笋及茗异常佳，乃可径来，怀素白"14字，却是我国现存最早的与茶有关的佛门法帖。怀素特别喜欢吃"茗"和"苦笋"。茗是一种茶芽，或者说是晚采的茶。苦笋则是一种特殊的茶，其特点是微苦、温润缜密。李太白曰："但得醉中趣，勿为醒者传。"可见苦笋是嗜酒之人喜爱的妙物。怀素的草书后人惯以"狂"视之，但《苦笋帖》却是清逸多于狂诡，连绵的笔墨之中颇有几分古雅淡泊的禅茶意境。帖为绢本，长25.1cm，宽12cm，字径约3.3cm，藏于上海博物馆，为我国书林茶界之瑰宝。

陆羽第二次到长沙，是在红颜知己、青梅竹马的才女李季兰被唐德宗命人打死之后。无限伤心的陆羽在朋友们的一再劝说下，于唐贞元五年（789年）踏上了西入江西的旅途，寓居江西上饶。大约也就是在这一年，陆羽受湖南观察史裴胄的盛情之邀，离开江西再次进入湖南，在长沙做了裴胄的幕宾，但到秋天就应李复之邀去了岭南的广州。

成名后的陆羽与湖南的仕绅官僚多有交往，几度寓居长沙，在长沙作幕宾，对长沙茶文化的影响是可想而知的（图1-10）。晚唐诗僧齐己受陆羽影响甚深，在其《怀东湖寺》一诗中

图1-10 陆羽烹茶图

有"竹径青苔合，茶轩白鸟还"之句。"茶轩"二字，说明唐代长沙寺院已有专用茶室供僧人饮茶和以茶待客。

晚唐长沙茶业的大发展，要归功于名相裴休任湖南观察使时，在长沙立《税茶十二法》，实行"官茶"。裴休（791—864年，另说797—870年），字公美，济源（今属河南）人，或曰河东闻喜（今山西闻喜县）人。能文善诗，书法自成一体。累官户部侍郎，充盐铁转运使，转兵部侍郎兼御史，同中书门下平章事，在相位五年，改革漕运积弊，制止方镇横赋。大中初因直言被贬为荆南节度使和湖南观察使，后复入为吏部尚书。

唐大中六年（852年）正月，裴休在潭州奏立税茶之法十二条，力促发展茶叶贸易。其《请革横税私贩奏》奏曰："诸道节度观察使置店停止茶商，每斤收拓地钱，并税经过商人，颇乖法理。今请厘革横税，以通舟船。商旅既安，课利自厚。今又正税茶商，多被私贩茶人侵夺其利，今请强干官吏，先于出茶山口及庐寿淮南界内布置把捉。晓谕招收，量加半税，给陈首帖子，令其所在公行，从此通流，更无苛夺，所冀招恤穷困，下绝奸欺，使私贩者免犯法之忧，正税者无失利之叹，欲穷根本，须举纲条，敕旨，宜依。"唐宣宗认为"裴休条疏茶法事极精详"，乃敕旨颁行。

税茶之法十二条是关于杜绝横税、禁止私贩、规范茶税的茶法禁令，全文已佚，部分内容保存在《新唐书·食货志四》中，主要为：对私贩茶严厉打击，茶商三犯合计达300斤，脚力三犯累计达500斤，及结伙贩私茶者处重刑；邻居及牙保不检举揭发，四犯达千斤者，发现捕获后处死刑。园户私售百斤以上，初犯杖脊；三犯，加处苦重徭役；对园户毁弃茶园者，刺史、县令以放纵私盐论处，对江淮茶加半征税；凡私茶商贩自首，给帖从宽处理。这是针对当时茶法极端弊坏的现状，三管齐下提出的整顿方案，为恢复贞元税茶制度扫清了道路；对过去的走私贩茶采取了既往不咎的现实态度，收到了令行禁止的效果。茶税取得"增倍贞元"的成果，创唐代最高纪录的80万贯。裴休的税茶之法十二条堪称严刑峻法，是为保障政府茶利不致流失，同私贩横税进行斗争的产物，也为五代、宋朝的严禁私茶，加强茶税征管提供了启示，是中国茶业发展史上的重大事件之一。但也应看到，严峻的税茶之法也阻碍了民间的茶叶流通，所以到清后期才有了左宗棠整顿茶务之事。

第四节　马楚王国的"茶马互市"

茶叶生产的发展，促进了茶叶贸易的发达。唐代长沙已出现"茶马互市"这种贸易方式，即用茶叶去换回北方的战马，以及纺织品等。裴休颁《税茶十二法》就鼓励茶农

图1-11 马楚国常丰仓古城墙遗迹

种茶，茶商贩运，政府实行用茶叶与西北少数民族交易换马的办法。到五代"马楚"时期，这种"茶马互市"贸易方式达到鼎盛。

所谓"马楚"，即五代十国时马殷建立的楚国。马殷（852—930年），字霸图，许州鄢陵（今河南鄢陵）人，另说扶沟（今河南扶沟）人。朱温建后梁（907—923年），他受封楚王。后唐天成二年（927年）封为楚国王。他仿效天子之制，在长沙城内修宫殿，筑园林，置百官，建立了一个独立王国，史称"马楚"。今长沙市芙蓉区马王街即为其王宫所在。马楚政权灭亡后，在楚王宫旧址上建起了马王庙。清光绪二十九年（1903年）周震鳞等人又在马王庙的原址上建修业学校。马殷尊礼中原王朝，在境内植茶种稻，铸铅铁钱，发展商业，于今芙蓉区东湖街道设立大型常丰仓，有殷实之称（图1-11）。

马殷常向判官高郁问策。北宋欧阳修《马殷问策》记载："殷初兵力尚寡，与杨行密、成汭、刘龚等为敌国。殷患之，问策于其将高郁。于是殷始修贡京师，然岁贡不过所产茶茗而已。乃自京师至襄、唐、郢、复等州，置邸务以卖茶，其利十倍，郁又讽殷铸铅铁钱，以十当铜钱一。又令民自造茶，以通商旅。而收其算，岁入万计。由是地大力完。"

高郁（未知—927年），扬州人，五代十国时期理财家，马楚政权主要政治、经济政策谋划者。高郁给马殷谋划的政治策略是向朱温的后梁王朝纳表称臣，尊王仗顺。欧阳修《新五代史·楚世家·马殷问策》记载了高郁分析时局和出谋划策的一段话："成汭地狭兵寡，不足为患。而刘龚志在五管而已。杨行密孙儒之仇，虽以万金交之，不能得其欢心。然尊王仗顺，霸者之业也。今宜内奉朝廷，以求封爵。然后退修兵农，畜力而有待尔。"高郁的策略是高明的，马楚不过给了后梁一个虚名，进贡了本土产之甚丰的一些茶叶，后梁却给了马殷楚王的封爵和闭境自保的安定的生存发展环境，以及广阔的市场。

高郁为马楚政权谋划的经济政策主要是茶马交易和铸造不易携带的铅铁钱（图1-12），以促使楚国的百货更多地进入南北流通领域。起初，高郁请求马殷"听民售茶北客"不过是为了开征

图1-12 马楚国铸乾封泉宝铁钱

茶税以缓解军费紧张状况，后来则利用纳贡后梁的政治环境，建议马殷大肆发展茶叶生产，一举打开了以茶马交易为主要内容的北方市场，并成为马楚经济的支柱和重要特点。

高郁为马楚政权谋划的上奉天子、下抚士民、内靖乱军、外御强藩的政治策略和兴修水利、奖励农桑、发展茶业、通商中原的经济措施，使五代十国时期的湖南经济社会得到了较快的发展，饱经战乱的湖南人民暂时获得了一个相对安定的社会环境，在湖南历史上产生了重要影响。

马殷看准中原市场，以茶马互市大获其利。北方多食肉，饮茶既促进消化又有消毒作用。可茶叶产在南方，因此北方是广大的市场。由于产地不同，北销路线也不一样。唐以来，当时最著名的产茶区，一是巴山蜀水之间，二是太湖周围，三是洞庭湖周围之地。五代时，江淮的杨行密因后梁朱全忠扣押其卖茶使者与所有茶叶，从此双方战争不止，茶叶交易处于停顿。蜀地茶叶产量虽丰，但官私茶叶贸易受阻。唯有湖南马氏小朝廷重视茶叶贸易，且与中原朝廷关系良好，为茶叶北销提供了有利条件。

长沙地区气候湿润，土壤微带酸性，宜于茶叶生长。后梁开平二年（908年）七月马殷岁贡梁主茶叶25万斤③，可见茶产量不小。五代时的马楚茶产量没有完全统计，但宋史有记载，绍兴中荆湖北路产茶905845斤，荆湖南路产茶1125864斤，估计长沙及洞庭湖区各县占荆湖南北两路产量之半，约占当时全国总产量的6.25%，是产茶的著名地区之一。

马楚对外的茶贸易，分为民营与官营两种。所谓民营，就是老百姓将茶叶卖给中原客商，王府坐收茶税。后梁开平二年（908年）六月，马殷接受高郁"请听民售茶北客"的建议，"收其征以赡军"。马楚政权军力较弱，除了依附中原小朝廷以求庇护之外，必须加强军力。所以，收取茶税的目的就是加强国防。除茶税外，其他货物均不收税。这既保证了王国的财政收入，又促进了商业贸易的全面发展。

所谓官营，就是王国组织的对中原地区邻国的大规模贸易。《十国春秋·楚世家》记载，后梁开平二年（908年）七月，马殷奏请梁朝批准在汴（治今河南开封市）、荆（治今湖北江陵）、襄（治今湖北襄阳市）、唐（治今河南唐河县）、郢（治今湖北钟祥）、复（治今湖北天门）等州设置"回图务"，招募商人居住在此，收购茶叶，茶商号称"八床主人"。运往黄河南北之各商业销售点，转卖给中原及漠北，"以易缯纩、战马"。这样，一方面增加了马楚政权的各行各业财政收入，"岁收数十万，国内遂足"，另一方面推动

---

③ 斤，古代长度单位，各代制度不一，今1斤=500g。此处和下文引用的各类文献涉及的传统非法定计量单位均保留原貌，便于体会原文意思，不影响阅读。另有本书中其他传统非法定计量单位也保留原貌。

了湖南境内的茶叶生产，"属内民皆得摘山（茶）"，提高了茶农的收入。马楚在这些交易上获利巨大，并推动了湖南地方主要商业城市商品的流通和商业经济的发展，使得长沙茶走向了我国广阔的北方市场和中亚各地。

第五节　宋代茶税：潭州的主要财源

宋代长沙经济得到很大发展，北宋诗人张祁在《渡湘江》诗中生动地描绘了长沙人户之繁，商业之盛（图1-13）。

渡湘江

春过潇湘渡，真观八景图。
云藏岳麓寺，江入洞庭湖。
晴日花争发，丰年酒易酤。
长沙十万户，游女似京都。

（北宋·张祁）

图1-13　宋代女子出游图

宋代湖南的经济作物首推茶叶，栽培范围广，品种也很多。茶叶主要产区有潭州、岳州（岳阳）、辰州（沅陵）、澧州（澧县）、鼎州（常德），商品茶分为二十六等。《宋史·食货志》明确记载："茶出潭、岳、辰、澧州。有仙芝玉津、先春、绿芽三类二十六等。"其中潭州是湖南地区产茶最多的州。宋代潭州辖长沙、善化、宁乡、浏阳、湘阴、益阳、安化、湘潭、湘乡、衡山、醴陵、攸县12县，是荆湖南路各州中人口最多、地域最广的一州，长沙为其州治，故长沙城（长沙、善化两县同城而治）亦称潭州城。每到产茶时节，两浙、闽、广一带商人涌入潭州城，"聚在山间，搬贩私茶"。范成大《骖鸾录》记载："潭州楮州市（今株洲）地当舟车往来之中，居民繁盛，交易甚夥。"当时潭州安化县制茶入贡，京师称为"四保贡茶"，四保者，大桥、仙溪、尤溪、九渡水是也。每岁谷雨前，由县发价银四五十两，着户首承领办理。

当时潭州茶叶不但产量大，而且制作精细，品位极高，士大夫多视为珍品并以此炫耀。《宋稗类钞·饮食》载："长沙造茶品极精致。工直之厚，轻重等白金，士大夫家多有之，置几案间，以相奢侈。"此时的茶叶有片茶（即饼茶）和散茶之分。《文献通考·征榷五》载：茶有"片""散"两大类，又各分若干种。潭州出"独行、灵草、绿芽、片金、金茗"等片茶；散茶有"岳麓、草子、杨树、雨前、雨后"，出荆湖。还有可以医风病的非茶饮料石楠茶等。宋代乐史《太平寰宇记·潭州》记载："长沙之石楠，其叶如棠梂，采其芽谓之茶。湘人以四月摘杨桐草捣其汁拌米而蒸，犹蒸糜之类，必啜此茶，乃其风也，尤宜暑月饮之。"（图1-14）"潭邵之间有渠江，中有茶……其色如铁，而芳香异常，烹之无滓也。"清代黄本骥《湖南方物志》载："石楠一名风药，能治头风，杨桐即南天烛，取汁渍米可作乌饭，谓之青精饭。"

图1-14 宋代煮茶图

宋太祖乾德二年（964年），实行茶叶专卖，随后在潭、岳、鼎、澧州设买茶场。荆湖路江陵府，潭、澧、鼎、鄂、岳、归、峡七州及荆门军，岁课茶叶实物税123万余斤。宋初潭州输纳茶税，初以9斤作为1斤，以后增至35斤。宋咸平二年（999年）宋真宗命李允则任潭州知州。李改革税制，以13斤半作为1斤，定为永久制度。《宋史·本传》记载："初，马氏暴敛，州人出绢，谓之地税。潘美定湖南，计屋输绢，谓之屋税。营田户给牛，岁输米四斛，牛死犹输，谓之枯骨税。民输茶，初以9斤为1大斤。后益至35斤。允则清三税，茶以十三斤半为定制，民皆便之。"此法的推行，大大提高了农民种茶的积极性，以致茶税总数不仅没有减少，反而有所增加。李允则（1953—1028年），字垂范，并州盂县（今属山西）人，北宋著名贤能官吏。宋咸平初年（998年）知潭州，任上勤政惠民，勉力济世，为湖南的社会稳定和经济发展做出了巨大的努力。

宋神宗元丰三年（1080年），潭州长沙郡土贡茶末100斤。宋哲宗绍圣三年（1096年），潭州茶税规定为大方茶15万斤，每一大斤秤以9斤，需交纳茶场135万斤。北宋时，在全国范围内实行茶叶统购政策，茶农除以茶叶折税外，其余一律由官府收购，称"和市"；禁止民间私蓄、私贩茶叶。官吏若私自拿官茶做生意，价值1贯5百文的就要定死罪。百姓若结伙贩茶，即由官府逮捕，拒捕者一律死罪。民间销售茶叶，若有1斤假茶，杖一百，20斤以上则弃市。沿南方诸路共设6个茶叶专卖机构，称"榷茶务"。其中江陵府务，承办本府及潭、鼎、澧、岳等州茶。各榷茶务的茶叶大部分运往西北销售，作为

"边销"；民间日常所需也必须从官方购买，称为"食茶"，数量很有限。

宋徽宗六年（1102年）宰相蔡京等上奏推行"引茶法"。建议荆湖、江淮、福建等七路茶，仍宜禁榷官买，即产茶州军，随所置场禁商人，园户私易。凡置场地园户，租折税仍旧许其民赴场输息，量限斤数，给短引于旁近郡县便鬻；余悉听商人于榷货入纳金银、缗钱或并边粮草，即本务给钞，取便算清于场，别给长行，从所捐州军鬻之。商税自场给长引，沿路登时批凿，至所指地然后计税尽输，则在道无苛留。买茶本钱以度牒、末盐钞、诸色封桩、坊场常平剩钱通三百万缗为率，给诸路，诸路措置，各分命官。此奏获准。宋崇宁二年（1103年）从蔡京言于荆湖、江淮、东南置司设场，各路措置茶事官的置司。如湖南于潭州、湖北于荆南、淮南于扬州……"崇宁四年蔡京再次推行引法，进一步改革茶政，大力废官置茶场，商旅在州县或京师给长、短引，自买于园户（长引期为一年，短引期为一季）。

宋高宗绍兴三十二年（1162年），宋政府征潭州税茶1034837斤12两5钱，占潭州、衡州、永州、邵州、武冈军、桂阳军、常德府、沅州、辰州、澧州、岳州等11州（府、军）总数1760383斤10两5钱的58%，如果以100斤交纳13.5斤计算，官府在长沙征购茶叶量当为137839担。

宋孝宗淳熙二年（1175年），湖北赖文政组织茶商军三四千人进入湖南武装购运茶叶，抗交茶税，屡次打败官军后转往江西、广东，使潭州茶税大量流失。南宋实行长短茶引法，让商贾持引贩卖，贸易活跃。《宋会要辑稿·食货》记载了这一事实。宋光宗绍熙元年（1190年）榷货务都茶场报告："湖南北、江西路皆系巨商兴贩，尚且给降小引，其两浙、江东等路多是草茶，客人贩往乡村零细货卖。"因此建议朝廷"长、短引相兼，听任商人从便请买。"灵活而开放的重商政策是造就南宋潭州茶税大增的主要原因。

其时湖南茶叶的产量大增，茶税已为政府的主要财源。据《文献通考·征榷五》记载，北宋前期，每岁市茶额，江南为1020万余斤，居全国之首；荆湖为247万余斤，居于第二位；两浙为127万余斤，居第三位。由于实行统购专卖制，交易的茶叶数基本上就相当于产茶数。当然实际产量应该还稍多一些。据《宋史·食货志·茶下》载，宋仁宗至和中，其他地区茶叶产量均锐减，如江南下降为375万余斤，两浙为23万余斤，而荆湖的产量下降不多，仍有206万余斤。又据李心传《建炎以来朝野杂记》甲集载，南宋绍兴末年（1162年），东南10路60州岁产茶1590万余斤；其中荆湖南路为113万余斤，荆湖北路为90万余斤，共203万余斤，约占全国茶总产量的12.8%。《宋会要辑稿·食货》载有南宋绍兴三十二年（1162年）湖南各州县产茶数，总数为176万多斤，而潭州所属各县为103万余斤，约占总数的60%。

第六节　明代湘茶品牌及长沙茶市之盛

元朝时期，湖南茶叶交易愈来愈广泛，并开始生产大量"边茶"。元世祖至元二十三年（1286年），元政府在湖南设岳州、常德府、潭州榷茶提举司，施征收茶税之职。征税茶分为末茶和草茶两大类，税额不同。草茶即散条形茶，末茶则是将采摘的茶"先焙芽令燥，入磨细碾"，将其制成饼，饮用时须将茶饼捣碎。元政府统一管理茶叶的生产与经营，并开放西北茶市，茶叶交易日益广泛，促进了茶叶的加工生产，扩大了茶叶的贸易范围。

明代长沙建制，改设长沙府。长沙府辖长沙、善化、浏阳、宁乡、湘阴、益阳、安化、湘潭、湘乡、醴陵、攸县11县和茶陵州，长沙为其府治。这种建制一直延续至清末。当时长沙府茶叶著名品牌，据李时珍《本草纲目》载："楚之茶则有湖南之白露、长沙之铁色。"所谓"湖南之白露"即长沙县金井、高桥一带所产绿茶，明朝万历年间，长沙产的金井白露茶已成为朝廷御贡茶（图1–15）。"长沙之铁色"指手工制作的绿茶，因其用芳香植物熏干，其汤色呈铁褐色而得名。

明太祖洪武二十四年（1391年），明太祖诏令罢造团茶，命采制芽茶上贡，湖南逐渐改制烘青茶。从这年起，茶叶列为贡品，如规定长沙府安化县每年贡茶22斤，宁乡县（今宁乡市）20斤，益阳县（今益阳市）20斤。明嘉靖十三年（1537年）《长沙府志·食货纪》里也有"杂货之品曰茶""贡岁进茶芽六十二斤""安化二十二斤、益阳二十斤、宁乡二十斤"的记载。

长沙盛产茶叶，唐五代时推行的以茶换马的贸易方式一直流传到明代。马车是古代的主要交通工具，马的需求量很大。明初实行茶叶官营，除了为了稳定政府财政收入外，主要是为了控制马的货

图1–15　明代长沙高桥茶号招牌

源。由于湖南及长沙茶叶贩运贸易的活跃，使茶叶的官营政策受到很大的冲击。据《明史·食货志》记载，明万历十三年（1585年），"中茶易马，惟汉中保宁，而湖南产茶，其值贱，商人率越境私贩"。可见当时西北茶商多越境至湖南私运黑茶边销。御史李楠以妨碍茶马法政，请求朝廷禁止。经户部批示，自后西北官引茶以汉中、四川茶为主，湖南茶为辅。价廉的湘茶从此部分打通了直销西北的官营渠道。因此，长沙黑茶兴起。那时湖南贩运到西北地区的黑茶多产于安化，而从长沙集中转运到陕西泾阳，再加工成砖

茶销往新疆、青海、甘肃、宁夏等地。同时，汉（汉中）茶与湘茶相比，西北番人（少数民族）更偏爱湘茶，如《明史·食货志》所说："汉茶味甘而薄，湖（南）茶味苦，于酥酪为宜，亦利番也。""利番"成为湘茶畅销西北的重要原因。

古代湖南茶叶史略

明制尤密，有官茶，有商茶，皆贮边易马。湖南产茶，其值贱，商人率越境私贩，番人利私茶之贱，因不肯纳马。隆庆二十三年，御史李楠请禁湖茶，言湖茶行，茶法、马政两敝，且湖南多假茶，食之刺口破腹，番人亦受其害。既而御史徐侨言湖南茶多而值下，味苦，于酥酪为宜，亦利番，但宜立法严核以遏假茶。户部折衷其议，以汉中保宁茶为主，湖茶佐之，各商中引先给汉川，毕，乃给湖南，如汉引不足，则补以湖引，报可。

（清·史学家王先谦）

历经唐、五代、宋、元、明数个朝代的经营，经历了与官营汉茶的市场竞争甚至组织茶商军私运的武装斗争，湘茶的生产和销售市场都得到了较大的发展。到明代后期，

图1-16 明丁云鹏《煮茶图》

图1-17 明文征明《品茶图》

在正常年景下，长沙、宝庆、岳州、常德四府有茶引240道，产茶近60万担，其中长沙府所辖12县州年产茶约25万担，长沙已与广州、九江、杭州并列为全国四大茶市，贩茶成为长沙府最广泛的商业活动（图1-16、图1-17）。

明代长沙府茶陵籍诗人、大学士李东阳所作《茶陵竹枝歌》描写茶陵女子"劝郎休上贩茶船"的心愿，从一个侧面反映了贩茶人的辛苦。

茶陵竹枝歌

侬饷蒸藜郎插田，劝郎休上贩茶船。郎在田中暮相见，郎乘船去是何年？

（明·长沙府茶陵籍诗人、大学士李东阳）

第七节　清代前中期长沙"茶叶之路"

中国古代丝绸之路的外贸商品不仅仅是丝绸，还包括茶叶等中国传统商品，因而也有茶叶之路的别称。唐五代直至清代长沙、安化等地的茶叶通过陆上丝绸之路大量销往西域、中亚和俄罗斯，清代湖南茶叶还从海上丝绸之路销往南洋，远至英国。

清代，长沙地区的茶叶生产一直处在上升时期。长沙府茶叶品种，清初以宁乡沩山毛尖、安化芙蓉青茶、云台云雾为上品，曾列为贡品茶。当时长沙府境内芙蓉山、云台山，茶树是"山崖水畔，不种自生"。清道光年间（1821—1850年）长沙籍两江总督陶澍所作《芙蓉江竹枝词》生动描述了当时采制茶的景观。

芙蓉江竹枝词

才交谷雨见旗枪，安排火坑打包箱。芙蓉山顶多女伴，采得仙茶带雾香。

（清·长沙籍两江总督陶澍）

长沙地区茶叶对外贸易应当说肇始于唐代的丝绸之路贸易，但没有确切的文字记载。现代意义上的对外贸易大概始于清康熙年间（1662—1723年），以黑茶为主，远销内外蒙古，有一部分在库伦（今蒙古乌兰巴托）由俄商购进运销俄国内。清雍正五年（1727年），沙俄女皇派使臣来华，协商通商，订立了《恰克图互市条约》，中俄贸易迁至恰克图进行（图1-18）。

图1-18 清代恰克图茶叶买卖城的湖南和山西茶商

恰克图位于当时中俄边界（今蒙俄边界）俄方一侧。贸易商品大多以中国的茶叶换取俄国的皮毛。

《朔方备乘》有"山西商人所运者皆黑茶也（即青砖）……彼以皮来我以茶往"的记载。清乾隆年间（1736—1796年），山西茶号三玉川、巨盛川在湖北蒲圻县（今赤壁市）羊楼洞设庄（今湖北赵李桥茶厂的前身）收购制造帽盒茶（即青砖茶的雏形）。羊楼洞的青砖茶与临近的湖南临湘县（今临湘市）羊楼司制造的青砖茶，统称"川字砖""洞砖""洞茶"。清道光年间《蒲圻县志·乡里志》引周顺倜《莼川竹枝词》云：

莼川竹枝词

茶乡生计即山农，压作方砖白纸封。别有红笺书小字，西商监制自芙蓉。

（清·周顺倜）

诗中"芙蓉"即位于长沙府安化与宁乡交界的芙蓉山。《清史稿·食货志·茶法》明确记载，清乾隆二十八年（1763年）以前，有湖南青砖茶运往恰克图和归化城（今呼和浩特市）销往俄国西伯利亚。

茶叶之路的另一条路线是从广州、上海等海港出海，运往需求国。清嘉庆四年（1800年）前后，广东商人来到湖南郴县收购烘青毛茶，每年约430t，运回广东清远茶厂与广东乐昌白毛茶同时精制装箱，再由广州运到南洋各地销售。直到20世纪初，爪哇（印尼）华侨茶店仍主要销售湖南郴县绿茶。清光绪年间，长沙绿茶约120t运至上海，由茶商再行加工与产于安徽休宁等地的屯绿拼配后售与美国洋行。

鸦片战争后，湖南开始出口红茶。清道光二十年（1840年）后，为适应外商需要，扩大红茶出口，外省茶商纷纷派员来湖南茶区倡导生产红茶，设庄精制。江西茶商（赣商）于清道光年间来平江、邵阳示范；广东茶商（粤商）由长沙府湘潭至安化产制；晋商、鄂商等也接踵来到安化。随后不断传入邻近各产茶县。从此，湖南省增加了一大宗出口茶类——工夫红茶，统称"湖红"。这些成箱红茶主要运往广州，供应英商洋行出口。清咸丰四年（1855年），英国伦敦市场已有"湖红"名称。

至清咸丰、同治年间（1851—1874年），茶叶大量外销，茶叶生产发展更快。其时，长沙是湖南最主要的茶叶转口城市，由于国际市场红茶的需求量很大，安化等地茶农纷纷改制红茶，浏阳的许多麻农也毁麻改种茶叶。当时由广州出口的红茶，有50%以上是由安化、长沙等茶区提供的。清咸丰七年（1857年）长沙红茶品种中以长沙县的"湖红"为上品，产量居全省前茅，与当时安徽的"祁红"并相进入国际市场。

高桥茶埠竹枝词

其 一

谷雨新茶色味香，今年应比去年强。茶商招股添资本，到处专人设子庄。

其 二

夕阳桥畔系轻舟，春雨连绵水上浮。装得茶箱千几百，好风相送出潭州。

（时人戏作）

此时湖南茶税制度也日趋完善。清咸丰五年（1855年）四月，湖南设立厘金局，于正税之外，加征百货厘金税。茶叶每箱抽银四钱五分，在百货中最重。清咸丰十年（1860年），为了进一步保证湘军的给养，曾国藩又在长沙设东征局，凡盐、茶等货物，于应完厘金外，又加抽半厘。

咸丰年间长沙茶业的发展与左宗棠的精心经营有很大关系。清咸丰初年，左宗棠入幕湖南巡抚衙门后，仅以一师爷的身份包揽湖南巡抚衙门的军政、财务大权，为湖南当局治理通货膨胀和进行田赋改革出谋划策，身体力行，立下汗马功劳，湖南的茶叶流通体制也开始有了重大变化。左宗棠为整顿茶务采取了一系列措施，如将盘剥茶农的陋规变成正常的财政收入，既减轻了茶农的负担，又增加了地方的赋税。在清同治之前，清政府对茶叶一直实行专卖制度，湘茶贸易为秦晋官商和广帮商人垄断，商民贩运受到限制。清同治十三年（1874年），时任陕甘总督的左宗棠在镇压陕甘回民暴动后，又着手整顿西北茶务，他奏请朝廷变原有的"官引"为"票法"，广招商贩，无论何省商人均可来湘领票运销，使阻滞的湘茶流通渠道变得畅通。原来的茶商分为陕西、山西商人组成的"东柜"和甘肃、宁夏回商组成的"西柜"，左宗棠则添设"南柜"，并起用长沙早期民族资本家的代表人物朱昌琳为"南柜"总商，专门经营湘茶的贩运。

湘茶变官营为私营，既增加财政收入，又促进了湘茶产业的发展。当时湘茶的外销主要通过3条路线。一是从汉口转运销往东南，实现与浙盐的互贸，并从苏浙沿海出口。清光绪年间（1875—1908年），湘茶经汉口年外销量达90余万箱（约27670t），值银1000余万两。二是"由恰克图销往俄国"。三是"由香港销英美"。

晋商精制的红茶运至汉口，将两湖红茶和武夷红茶各按50%的比例拼和，作为武夷红茶标记，陆运恰克图卖给俄商（图1-19）。清咸丰十一年（1861年），汉口开辟为对外贸易口岸，长沙距汉口较近，运输便利，红茶绝大多数运集汉口售与英、美、俄、德等国洋行，只有少数粤商仍运广州，晋商仍运往恰克图。清同治年间（1863—1874年），粤商由湖北鹤峰至湖南石门、慈利倡导产制红茶，收购毛茶运往鹤峰（以后改在渔洋关）加工，称为"宜红"。起初主要运往广州，以后也在汉口出售。1880—1886年是湖南红茶出口的最好时期，每年供应出口90万箱以上（每箱平均30.24kg），折合27670t，占当时全国出口红茶的27.6%，尚不包括副产品红茶末、红茶片和粗红茶，出口量居各省首位。这30年间，汉口英商洋行收购70%以上，其余为俄国及欧美澳各国洋行收购。1887年以后，印度、锡兰（今斯里兰卡）红茶因价廉物美，风靡全球。英国为扶植殖民地经济的发展，也从1890年以后大量减少"湖红"的进口，转购印、锡红茶。

图1-19 汉口码头工人扛运湖南出口茶叶的场景

1860年以前上百年间长沙砖茶的出口，基本上由晋商运往内外蒙古和恰克图销往俄国。1864年，汉口俄商洋行到湖南羊楼司、湖北羊楼洞和崇阳设置3个砖茶厂，收购老青茶压制青砖茶，1865年有882t运到汉口，由俄国轮船装载航运天津，然后雇用骆驼陆运恰克图。晋商为了与俄商争夺中俄贸易资源，一再奏请清朝廷给予晋商与俄商同等待遇，维护茶叶俄销权益。清政府于同治七年（1868年）明令归化城的厘金由每票60两减为25两；沿途关卡不准收取浮费；准许晋商领票进入俄国境内贸易（但库伦的规费银则未减免）。晋商陆续返回买卖城，运至恰克图的茶叶（有砖茶和红茶、绿茶、花茶）比以前增加，1871年达12228t，超过了俄商运去的数量，1872年为9009t，1873年为11631t（据汉口关册载）。综计1871—1877年，晋商运恰克图的各种茶叶年平均9181t；派员进入俄国境内，在西伯利亚十多个较大城市和莫斯科设立分庄，销售以茶叶为主的中国货物。1901年西伯利亚铁路全线通车后，青砖茶则由轮船运至海参崴（今符拉迪沃斯托克）交铁路西运，恰克图的茶叶贸易冷淡下来。

第八节　晚清长沙茶业的资本主义萌芽

湖南的茶叶种植与加工，虽然历史悠久，但直到清前期，茶叶的生产还处在分散式的小农经济阶段，发展速度比较缓慢。历史进入近代，湖南茶业的"资本主义因素"开始萌芽，促进了湘茶的生产和运销。

据1942年出版的《湖南之茶》记载，清道光（1824—1850年）以后，每到产茶季节，茶农通常"呼集邻近男女老幼采摘"，按量计酬。粗制成毛茶后，茶农除留少量自用外，大多卖给附近的茶庄茶号，茶庄茶号再售与茶厂，或直接设厂制作精茶运销。茶厂将毛茶加工成精茶一般要经过拣、焙、筛、车、磨、捞、簸以及装箱、起运等工序，均雇工进行，其中劳动量最大的拣茶工序更是大量雇用妇女和儿童。据刘泱泱著《近代湖南社会变迁》记载，至清同治、光绪之交（1875年前后），长沙府安化县小淹、东坪各地，茶庄林立，多达80多家。长沙县金井、高桥一带有茶庄48家，醴陵县城亦有茶庄数十家，贫家妇女入市拣茶者多达数万人。加工方式也发生了变化，早年的茶叶加工"均由造茶之人（庄号）发给女工携回家中，拣去茶梗、茶包及黄叶片，缴茶时验视最严"，到光绪中叶，则"皆在栈房雇用女工人拣"。庄号与茶农开始分离，茶农只管茶叶的种植和采摘，茶商（庄号）则专施收购、制作和贩卖。庄号有本帮、客帮之分。本帮为本省长沙、安化、湘潭、湘乡等地的商人，客帮以山西、湖北、江西、福建、广东、江苏、安徽等地商人为主。客帮多以已开埠的汉口为总汇。从上述情况均可看出，茶叶采摘、制作和运销过程中，资本主义生产关系均有一定程度的发展。

19世纪50年代以后，由于国际市场以及国内西北市场茶叶需求量激增，湘茶的生产和销售发展迅速。起初长沙府主要产绿茶和黑茶，绿茶销省内和邻近各省，黑茶则远销陕西、甘肃、新疆及内外蒙古一带，故俗称"边茶"。清咸丰初年（1851年）由于欧美市场的开拓，国际市场对红茶的需求量骤增，促使沿海外国商行纷纷到内地收购茶叶。清咸丰八年（1858年），粤商佐帆由广州入湘，抵达长沙府，在安化等地传授红茶加工技术，促使安化等地茶农于原有黑茶之外，又大量生产红茶，以转输欧美。外商收购长沙红茶，一般都由外国商行或其买办，与长沙各地茶庄签订合同，前往各地采购茶叶。

19世纪60年代后，茶叶采购的"合同制度"日臻完善，各个环节安排得井井有条。"合同茶"靠外国商人以预付款的方式解决了茶庄的资金问题。茶庄与货栈合一，处于地区中心位置，买主从驻地四出到周围农村，在集市或市场购进茶叶，然后加工制作，装箱外运。依靠这种"合同制度"，红茶出口规模迅速扩大。据统计，安化红茶年产曾达40万箱（每箱70斤）。继安化之后，长沙县、浏阳县（今浏阳市）纷纷仿制红茶，产量日多，出口大增。浏阳的许多麻农改种茶叶，正如谭嗣同在《浏阳麻利述》中所说："茶船入汉口，收茶不计值，湘茶转运近捷，茶者辄抵巨富，于是皆舍麻言茶利。"当时湖南航路两岸设有许多收购茶叶的口岸，刘家传在《辰溪县志》中说："洋商在各口岸收买红茶，湖南北所产之茶，多由楚境水路就近装赴各岸分销。"长沙就是当时红茶的最主要的集中分销地。《中国实业》第一卷所载吴觉农《湖南茶叶视察报告书》评论说："此为（湘省）

红茶制造之创始，亦即湖南茶对外贸易发展之嚆矢。"

稍后，"边茶"也出现了复苏的局面。同治十三年（1874年）后，西北茶务变"官引"为"票法"，添设"南柜"，招徕南茶商贩，运销湘茶。湘中巨商朱昌琳出资领得茶引200多张，成为"南柜"总商。他在长沙太平街开设乾益升茶庄，并在安化、汉口、泾阳、西安、兰州、塔城等地设立分庄，大量运销黑茶。从此，湘茶在西北边区的销量迅速恢复和发展，并畅销于俄国境内。

由于上述原因，清同治光绪年间湘茶的生产与销售进入前所未有的兴旺时期。光绪中叶全省茶叶输出量达100余万担，其中安化红黑茶40余万担，占40%。安化东坪的红茶、小淹的黑茶成为湘茶的著名品牌（图1-20）。浏阳县与平江县交界的大片地区也成为红茶的重要产区。据光绪元年刊《平江县志》载，同治时"红茶大盛，商民运以出洋，岁不下数十万金"，每当"茶市方殷，贫家妇女相率入市拣茶，上自长寿，下至西乡之晋坑、浯口，

图1-20 清代外商在乡间收购茶叶

茶庄数十所，拣茶者不下二万人，塞巷填衢，寅集西散，喧嚣拥挤"，一派繁荣景象。《醴陵乡土志》亦载："（醴陵）在昔醴茶输出国外，岁值数十万元。县城常有茶号十数家，于各乡设庄，挂秤收买，运至汉口转售。自采摘、运送，以至发拣、装箱，贫民资以为活者，不可胜计。"

19世纪80年代末湘茶出口达到巅峰，年出口量最高达100万担，较鸦片战争前增加3倍以上。至1890年，湘、鄂、赣等省的茶叶每年在汉口交易价银至一千数百万之多，其中湘茶占6成以上。然而90年代以后，中国茶出口量在世界茶叶出口总量中所占比重却逐步下降，湘茶年出口量最低曾降至40万担。究其原因主要是：这时的中国已不是唯一的茶叶出口大国，19世纪70年代以后，印度、锡兰（今斯里兰卡）、荷属东印度（今印度尼西亚）的红茶和日本的绿茶相继大量种植和出口，同华茶激烈争夺国际市场。加之中国在对外贸易中缺乏自主权，洋商在收购中国出口农产品时故意压低价格，打击了中国茶农和茶商的积极性。如《中国近代对外贸易史资料》所云，由于"自有之货，不能定价，转听命于外人"，因而价格极低，使得"中国贩丝、茶者，几于十岁而九亏"。清光绪二十年（1894年）湖南巡抚吴大澂在《英商压抑茶价，湘茶连年亏折，奏请借洋

款设局督销折》中哀叹："湘茶开市，英商故意为难，仍以抑价为得计。华商无计可施，以致光绪十九年又亏本一百余万两，倾家荡产者有之，投河自尽者有之。"这也是造成湘茶出口量下降的重要原因。吴大澂在奏折中称"湘省资源，以茶市为大宗"，因而他强烈请求在汉口设立"湘茶督销局"，经营茶叶出口，包运包销，借以抵制洋商操纵。尽管奏请未果，但从中可见湘官的商品经济意识在增强。

善化县（今长沙南部）人士许崇勋在戊戌年（1898年）创办的《湘报》上发表《论湖南茶务急宜整顿》一文，列举了一系列数据来证明这一事实："查往年中国之茶，运到英国者，约计一万二千三百万磅。印度西伦虽有茶庄，从未及十分之一。近年以来，中茶减至八千八百万磅，印茶增至八千七百万磅，西伦茶亦增一千八百万磅，已渐有驾中国而上之势。至今年春季汉口友人述及茶业近事，谓中茶可以运到外洋者已不及四分之二矣。且欧罗巴、新金山、甘那打一带，向销福州之茶，今则舍福州而图锡兰购买矣。俄人向销两湖之茶，今则舍两湖而图外洋购办矣。"许崇勋分析造成这种局面的原因"有二端"，一是茶叶生产工艺上的原因，如"雨水多而香味顿减""炒制疏而品色不佳"等，以致"货多价少"。但更重要的原因，他认为是"民智未开也，公司未设也，制茶无机器也，茶树未培植也，采茶不及时也，厘税未减轻也"。当时，日本以及英国、荷兰在亚洲的殖民地国家均已设立茶业公司，采用机器制茶。而中国茶叶生产虽已出现诸多资本主义因素，但茶叶加工尚停留在手工制茶作坊阶段，这是华茶不敌洋茶的根本原因。因此，许崇勋在文中呼吁："于湘省觅宽敞屋宇，效外洋于产茶省份聚集一处设制茶公司一所，并于产茶地方设分公司。几所以总其成，又于山头有茶之户，合数家而成一分公司，亦照外洋购用机器，可以随取随制。其章程办法，或官商合办，或官督商办，先招集股份，筹积资款，以备购办一切机器，设立公司。"

《湘报》是戊戌维新运动时期资产阶级维新派在长沙创办的一种日报，于清光绪二十四年二月十五（1898年3月7日）创刊，由熊希龄、谭嗣同等人集资开办，得到了湖南巡抚陈宝箴的大力支持。戊戌维新运动失败后停刊，前后共出版177期。《湘报》在当时全国的日报中被称为"巨擘"，其言论之激进，思想之开放，常能震撼人心。初时印行5000份，仍供不应求，从五月初一开始又加印1000份，其销量之大在当时实为少见。报端上主张开民智、设学堂、修铁路、造轮船、兴矿务、办公司、造机器的政论文连篇累牍，掷地有声，体现了湖南知识分子要求强国富民的强烈愿望。长沙思想激进的茶人们充分利用这一讲坛，纷纷发表要求整顿茶务、设立制茶公司、采取机器制茶的文章。除了许崇勋的《论湖南茶务急宜整顿》外，还有善化县人皮嘉福的《劝茶商歌》、浏阳县人王杨鑫的《拟整茶务章程十四则》等，这些文章除一致要求购置机器设立公司外，还对茶政、茶税、茶叶贸易、茶叶质检、茶叶运输乃至茶叶生产工艺等提出了一系列近代化主张，对促进湘茶的复兴起到了不可忽视的作用。《湘报》还在全国最先刊登茶业广告（图1-21、图1-22），如新开"恒兴祥茶号"连续在《湘报》登广告，广告文称："恒兴祥茶号开设省城柑子园口，专办各种名茶，发客童叟无欺，其价格外公道。凡赐顾者请认本号招牌为记，庶不致误。"

图1-21 1898年《湘报》所载
"恒兴祥茶号"广告

图1-22 清末浏阳县富记江源春茶号广告

戊戌维新运动期间，湖南省是全国唯一忠实执行新政的省份，湖南巡抚陈宝箴、按察使黄遵宪在维新志士谭嗣同、唐才常等的支持下，在长沙兴学堂、立学会、建工厂、开矿山、设保卫局，使湖南一举成为全国"最富朝气的一省"。湖南巡抚陈宝箴顺乎民情，采纳民意，敦促湖广总督署迅速开办茶业公司，振兴湘茶的生产。湖广总督张之洞也赞同有识之士的主张，决定开办"两湖机器制茶总公司"，并在长沙设立分公司。公司性质为有限公司，简明章程如下：

本公司共集股本汉纹银六万两，分作一千二百股，每股汉纹银五十两。认股时先付十两，俟派定股后再付四十两为一股。本公司系有限公司，并有权日后可酌加增股分（份），以期渐推渐广。本公司现议汉口税务司穆和德为督办，席正甫翁、唐翘卿翁、唐瑞芝翁、陈辉廷翁为会办。本公司银两出入系归汇丰银行经理。本公司之设原为买地或租地种植茶树以畅出产，及建造栈房烘屋以烘制茶叶，又购备机器雇外国茶师，并代茶家茶商制茶，或自买自卖，及做各项茶叶生意。查印度、施郎等处开办机器制茶已历年，所获利甚巨。本国绿茶胜于印度、施郎，本公司日后获利亦必能驾而上之矣。本公司虽系商办，然督办穆和德已奉两湖督宪谕定所有本公司雇用之人，及运到之机器，准可保护，并不派官场总办本公司之事。本公司若有获利，每年先派官利八厘，再有盈余，每年由股东公同会议分派。本公司日后推广生意加增股分，须先将议加之股照原价给有股诸人，每股得若干股。如有多余，则加价给派外人。将所获之余价尽数拨入本公司积项下。本公司之总行系在汉口，所有账目俱用华洋文每年核结一次，刊出送各股分人查阅。督办有全权办理本公司之事及雇用人夫等。若督办因公干出外，可托殷实洋人代理。该代理人所为之事惟督办是问。股东内可择三五位与督办商办公事，若商办之人所议之事揆诸本督办之意，无益于公司者，可不依议。现在股东尚未集，议立会办，是以会办暂由督办选择。欲附股者在上海请问五马路公信洋行，在汉口请问太平洋行便知。如股拊认股银先付上海银一十两零三钱三分，即汉口纹十两正。

两湖机器制茶总公司长沙分公司又名湖南焙茶公司，由谭嗣同任总办。1898年5月19日《湘报》第六十四号报道说："香帅（张之洞）在鄂创立制茶公司，业委穆和德为督办，而湖南茶务实为大宗，长沙亦须设公司。昨香帅由驿排递公文已札委本馆谭复生观察嗣同总办湖南焙茶公司，纠集绅商领本购办机器，建立厂基，将来茶务可望振兴也。"

在谭嗣同的积极筹措下，焙茶公司于1898年6月开业（图1-23）。8月21日，谭嗣同抵京，在军机章京上行走，参与新政。9月28日，谭嗣同被慈禧太后杀害于北京宣武门外菜市口。仅存在3个月之久的湖南焙茶公司随着戊戌维新运动的失败而告终。公司虽已不存，但由于茶商从中得到了实惠，故而资本主义的生产方式已逐步在民间

图1-23 湖南焙茶公司总办谭嗣同（右一）

推广，茶业的集约化生产和规模化经营已势不可挡，如有报道说，浏阳茶"制造亦参仿新法，贵而得善价"，"浏城允升吉、天福祥等庄皆争先收买，每百斤给价四十串有奇"，庄家和茶农皆大欢喜，以致清末民初湘茶又出现了一次短暂的勃兴期。据记载，清光绪二十七年（1901年）和民国四年（1915年）湘茶年产曾达80余万担，其中长沙府各县占其50%，40余万担，仅安化红茶一项年产达28万担。清宣统三年（1911年）湖南茶课税厘达银36万两，占全省岁入的5.6%。

第九节　民国长沙茶业的发展

清末民初，长沙仍是湖南最大的茶叶集散市场，也是全国几大著名的茶叶、茶具市场之一。据海关统计，1909—1933年，从长沙海关出口的各种茶叶共18.72万担，占同期全省海关出口32.13万担的58.3%，长沙本身也成为湘茶的重要产区。

民国元年（1912年）废除各县贡茶。1915年11月，湖南巡按使提出筹设茶叶讲习所，初定长沙小吴门外大操场荒地为所址，招收高小毕业生，培养茶叶中级技术人员，是为湖南茶叶教育的开端。不久定址于岳麓山道乡祠，划公山100亩种茶。1928年茶叶讲习所停办，改为湖南茶事试验场，增设长沙高桥分场，长沙县内面积约80亩。后更名高桥茶场，成为湖南茶叶科学研究所的前身（图1-24）。1932年由上海购入动力制茶机械5台，是为湖南应用机械初制茶叶之始。

图1-24　长沙县高桥茶园

1938年7月，第三农事试验场并入湖南省农业改进所（现湖南省农业科学院），名为茶作组，辖安化茶场及高桥分场。是年，因日本侵略军逼近湘北，湖红、宜红茶都集中在长沙外运。10月25日武汉沦陷，汉口商品检验局设立长沙茶叶检查组，并正式设立长沙商品检验处。11月因"文夕大火"，人员星散而停顿。

1939年2月，茶作组改组为湖南茶业管理处，直辖于湖南省建设厅。总处设于益阳，设办事处于长沙和安化东坪，办理茶号登记、贷款、运输、检验、销售、制茶监督等事宜。

湖南是农业大省，也是茶业大省之一，历来产茶量大。早在1932年茶产量就达到82650t，到1936年还有39940t。以后由于日寇入侵、通货膨胀等原因，到1949年全省茶园面积也由最盛时的10670hm²减少到3200hm²，产茶仅9750t，但仍位居全国前列，比当时的浙江省还多2580t。长沙在全省茶业所占比重亦始终在10%左右。

据1942年《湖南之茶》记载，茶叶产量高、品质好的地方主要有：长沙县的金井、高桥、范林、单家坝、金山园、右湾、蒲塘、乌龟山；浏阳县的永和、普迹、东门（今大围山镇）、白沙、古港、高坪、官渡、大坪、枨冲、枫桥、桃花洞、大小真山；宁乡县的沩山、六度庵、罗仙峰、茅坪等。

浏阳红茶产于东北乡，1931年输出4万余箱（每箱70斤，折合约3万担）。1934年产红茶、绿茶1.9万担。永丰厚、贞生裕、恒升祥三家茶庄（均为山西帮），共有资金银洋7万元，除运销红绿茶外，出口红茶3224箱。1935年，长沙县境有本帮和外帮在茶叶产地开设茶庄15家，平均资本为12943元，出口红茶77012箱（每箱约60斤）。1939年长沙县仅金井、高桥一地就运销红茶9213箱，占全省红茶91550箱的10%。当时红茶出口要抽"出口捐"，民国三十年《宁乡县志》载："花园山出口捐，为清末筹学款所设，民国因之。凡……红茶等，估价抽收百分之一、二，轻重不一。"类似于教育费附加税。

随着抗日战争战事的变化，中国沿海港口被封锁，内陆交通也不断受到阻隔，茶叶出口锐减，生产也随之下降。1945年抗日战争胜利后，茶叶生产和贸易开始恢复。1948年长沙成立官商合办的湖南茶业股份有限公司，在广州设立办事处。至1949年，全市茶园面积为5.56万亩，茶叶产量2.72万担。

新中国成立后，长沙茶人前赴后继，盛世兴茶。"芙蓉国里产新茶，九嶷香风阜万家。"这是郭沫若1964年品尝长沙"高桥银峰"茶后即兴所赋的诗句。第六届茅盾文学奖得主熊召政先生也发出"为寻玉液来金井，碧岭螺山五月春，不必洞庭赊月色，湘茶醉我楚狂人"的感慨。如今，一个"新"字，展现了新长沙茶业欣欣向荣的繁华景象。

第二章 长沙绿茶兴盛之路

做大、做强、做优长沙茶叶产业，一直是长沙茶人的共同理想。历史上，长沙地区生产的茶叶种类主要有绿茶、红茶、黑茶、黄茶和少量地方烟熏茶，计划经济时期，茶类的布局是由农、商两家研究划定产区，按计划生产定点收购，因此，20世纪80年代以前，长沙市辖各县中，长沙县、浏阳县以红茶生产为主，兼制少量内销绿茶；望城县（今望城区）以绿茶为主，个别茶场生产红茶；宁乡县以黑茶为主，兼制少量红、绿、黄茶。20世纪80年代以后，国家取消对茶叶的派购任务，实行多渠道流通，除黑茶仍实行计划生产外，其他茶类以市场调剂为主，生产者有生产自主权。自此，历史上的茶产区划被彻底打破，绿茶逐步成为长沙茶产业的主导产品。

第一节　长沙绿茶的产业优势

长沙茶叶种植历史悠久，茶文化底蕴深厚。茶叶产业是长沙市传统特色优势产业，在农产品商品生产和出口创汇中起着举足轻重的作用。长沙茶叶产业的发展，除长沙有着地貌类型多样，地表水系发达，气候温和，四季分明的独特自然资源以外，长沙市委、市政府带领全市广大农民群众多年来始终不渝地推动发展，形成了无与伦比的产业优势。

一、优越的区位条件

长沙属省会城市，为湖南之政治、经济、文化、科技中心（图2-1）。

图2-1　长沙城区夜景

长沙是娱乐之都。"北有中关村，南有马栏山"，从《快乐大本营》《超级女声》到《乘风破浪的姐姐》，这里诞生了一个又一个现象级综艺节目，在全国各大卫视之中，湖南卫视始终处于领头羊位置。娱乐产业的高速发展也推动着长沙的快速崛起，依托文化娱乐产业又开展了中国金鹰电视艺术节、橘子洲国际音乐节、橘子洲国际烟花节等多类活动，提升了长沙的知名度和美誉度，也为旅游发展打下了坚实的基础。

　　长沙是消费之都。根据中央电视台《中国经济生活大调查》显示：在每天能拥有5个小时以上休闲时间的城市排名中，长沙人比例最高（19.83%），聚餐、夜宵的人高于全国平均水平7个百分点，愿意为旅游买单的人超过全国平均水平近10个百分点，长沙五一商圈也是游客喜爱的十大夜商圈之一。

　　长沙是美食之都。得益于长沙娱乐产业的发达，长沙各种特色餐饮成为了热门节目上的常客，口碑也通过网络得以裂变传播，很多游客慕名而来。在此背景下，长沙孕育了超级文和友、茶颜悦色等超级IP，其中茶颜悦色就是时尚茶饮的杰出代表。

　　长沙是文化之都。从千年学府岳麓书院、红色记忆橘子洲头到长沙滨江文化园、长沙梅溪湖国际文化艺术中心、谢子龙影像艺术馆、李自健美术馆等一批新建的特色文化场馆，作为湘楚文化的发源地，长沙拥有源远流长的历史文化。这其中包括长沙茶文化的深厚底蕴，在继承中不断创新，在时代变化之中引领潮流。

二、扎实的产业基础

　　长沙现有的茶园都是经过人为和自然淘汰后保留下来的基础较好的茶园（图2-2）。

图2-2 长沙金井茶园一角

现有依托湖南省茶叶研究所选育出国家级茶树良种6个、省级茶树良种17个。全市推广应用槠叶齐、碧香早、白毫早、湘波绿等茶树良种，茶园良种率达到82%以上，是全省茶园良种化率最高的区域之一，尤其是近十余年来发展的新茶园90%以上采用适制性和适应性强的无性系良种。

长沙市良种茶苗繁育量超过1亿株，是全国茶苗供应大县之一。至2021年底，全市茶园面积23.98万亩，其中可采摘面积20.64万亩，市外订单和控股茶园面积近40万亩。有以金井茶业、湘丰茶业、怡清源茶业、云游茶业、乌山贡茶业、浏阳河茶业、沩山茶业等为代表的规模茶叶加工企业20余家，其中农业产业化国家级龙头企业2家，农业产业化省级龙头企业7家。全市茶产业从业人员5万多人，2021年全市茶园茶叶总产量43958t，实现茶业综合产值77.6亿元。长沙茶产业链条完善，市内茶叶龙头企业与中国科学院、中国农业科学院茶叶研实所、湖南省茶叶研究所、湖南农业大学、中南大学等科研院所构建了长期紧密的技术合作关系，在生态高值农业发展、良种茶苗繁育、生态茶园建设、茶叶加工及深加工技术、茶叶生产加工高端装备研制等方面取得了重大突破，形成了茶苗繁育、生产加工、茶机研发全产业链发展模式。

三、丰富的茶旅资源

丰富的自然资源、悠久的历史和底蕴深厚的湖湘文化形成了长沙多样性、独特性的自然和文化旅游资源（图2-3、图2-4）。长沙有名山30多座，5km以上长度的河流302条，各种绿洲15个，大小瀑布10多处，大中型水库10余座，共有旅游资源单体1706处。有地文景观、人文景观、生物景观、古迹与建筑、休闲购物等旅游资源8个主类（占国家8个主类的100%）、29个亚类（占国家31个亚类的94%）、91个基本类型（占国家基本类型155个的59%）。其中相当一部分就分布在相对集中的产茶区，如浏阳河风光带、灰汤

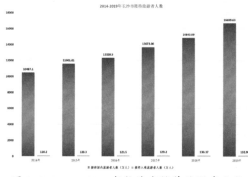

图2-3 2014—2019年长沙市接待旅游者人数

图2-4 湖南卫视"天天向上"栏目组在金井茶园录制节目

温泉、花明楼、密印寺、开慧故居、黄材水库和白鹭湖等，有国家级重点文物保护单位7处，省级文物保护单位38处。这些都为建设长沙茶旅游休闲体系和发展茶文化产业提供了有利的条件。

四、强大的科技支撑

长沙是全国茶叶科研与教学力量最强、技术人才最多的地区之一，中南大学、湖南农业大学、中南林业科技大学、湖南省茶叶研究所等院校和科研机构集聚长沙。湖南农大于1958年开办茶学系，1981年获得硕士学位授予权，1982年被列入湖南省重点学科，自"七五"以来一直是湖南省重点建设学科。1993年获得博士学位授予权并被列为省级"211工程预备学科"进行重点建设，1999年所属园艺学一级学科批准建立博士后流动站，2003年获园艺一级学科博士学位授予权。2007年茶学专业被教育部确定为"国家特色专业"，2014获批教育部首批"卓越农林人才培养改革"试点专业。湖南农业大学茶学学科以多学科的全面交叉融合为基础，改造学科内涵，深入研究茶叶科学前沿理论与创新技术，为传统茶叶产业向现代高科技产业推进而构建学科体系，建立科技创新平台，并形成了颇具特色的多个研究方向。通过数十年的沉积，现已建成了"学、研、产、用"紧密结合、"农、工、贸、文"协同创新的特色优势学科，尤其是在茶叶深加工与功能成分利用、茶叶加工理论与技术、茶树分子生物学等领域，形成了学科特色与核心竞争力，为推进我国茶叶产业健康可持续发展提供了强劲的科技与人才支撑，科研成果

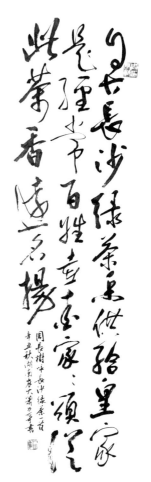

图2-5 周长树题字

的产业化方面一直走在全国其他高校同类型专业前列，成为茶学系发展史上突出亮点之一。湖南省茶叶研究所（含高桥茶叶实验茶场）以应用研究为主，着重解决全省茶叶生产中的关键性技术问题，重点开展茶树种质资源与品种选育创新及茶树优质、高效、生态栽培，茶叶加工与利用等方面的研究、开发。通过技术示范、基地建设、技术咨询与技术服务等形式，为全市茶产业发展提供科技成果、良种茶苗和技术支撑。还有中国工程院院士、湖南农业大学教授刘仲华，湖南省茶叶技术体系首席专家包小村等茶业界的专家支持和帮助，是长沙市茶叶产业健康持续发展的坚强后盾（图2-5、图2-6）。

图 2-6 刘仲华、萧力争题字

第二节 长沙绿茶的发展历程

当代长沙茶产业发展大致可分为四个阶段。

一、计划经济条件下集体经营发展阶段（1949 年至 1979 年）

这一时期，国家统一茶叶产、制、销经营，扩建了一批新茶园，组织集体经营，国营和集体茶场陆续兴起。茶园分布由新中国成立前零星分散为主，发展到相对集中连片；茶叶经营由个体为主发展到集体为主；茶叶加工由作坊发展到专业化工厂生产。

1949 年 10 月长沙市军事管制委员会接收湖南茶业股份有限公司，1950 年成立中国茶业公司长沙联络处，隶属中国茶业公司中南分公司领导。在国民经济三年恢复时期，国家为了扩大茶叶贸易，加强了对茶叶种植和加工的扶植，浏阳、长沙、望城等县先后成立了茶叶贷款委员会。1950 年浏阳县政府一次发放贷款 3 亿元，1952 年湖南省财经委又分配给浏阳县发展茶叶生产贷款 6 亿元。为了解决毛茶加工问题，1950 年 9 月，中国茶业公司湖南省公司撤销长沙联络处，以联络处原班人马为基础，于同年 10 月 1 日成立中国茶业公司长沙红茶厂（湖南长沙茶厂前身）。当年长沙红茶厂接受汉口茶厂委托，加工毛茶 8000 担，由于加工场地太小，年底在岳阳、湘阴增设临时加工厂各一处。至此，长沙红茶厂初具规模。1952 年，长沙市共生产加工红茶、绿茶、黑茶三大类茶叶 2708.7t，比 1949 年的 1135t 增长 138.6%。

"一五"计划时期（1953—1957 年），由于推广先进技术和制茶机具，茶叶加工开始由手工操作向机械化生产过渡，提高了劳动生产率。1953 年长沙红茶厂开始批量加工外销珍眉茶，1956 年外销珍眉茶达到 1404.9t。同时，农村扩建了一批小茶园（厂），以加工红茶、绿茶、黑茶为主，大量出口和边销。到 1957 年，茶园面积达 8.03 万亩，比 1952 年扩大 49.5%，全市茶叶产量为 3487t。

"二五"计划时期（1958—1962年），国民经济遇到暂时困难，农村中毁茶种粮现象严重，全市茶园面积减少，毛茶加工量下降，茶叶减产。1962年，全市茶园面积比1957年减少24.91%，产量下降9.33%。国民经济三年调整和"三五"计划时期（1963—1970年），农村形势好转，全市普遍开荒种茶，茶园面积逐年扩大，茶叶产量回升。1958年成立的长沙县金井人民公社茶场（金井茶业前身）就是其中的优秀茶企之一。

20世纪70年代是长沙市茶叶生产发展的重要时期（图2-7）。1974年全国茶叶生产会议召开后，长沙、浏阳、宁乡均属全省15个年产茶万担以上重点县之列，并列入全国年产茶5万担基地建设规划。

图2-7 20世纪70年代长沙岳麓山茶园

二、改革开放初期的调整发展阶段（1980—1999年）

20世纪80年代，长沙市茶叶生产规模进一步扩大。1980年全市茶园面积近20万亩，全市乡、村两级新建扩建红茶加工厂32个，产毛茶12.028万担，比1970年分别增长1.74倍和3.29倍。长、望、浏、宁四县供销社相继开办茶叶加工厂，湖南省农业厅（现湖南省农业农村厅）、湖南省供销茶叶公司和长沙市茶叶公司也开办茶叶加工厂。1985年统计，全市共有乡、村集体茶场1428个，面积11万多亩，年产茶640万kg，分别占茶园总面积和总产量的76.07%和75.83%，全市有初、精联合加工茶厂37个，茶叶亩产58kg，比1962年26kg提高1.23倍，茶叶生产、加工、销售基本形成一体化。乡、村集体茶场是茶叶生产的主体、主要的商品茶基地和科学种茶的示范样板，茶园面积在250～1600亩，茶叶加工5万~30万kg。1987年全市共计产茶超760万kg，主要为红茶、绿茶和黑茶，至1990年，全市有乡以上茶叶加工厂109个，茶园面积近13.5万亩，当年采摘12.405万亩，茶叶产量6195t，茶园面积占全省总面积的9.15%，茶叶产量占全省总产量的8.38%，同时还加强了与花茶配套的茉莉花基地建设，全市茉莉花年产达4000t多。

20世纪90年代以后，茶叶国际市场发生很大变化，全球增产，但主要进口国的进口量锐减，致市场疲软，售价下跌，低档茶尤其滞销。世界茶叶出口量1990年较1989年增加1%不到，其中我国减少7.1%。1990—1992年我国茶出口逐年减少，主要来自红茶，从1989年出口10万t、15293万美元的最高纪录降下来，到1992年只有7.2万t、10546万美元。与此同时，乡镇企业都把实施工业化战略，推进工业化进程作为经济发展的一项主要举措，重点发展了一批以机械、建材、轻工为主的乡镇骨干企业，这在一定程度上影响了茶叶产业的发展。到2000年，湖南省茶园面积减少到7.3万hm^2，比1978年的17.5万hm^2下降57.3%，但在长沙，部分茶叶生产历史较为悠久的乡镇茶场保持了相对稳定，如长沙县金井、双江、观佳、高桥、开慧、范林、脱甲、福临，望城县格塘、嵇山、乌山茶场，浏阳县路口、淳口茶场，宁乡县夏铎铺、黄材茶场等。

三、按市场规律快速发展阶段（2000—2012年）

2000年8月，湖南省组织茶叶专家制定了《2001～2010年湖南省茶叶产业发展规划》。规划确定了全省茶叶发展的目标任务，即到2005年，全省茶园面积稳定在120万亩，产茶7.5万t，产值12亿元，其中优质品牌茶基地面积70万亩，产茶5万t，产值10亿元；到2010年，全省茶园面积150万亩，产茶9万t，产值24亿元。2001年，湖南省政府召开了全省茶叶工作会议，提出了一条好的发展思路和一套有效的办法，即"一二三四"："一"是指一条优化品质与提高经济效益为目标的优质品牌茶发展思路；"二"是指搞好茶园布局和茶类结构两大调整；"三"是指开展茶园、茶厂和茶叶加工贮藏三项技术改造；"四"是指抓好管理体制、市场体系、质量监测体系和良种繁育体系四项建设，将茶产业定为湖南省农业五大支柱产业之一，并提出了"质量兴茶，科技兴茶，再造湖南茶业新优势"的思路。2001年12月，湖南省人民政府颁发了《湖南省人民政府关于加快茶叶产业发展的意见》，文件就加快茶叶产业发展提出了七点意见。借着全省大力发展茶叶产业的强劲东风，长沙市茶叶滑坡的状况迅速改观，产销形势逐年好转，茶农生产积极性不断提高，长沙茶叶终于走出低谷，显现出发展速度加快、茶叶质量提高、茶叶销售很旺的强劲发展态势。

这一时期，长沙茶业重点突出了两个方面工作：

1. 完成了茶企的所有制改革

茶企所有制改革始于20世纪90年代末期。1999年召开的党的十五届四中全会通过了《中共中央关于国有企业改革和发展若干重大问题的决定》，提出"要按照国家所有、分级管理、授权经营、分工监督的原则，逐步建立国有资产管理、监督、营运体系和机制，建立与健全严格的责任制度"，进一步明确了国有资产管理体制改革的方向。按照中央"抓大放小"的战略，全市的国营、集体茶叶企业都属于"放小"的范围。1999年8月，长沙市政府制定了《关于加快国有企业改革和发展若干问题的意见》，各县（市、区）相继出台了相关政策。改革的基本思路是：以"两置换一重组"（即置换企业产权、置换企业职工身份、实现资产优化重组）为突破口，以招商引资为切入点，采取破产重组、整体或部分出售、兼并、股份或股份合作等多种形式，推动国营、集体企业向民营企业或混合型企业转型，促进公有制实现形式多样化和多种经济共同发展。产权制度改革拉动了一大批民营资本迅速跟进，有力促进了茶叶企业的转型升级。至2003年，全市国有、集体茶叶企业基本完成改制，也由此带动了茶叶产业的快速发展。2003年底，全市茶园面积上升到16.5万亩，其中优质茶园近10万亩，良种茶园3.1万亩，有机茶园1000余亩；产茶1.6万t，产值1.5亿元，其中名优茶420t，产值3850万元，出口创汇1000万美元。国有、集体茶企向非公有制和混合型企业的转变，达到了资本、技术优化的目标，有的茶企通过改制摆脱了体制桎梏，实现了迅猛发展。如金井茶厂、湘丰茶厂等企业，从种茶、采茶、制茶的传统公司，成长为真有机、无污染的绿色生态企业，并提供休闲、旅游服务，向着国内国际市场举头并进、深化一二三产业深度融合发展的方向迈进。

2. 突出抓好茶叶生产的"四化"

一是种植区域化。 即利用市内边远山区气候、土质等有利条件，规划发展优质高产茶叶基地，按高起点、标准化的要求，以乡镇茶场为中心组织实施，形成茶叶专业场、专业村、专业户的专业生产群体，政府则把农业投入资金作为引导农民进行开发性生产的手段，设立开发项目补助基金，推动农民向科学高效生产方向发展。各县（市、区）主动作为，建设了全市"一廊三片"（即长沙县百里茶廊、宁乡市沩山片、望城区格塘—乌山片和浏阳市淳口片）绿茶优势产业带，为长沙绿茶发展奠定了坚实的产业基础。至2012年末，全市共有茶园面积20.805万亩，全年茶叶总产量2.72万t，茶及其他饮料实现总产值8.6亿元（现价），茶及其他饮料总产值占全市农业总产值的3.7%。

二是品种优良化。 即引进高产优质、无性繁育茶树良种，建设良种苗圃，繁育储叶齐、白毫早、福鼎大白等优良品种，为全市基地建设提供优良种苗，逐步改造低产、老化茶园。2008—2012年的5年间，全市每年新扩良种茶园1万多亩，茶叶总产量年均递增12%以上，产值年均增长幅度达到20%以上。全市茶叶产量、产值、亩平均效益、出口创汇4个指标，均位居全省第一。同时，茶叶产品质量全面提升，金井、湘丰、长春、鸿大四家企业获得国家绿色食品质量认证和ISO9002：2000国家质量体系质量认证，金井茶厂、湘丰茶厂和沩山茶叶有限公司获得有机茶认证（图2-8）。

三是生产机械化。 改良茶叶生产过程中半机械作业、劳动强度大、生产效率低，不利于规模生产和经营的局面，添置名优茶加工和包装设备，规范茶园、茶树，实行大宗茶采摘加工机械化，提高生产效率和规模经营实力。

四是经营市场化。面向市场，参与市场营销，以市场需求引导生产，以市场流通促进效益。2000年之前，长沙茶业基本处于有茶无市的状态，即一直缺少一个上规模、上档次的交易市场、流通平台。2000年之后，长沙相继建成了高桥茶叶茶具城、长沙茶市、神农茶都文化产业园等，逐步实现产销公开、公正交易、平等竞争，长沙茶业流通进入了一个全方位发展的时期。在此基础上，全市规划建设了一批茶馆、茶艺园、示范（休闲）茶园，星罗棋布于全市各处，以茶联谊，以茶会友，弘扬茶艺文化。随着长沙茶业的繁荣，2008年长沙"金井"牌注册商标成为湖南省茶业行业第一家通过国家工商行政管理总局（现国家知识产权局）认定的"中国驰名商标"，再现了"茶城"的繁华景象。至2012年末，全市共有各类茶产业单位3276家，其中茶叶加工、零售及茶饮服务个体户2998家（三经普数据），茶叶加工、零售及茶叶机械制造等法人单位278家。从规模以上茶叶加工企业发展情况看，2012年末，全市共有20家规模以上茶叶加工企业，拥有资产13.2亿元，实现主营业务收入28.8亿元，实现利润总额2.2亿元。至此，长沙茶业走上了工业产业化发展的快车道。

图2-8 2008年改制成功的金井茶厂实景

四、新时代长沙绿茶高质量全面发展阶段（2013年至今）

国运盛则茶运兴。党的十八大以后，中国特色社会主义进入新时代。长沙茶人在改革开放四十年振兴、复兴发展的基础上，以习近平新时代中国特色社会主义思想为指导，以人民日益增长的美好生活需要为中心，以建设茶业强市为目标，放眼世界，改革创新，致力盛世兴茶，重点实现了五大新突破。

1. 在体制机制创新上实现了新突破

在政府层面上，全面理顺茶业发展的体制机制，构建"政府引导、企业主体、部门联动、社会参与"的茶叶产业发展推进机制，市、县（市、区）、镇（乡）、村（社区）

各级将茶产业作为一项重要的富民产业来抓。

在产业扶持上，积极拓宽引资渠道，采取政府投入，企业投融资，个人、集体投资和银行信贷等多元化投资方式，政府整合农业产业化、现代农业发展、外经贸发展、农业综合开发、农机补贴、退耕还林、科技创新、以工代赈、扶贫开发、防护林建设、农业技术改造等资金，重点支持良种繁育基地、茶树良种补贴、基础配套设施、标准茶园创建和龙头企业品牌培育、技术改造、市场开拓等环节。

在项目实施与管理上，以产业规划为引导，明确重点任务、重点区域、重点环节等，分阶段、分年度、分步骤实施。在服务平台建设上，整合利用市内茶叶教育、科研单位技术服务资源，充分发挥各级茶叶协会行业组织服务职能，建立多元化的信息服务渠道，推动全产业链的信息服务，促进了茶业的健康发展和可持续发展。

2. 在骨干龙头企业培育上实现了新突破

坚持"扶优、扶大、扶强"，培养壮大一批起点高、规模大、带动力强的茶叶龙头企业和企业集群，引导企业开展生产技术和工艺设备升级换代，大力拓展茶叶精深加工，延长产业链条，充分发挥龙头企业的集聚和辐射带动作用，不断推进全市茶叶产业化经营。一是以国家级、省级龙头企业为重点，深化企业体制改革，开展以建设"百年茶企"为主要内容的企业体制改革；二是全面开展现代化茶叶加工示范企业创建，加快生产技术和工艺设备升级换代，提高茶产品技术含量和经济附加值；三是推广行之有效的产业化经营利益联结形式，形成"风险共担、利益共享"的新机制，保护企业和农户的利益，打造"种植→加工→终端市场"的茶产业链，增强辐射带动功能；四是加大对出口茶叶龙头企业的培育力度，加强企业自身建设，打破发达国家技术壁垒，提高出口茶叶企业整体质量控制水平。

3. 在强化标准和品牌创新上实现了新突破

加大扶持和统筹协调的力度，建设"长沙绿茶"区域公共品牌。构建长沙绿茶发展、推介、保护和利用的运行机制，深入挖掘品牌内涵，提升品牌价值。强化标准化管理，对品牌企业的生产、加工、销售和管理实行标准化，推行ISO9000质量管理体系认证和HACCP食品安全保证体系认证；严格品牌管理保护，加强长沙绿茶品牌商标、标识、域名的监管和依法保护力度；采取多样化宣传推介方式，充分展示产品的品质特色和品牌形象，突出品牌个性化，不断扩大长沙绿茶的知名度。

4. 在创新营销文化上实现了新突破

加快茶叶市场建设。以长沙区位优势为基础，以现有成熟的高桥茶叶茶具城、长沙茶市、神农茶都为依托，充分利用长沙综合保税区、空港物流园的独特空间，建设湘茶区域性市场，逐步形成辐射国内外的茶叶流通体系，促进茶叶大流通（图2-9）。

主攻内销。支持企业开拓销售渠道，积极建设品牌销售网络，建设"长沙绿茶"旗舰店，在全国范围内开启加盟店、体验店、专卖店、专柜等，以一站式的服务，全面打造"优质茶生活"，扩大"长沙绿茶"公共品牌影响力，加快发展品牌直销连锁、物流配送、电子商务等新型流通业态，加快长沙绿茶网上交易公共平台建设；

图2-9 长沙茶市

拓展外销，深入研究世界各消费国的茶饮文化，了解其用茶的口味和消费习俗，把适应消费与引领消费结合起来，在积极扩大原料茶、大众茶出口的基础上，创新拓展多元营销渠道，用心营销"中国·长沙品味茶"，努力使长沙茶和茶文化走好一带一路，走进世界。

5. 在实现三产融合发展上实现了新突破

以"变产区为景区，变茶园为公园，变产品为商品，变劳动为运动，变农舍为民宿"为核心，结合长沙市现有茶旅资源和特色茶文化，进行一二三产业融合。做好品质茶、健康茶、文化茶、品牌茶，从品种到茶园，从加工到营销，从茶资源到美好生活多元需要，联动相关学科，强化研发开发，用文化链、科技链推动产业链、价值链、效益链的联动效应，促使茶业三产交融，跨界拓展，全价利用，造福人类。

2018年7月3日，中华人民共和国农业农村部正式批准对"长沙绿茶"实施农产品地理标志登记保护。自此，长沙绿茶这个区域产业航母正式扬帆起航，迎来了更加广阔美好的发展预期。

第三节　长沙绿茶的规划布局

茶园基地的规模、质量和总体布局决定了茶叶产业的规模、质量和整体效益，要加快发展全市茶叶产业，基本要义是加快基地建设，优化产业布局。改革开放以前，长沙市茶园普遍规模较小，且布局非常分散，全市连片300亩以上的基地不超过10处，70%的农家有茶树，几乎是村村有茶园，园园不成片。2000年以来，在长沙市政府的统一部署下，长沙绿茶的产业规划越来越科学，政策措施越来越精准，空间布局越来越优化。

一、打造百里优质茶叶产业带，全面夯实长沙绿茶的产业基础

茶叶生产周期长、管理精细、采摘批次多、用工量大。要形成产业优势，必须在产业空间布局上，充分考虑到交通便利相对集中等条件，做到统一规划。2001年3月，长沙市第十一届人大会议审议通过了《长沙市国民经济和社会发展第十个五年计划纲要》，明确"十五"期间，全市农业重点建设百里优质水稻、百里花卉苗木、百里优质茶叶、百里优质水产四大产业走廊，基本形成近郊都市农业、中郊优势农业、远郊传统生态农业"三环四廊"的产业布局。2002年1月，长沙市委、市政府成立了市茶叶产业发展工作领导小组，分别编制了五年、十年茶产业发展规划，坚持一张蓝图绘到底。在茶园的空间布局上，规划了从宁乡市沩山乡出发，沿灰黄旅游线、宁横公路、G240、长湘公路，经G107、S207、浏东公路至浏阳市大围山，蜿蜒300km余的全市茶叶优势产业带，同时出台一系列扶持政策引导茶叶产业健康快速发展。2002年，当年开局即见成效，全年茶叶产销形势为过去十几年来最好的一年，全市茶园面积达到15万亩，产量、产值分别达到1.5万t、1.1亿元，分别比上年增长11%和71%，出口茶叶8000t余，创汇650万美元，分别增长60%和85%。

二、建设一廊三片，形成长沙绿茶的区域化特色和规模化优势

在长沙市委、市政府的统一部署下，所属长沙、宁乡、望城、浏阳四县（区、市）紧密结合自身实际和产业基础，加快了茶叶产业发展的步伐。从2003年起，长沙县在境内沿S206长平公路、金开公路两侧12个乡镇，蜿蜒近100km余的低丘红壤地带，建设了一条长廊式茶叶核心产业带，至2006年"百里茶廊"基本建成。宁乡市以沩山毛尖绿茶为主打，在沩山乡全境及周边的黄材镇龙泉、蒿溪村、巷子口镇狮冲、黄鹤村等地区发展名优富硒有机茶的种植，逐步形成了长沙绿茶的宁乡市沩山片区。望城区通过大力扶持以靖港镇格塘长沙云游茶业有限公司和乌山街道湖南望城乌山贡茶业有限公司为主的规模企业发展，逐步形成了长沙绿茶望城区格塘—乌山片区。浏阳市通过几年发展，在境内幕阜山脉—罗霄山脉山区丘陵地段、捞刀河沿岸，以淳口镇为中心，以社港镇、官桥镇、张坊镇、城郊部分地区为支撑点，以浏阳湖红、浏阳河银峰、湘妃翠、白鹤茶、捞河源毛尖等品牌为依托，逐步形成了长沙绿茶浏阳市的淳口片区。至此，"一廊三片"

的产业布局基本形成。

2009年3月，长沙市政府印发了《关于进一步加快茶叶发展的意见》和《长沙市茶叶产业规划纲要》，明确了着力建设百里茶廊、沩山、淳口、格塘为主体的优质茶生产基地，扎实抓好茶园标准化建设、茶厂自动化建设、科技创新建设、茶文化建设四大工程，到2012年实现全市茶园基地28万亩，外联生产基地40万亩，茶叶市场销售交易量10万t，茶叶产值15亿元，国内贸易额30亿元，出口创汇5000万美元，茶农人均增收5000元以上的目标。市财政每年安排2000万元茶叶产业发展基金，对新建或低改茶园、推广绿色防控技术、新建或更新加工设备、推广运用新品种新技术新工艺等进行项目扶持。在长沙市政府强有力的政策措施引导下，各县区和茶叶企业加快建设步伐，长沙绿茶的区域化特色逐步形成。

三、推进"一县一特"，实现长沙绿茶的百亿目标

长沙绿茶审核批准为农产品地理标志产品后，长沙市政府于2018年9月召开了长沙绿茶产业发展座谈会。会议强调要优化资源配置、补齐发展短板、落实发展举措，加快将长沙绿茶打造成品牌产业、高效产业、富民产业。文件要求要明确发展目标，围绕"品牌产业、高效产业、富民产业"的目标，优化资源配置，加快推进长沙绿茶全产业链发展，先期实现产业过50亿元的阶段性目标。要理清发展思路，实施品质、品牌、品位"三品带动"，提升茶叶品质，做优长沙绿茶品牌，说好茶文化故事；坚持第一、二、三产业"三产互通"，对标绿茶产业发展"全景图"打造全生态产业链；强化茶叶、文化、旅游"三业融合"，以绿茶产业为基础，放大文化和旅游产业，抢占发展制高点（图2-10）。

2019年，长沙市人民政府印发《关于加快推进长沙市"一县一特"农业产业发展的实施意见》，明确从2019年起，以长沙县为主体，用5年时间将长沙绿茶打造成为品牌产业、高效产业、富民产业，建成标准化优质茶园10万亩以上，实现综合产值100亿元。

长沙县茶人担负起了实现长沙茶叶突破发展的历史重任，县委、县政府迅速行动，将长沙绿茶作为长沙县"一县一特"的主导产业加快发展，先后出台了《加快茶叶产业发展的意见》《加快茶产业发展五年行动方案（2018—2022年）》等政策措施，市、县两级每年投入财政资金1亿元进行产业扶持，全力推进茶叶全产业链深度融合发展。

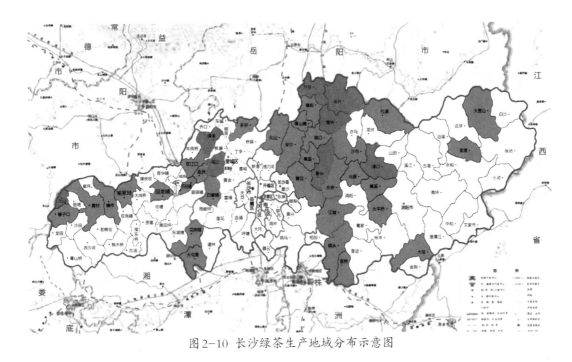

图 2-10 长沙绿茶生产地域分布示意图

注：图中绿色、灰色背景区域为长沙绿茶主要生产区域，其中灰色区域是"一廊三片"茶叶产业带。

长沙县（12个镇）：金井镇（含双江镇）、高桥镇、路口镇、春华镇、果园镇、北山镇、福临镇、开慧镇（含白沙乡）、青山铺镇、安沙镇、江背镇、黄花镇。

望城区（3个镇，1个街道）：靖港镇（含格塘镇）、乌山街道、茶亭镇、白箬铺镇。

浏阳市（12个镇）：淳口镇、大围山镇、官渡镇、大瑶镇、社港镇、太平桥镇、沙市镇、蕉溪镇、北盛镇、官桥镇、镇头镇、永安镇。

宁乡市（8个镇，2个街道，1个乡）：沩山镇、花明楼镇、巷子口镇、横市镇、黄材镇、回龙铺街道、历经铺街道、双江口镇、大屯营镇、喻家坳乡、金洲镇。

第四节　长沙绿茶的"一廊三片"

根据原农业部审核批准的农产品地理标志产品保护地域范围，长沙绿茶主要生产区域分布在长沙市39个乡镇街道的一条"M"形产业带上，"一廊三片"就是这条产业带上的四颗明珠。

一、百里茶廊

现代百里茶廊位于长沙县（图2-11）。长沙县地处长株潭"两型社会"综合配套改革试验区核心地带，是全国18个改革开放典型地区之一；是湖南构建"一核两副三带四区"格局中长株潭核心增长极的关键支撑点、先进制造业发展的重要地、中国（湖南）

自由贸易试验区长沙片区的主阵地，居全国县域经济、县域综合发展第4位、第5位；是中西部县域经济发展的标杆。长沙县城区又称星沙，是长沙县工商业中心，亦是国家级长沙经济技术开发区所在地。

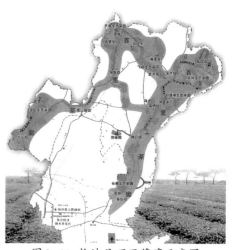

图2-11 长沙县百里茶廊示意图

长沙县茶产业历史悠久，文化厚重。早在西汉时期已开始茶叶生产，唐代诗人有"湘资泛轻花"的题咏，到五代马楚王朝时期，长沙种茶业盛极一时，与北方的茶叶贸易成为长沙财政收入的主要来源之一。明清时期，县内仅金井、高桥一带茶行就达48家，高桥茶庄乃全国72家著名茶庄之一。

2003年，长沙县茶园面积3.76万亩，其中良种茶1万亩左右，完成了茶叶企业的改革改制。全县大小茶叶企业21个，共有加工厂房6.8万m²，各种初精加工设备1500台套，固定资产3310万元，流动资产1876万元，年加工能力0.8万t，实际年加工干茶0.71万t，年产值0.95亿元。为进一步加快茶叶产业发展，当年，长沙县委、县政府提出建设百里茶廊、发展茶业经济的战略思路，成立了由县长任组长的茶叶生产领导小组，农业、财政等20个部门为成员单位，通过实施加大投入、政策扶持、市场运作、龙头带动等举措，全县上下达成了齐心协力培育茶产业的共识，形成了支持茶产业发展的强大合力。

经过几年建设，百里茶廊建设取得了明显成效。

1. 产业建设快速发展

通过改造茶园、新扩基地、推广技术、加强培管等措施，推动了茶产业的发展壮大。到2007年底，全县茶园面积达0.54万km²，比2006年底增加400km²，面积由2003年的全省第21位跃居全省第3位；实现总产量3.42万t（2003年1.08万t），由2003年全省第17位跃居全省第1位；总产值5.02亿元（2003年1.017亿元），由2003年全省第11位跃居全省第1位；出口创汇1221.5万美元（2003年603万美元），稳居全省第一。2007年，百里茶廊所辖9个重点乡镇的3.86万茶农通过订单收购，全年实现鲜叶总收入8363.18万元，茶农鲜叶收入增加4024.18万元，增长92.7%；茶农人均鲜叶收入2166.6元，人均增收957.96元，增长79.3%。全县茶叶企业转移剩余劳动力2876人，共计支付劳务工资4659.12万元，人均6200元，茶叶产业已成为长沙县北部乡镇的支柱产业，成为推进新农村建设、带动农民增收致富的稳定途径。

2. 龙头企业提质增效

至2007年，长沙县有茶叶规模企业6家，年加工干茶能力5万t，其中茶叶精深加工能力1万t，先后引进3条全自动生产线，使全县茶叶加工能力和水平得到大幅提升。尤其是湘丰茶业有限公司投资3200万元，从日本引进了全国首条炒青绿茶全自动生产线和绿茶精制包装生产线，实现了自动化、智能化和清洁化操作。

3. 基础设施日臻完善

在各级领导的大力支持和中央财政支农资金项目建设的推动下，百里茶廊的基础设施快速发展、日臻完善。2005—2007年，全县累计修建茶园公路165km。其中，建成主干道83km，次干道和园区道路82km；建成两处茶园喷滴灌设施，覆盖面积120万 m²，完成26km灌溉渠道改造和防渗护砌，140处茶园蓄水池等建设；按照有机茶园和生态茶园建设标准，加强水土保持，完善茶园绿化，全县茶园共计栽植绿化树木1万株，贴种草皮60万 m²。

4. 茶叶品质大幅提升

随着科技兴茶步伐的加快，茶叶品质大幅提升。茶叶企业与中国科学院、湖南省茶叶研究所、湖南省农业大学等科研单位合作，全县各茶叶企业共计研发茶类新产品9个，实现产值1.6亿元；先后引进8个良种茶，建立良种茶母本园33.33万 m²，良种茶苗繁育基地近千亩，确保了全县新扩茶园和老茶园改造的种苗需求；在全县推广茶园测土配方施肥、茶园病虫害综合防治新技术；组织制订了品牌茶生产技术操作规程，在茶园培管、采摘加工、包装储存、经营销售等各个环节实行规范化管理，推行标准化生产（图2-12）。2007年底，全县有金井、湘丰、鸿大、长春、开慧、双江等茶场获得了"绿色食品"认证，其中金井、湘丰茶场获得了AA级"绿色食品"认证；金井茶场获得国际（瑞士）有机茶认证，开创了全市有机茶栽培的先河。先后有"金井牌"茶叶被国家工商行政管理总局（现国家知识产权局）认定为中国驰名商标，"富甲牌"白露毛尖荣获第三、四届中国国际茶博会金奖。

图2-12 百里茶廊——金井茶业茶园培管示范基地

5. 茶文化内涵日益丰富

2003年，长沙县成功举办了首届采茶节，开展了种茶、采茶、制茶、品茶、赞茶、茶道、茶艺等一系列茶文化活动，从不同角度宣传本县茶叶悠久的历史、深刻的文化底蕴和丰富的茶文化内涵。2004年，成功组织策划了湖南省第一个茶文化节——中国湖南·星沙（首届）茶文化节，向国际、国内茶叶界充分展示了百里茶廊建设的崭新面貌。2005年，又成功策划并组织文化名人百里茶廊采风活动，邀请省内外文人墨客赴百里茶廊采风，创作出了一批优秀茶文化作品。第六届茅盾文学奖得主熊召政先生发出"为寻玉液来金井，碧岭螺山五月春，不必洞庭赊月色，湘茶醉我楚狂人"的感慨。2006年5月，以"绿色·健康·和谐"为主题的第二届星沙茶文化节在长沙县隆重举行，发布了《中国茶业星沙宣言》。2007年长沙县组织了全省茶业工作会议暨高峰论坛、全国知名书法家百里茶廊笔会、世界茶叶大会等一系列茶文化活动。

6. 茶产业发展机制逐步完善

经过多年的实践探索，长沙县在2003年制定了《2003～2007年茶叶产业发展纲要》和《关于加快茶叶产业发展的意见》的基础上，于2006年制定了《百里茶廊建设"十一五"发展规划》，2007年又制订了《百里茶廊公路网建设"十一五"发展规划》，百里茶廊产业建设的发展思路和奋斗目标十分明确。通过不断创新和积累经验，长沙县茶叶产业发展初步形成了政府引导、政策扶持、资金整合、部门服务、龙头带动、群众参与、上下联动的模式，建设全国一流的基地，建立全国一流的现代化企业，打造在全国乃至国际都叫得响的茶叶品牌，推动了长沙茶叶产业向纵深领域延伸。

长沙百里茶廊因其自然生态、产业集聚、品牌打造与历史文化有机结合而独具特色，因其逐步形成了种苗繁育、栽培、采摘、加工、销售一条龙的配套服务体系，在市场的召唤和政府的引导下，开始走上了规模化、专业化、集约化、品牌运作的现代企业经营之路，被列为长沙市四大农业产业带和湖南省五大优势产业带。各企业尤其是龙头企业坚持以科学为指导，技术为依托，以独特的传统工艺与现代化的先进设备相结合，制作出了品质优良的"高桥银峰""湘波绿""金井毛尖"等精品绿茶。国际一流的绿茶全自动生产线的引进，降低了生产成本，提高了生产效益，增强了产品的市场竞争力，使其茶叶产品畅销全国，远销东南亚及欧美各国。

长沙百里茶廊赋

暮春三月，于杏花雨中，游长沙县百里茶廊。夜来归至星沙，兴不能尽。微醺之后，品茗之时，神思翩然，拾韵如下：

百里茶廊，千轴图画；万顷茶园，一方锦绣。白屋青庐，重重相间；红英绿萼，叠叠逶迤。满眼是香雪海，花光拂动朝暮；置身于玲珑地，茶香常醉春秋；今夕何夕兮，徘徊于潇湘古道；长亭短亭兮，回沐于历史遗风。

依湘水之东，在洞庭湖南；自明清上溯，从秦汉以降，唯我先民，拓出一方水土；慕他乡贤，开创千古风流。南楚家园，不但可以怡情，更可住花香鸟语；潭州故土，不但宜于酿春，更能造名士英雄。多少年啊多少年，牧歌为泽畔月亮，史诗成山间太阳；多少代啊多少代，风霜为眼中春色，疮痍成颊上秋光。俱往矣，飘峰山儿女，早送走十方风雨；更迎来，新农村美景，凝聚在百里茶廊。

饮茶始于神农，品茗盛于中唐。长沙历史，与嘉木一起成长；湘人农业，与茶艺一起芬芳。狮岭仙踪，留在哪一座烟灶；茆港扁舟，泊在哪一处茶坊？过春华，穿路口，临高桥，涉金井，谒开慧，访福临。四八处明清茶庄，给我以温馨旧梦；数十座新辟茶园，赠我以精美诗囊。饮不完的白露茶，媲美于铁色楮叶；看不尽的金鼎山，丛生于白毫碧香。黄溪岭下，湘丰富甲，香透我的肺腑；仙凤桥畔，金茶珍露，润绿我的酒肠。走啊走，走过了百里，走不完二十四番花汛；看哪看，看遍了茶园，看不尽三十六重春浪。

栽山织锦，厥功伟哉；秀色可餐，唯其茶也。铺在山上，是媚态阳春；泡在壶中，是液体翡翠。呷在口中，是温婉江南；搁在梦里，是宁静故乡。茶与诗融，饮者可得大愉悦；茶与道合，品者可得大圆通。愉悦生自在，圆通即和谐。一县得此，则生机勃发；二者兼美，则长沙善化。

短赋既成，诗情正涨。眼前茶香氤氲，心如摇曳纸鸢；窗外雨意灵动，情似飘举霓裳。夜色醇美，一壶沏出了千峰苍碧；长沙宜人，春风沉醉在百里茶廊。

（茅盾文学奖获得者、著名作家熊召政）

二、沩山片

沩山片位于宁乡市。宁乡市（原为宁乡县，2017年4月撤县设市）位于长沙西部，地处湘江下游西侧和湘东偏北的洞庭湖南缘地区。面积2903km^2，人口126万。地势由西向东呈阶梯逐级倾斜，寨子山海拔1071m，是全县的最高峰，东北部属滨湖平原，最低处海拔29m。河流有沩、乌、楚、靳四水，境内总长326km。

清代，宁乡各地均产茶，民间广泛流传一种对子花鼓《采茶歌》，清同治六年（1876年）《宁乡县志》卷二四《风俗·里曲》记载了《采茶歌》的歌词：

正月里是新年，借得金钗典茶园。谷雨难似雨前贵，雨前半篓值千钱。

二月里发新芽，人家都爱吃新茶。个个奉承新到好，新官好坐旧官衙。

三月里摘茶尖，焙茶天气暖炎炎。妈妈催我春工急，又买棉花似白毡。

民国《宁乡县志》载："清末，沩山茶不让武夷、龙井，商销甘肃、新疆等地，六度庵、文佳冲等处茶园多，普制红茶外售；祖塔甜茶树高叶大，味甘性凉。"民国二十九年（1940年），产茶叶超14万kg，产地为大沩、释褐、黄绢、上流、罘罳、大田、望北、粟溪、汤泉、大成、石潭、芳储、狮顾、仙凤等乡，茶种全为灌木型中小叶地方品种。1949年，有茶园1.9048万亩，产茶47.5万kg。1950年，政府向茶农发放茶叶贷款，培训栽培技术。1952年，全县茶园1.9万亩，产茶66.67万kg。1956年，茶园2.5万亩，产茶89.35万kg。人民公社化后，一度重采摘、轻管理，忽视茶园的垦复和扩建，种植面积与产量逐年减少。1965年，茶园1.26万亩，产茶50.3万kg，产品主要为黑茶和绿茶。20世纪70—80年代，全县开垦的荒山坡地，多辟为茶园，人民公社、大队、生产队三级办茶场。1977年，有茶园面积12.59万亩，产茶217.2万kg。

1982年经过对沩山、六度庵等8处茶种普查，选出16号、17号和23号单株等地方良种，加以培育和推广。以后又引进槠叶齐、福鼎大白、湘波绿等良种。1983年，全县茶叶量达325.69万kg，列入湖南省26个茶叶生产基地县之一。"1号沩山毛尖"在全省名茶征样审评中，连续两年评为湖南省优质名茶。随着农村经济体制的改革，原人民公社、大队两级集体茶场实行专业承包、联产计酬的生产责任制，茶农生产积极性充分发挥。1987年，茶叶总产达380.95万kg，为历史上产茶最多的一年。以后因茶叶滞销，部分茶园改种果树等其他经济作物。1990年，茶园面积4.9577万亩，产茶叶245.4万kg。

20世纪70年代前，宁乡沩山片茶叶主要产品为黄茶。随着市场需求变化，沩山毛尖绿茶逐步发展壮大，进而取代黄茶成为主导产品，并迅速得到社会认可（图2-13）。到1990年，沩山毛尖茶园面积达4000多亩，产茶叶200t余，其中绿茶120t，黄茶80t。1993年，宁乡县委、县政府实施茶叶"飘香工程"，以八角溪村为示范点，引进无性系良种茶苗，并引进名优茶生产设备，加快了沩山茶叶基地建设的步伐。2000年以后，宁乡又提出了"茶业立乡、旅游兴乡、科技富乡"的长远发展思路，确定在沩山乡全境及周边的黄材镇龙泉、蒿溪村，巷子口镇狮冲、黄鹤村等周边地区发展名优富硒有机茶的种植，并将此作为山区农民脱贫致富的突破口来抓，沩山茶叶产业逐步成为支撑当地旅游与经济发展的主导产业，也成为农民脱贫致富的重要途径之一。至2017年末，沩山片已建成可采摘茶园3.2万亩，年产干茶量达900t，年销售额达2.5亿元。2016年11月11日，国家质量监督检验检疫总局（现国家知识产权局）正式批准沩山毛尖为国家地理标志保护产品，保护地域范围为宁乡沩山乡全境、黄材镇龙泉村和蒿溪村、巷子口镇狮冲村和黄鹤村、青羊湖国有林场今辖区域（图2-14）。

图2-13 20世纪80年代初密印寺旁的湘沩名茶广告　　　　图2-14 沩山毛尖地理标志

近年来，沩山片区以打造"一座茶山上的避暑小镇"，结合当地旅游胜地——密印寺、炭河古城，全力推进茶旅融合（图2-15）。沩山片知名茶叶企业有湖南沩山茶业股份有限公司、湖南沩山湘茗茶业股份有限公司、长沙沩山炎羽茶业有限公司等。沩山片区除主产沩山毛尖茶外，还生产黑茶和红茶。

图2-15 沩山茶叶基地

三、格塘—乌山片

格塘—乌山片位于望城区。望城区（原为望城县，2011年6月撤县设区）居湘中东北，跨湘江尾闾，位于东经112°36′～113°2′，北纬27°58′～28°34′，东与长沙县、长沙市郊区毗连，南与湘潭县相接，西与宁乡县交界，北与汨罗、湘阴、益阳等县为邻，属长衡丘陵向洞庭湖平原过渡地带，地势由南向北倾斜，境内平原、岗地、丘陵，低山兼有，田地多、水域广、劳力资源丰富。毗邻省城、得科学技术之先声，为发达的农业区。望城县属亚热带气候，一年四季分明，雨量充沛，光照适中，年平均气温16.9℃，降水量1370mm，无霜期274天，适宜于动、植物繁殖和生长。农业以种植业居首、畜牧业为次，依次为副业、林业与渔业，"河西南桔""河西园茶"享誉三湘。

相传宋代以前（1231年前），湘江之滨，麓山脚下，曾有僧侣在寺周辟地种茶，每年春末夏初之交，采制茶叶款待游客。随后饮茶之风盛行，植茶范围逐步扩大。清咸丰年间（19世纪中），自岳麓山至三叉矶、回龙洲、白沙洲等沿湘江约30km的地带，农家栽桔种茶，习以为常，桔茶相间，连片成园，河西"园茶"由此得名。

望城茶叶产品20世纪50年代前为"河西园茶"。"园茶"制茶方法是铁锅杀青，黄藤熏制，人工制作。其具有独特风味：其一，鲜叶原料为"蕻子茶"；其二，讲究制作，茶叶嫩而不腻，香而有味，极为饮者爱好；其三，长沙的好茶者，先饮其汁，后嚼其叶，口中留芳，别饶风味。受此影响，望城茶叶产品，20世纪50年代前为"河西园茶"。1939—1940年境内年产茶叶近500担，1949年产茶1130担。1951年，长沙县人民政府奖励垦复茶园，濒临荒芜的茶园得到改造和发展。1957年全县茶园面积发展到5000亩，年产茶115t。20世纪50—60年代，局部地方盲目提出"向荒山要粮，要茶园让路"，有的毁茶种粮，有的在茶园内搞不合理的间作，造成少数茶园败毁或严重缺苗。1958—1969年统计，12年内，年均茶园面积2673亩，产茶66.5t，比1957年面积减少46.64%，产量下降42.17%。20世纪70年代后，推广机械制茶，茶叶产品增多。1970年，由湖南省茶叶公司内部区划决定，望城县为绿茶生产区，由长沙市茶叶公司收购并供应市场。县内销售茶叶，也要由长沙市茶叶公司统一返销。1974年靖港区格塘乡茶厂开始生产红碎茶，产品直接销售给平江茶厂或长沙茶厂。20世纪80年代，根据中央开放搞活的政策，国家将茶叶产品税由原来40%降低到25%，同时取消茶叶派购，使茶叶生产得到进一步发展。为恢复和发展茶叶生产，国家还投放资金234.24万元，其中由省、市财政无偿投资17.221万元；国家银行无息或低息贷款214.849万元；供销社有偿扶助资金2.17万元。至1984年，茶园遍及全县7个行政区、33个乡和2个镇。建有乡、村茶场159个；其中乡办茶场9个，村办茶场150个。栽培面积（含农户经营小茶园）2.07万亩，年产茶565.01t，比1957年面积扩大3.13倍，总产增长3.91倍。1987年完成收购量419t，比1976年的156t增加168.6%。

20世纪90年代以后，在政府主导下，通过兼并重组等措施，望城茶园、茶业生产加工企业集中到以靖港镇格塘长沙云游茶业有限公司和乌山街道湖南望城乌山贡茶业有限公司等为主的规模企业，逐步形成了长沙绿茶望城格塘—乌山片区的格局（图2-16）。截至2020年，片区茶园总面积4550亩，全年生产干毛茶总产量约736t，名优茶230t，干毛茶总产值4840万元。

图2-16 望城格塘—乌山片茶叶基地

四、淳口片

淳口片位于浏阳市。浏阳产茶历史悠久，清咸丰年间汉口开埠后，湘茶外销量大增，故谭嗣同在《麻利说》中说，浏阳农户与商人"皆舍麻言茶利"。

浏阳市（原为浏阳县，1993年1月撤县设市）是湖南省主要传统产茶县之一。境域多山岗，土层深厚，均宜林茶，产区较广。浏阳市产茶在清代开始盛行，以普迹、官渡、镇头等处为著名；其次在东门、白沙、大坪、枫林桥、永和、古港、大瑶坪、赤马殿、石坳、北盛、路口、大小真山等地，所产茶叶，多为红条茶。清咸丰七年至清同治年代（1857—1875年），浏阳红茶（俗称盖红茶）已成湖南红茶之上品，与安徽"祁红"并相进入国际市场。据《浏阳县志》记载，清同治二年（1863年）汉口开埠后，茶价陡涨，农户拔苎麻种茶。《湖南省志》记载，清朝中叶，浏阳普迹的"白茅尖"和"黄茅尖"两山峰的茶树树高干粗，叶大肉厚，茶叶冲泡后，芽张叶展，如白鹤飞翔，故誉为"白鹤茶"，品质特佳，驰名三湘四水，被列为贡茶，每年纳贡四斤。

民国初期，产茶最盛，年产红茶曾达4万多箱。民国十年（1921年）以后，茶产逐渐衰落，几呈停顿。中华人民共和国成立后，茶叶生产逐渐得到恢复，并在县域西北部平丘地带辟山垦荒，扩建了大片新式茶园。1949—1979年，浏阳茶园面积扩大了4.86倍，产量增加了1.93倍，商品量增加了4.62倍。1960年茶园面积达到41724亩，年产茶20832担，出现了新中国成立以来茶叶生产的第一个高峰。

1988年10月，浏阳县开展茶叶资源数据普查。时全县共有茶园2525.6hm²（不包括零星荒芜茶园）。有乡级专业茶场22个，面积373.8hm²；村级专业茶场233个，面积

672.3hm²；组级茶园及分散到户茶园1479.5hm²。全县有红条茶精制厂2家、红碎茶厂7家，兼制绿茶加工厂4家。茶类以红碎茶和条红茶为主，西北部以红碎茶为主，西南部以红条茶为主，大围山区以"宁红"为主。产茶1977.5t，总产值1185万元，出口总额为276.89万元。茶园、茶企普遍规模小、布局分散、质量参差不齐。

20世纪90年代以后，为了适应国际国内两个市场的需要，浏阳茶企逐步走上了产业化、集约化、品牌化发展的道路。从单一生产红条茶转向红绿茶兼制，绿茶由少到多，名优茶从无到有，由普通饮用茶为主向辅以休闲袋泡茶方向发展。在产品档次结构上，由单一的大宗产品转向高、中、低档系列化，既生产低档次的黑毛茶、红条茶，中档次的绿茶、红碎茶，又生产高档次的名优茶，花色品种也多样化（如名优茶有毛尖、银峰、碧螺春、银针、翠芽等产品）。大围山"宁红茶"产区已不复存在，烟茶绝大部分自产自食，黑毛茶、红条茶主要销往江西、湖南各地，红碎茶一直由湖南省茶叶总公司和湖南省茶叶进出口公司经营出口。红茶、绿茶、名优茶主要由浏阳河茶厂（原路口茶厂）、淳口茶厂、社港茶厂、龙伏茶厂、北盛茶厂生产，产区主要集中在北区捞刀河盆地。休闲茶饮料由浏阳市镇头金昭茶厂生产，品牌开发取得了较好成绩，1992年11月19日由浏阳县茶叶公司和湖南省中医药研究院共同研制开发的嗣同牌神农茶在长沙通过省级鉴定，省经委颁发"新产品证书"；12月13日在湖南省新技术新产品交易会上获"科技创新金奖"；12月22日，在广州食品工业优新产品高效技术及设备交易会上，采用优质茶叶配以中药精制而成的嗣同牌神农茶获"最受欢迎产品（技术）奖"。产品保持了茶叶的特色，又增加了保健功能，经动物和临床试验表明，产品具有平补肝肾，降脂降压，清肝明目，疏风散热，润肠通便，抑菌抗癌作用。湖南省新产品鉴定会议认为："嗣同牌神农茶配方科学、工艺先进，气味芳香，口感醇和，浓淡适中，填补了省内空白，在同类产品中居国内先进水平。"1999年浏阳市镇头金昭茶厂生产的"湘荣牌凉茶"被农业部（现农业农村部）授予乡镇企业系统优秀QC成果二等奖；2000年9月20日"湘荣牌系列茶"被第二届中国特产文化筹备委员会指定为唯一专用茶叶；2001年"湘荣牌凉茶"被国家专利局授予专利产品；同年"湘茶牌鱼腥草茶"申请专利产品。1994年度（第十二届）湖南省名优茶鉴评中，北盛茶场选送的泸舟毛尖和炒青绿茶榜上有名。1997年浏阳河茶厂研制的"大围山翠峰"荣获第四届"湘荣杯"银质奖。1998年北盛茶厂研制的"翠玉春"获湖南省农业厅（现湖南省农业农村厅）优茶评比银质奖。2002年11月在中国湖南第四届（国际）农博会上，浏阳河茶厂生产的"浏阳河银峰"和"浏阳河炒春绿茶"双双获得银质奖。

今日茶叶生产为浏阳农业主导产业，政府将之与粮食、蔬菜、烟草、花木等同列为六大重点扶持产业之一，对集中连片新扩优质品牌茶基地，在机械设备引进、标准厂房建设等方面制订了优惠和奖励政策。2001年8月，浏阳市被湖南省农业厅确定为湖南省100万担优质品牌茶开发项目基地县（市）之一。2002年3月1日，浏阳市人民政府成立了百万担优质品牌茶开发领导小组，推动茶叶产业加快发展。经过十多年努力，湖南浏阳河银峰茶业有限公司、湖南淳峰茶业有限公司、浏阳市茗湘茶业有限公司、浏阳市爱山乐水农业发展有限公司、长沙市柱峰茶厂等茶叶企业异军突起迅猛发展，逐步形成了境内幕阜山脉—罗霄山脉山区丘陵地段、捞刀河沿岸，以淳口镇为中心，以社港镇、官桥镇、张坊镇、城郊部分地区为支撑点，以浏阳河银峰、浏阳湖红、湘妃翠、白鹤茶、捞河源毛尖等品牌为依托的淳口片茶叶产业带（图2-17）。至2020年，淳口片区茶园面积4.45万亩，干茶产量2082t，产值5884万元。其中名优绿茶102t，产值3152万元。

图2-17 淳口片茶叶基地

第五节　长沙绿茶的兴盛战略

长沙茶叶品类由红茶、绿茶、黄茶、黑茶和地方烟熏茶兼制到相对集中于长沙绿茶，长沙茶企由多、小、弱到少、大、强实现集约发展，长沙茶叶品牌由乱、杂、影响力小到集聚于长沙绿茶区域公共品牌，实现长沙茶业的高质量全面发展，得益于6个方面的不懈坚持。

一、政府搭台，引领产业健康发展

我国茶叶发展的历史，从茶马贸易、以茶治边到边销茶的形成，其实是一部"官茶"的历史。唐文宗大和九年（835年）起设"榷茶法"，不久又行税茶，至清代的茶引、民国时期的茶票、新中国成立后的指令性计划，无一不是做"官茶"行"官道"，官茶体制延续达一千多年。这一特征决定了茶叶产业发展对政府引导的依赖性和依附性。长沙市委、市政府深刻把握茶产业发展的这一客观规律，引导全市茶叶产业的快速健康发展。

2018年，长沙市委、市政府做出加快推进"一县一特"农业产业发展战略部署，明确将长沙绿茶作为长沙县"一县一特"的主导产业加快发展，全力打造"长沙绿茶"百亿产业。

长沙县委、县政府在认真分析产业现状的基础上，印发了《关于加快长沙县茶叶产业发展的意见》，县政府研究制定了《长沙县加快茶产业发展五年行动方案（2018—2022）》，明确了发展路径和发展目标。决心以实施乡村振兴战略为契机，充分利用长沙县独特区位优势和茶产业发展基础优势，坚持"政府引导、市场主导、龙头带动、科技支撑"，突出"质量兴茶、绿色发展"，通过"夯实基础、打造品牌、创新驱动、融合发展"，将"长沙绿茶"打造成为长沙县的特色支柱产业和亮丽品牌。计划到2022年底，全县茶园面积突破并稳定在10万亩以上，良种茶园比例超过90%，县外订单或控股茶园面积突破60万亩，干茶产量突破10万t，实现干茶总产值30亿元，全县茶叶及相关产业（茶苗繁育、茶机研制、精深加工、茶旅融合、物流服务等）综合产值突破50亿元，有力支撑湖南千亿茶产业发展。

2019年以来，各级领导和政府部门对茶叶产业发展关爱有加、服务到位。实行一个企业、一名县级领导带队、组成一套班子、一抓到底。工作组深入企业调研座谈，指导解决企业发展中遇到的重大问题，积极协调相关部门，重点做好走访帮扶、政策咨询、政务窗口、产业招商、融资对接、科技创新、人才培训、市场拓展、要素保障、法律维权等10个方面的服务工作。长沙市政府也相继出台了招商引资、土地使用、项目建设、风险防控以及茶叶产业创品牌、获荣誉、创汇纳税等一系列扶持激励办法。2019年6月，长沙市人民政府办公厅印发《关于加快推进长沙市"一县一特"农业产业发展的实施意见》，明确从2019—2023年，市财政每年安排专项资金4000万元，对长沙绿茶进行扶持，并要求实施项目的长沙县按1.5倍配套产业发展资金。2020年7月，中共长沙市委实施乡村振兴战略工作领导小组办公室印发《长沙市"一县一特"农业产业发展扶持办法》，对新建或品改茶园的基地明确标准补贴，相关茶企予以补助和奖励等。2021年4月，长沙市政府印发《长沙市建设乡村振兴示范市推进现代农业高质量高水平发展若干政策》，进一步将投资类补助标准提高至实际投资额的50%。连续强有力的政策支持，极大地激发了茶企创业创新的积极性，促进了产业的快速发展。

"一县一特"相关政策实施以来，2019年，长沙县共整合各级财政资金10159万元，其中涉农资金整合5372万元，市县专项资金4787万元，带动经营主体完成投资2.5亿元，全年共支持79个企业163个项目。全年完成新改扩茶园基地21209亩，其中新扩茶园4454亩、新建良种繁育基地778亩、品改750亩、低改茶园15227亩。全年实现生产产值（本县茶农鲜叶收入）3.2亿元，加工干茶7.18万t，实现销售收入18.6亿元，茶及相关产业综合产值35.6亿元。2020年，市级安排18个主体实施29个重点项目，拨付资金3786万元；县级安排预算1000万元，铺排项目59个；统筹整合领导小组各成员单位涉农资金5000余万元，用于茶叶产业发展的相关基础设施建设；争取省级财政资金2000多万元，实施省现代农业特色产业园创建、省级优质农副产品供应基地（示范片）创建、茶园宜机化改造补贴试点等项目，引导带动经营主体完成投资3亿元以上。全年完成新改扩茶园基地21080亩，全县茶园面积达到10.43万亩，其中新扩茶园1872亩、新建良种繁育基地122亩、品改370亩、低改和精细培管茶园18716亩。全年实现生产产值（本县茶农鲜叶收入）3.5亿元，加工干茶7.58万t，实现销售收入20.6亿元，茶及相关产业综合产值达到41.6亿元。

二、生态立业，不断扩面提质增效

1. 新扩茶园基地，夯实产业基础

充分挖掘宜茶用地潜力，着力将"百里茶廊"散落的珍珠串联起来，打造规模效应、集聚效应和景观生态效应。2019年新扩茶园2000亩，主要集中在金井镇蒲塘村、沙田村、龙华山村，开慧镇葛家山村，高桥镇百录村以及北山福高村等地，推广种植槠叶齐、碧香早、黄金茶和福大61等适销对路、品种优良的无性良种苗，推广绿色防控技术，打造绿色标准示范茶园（图2-18）。预计到2022年新扩1万亩左右，县内茶园面积稳定在10万亩以上。

图2-18 金井茶业在金井镇惠农村新扩茶园基地

2. 改造老旧茶园，提质增产增效

茶园改造沿用农业部（现农业农村部）示范推广的"长沙县老茶园改造技术模式"，2019年改造老旧茶园6000亩，主要安排在金井镇金龙村、沙田村、观佳村、湘丰村、团山村、石井村，以及开慧镇葛家山村、春华镇金鼎山社区、高桥镇范林村等地（图2-19、图2-20）。预计到2022年完成2万亩以上的老旧茶园改造，打造成高质量、高品质的有机生态茶园。

图2-19 湘丰茶业飞跃茶叶基地　　　　　图2-20 金井茶业改造老旧茶园后的景象

改造老旧茶园的总体思路是，以提高茶叶质量和经济效益，建设高标准茶园，适应机械化生产要求，提档升级茶叶生产管理技术为目标，按照因地制宜、查漏补缺的原则，重点推广老茶园"三推两减"（推进茶树更新、推进土壤改良、推进机械化生产、减化肥、减农药）集成技术，促进龙头企业及茶叶专业合作社等新型农业经营主体加快推进老茶园改造，促进茶叶提质增效、茶农持续增收。

三、主体培育，壮大骨干龙头企业

一个产业的形成与壮大，市场主体是根本。长沙市、县两级政府，采取强有力的措施，支持鼓励迅速扩大长沙绿茶产业企业集群，培育骨干龙头企业。

1. 培育市场主体

鼓励有实力、有情怀、有条件的人员领办、创办茶叶企业。2019年8月，长沙县政府制定《长沙县加快茶产业发展奖励扶持办法》，明确"从事茶叶及相关产业且符合国家法律法规、行业规范、县域发展规划等基本要求的个人及企业、专业合作社、种植大户、经销商等经营主体和与茶叶企业或茶农建立利益联结机制的村级集体经济组织"，均可享受奖励扶持政策，这样对原有茶企，盘活了存量，扩大了增量；对一部分有过茶叶营销或企业管理经验的人员，焕发了他们干事创业的热情。据统计，至2019年底，全县长沙绿茶生产经营主体，由2018年的27家增加到79家，增加192.6%。这些主体，通过发展，

又把积累的资金、技术、经验滚动式再投入茶产业及关联产品，从而推动长沙绿茶走向更高更远。如湖南溪清农业开发有限公司，位于长沙县高桥镇，成立于2019年3月，注册资金1000万元。成立的两年间流转了村级600多亩茶园，先后投资800多万元，完成了主体钢结构工厂、名优茶和大宗茶生产线、仓储冷库、办公楼及茶叶展示厅建设等，名优茶生产线年生产能力20t，产值达400万元，大宗茶叶年生产能力500t，产值1500万，可以实现年利润200万以上。

2. 提升加工能力

扩大茶叶加工规模，加快生产技术和工艺设备升级换代，建设茶叶清洁化加工生产线，实现茶叶生产加工的清洁化、连续化、智能化、标准化、现代化，是市场发展的必经之路，是保证茶叶品质、提高茶产品质量的基础。

一是淘汰老旧机械设备，生产能源清洁化。 近两年，长沙大力支持茶企技改造，补贴设备购置时，明确提出工效、环保、节能等方面的要求，对所有茶企实施清洁化改造，与时俱进地更换新的机械加工设备，淘汰老旧设备，坚决取缔以煤炭、木柴为燃料的老旧机械，推广节能型茶叶加工机械在生产上的应用。在降低能源浪费的同时，减少茶叶加工时对茶叶造成二次污染，保证了茶叶的质量安全。

二是引进集成化设备，推进机械加工自动化。 鼓励茶企引进清洁化、现代化、智能化加工生产线，全面提升茶叶绿色加工能力和水平。据统计，2019—2020年间，全市25个规模以上茶叶生产企业，共投入资金3.7亿元，引进茶叶生产设备435台套，实现了全市茶叶装备质的飞跃。如金井茶厂引进了茶叶初制、精制加工设备和有机袋泡茶自动化生产线，湘丰茶业从日本引进了全国首条炒青绿茶全自动生产线（图2-21），鸿大茶叶公司引进了浙江勤工机械50G/100G/250G全自动包装线2条，总投资2260万，年加工量5000t，为全省第一条出口茶叶包装生产线等。

3. 打造龙头茶企

通过整合资源、聚集要素，重点扶持品牌突出、标准化程度高、潜力大、竞争力强、带

图2-21 湘丰茶业全自动绿茶生产线

动能力明显的企业，培育一批规模型、带动型、现代型、科技型茶业龙头企业，并鼓励引导龙头企业集聚发展，提高企业的引领辐射带动能力，最大限度地发挥集聚效应、规模效益，靠龙头企业建基地、搞研发、创品牌、拓市场，打造百年茶企，走龙头带动发展之路。以"百年茶企"硬核承载梦想，使一批茶企脱颖而出。如湘丰茶业集团有限公司、金井茶业集团有限公司，分别于2019、2020年获批为农业产业化国家级龙头企业。

四、品牌引领，打响长沙绿茶公共品牌

长沙茶叶产业在长期发展过程中，培植了众多的品类优势、品质优势、产量优势，但放在全国茶叶流通市场上看，缺乏品牌优势，产品缺乏竞争力，导致市场占有率低。从挖掘区域文化来切入，以系统化、整体化的规划设计角度，通过品牌开发、推广到最终形成区域品牌产品的全产业链思维，才是长沙茶产业发展的必由之路。

1. 注册区域公共品牌

为推动长沙茶产业科学健康发展，提升品牌影响力和市场竞争力，2017年初，长沙市政府开始把申报国家地理标志产品作为打造长沙茶业大品牌的头等大事。在湖南省绿色食品办公室的支持下，长沙市政府批准长沙市茶业协会为"长沙绿茶"农产品地理标志产品的申报单位。申报前期，长沙市茶业协会广泛收集资料，充分挖掘长沙绿茶的人文历史，认真编写申报材料，于当年10月底赴北京参加了2017年第四次国家级农产品地标登记评审会答辩。2017年12月21日在第五次评审会上"长沙绿茶"通过专家评审，2018年2月12日公示通过，2018年7月3日中华人民共和国农业农村部正式批准对"长沙绿茶"实施农产品地理标志登记保护（图2-22）。"长沙绿茶"地标的通过，使地理标志的能量得

图2-22 长沙绿茶农产品地理标志登记证

图2-23 地理标志与"长沙绿茶"商标使用基本图案

到最大限度的发挥，长沙绿茶区域公共品牌也将分散的资源整合起来，彻底解决长沙茶叶品牌叫不响，做不大的问题（图2-23）。

为了使地理标志的能量得到最大限度的发挥，长沙市政府成立了长沙绿茶区域公共品牌管理领导小组，长沙市农业农村局与长沙市茶业协会联合制定了《"长沙绿茶"证明商标授权使用管理办法》，授权长沙市茶业协会发布并管理，同时明确长沙市茶业协会是唯一的合法所有人。长沙市茶业协会成立了长沙绿茶区域公共品牌管理运营中心，具体负责品牌管理、推广、运营和产品品质管控。规定授权使用企业的产品原料必须来源于规定的地理区域，必须通过相关认证和许可，必须符合对厂区条件、生产设备、技术力量、产品质量、经营管理等的相关要求。2019年11月，对首批长沙市10家茶叶企业（湖南金井茶业有限公司、湘丰茶业集团有限公司、湖南怡清源有机茶业有限公司、湖南鸿大茶叶有限公司、长沙骄杨茶业有限公司、长沙云游茶业有限公司、湖南乌山贡茶业有限公司、湖南沩山茶业股份有限公司、湖南金洲茶叶有限公司、湖南浏阳河银峰茶业有限公司）进行使用授权。

2. 制定产品规范标准

产品标准是产业的生命线，公共品牌具有覆盖范围广、使用企业多、产品各类复杂等特征，保证产品质量的优异性和稳定性最有效的途径是统一产品的标准。2019年11月1日，以长沙市茶业协会、湖南农业大学、湖南省茶叶研究所、湖南金井茶业有限公司、湖南沩山茶业股份有限公司、湖南浏阳河银峰茶业有限公司、湖南湘丰茶业集团有限公司、湖南乌山贡茶业有限公司、湖南鸿大茶叶有限公司等为共同起草单位起草的《"长沙绿茶"团体标准》《长沙绿茶有机茶生产技术规程》《长沙绿茶加工技术规程》正式发布，于2019年12月1日正式实施。《"长沙绿茶"团体标准》充分结合了长沙绿茶产业的发展实际，对产品进行了科学、准确的定义，并清楚界定了茶叶原料、感官品质、理化指标等内容，对保护和推广长沙绿茶独有的优异品质特征，规范和传承制作工艺，提高产品市场竞争力，促进长沙绿茶产品规范管理，保证优良品质，引导产业规范、健康发展具有重大意义。《长沙绿茶有机茶生产技术规程》规定了长沙绿茶有机茶的产地环境条件、基地规划与建设、土肥管理、病虫草害防治、转换有机茶园改造、鲜叶采摘和贮运、质量管理。《长沙绿茶加工技术规程》规定了长沙绿茶加工的要求、加工基本条件、工艺流程、加工技术要求、质量管理、标志、标签、包装、运输和贮存。

为进一步研究长沙绿茶生产制作水平及茶叶的品质特性，提升长沙绿茶品质，促进长沙茶产业上新台阶，2021年5月22日，由长沙市茶业协会、长沙绿茶区域公共品牌管理运营中心联合湖南省茶叶学会举办第一届"长沙绿茶"名优茶品质评价工作（图

2-24）。此次名优茶评审经过资质审核和初评，最终选出了17家茶企的27个茶样参加审评。活动秉持公平公正公开的评选原则，由中国工程院刘仲华院士领衔的专家组按《茶叶感官审评方法》（GB/T 23776—2018）进行感官审评，从外观、汤色、香气、滋味、叶底等指标对茶样进行评分，作出全面客观的评价并给出指导意见，再根据感官评审总分进行星级认定。通过茶叶评价与检测，客观评定长沙绿茶的特征特性、品质优次、等级划分、价值高低等，进一步指导和促进长沙绿茶生产，全面提升长沙绿茶品质。

图2-24 长沙绿茶品质评价活动现场

3. 强化品牌宣传

长沙绿茶通过丰富宣传推介形式，加大区域公用品牌宣传力度，充分挖掘域内外潜在消费群体，提高产业增收潜力。

1）借力传媒宣传推广

充分利用《湖南日报》《长沙晚报》等平面媒体开辟专栏、进行宣传报道、开展茶知识科普等，吸引公众注意力；在湖南卫视、湖南茶频道、长沙电视台等立体媒体上播放专题片、进行专题报道、赞助有影响力的电视剧和知名栏目、重大活动等，让公共品牌深入人心；强化今日头条、抖音短视频等新媒体的传播力和覆盖面，提高在推荐频道和大图广告方面的宣传频次；重点加大在长株潭区域的宣传推广力度，在机场、高铁站、重点商圈等地利用户外电子屏宣传和公交车身和的士车顶广告投放等方式，提高长沙绿茶知晓度（图2-25）。

图2-25 长沙绿茶户外电子屏广告

2）抱团参展集中亮相

由长沙市茶业协会牵头,组织授权企业积极参加有影响力重大茶事活动,进行整体宣传、展示、推介（图2-26）。近两年,先后参加了湖南省第十一、十二届茶博会,第二十一、二十二届中国中部（湖南）农业博览会,第三届中国国际茶叶（杭州）博览会,第十一届中国（北京）国际茶业及茶艺博览会等茶事活动。特别是在湖南省第

图2-26 长沙绿茶抱团参展

十一届茶博会上,长沙绿茶举办了专场推介会,冠名首届"茶祖神农杯"万人斗茶大赛,取得良好效果,极大提升了长沙绿茶的影响力和产品美誉度（图2-27）。

图2-27 长沙绿茶冠名首届茶祖神农杯斗茶大赛颁奖仪式

3）办会办节提振产业

长沙举办重大茶事节会,早已被业界广泛认可和推崇。早在2004、2006年,分别举办了第一、二届中国湖南·星沙茶文化节。两界茶文化节,都是国内外茶商云集,100多家企业的数百种茶叶产品、茶具、茶表演盛装登场,均吸引了数十万人次的专业客商和市民,盛况空前。特别是在第二届中国湖南·星沙茶文化节主体活动之一的名优绿茶拍卖会上,获金奖第一名的金井牌毛尖,身价从起拍价的10000元上涨到63800元,一时轰动星城,令人叹为观止。

近年来，湖南·长沙国际茶文化旅游节已连续举办七届。该节由长沙县政府、金井镇政府主导，在湘丰茶业庄园举办。当地原本就有茶农祭祀茶祖、茶圣、茶仙，祈求当年出茶风调雨顺的传统礼乐活动，而今已成为扩大长沙绿茶影响力、宣传长沙茶文化、茶旅游的一张名片。

2019年11月15日，以"品牌引领，创新驱动"为主题的2019湖南茶业科技创新论坛暨"长沙绿茶"公共品牌推介会成功召开，这也是长沙绿茶抱团发展以来第一次较高规格的全面推介。会上，中国工程院院士、湖南省茶叶学会名誉理事长、湖南农业大学茶学带头人、博士生导师刘仲华以"品长沙绿茶，享美好生活"为题，全面推介了"长沙绿茶"（图2-28）。论坛收到学术论文86篇，其中宣传、推介、献计献策长沙绿茶的论文12篇。与会代表一致对长沙绿茶的震撼登场反响热烈，对长沙绿茶的优异品质给予极高评价，对长沙绿茶的未来发展充满期待。

图2-28 中国工程院院士刘仲华教授推介长沙绿茶

五、科技支撑，提升产业科技水平

近年来，长沙绿茶依托区域内强大的科技资源，加大科技创新力度，不断提高茶叶产业的科技含量水平。

1. 打造长沙绿茶科技人才万人计划

2019年初，长沙制定实施了《长沙绿茶科技人才万人计划》，**一是培养人才**，由政府主导、协会牵头，每年制定人才培养计划，邀请院校和科研机构专家学者，举办茶园培管、茶叶加工、茶企管理、茶叶营销、茶艺知识等各类培训班，全面提高茶叶从业者素质。**二是吸引人才**，各茶企利用优惠政策，纷纷引进职业经理人、岗位专家、技术能手、高等院校毕业生等各类人才，将"创新因子"源源不断注入企业，助力企业以"智高点"赢取产业制高点，真正成为长沙绿茶创新驱动的"核动力"。**三是人才服务**，通过技术培训和人才引进，建立全省茶叶人才资源库，组建湖南省茶叶人才服务中心，为全省乃至全国茶企提供招聘、代管、猎头、培训等服务工作。

2. 建立科技特派员服务咨询机制

在中央坚持把科技特派员制度作为科技创新人才服务乡村振兴的重要工作进一步抓

实抓好的利好下，长沙科学选派、管理创新的鲜明特色和突出成效，创造了科技人才振兴茶叶产业的"长沙模式"。2021年，长沙结合茶产业发展的实际，聘请中国工程院院士刘仲华担任长沙绿茶品牌运营中心首席专家，按照"12345"的选派法，即组建1个12名专家组成的长沙绿茶科技特派员工作站，全年系统走访、调研、服务"长沙绿茶"一廊三片（图2-29）；突出2个（湘丰茶业、金井茶业）国家级农业龙头企业；指导3个茶叶专业示范村；督促建设4个重点项目单位；指导创建5个绿色高产高效示范茶园，从挖掘长沙绿茶文化、全面展现品质特色、做好茶旅融合文章几个方面加强科技力量的渗透。同时将长沙地域茶文化与长沙绿茶公共品牌、企业品牌、商品品牌统筹考虑，创新茶叶外包装的整体风格及图案、文案、形状，推出不同包装形式、不同价格、不同容量的产品来满足目标消费群体差异化的消费需求；提炼长沙绿茶宣传口号，突出地域特色、品质特征；召开长沙绿茶论坛，邀请国内外绿茶专家、学者、科研人员、协会负责人、龙头企业负责人，就创新茶叶加工理论技术、提高茶叶资源利用率和产业综合效益进行交流，全力推进茶叶全产业链深度融合。

图2-29 长沙绿茶科技特派员工作站成员在长沙绿茶授权企业金井茶业进行走访调研

3. 推进企业与科研机构的深度合作

依托区域内强大的科技资源，或政府主导，或茶叶企业实施，合作成立研发中心创新中心，是长沙绿茶以科技兴茶的一大亮点。

2020年7月23日，"长沙绿茶"名优茶技术创新中心在金井茶厂挂牌成立，标志着长沙绿茶茶叶产业发展新的征程正式启航（图2-30）。该中心邀请中国工程院院士刘仲华教授为首席专家，建设单位为湖南农业大学、长沙市人民政府、长沙县人民政府，建设地点为金井镇金井茶文化中心（图2-31）。"长沙绿茶"将以名优茶技术创新中心的成立为新的起点，坚持绿色生态，提高产业标准，提升品牌价值，共同推动长沙绿茶更好地走向世界。

图2-30 "长沙绿茶"名优茶技术创新中心　　图2-31 湖南农业大学和望城区政府在长沙云游茶业
在金井茶业公司揭牌　　　　　　　公司签订茶叶产学研基地项目合作框架协议

2021年3月19日，在长沙云游茶业有限公司的千亩茶园中，湖南农业大学和望城区人民政府签订茶业产学研基地合作项目，双方将围绕人才培养与输送、课题研究、产品研发、技术创新等方面开展合作，并设立"湖南农业大学——望城区茶树种业联合创新中心"，由湖南农业大学学术委员会主任、中国工程院院士刘仲华领衔，打造长沙绿茶科研新高地。望城有着优越的自然环境和丰富的茶树资源，是保存茶树种质的良好"基因库"，非常适合进行茶树良种资源的保存、繁育和新品种选育。早在2020年6月，湖南农业大学茶学系就已与长沙云游茶业有限公司展开合作，共建了云游茶业茶树种质资源圃。本次签约的茶业产学研基地规划占地近180亩，建设内容为教学研学楼、实践工厂和茶树种质资源圃，其中高标准茶树种质资源圃占地100亩左右，由湖南农业大学和岳麓山茶树种业创新中心专家团队指导建设，将汇聚全国甚至全球的优异、珍稀茶树种质资源，为提升育种创新能力、打造高科技茶产业夯实基础。基地预计2022年底全面建成投运。

湘丰茶业集团有限公司自2019年获评农业产业化国家重点龙头企业以来，加大对茶园基地科学培管、茶叶生产加工革新、茶叶科技产品研发等方面的投入，成立了"湘丰创新研究院"，吸引了一大批优秀科研、管理的高级人才投身湘丰创新研发工作。同时，中国科学院院士专家工作站也定点于湘丰茶业庄园的中科院有机茶示范基地（图2-32）。2020年度高新研发投入高达630余万元，与中国科学院亚热带农业生态研究所、华大基因、国防科技大学、山东宝源生物、湖南省茶叶研究所、湖南农业大学等科研院所都达成了良好的合作模式，在茶园生态、声光物理除虫、有机菌肥替代化肥、基因科技、多茶类精加工、茶叶深加工、光学农业、人才培养等方面科研工作有序推进。组建了长沙市院士工作站、湖南省企业技术中心、湖南省工程技术研究中心等多个研发平台，开展多茶类共性关键技术的研发和攻关。目前湘丰茶业集团自主制定了绿茶、红茶、黑茶、白茶、代用茶等5个企业标准，主持制定了1项地方标准，近年来获得省级科技成果3项，湖南省科技进步二等奖1项、三等奖1项，目前自主拥有发明专利16个，实用

图2-32 湘丰茶业中国科学院亚热带农业环境观测站

新型40余项；正在申报发明专利25项；实用新型35项。

六、融合发展，推动三产交融跨界发展

实现一、二、三产业的有机融合，是长沙绿茶产业化的鲜明特征，也是长沙绿茶综合产值实现百亿目标的潜力所在。在融合发展方面，长沙绿茶突出以下4个重点：

1. 发挥技术优势，打造全国茶树育、繁、推一体化育苗中心

依托湖南省茶叶研究所育种团队，选育新奇特的冠军品种，充分发挥高桥茶叶试验场在茶树种质资源收集、茶树育种、茶苗繁育、黄金茶研究等全国领先的技术优势，以高桥茶叶试验场作为示范点，重点开展工厂化育苗和营养钵育大苗，配套快速成园、地膜覆盖、绿肥种植、营养液酵素、地温提升等系列技术，加强与省内外市场对接，打造全国茶树育繁推一体化示范中心（图2-33）。2018年底，长沙县拥有茶苗良种繁育基地955亩，品种包括黄金茶、楮叶齐、碧香早、白毫早、湘波绿、福大61、桃源大叶、福鼎等，出苗近亿

图2-33 长沙县高桥镇腾飞茶苗繁育基地

株，实现产值1712万元。2019年新建良种繁育基地778亩，出苗超过1.5亿株，产值达到4062.5万元。

2. 发挥智造优势，建设全国智能茶机研发制造中心

长沙是全球闻名的工程机械之都，是全国领先的智能制造高地。长沙绿茶充分发挥这一优势，以长沙湘丰智能装备股份有限公司为基础，与中南大学、中国农业科学院茶叶研究所、湖南农业大学、湖南省茶叶研究所等单位实行产学研深度联合，利用人工智能技术对机械化采摘的鲜叶进行精细化智能采摘和分选，引入人工智能研发新一代茶叶初制、精制加工装备，重点开展智能化生产线与智能单机研发制造与推广，包括智慧茶园建设、茶叶加工数字化与智能化集成控制关键技术与装备、茶叶初制精制智能生产线研制与示范推广等。

长沙湘丰智能装备股份有限公司拥有国家茶叶加工装备研发专业中心，湖南省茶叶加工装备工程技术研究中心和茶叶加工装备智能化湖南省工程研究中心，2018年被列入长沙市智能制造示范企业（图2-34）。先后承担了国家重点研发计划两项、湖南省战略性新兴产业两项和长沙科技计划重大专项等重要国家科研课题，获得省部级二等奖2项，拥有省级成果鉴定7项，获得茶叶装备相关发明专利30余项，获得软件著作权10项。

图2-34 湘丰智能装备研发的智能化红茶生产线

3. 发挥科技优势，开发茶叶深加工产品

金井茶业、湘丰茶业、山水悠悠、康宝莱、尚木兰亭等企业，整合科技资源，发展精深加工，开发特色产品，实现茶从简单的生活饮品向食用、药用多领域拓展，利用夏秋茶原料及茶花果，开发抹茶、茶食品、茶饲料等系列产品，不断提升茶叶附加值。2016年底金井茶业共投资1亿元在长沙市隆平高科技园内建设金茶科技产业园，开展茶叶新产品研发、茶业培训等项目内容。2019年底，湘丰茶业在长沙经开区完成征地63.3亩，开建智汇湘丰茶业创新产业园项目，计划投资5亿元以上，开展茶业科研、深加工、茶具、茶饮、茶旅、研学、涉茶产品开发、茶叶提取物和茶美容保健产品研发等（图2-35）；长沙德康生物科技有限公司于2019年新购位于长沙经济技术开发区星沙产业基地内的梦工厂工业配套园厂房，从事茶叶及天然植物产品研究开发及生产；湖南尚木兰亭茶业有限公司在全市开设4家长沙绿茶新型茶饮品旗舰店,并在全省开设分店、加盟店7家,以创新型的时尚茶饮(原味茶＋鲜奶茶＋鲜果茶＋冷泡茶)使"长沙绿茶"成功对接年轻消费群体,2020年营业收入突破3000万元;湖南省山水悠悠生物科技有限公司创始人简伯华,联合中国制茶大师张流梅,于2019年聘请华南(香港)中药研究所研究员、广东省化妆品技术研究会资深工程师陈波教授为终身首席专家,以《茶与茶叶美容护肤养生文化系统》为科研课题,在充分挖掘我国悠久的茶疗、茶养生文化的基础上,运用中医药皮肤水油平衡理论和整体观念,针对现代皮肤科的常见问题,借助现代生物科技技术,高倍浓缩萃取茶的活性因子,将丰富茶萃与珍贵草本植物精华进行糅合,研发出润丝丝茶系列美容护肤产品,在2020年底正式上市(图2-36)。

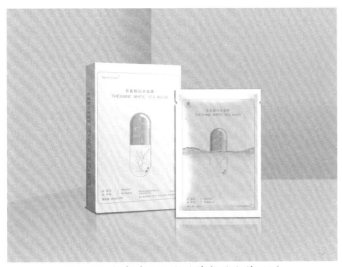

图2-35 湘丰茶业研发的茶氨酸白茶面膜　　图2-36 山水悠悠研发的茶萃玫瑰清养面膜

4. 发挥资源优势,实现茶—文化、茶—旅游的有机融合

长沙绿茶既是长沙千年茶叶发展史的升华,更是千年茶文化的沉淀,注定了长沙绿茶产业与湖湘文化的相互依托、相得益彰;变产区为景区,变茶园为公园,变产品为商品,变劳动为运动,与长沙丰富的旅游资源相结合,成就了长沙绿茶与旅游的相互促进、相辅相成。2017年,长沙市政府发布了《长沙市"十三五"旅游业发展规划》,描画出"一核、一圈、三带、九区、全域覆盖"的长沙全域旅游空间结构图,全力打造一批有品质、有规模、有影响的茶旅观光线路,长沙"百里茶廊"旅游、长沙茶亭旅游、宁乡沩山—密印寺、浏阳道吾山—大围山……一条条以农耕文化为魂,以生态茶园为基,以茶叶加工为本,以茶旅融合为形的精品线路,越来越焕发出勃勃生机。

第六节　长沙绿茶助推乡村振兴

乡村振兴，产业先行，茶产业是一个具有良好比较效益、可三产融合有力推动农村经济发展和农民增收增效的特色优势产业。长沙绿茶在产业振兴、人才汇聚、文化碰撞及绿色生态发展进程中，真正实现了百姓富、生态美的统一。可以说"这片绿叶"的健康发展，使更多的乡村既有"绿水青山"的颜值，又有"金山银山"的内涵，真正实现了乡村振兴。

一、长沙绿茶是区域农业的响亮品牌

品牌是一家企业或一个地区核心竞争力的重要标志，是推动企业做大做强和促进区域经济发展的有力武器。品牌强农，质量兴农。2017年，长沙市正式启动了农业品牌建设五年行动计划（2018—2022年）。在这一计划的实施中，长沙绿茶在媒体传播力、区域形象力、资源开发力、社会认同感等各方面都走在了前列。

长沙绿茶是湖南绿茶产业的核心。茶产业是湖南省确定的千亿产业之一，"安化黑茶""湖南红茶""长沙绿茶"建设强势推进，"岳阳黄茶""桑植白茶"品牌不断成长，呈现"三湘四水五彩茶香"的发展格局。截至2019年底，全省茶园面积达到280万亩，实现茶叶产量28万t，实现茶业综合产值910亿元。在绿茶板块，全省绿茶产量为10.8579万t，其中长沙绿茶产量为3.61万t，占比33.25%，名列全省各市州绿茶产量第1位；全省绿茶农业产值为782160万元，长沙绿茶农业产值105578万元，占比为13.5%，位列全省绿茶产值第2位。长沙绿茶是名副其实的核心。

表2-1　2019年湖南省各市州绿茶生产情况对比分析表

市、州	茶园总面积（万亩）	采摘面积（万亩）	绿茶产量（t）	绿茶产量排名	绿茶农业产值（万元）	绿茶产值排名
益阳市	41.47	34.37	9540	4	48872	6
湘西州	39.69	27.80	6101	6	200387	1
郴州市	31.85	27.06	7715	5	80769	4
常德市	29.84	29.10	17327	2	75676	5
岳阳市	25.12	25.80	9628	3	41250	7
长沙市	23.26	16.75	36100	1	105578	2
怀化市	20.18	17.87	5672	7	86557	3
永州市	15.11	13.30	1362	14	15980	12
张家界市	12.15	9.23	2304	11	15932	13

市、州	茶园总面积（万亩）	采摘面积（万亩）	绿茶产量（t）	绿茶产量排名	绿茶农业产值（万元）	绿茶产值排名
娄底市	11.95	12.50	2920	10	16500	11
衡阳市	11.23	9.70	3290	9	33611	8
邵阳市	10.33	6.97	1930	12	20087	10
株洲市	6.58	6.74	3309	8	31002	9
湘潭市	2.02	1.95	1382	13	5471	14
合计	280.80	239.14	108579		782160	

长沙绿茶是长沙农产品极具影响力的品牌。截至2020年底，长沙市共有国家级农业龙头企业10家，农产品注册商标1600余件，其中驰名商标30枚，著名商标102枚，农产品地理标志6个。在长沙绿茶产业中，有加工企业37家，其中国家级农业产业化龙头企业2家（湘丰、金井），省级农业产业化龙头企业7家（云游、怡清源、乌山贡、沩山、湘茗、金洲、炎羽），茶叶专业合作社35家，拥有金井、湘丰、怡清源、湘茗4个茶叶"中国驰名商标"，金井、湘丰、怡清源、鸿大、湘茗、沩山、云游、乌山贡、银峰、淳峰、沩峰、密印寺、湘沩、金洲等17个湖南省著名商标，2016年长沙绿茶加工工艺被列

图2-37 长沙绿茶主要荣誉

入湖南省非物质文化遗产名录。2018年"长沙绿茶"被长沙市人民政府评定为"2018长沙市知名农业品牌""2018年长沙市十大农产品区域公用品牌"，在第十六届中国国际农产品交易会暨第二十届中国中部（湖南）农业博览会上被授予"袁隆平特别奖"，2020年被湖南省气象局、湖南省农业农村厅认定为"2020首届湖南气候好产品"，2021年9月被选定为第二届中非经贸博览会指定绿茶，第十三届湖南茶叶博览会"茶三十"评选活动中荣获"湖南茶叶乡村振兴十大领跑公共品牌"（图2-37）。

二、长沙绿茶是脱贫攻坚的主导产业

在始于2010年的国家新一轮扶贫战略中，长沙绿茶产业已成为拓展就业的支柱、产业扶贫的支撑和品牌创新的亮点，真正挑起了脱贫攻坚的大梁。

2017年，在长沙绿茶优势产业带沿线9个乡镇中，有省定贫困村47个，7.36万贫困人口。通过发展以长沙绿茶为主的扶贫产业，至2020年底，实现了贫困村稳定出列，贫困人口实现高质量脱贫。

1. 直接帮扶变茶农

据测算，一亩盛产期的茶园，每年除去成本最低能获益4000元，最高能达到10000元，贫困户一亩茶园可脱贫，10亩茶园可致富。而贫困村主要集中在山区，变劣势资源为优势资源，发展茶叶种植是非常理想的选择。近年来，由企业提供茶苗、技术、鲜叶收购，由政府提供政策支持，带动了沿线4000多户建档立卡贫困户种茶、产茶，实现了脱贫致富（图2-38）。如长沙云游茶业有限公司，通过茶产业发展，带动一方经济发展，带领贫困户脱贫致富。2018年，云游茶业公司免费给当地贫困户及农户提供良种茶苗达100万株，带动周边贫困户及农户种茶500余户，发展良种茶园超过100亩。当地政府及时组织当地群众开展职能技能（生态茶叶）培训班，特邀农大的专家授课茶树种植、管理保护及绿茶制作方法等，如今发展的茶园已开始投产，为当地贫困户带来

图2-38 贫困人口就业

实实在在的效益。

2. 就业帮扶变工人

茶产业是一个较为劳动密集型的产业。茶园建设、茶园培管、鲜茶采摘、茶叶加工等，都可吸收大量人员就业，长沙绿茶企业开拓扶贫岗位、建设扶贫车间，实现了大量的贫困人口就近就业。

3. 股份合作变股东

贫困户利用扶贫资金和小额信贷资金以及自己的山林水土等生产资料折算入股，由农业企业、农民专业合作社、家庭农场统一管理和生产经营，结成联股、联利的共同体。湖南金井茶业集团有限公司采用"龙头企业＋合

图2-39 金井茶业在全省贫困村蒲塘村扶贫新扩茶园基地

作社＋集体经济＋贫困户"的模式，对接帮扶长沙县的蒲塘、宁乡市的富溪村、浏阳市的沩水源村3个省级贫困村，把茶产业培育成扶贫产业（图2-39）。目前已在3个村建立了1000多亩的茶叶基地，为200多户建档立卡贫困户解决就业和生活问题。在茶园基地，公司给村里承诺：前3年保底分红不低于5%，之后逐年实行"保底分红＋利润分红"，分红率最高达15个百分点，助推了3个村脱贫攻坚工作。公司总经理周宇获评2019年"湖南省百名最美扶贫人物"。

三、长沙绿茶是美丽乡村的靓丽名片

近年来，长沙绿茶围绕"茶园变公园，作坊似画坊""千层茶树翻碧浪，新型业态富农家"，着力保护好自然环境，涵养好秀丽生态，积极发展"乡村游、研学游、农耕游、体验游"茶旅产业链，把"绿水青山就是金山银山"的理念演绎成鲜活的图腾，用好用活"两山论"，走深走实"两化路"，成了为长沙美丽乡村建设的靓丽名片。

1. 长沙绿茶基地天然的生态美，是广袤乡村的迷人风景

茶有洁性，其生长对生态环境有较高的要求，素有"百草魁"之称，历来被认为具有洁德，禀山川之灵气。茶树四季常青，冬季依然枝叶繁茂、郁郁葱葱，是绿化环境、

营造良好生态的优良树种。茶树生长在野砾石坡地，往往是别的作物、植物难以生长的贫瘠之地，茶树却能茁壮生长，并且长出上品好茶，因而茶树不仅是产值较高的经济作物，而且也是荒坡野地提高林草覆盖率的优选品种，对防止荒地沙化、保持水土等有益，是优良生态环境的载体。长沙绿茶生态基地成了长沙美丽乡村的一道风景（图2-40）。

图2-40 湘丰茶业庄园全景

2. 长沙绿茶产业显著的产业美，是强村富民的重要途径

一片叶子，成就了一个产业，富裕了一方百姓。美丽乡村建设要求"主导产业明晰，产业集中度高，每个乡村有1~2个主导产业"。长沙绿茶产业与农户、与当地村级集体经济组织结成紧密的利益联结体，促进了农民致富、集体经济增收。如长沙县金井镇湘丰村现有良种生态茶园4500亩，其他有机茶园2800亩，直接从事种茶、采茶、制茶1186户3921人，从事茶销售、茶休闲旅游470户1200人，茶产业为全村70%劳动力提供了就业

图2-41 网红打卡点——金井茶业自然茶馆航拍图

岗位，更是吸引了200多名本村大学生、退役军人和外出务工人员回乡创业就业。创建了茶文化展示厅和茶艺传习所，推出了茶街、茶庄、茶吧、茶浴等新式消费场所，打造了以茶园为主体，融合虎园、花园、果园、家园的"五园"精品旅游线路，年接待游客20万人次，推动村集体收入和农民收入双增长。先后获评全国"一村一品"示范村、全国科技示范村。而被湖南卫视《天天向上》安利过的金井三棵树茶园，则是金井镇的一张靓丽名片，更是备受游客喜爱的"五星级农庄"之一（图2-41）。

3. 长沙绿茶文化蕴含的人文美，是精神文明建设的独特资源

除了生态优美、生产发展、农民致富外，美丽乡村建设还应有乡风文明、乡情纯朴、邻里互助、诚信守法、乡村和谐、爱国敬业等表现为人的素质方面的"人文美"。长沙绿茶开展的品茶、咏茶、表演茶艺等茶事，成了人们寄托高洁情怀、追求人格完善的手段，形成了通过饮茶培养高尚情操、提升人生境界的独特路径。

第七节　长沙绿茶知名茶企

长沙绿茶的兴盛是以众多茶业骨干企业、龙头企业为支撑的，限于篇幅，本书仅选择一些代表性企业予以介绍。在长沙的省属茶业企业理当也属于长沙茶业企业，鉴于已列入茶全书湖南省卷，这里就不重复了。

一、湖南金井茶业集团有限公司

湖南金井茶业集团有限公司地处长沙县百里茶廊核心地带的金井镇。金井镇因一口年代久远宜于泡茶的井而得名。金井水泡金井茶是百里茶廊茶文化建设的重点内容，具有茶文化意义上的不可替代性。金井镇与平江县、浏阳市毗邻，交通便利，常年雨量充沛，气候温和，自然环境优美，茶业历史悠久。

金井茶业集团有限公司前身是创建于1958年原长沙县金井茶场。当时新建茶园135亩，后陆续扩大，至1974年达到570亩，产茶580余担。金井茶场在改革开放初期，多次荣获先进集体或优质奖，其中1984年获农牧渔业部颁发的优质奖，1985年获国家银质奖。20世纪80年代，金井茶厂已是湖南茶业的一面旗帜，是湖南最早启用机械化采茶的企业，也是最早与湖南科研单位合作的企业。2000年实现民营企业改制，2004年成立湖南金井茶业有限公司，2020年成立湖南金井茶业集团有限公司。20多年来，在公司领导人周长树董事长的带领下，公司发展规模日益壮大。集团基地自2000年开始，连续22年通过国家绿色食品认证，连续21年通过国际有机茶认证，是湖南省最早一批被认定为"农业部

茶叶标准园"的茶园基地，并拥有自营出口权。"金茶"是湖南十大名茶之一，2003年确定为中国第五届城市运动会指定饮用茶，2005年被评为"湖南农产品十大品牌"，2008年"金井"牌注册商标为湖南省茶叶行业第一家通过国家工商行政管理总局（现国家知识产权局）认定的"中国驰名商标"，2010年被农业部（现农业农村部）认定为农业部茶叶标准园，2012年评为全国绿色食品示范基地，2016年公司金井绿茶制作技艺被列入湖南省非物质文化遗产名录、被评为长沙县第一家"湖南老字号"品牌，2020年公司被评为国家级农业产业化龙头企业。公司已逐步发展成为一家集茶叶种植、加工、销售、科研、文化旅游于一体的集团公司，现有固定资产16715万元，厂房面积2.61万 m^2，金茶科技产业园建筑面积2.6万 m^2（图2-42、图2-43）。拥有茶园面积近10万亩（含县外订单茶园），良种茶无性繁殖基地150亩，带动茶农5万多人，有加工设备共450台（套），下辖6个加工厂，6个分场，12个工区，年加工能力超7000t，2020年实现产值45186万元。全国政协原副主席毛致用亲题"绿色金茶，香飘四海"，产品畅销全国20多个省市自治区以及东南亚、中东、欧美等国家和地区。

图2-42 金井茶业名优茶全自动包装生产线厂房　　　　图2-43 金茶科技产业园

近几年，作为湖南省"老字号"企业，金井茶业集团一直致力于省级非物质文化遗产——长沙（金井）绿茶制作技艺的传承，为让"非遗"更好地扎根金井茶园，积极探索新型的运作模式，规划建设了一个集茶叶"生态、生产、加工、茶旅游、茶文化"于一体的三产业融合园区。在长沙县金井镇投资1500万元新建了3000 m^2 茶文化交流展示中心、300 m^2 多自然茶馆、500 m^2 多手工制茶非遗体验馆，该中心的建设实现了茶文化展示交流、茶旅、餐饮、民俗、无人酒店、采茶制茶体验，并配以多媒体视听等科技手段来阐述我国源远流长的茶文化，适时地推出了"学生社会实践茶文化套餐"活动，实现了茶文化与三产业的有机结合，丰富了一二三产业融合发展的新内容（图2-44、图2-45）。

图 2-44 学生在金井绿茶制作技艺传习所观摩　　　图 2-45 金井绿茶制作技艺传习所
绿茶制作

公司董事长周长树是长沙绿茶制作技艺"非遗"传承人；公司总经理周宇为全国农业劳动模范。

周长树，1953年11月出生于湖南省长沙县金井镇，高中文化，一生与茶结下深厚渊源（图2-46）。1972—1974年在金井人民公社农科大队双红生产队任政治指导员、生产队长；1974—1983年在金井区造纸厂任供销员；1983—1986年先后任长沙县金井镇铸造厂厂长、保温材料厂厂长；1989—1997年任金井镇农科村党支部书记。成立于1958年的金井茶厂在市场经济大浪袭来之时未能跟上时代的步伐，依旧沿袭着过去的经营、管理体制，到20世纪90年代末，企业管理混乱，年年亏损，甚至濒临破产边缘。1998年，时任金井乡农科村党支部书记的周长树临危受命，出任困难重重的金井茶厂厂长，在他的管理和带领下，金井茶厂凤凰涅槃。2000年，他成功实现了由集体所有制转变民营企业的改革改制，使金井茶厂焕发出勃勃生机，并成立湖南金井茶业有限公司出任董事长。2012年9月5日，应广大茶叶种植基地、茶叶加工企业、茶叶流通企业及茶叶科研单位要求，为更好地服务"三农"，更快地推动长沙地区茶叶产业化进程，更有效地宣传茶产业，传播茶文化，推广茶科技，打造茶精品，提供茶信息，服务茶企业，由湖南金井茶业有限公司牵头，长望浏宁等其他知名茶业企业发起成立了长沙市茶业协会，周长树任协会会长。

同时他也是中国茶叶流通协会理事、湖南省茶叶协会常务理事、湖南省茶叶学会常务理事、湖南省工商联执委、长沙县科协副主席、长沙县第十四届人大代表。1999年荣获长沙县"农民企业家"称号，2000年荣获长沙市"优秀农民企业家"称号；2009年被评为"长沙市新农村建设致富带头人"；2010年被评为"湖南省劳动模范"；2012年被评为"全国扶贫优秀个人"；2014年被评为"中国乡镇企业30年功勋企业家"；2015年被评为"湖南茶叶十大杰出制茶师"并被认定为长沙绿茶制作技艺非遗传承人，2018年度荣获"中国老科学技术工作者协会奖"；荣获2020、2021年度"湖南千亿茶产业建设先进个人"。

怀揣梦想前行的周长树同志，正以"永远在路上"的精神和劲头，率企业发展，为茶农"代言"，为传承服务，为产业鼓与呼。

周宇，1980年2月出生于湖南省长沙县金井镇，大学本科文化，2001年开始先后在金井茶厂担任技术员、车间主任、营销部经理，2005年至今任湖南金井茶业集团有限公司总经理（图2-47）；长沙市农业创业者联合会会长、长沙市青少年基金会副理事长、长沙市工商联（总商会）副主席、湖南省茶叶学会常务理事，湖南省茶业协会副会长；长沙县第十五、十六、十八届人大代表，长沙市第十四、十六届人大代表，长沙市人大农业与农村工作委员会委员，长沙县人大第十七、十八届联工委委员。先后获评"长沙县十大杰出青年""长沙市优秀中国社会主义事业建设者""湖南省最美扶贫人物""全国农村青年创业致富带头人""全国农业劳动模范""长沙市高层次人才B类"等荣誉称号，并在2017年12月28日得到了习近平总书记和李克强总理的亲切接见。周宇，这个低调、踏实、不善言辞的理工男，以其独特的思维和视角，博采众长，十几年辛勤耕耘，专注打造金井品牌，创出辉煌业绩，实现了年产值从800万到5个亿，带领企业从"代工厂"到湘茶领军，茶园从产业区到"景区"的指数级跨越，赢得了"浙江有龙井、湖南有金井"的美誉。

图2-46 "非遗"传承人周长树

图2-47 全国农业劳动模范周宇

同时公司实行人才自主培养模式，从20世纪80年代开始，平均每年选派10人以上到湖南农业大学茶学系、湖南茶叶研究所等院所系统学习种茶、制茶、评茶等知识，培养造就了一大批既有丰富专业知识、又有较强实践操作能力的优秀茶叶产业人才，如湖南省"制茶能手"、长沙县"手工制茶状元"汤伯玲、长沙县"十佳金牌工匠"胡立志、长沙县"十行状元"王仲清、"长沙市五一劳动奖章"郑波，长沙县"百优工匠"周顶和、王学文、范潇等（图2-48、图2-49）。2018—2020年在长沙县"百优工匠十行状元"手工制茶比赛中，公司员工连续3年摘得头筹。金井绿茶制作技艺被列入"湖南省非物质文化遗产名录"，截至2021年已培养各类非遗传承人20多人、各级劳模5人、长沙市现代农业产业领军一类人才2人，乡村工匠20人，为金井茶叶持续做好质量、做强品牌打下了坚实基础。公司深入贯彻落实乡村振兴战略，积极培育乡村技术技能人才，不断提升农村实用技术人才创新、创业能力，充分发挥乡村工匠带领技艺传承、带强产业发展、带动群众致富的作用，为建设美丽乡村作出了积极贡献。

图2-48 金井绿茶制作团队

图2-49 长沙（金井）绿茶制作技艺"非遗"
传承人汤伯玲

二、湘丰茶业集团有限公司

湘丰茶业集团有限公司（以下简称"湘丰茶业"）位于湖南省长沙县，成立于2005年12月，前身是1998年成立的长沙县金井镇湘丰茶厂，2005年12月成立湖南湘丰茶业有限公司，2018年3月名称变更为湘丰茶业集团有限公司（图2-50）。

公司位于湖南长沙县金井镇，旗下现拥有5家全资子公司、6家控股子公司、5家参股公司，其中省级龙头企业3家，高新技术企业4家。湘丰茶业2021年排名中国茶行业综合实力百强企业第四位，系农业产业化国家重点龙头企业、中国驰名商标企业、国家茶叶标准化示范企业、国家绿色工厂、中国美丽田园景观企业、中国森林养生基地、湖南省农业优势特色产业30强企业、农业优势特色千亿产业标杆龙头企业、三产融合示范企业，2017年湘丰绿茶荣获湖南省农产品创新贡献奖（全省农业企业共3家，茶业产业唯一)。2021年,湘丰茶业集团有限公司荣获第二届长沙市市长质量奖。

图2-50 湘丰茶业厂区

湘丰茶业自有茶园基地5.5万亩,在湖南省及周边区域已整合控制茶叶基地35万亩,主要辐射长沙县、石门县、沅陵县、桃江县、保靖县、浏阳市、平江县、慈利县、古丈县、桃源县、安化县、桑植县及贵州都匀、湖北宜昌、四川乐山等地区,是中国自有无性系优质茶叶种植面积最大的茶叶加工企业,带动了30多万农户增收。湘丰茶业与中国科学院等多家科研院所实行战略合作,率先全面实现了清洁化、自动化和规模化生产加工,茶叶综合加工规模达5万t以上。

湘丰茶业建立了完善的国内营销渠道及网络,网点遍布中南五省、北京、山东、吉林、辽宁、贵州、四川等地区。湘丰茶业名优绿茶市场份额居湖南省第一位,"为人民服务"系列已成为湖南高端绿茶的代表。湘丰茶业外贸出口到俄罗斯、中东、欧盟、西亚、北非、乌兹别克斯坦、摩洛哥、美国等50个国家和地区,外贸年销售额排名稳居湖南省同行业第二、增长率省内第一。

湘丰茶业在茶叶机械制造方面也取得突破性的进展。参股公司长沙湘丰智能装备股份有限公司研制出的炒青绿茶生产线、香茶生产线、红茶生产线和黑茶生产线等一系列多种类型连续化、自动化茶叶加工生产线,大部分为行业首创,取得了一系列知识产权,相关技术填补了国内空白、达到国际先进水平。公司拥有省级工程中心两个,获得省部级二等奖2项,拥有省级成果鉴定7项,获得茶叶装备相关发明专利30余项,获得软件著作权10项,使中国的茶叶加工装备实现了从初级自动化阶段向自动控制阶段和数据化阶段的升级。

三、湖南省怡清源茶业有限公司

湖南省怡清源茶业有限公司是维维股份下辖子公司，总部设在长沙市芙蓉区隆平高科技园，是国家商务部认定的全国百家大型农产品流通企业、国家农业部（现农业农村部）认定的全国新农村建设百强示范企业、湖南省人民政府认定的省农业产业化龙头企业、中国茶叶流通协会认定的中国茶叶行业百强企业、国家科技进步二等奖获奖单位、"中国驰名商标"拥有企业，在全国茶叶行业有着较大的影响力和号召力（图2-51、图2-52）。

图2-51 怡清源科技产业园　　　　　　图2-52 湖南怡清源有机茶有限公司厂区

怡清源目前拥有12.5万亩茶园，其中包含3万多亩高标准有机茶园，11个现代化的茶叶初、精加工厂，是一家集茶叶科研、茶园基地建设、茶叶生产、加工销售、茶文化传播于一体的综合性茶企，旗下拥有2个全资子公司（安化怡清源茶业有限公司、湖南怡清源有机茶业有限公司）。怡清源坚持"连锁专卖、电子商务、出口贸易"的创新立体营销模式，销售网点遍布全国，茶叶远销欧美、东南亚、俄罗斯及中国港澳等国家和地区。

旗下全资子公司湖南怡清源有机茶有限公司位于长沙县百里茶廊起点春华镇，公司前身为长沙县长春茶厂，茶园基地是20世纪60年代中苏友好人民公社共同开垦出来。20世纪80—90年代老长春茶厂阶段，在原厂长王定国同志带领下，茶厂生产加工能力、加工水平不断提升，是湖南省茶叶企业最早荣获ISO9001：2000国际质量体系认证、绿色食品认证、自营出口创汇资格的企业。主要产品有"金鼎山"系列茗茶、红茶、绿茶、花茶及新开发的乌龙茶、珠茶。"金鼎山"注册商标茶获湖南省名牌产品、湖南省著名商标。金鼎银毫在全国首届"中茶杯"名优茶评比中荣获银质奖、湖南省名优特新农产品博览会金奖，"金鼎山"茉莉花茶在俄罗斯农产品博览会上荣获金奖。长春茶厂曾是湖南外事办接待外国元首的定点厂家，并且接待过坦桑尼亚共和国总统、刚果共和国总统和莫桑比克人民战线总书记及国家领导人宋平、雷洁琼等。2013年，湖南省怡清源茶业有限公司收购长春茶厂后成立湖南怡清源有机茶有限公司。

湖南怡清源有机茶有限公司目前主要从事茶叶生产加工和茶叶进出口业务，是中国茶叶行业百强企业，是内外贸并举的省级农业产业化重点龙头企业，是长沙市农业产业化经营优秀龙头企业，公司茶叶销量、行业综合测评排名一直名列前茅，是长沙地区茶叶企业出口创汇较大的企业。公司已通过ISO9001：2000国际质量体系、HACCP认证，中国认证认可监督管理委员会卫生注册认证，并取得欧盟EU有机茶认证、美国NOP有机茶认证。

四、湖南鸿大茶叶有限公司

湖南鸿大茶叶有限公司位于长沙县高桥镇，前身是由明清时期全国著名的七十二茶庄之一的"高桥茶庄"演变而来（图2-53）。杨开慧之兄杨开智经营高桥茶庄至新中国成立后交由政府管理。1958年高桥公社建高桥红花坳鲜叶收购站统一收购加工茶叶，1977年当地政府在原高桥红花坳鲜叶收购站旧址上建厂，厂名"长沙县高桥人民公社红碎茶厂"，曾用名"长沙县高桥茶厂"，2001年更名为湖南鸿大茶叶有限公司。目前自有茶园4500亩，合作茶园15000多亩，加工厂房面积10581m²，年生产加工能力达15000t；已通过ISO9001标准质量体系认证、HACCP危害分析与关键控制点体系、ISO14001环境管理体系认证、OHSAS职业健康安全管理体系、绿色食品认证、欧盟有机认证等；是科技部星火计划项目单位、农业部（现农业农村部）创品牌重点企业、长沙市农业产业化重点龙头企业，湖南省高新技术企业；2003年3月公司"高桥绿茶"获绿色食品认定，2004年公司产品"高桥银毫"茶叶被评为湖南名牌产品；2005年公司"高桥"商标获湖

图2-53 湖南鸿大茶叶有限公司

南著名商标，并连续12年保持该荣誉，一直持续到2017年湖南省工商行政管理局停止著名商标的评选；2015年公司产品"高桥银峰"荣获中国中部（湖南）农业博览会金奖；2018年公司"高桥"牌茶叶被评为湖南省名牌产品。

公司主营"高桥"品牌及"GAOQIAO"出口品牌系列中国茶产品，其中顶级产品"高桥银峰"因形如银装素裹的山峰及产地位于高桥而得名。1964年高桥银峰寄赠当时的中国科学院院长郭沫若，郭老品尝后，即兴赋诗赞："芙蓉国里产新茶，九嶷香风阜万家"，后又有何香凝老人画梅花相赠，当代茶学泰斗庄晚芳先生给予"汤似长江水，形如断丝绒"的崇高评价；随后成为中央办公厅和主席办公厅指定用茶；1978年高桥银峰获湖南省科学大会奖；1989年农业部西安中国名优茶评选会上，高桥银峰被评为中国名茶，后又多次获湖南省名茶和全国名茶称号，并先后得到了毛泽东、宋庆龄、王震等多位老一辈国家领导人的赞誉和鼓励；1994年被列为国务院办公用茶；2000年朱镕基总理出访欧洲，以高桥银峰作为随访礼品。

高桥茶，香透五湖四海的数百年时光。时至今日，高桥品牌茶叶将继续传承历史岁月的经典，坚守始终如一的金般品质。

五、长沙骄杨茶业有限公司

长沙骄杨茶业有限公司位于长沙县最北部的"大爱小镇"——开慧镇，是一家集茶叶种植、加工、销售、茶文化传播和旅游于一体的专业茶业公司（图2-54）。

图2-54 骄杨茶业茶园

开慧镇是毛泽东夫人杨开慧烈士的故乡。这里诞生了中国第一位女共产党员缪伯英烈士，中国著名教育家杨昌济先生，为中国农业和茶产业做出卓越贡献的杨开智先生，湖湘女子职业教育家缪芸可先生，长沙地区第一个农村党支部——杨柳坡党支部，这里还有长沙县第一个红色基因品牌——长沙绿茶"骄杨"牌名茶。

公司自有茶园3500余亩，与周边农户签约茶园面积2800余亩，生产厂区占地面积40亩，生产厂房及办公区近1万 m²。公司开发和引进了多种类型茶叶加工生产线，具备了生产毛尖、绿茶、红茶、白茶、大宗绿茶、红碎茶等茶类的大规模生产能力。2019年，公司投资新建的出口茶加工车间、4000m²的拼配厂房和两条小包装生产线均已投产使用。2018年，与湖南省茶业集团股份有限公司合作，绿茶远销欧美等国际市场，同年企业自营出口和基地备案通过审批。2019年公司通过ISO9001质量管理体系认证和绿色食品认证。公司主打产品"骄杨"牌茶叶获得了市场好评。

公司董事长金志升不忘初心，带动家乡人民发家致富，致力于乡村振兴、走共同富裕之路。他带领一班人主动联系村支两委，为发展壮大本地农业产业想方设法创造有利条件招商引资，通过"公司＋农户＋品牌"的模式，发动周边农户，充分利用房前屋后闲置土地、自留山发展茶叶种植，全面开展有机茶建设。免费为农户提供优质茶苗和茶园培管技术，与农户签订鲜叶收购协议，并对种植农户进行相应的补贴。同时利用开慧镇国家4A级风景旅游区的资源，围绕"红色茶旅"，开发"骄杨"茶叶品牌，打造了"茶＋红色旅游"专线。大力推广红色旅游，积极推进茶旅融合，以茶文化为核心融入旅游业，将茶园升级为旅游景区，配套发展红色旅游与茶叶观光、采摘、加工、品尝体验于一体的绿色产业，提升茶叶的知名度，吸引人们来感受茶文化，逐渐走出一条"因茶致富、因茶兴业"的绿色发展之路。

六、湖南沩山茶业股份有限公司

湖南沩山茶业股份有限公司始创于1991年，位于国家4A级沩山风景名胜区沩山密印寺旁，是一家集名优绿茶、黄茶、红茶、黑茶生产加工、销售、科研、茶文化和生态旅游开发于一体的综合性茶业公司（图2-55）。公

图2-55 湖南沩山茶业股份有限公司

司现有茶园基地12000亩，固定资产近亿元，拥有多条名优绿茶、黄茶、红茶清洁化智慧化生产线和黑茶生产线。

沩山常年云雾缭绕，雨量充沛，昼夜温差大，麦饭石土壤分布普遍，是绝佳的茶叶生长气候环境，也是国内同时富含硒、锌等微量元素的地区，沩山毛尖条索紧细、汤色绿亮、叶底浅绿嫩匀、滋味清醇爽口、栗香持久纯正、回味甘甜，从唐代起就被奉为贡茶。公司产品采用线上线下同步销售，线上已入驻淘宝、天猫、微商城、抖音等电商平台，线下为实体品牌旗舰店与茶旅融合与生产工厂体验相结合，销售额逐年攀升。

在各部门领导和广大消费者的关怀与支持下，公司先后被评为："全国食品工业优秀龙头食品企业""湖南省农业产业化龙头企业""湖南省高新技术企业"等。公司核心基地被农业部（现农业农村部）认定为"全国一村一品专业（茶叶）示范基地"，通过了OFDC国家环保有机茶认证和欧盟有机茶认证。公司产品先后荣获"中国国际新技术新产品博览会金奖""中国国际茶会金奖""亚太茶茗大赛金奖"等殊荣，"沩山牌"商标被连续评为"湖南省著名商标"，2018年被评为长沙市十大农业品牌。

经过30多年努力发展，以"公司＋基地＋合作社＋农户"的发展模式带动了沩山乡及周边县域茶园基地建设和沩山茶产业化的发展，成为了地方百姓增收致富的支柱产业，为产业精准扶贫和当地乡村振兴作出了积极贡献。

公司董事长黄雪钦，国家高级评茶师，现任宁乡市茶业协会会长，湖南省茶业协会理事，湖南省个体劳动者私营企业协会常务理事（图2-56）。荣获"湖南省劳动模范""湖南茶叶十大杰出制茶师""宁乡县首届十大杰出创业青年""宁乡县首届道德模范"等荣誉，是沩山毛尖黄茶制作工艺第一传承人，长沙市第十一届党代表，

图2-56 湖南茶叶"十大杰出制茶师"黄雪钦

长沙市第十三、十四届人大代表。2008—2014年任沩山乡八角溪村党总支书记。

黄雪钦同志于1994年承包了当时亏损的村办企业八溪茶厂，经过他的大胆创新和改革，使茶厂扭亏为盈，于2001年成立了湖南沩山茶业股份有限公司。在他的带动下，沩山茶叶走上了产业化规模发展道路，成为了老百姓心中家门口的"绿色银行"，特别在助推产业精准扶贫，乡村振兴方面具有特别优势贡献。

七、湖南沩山湘茗茶业股份有限公司

湖南沩山湘茗茶业股份有限公司位于风景秀丽的国家级风景名胜区宁乡沩山旅游风景名胜区（图2-57）。公司成立于2008年，注册资本1500万元，至2018年已完成固定资产投资2.1亿元，自有茶园基地13500亩，标准化厂房面积21500m²，是一家集名优绿茶、黄茶、红茶和黑茶生产、加工、销售、科研于一体的专业茶叶公司。公司系国家高新技术企业，全国茶叶综合实力百强企业、全国食品优秀龙头企业、全国优秀民营企业、湖南省农业产业化龙头企业、湖南省消费者信得过单位、湖南省诚信经营示范单位。公司茶园基地完全按照有机（生态）茶生产标准严格管理，以现代先进工艺糅合历代贡茶制作方法进行精制，所产茶叶富含天然锌、硒元素的名茶。公司主营"沩山金针""沩山毛尖""一品湘茗""密印禅茶"等系列产品，多次荣获长沙名牌、湖南省国际农博会、茶博会金奖等，"密印寺"商标荣获中国驰名商标、"沩峰"商标荣获湖南省著名商标。公司坚持走"公司＋合作社＋农户"的经营模式，带动茶农脱贫致富3000余户，为宁乡西部山区人民开辟了一条增收致富的好路子。刘少奇主席夫人王光美，全国人大原副委员长程思远、原国家商贸部副部长郭献瑞同志分别为沩山毛尖题词盛赞。

图2-57 湖南沩山湘茗茶业股份有限公司茶园

八、长沙沩山炎羽茶业有限公司

长沙沩山炎羽茶业有限公司成立于2003年7月，位于宁乡市沩山乡沩山村，紧邻沩山密印寺（图2-58）。历经多年发展，公司从较小的家庭作坊成长为现代茶业企业，从单一制茶卖茶到多样化产品开发，一步步走向产业升级。荣获"湖南省农业产业化龙头企业""湖南省高新技术企业""科技创新小巨人企业""创业富民先进单位""质量诚信联盟单位""先进私营企业""宁乡市慈善爱心单位"等众多荣誉称号。

图 2-58 长沙沩山炎羽茶业有限公司

公司占地面积1350m²；拥有集多媒体培训、日常办公、会议等功能于一体的办公大楼，茶叶种植基地面积约4300亩。为达到我国"有机茶生产和加工技术规范"的要求，公司引进具有国内先进技术水平的设备，组建自动化生产线，实现了有机茶清洁化生产，使茶叶出品率提升到90%以上，损耗率控制在10%以下。公司已开设专卖店15家，沿沩山、宁乡、长沙沿线布局直营店5家。为了进一步开拓国际市场，2015年，在香港注册成立了香港炎羽贸易有限公司，累计已完成400多万美元的出口额。公司已建成"公司＋合作社＋基地＋网上商城＋线下体验（专卖店）＋外贸出口＋旅游"的新型经营模式。

公司品牌"炎羽"，取自我国历史上第一位识茶之人——炎帝和第一位撰写茶经之人——陆羽名字的合称，寓意弘扬我国茶文化，创现代一流品牌。2004年"炎羽"商标成功注册；2013年被认定为"湖南省著名商标"，同时获评"市民最喜爱的长沙十大乡村土特产"；2015年通过英国国际商标注册；2016年通过马德里商标注册。公司是第一个也是唯一一个将沩山毛尖推出国门的企业。

公司法人姜配良，连续多年获评宁乡市"三八红旗手"、长沙市"十佳青年企业家"、长沙市创业致富女带头人、长沙市劳动模范；系宁乡县第十、十一届政协委员，第十二届政协常委、优秀政协常委；是宁乡县"最美巾帼之星"、湖南省妇女代表、社会贤达、宁乡市首届诚实守信道德模范、长沙市优化经济发展环境监督员、宁乡市慈善协会常务副会长、沩山乡牵手爱心驿站董事长，为沩山擂茶长沙市第四批非物质文化遗产继承人、申报人。

九、长沙云游茶业有限公司

长沙云游茶业有限公司位于望城区靖港镇格塘片，前身是望城县格塘茶场（图2-59）。1960年开始，湖南乡镇茶场像雨后春笋般蓬勃发展，望城格塘茶场也应运而生，当时的格塘公社开始大面积种植小叶茶。1970年茶园面积达3000亩，同时试种"广东水仙"2亩，还先后引进"湘波绿""槠叶齐""福鼎大白"等优良茶树500余亩。此后，良种茶树的栽培逐年增加，格塘茶场始成规模，并下辖华林、凌冲等8个分场。1977年，全国茶品种栽培经验交流会在格塘公社召开，并在格塘茶园现场观摩。在发展过程中辉煌地走过了近20余年，为湖南茶业发展作出了历史性贡献。1973年建立格塘茶叶加工厂，开始机械制作绿茶。1996年，因企业体制改革成立了望城县格塘仙游茶厂，20世纪90年代末，由于多种原因，茶场经营效益不佳，人心涣散，茶园日益荒芜，最后茶场濒于解散。在这一关键的节点上，1996年原格塘茶场职工，时年41岁的杨正武同志（现云游茶业董事长）面对现实，痛定思痛，反复思考，挑起重振格塘茶业雄风的重担。2002年起，全面落实了茶园管理权，谁管理谁受益，同时利用原格塘仙游茶厂，对厂房进行维修、扩建、提质，茶园改造初见成效，加工设备也有了添置，成茶产量和品质逐年上升，为茶农的收入提高奠定了良好基础。在这一大好形势下，2009年通过工商部门的注册，正式更名为长沙云游茶业有限公司。现已发展为一家集茶叶种植、加工、销售、茶文化传播、休闲旅游于一体的农业产业化省级龙头企业。

图2-59 长沙云游茶业有限公司茶园基地

公司生产的"云游牌"产品曾获得中国湖南第五、八届（国际）农博会金奖，中国湖南星沙（首届）茶文化节名优绿茶评比优质奖，第六、十一届湖南茶业博览会"茶祖神农杯名优茶评比金奖",第一、二届"潇湘杯"湖南名优茶评比金奖,第十二届"中茶杯"全国名优茶评比特等奖。公司"格塘绿茶手工制茶技艺"入选区级非物质文化遗产项目,公司董事长杨正武被认定为此项技艺代表性传承人。

杨正武,1956年7月16日出生于望城县格塘乡凌冲大队东风生产队(今长沙市望城区靖港镇凌冲村东风组),1974年4月被安排到格塘公社华林茶场工作,1977年4月参加湖南省茶叶研究所学习茶叶种植加工技术,1978年被格塘公社录取担任公社茶园培植员,1980年任格塘茶厂茶叶精制班班长、后任车间主任,1984年任格塘茶厂副厂长,1986年7月1日加入中国共产党,1996年任格塘茶场场长,2002年任望城县格塘仙游茶厂厂长、党支部书记,2009年任长沙云游茶业有限公司董事长,2009—2014年任凌冲村党支部书记,2006年当选望城县中国共产党第八次代表,2009年2月至2014年12月任格塘乡工商联会长,2012年11月当选长沙市望城区第一届人大代表,2015年2月被长沙市望城区民政局聘请为格塘镇敬老院名誉院长,2015—2017年6月任靖港镇工商联会长,2015年任长沙市望城区老科协理事、靖港镇老科协副会长(图2-60)。

杨正武为人处事低调,一生坚守茶道,屡获殊荣。2003年由望城县人民政府授予其茶厂为"十佳种植示范户";2007—2009年连续3年被中共望城县委授予"优秀共产党员"称号;2009年,被长沙市精神文明建设指导委员会授予"2008年度长沙文明市民标兵光荣"称号;2009年,荣获全市工商联系统基层

图2-60 格塘绿茶手工制茶技艺区级代表性传承人杨正武

商会先进个人光荣称号;2011年,其公司获"全国科普惠农先进单位";2013年,荣获望城区农业产业化经营先进个人;2014年,在长沙市人民政府大会堂接受"中国好人榜好人"荣誉;2018年,中共望城区委望城区人民政府授予"雷锋之星"称号;2020年,荣获长沙市老干部局颁发的"大爱之举献爱心"荣誉证书;2020年,荣获长沙市"最美'五老红'志愿者"荣誉称号;2021年,被认定为望城区非物质文化遗产项目格塘绿茶手工制茶技艺区级代表性传承人。

十、湖南望城乌山贡茶业有限公司

湖南望城乌山贡茶业有限公司是一家集茶叶种植、加工、销售、贡茶传播、茶旅融

合为一体的综合性茶业企业，是湖南省农业产业化省级龙头企业（图2-61）。公司前身为1972年成立的乌山公社高桥茶厂，是当时河西园茶著名的原产地，号称万亩茶园；20世纪80年代以红碎茶出口为主并走俏海外，是重要的湖南省优质茶出口基地。2012年茶厂资产重组，成立湖南望城乌山贡茶业有限公司。公司现有茶园3650亩（其中核心茶园1260亩、外联基地2390亩），目前已通过国家茶叶SC认证、有机食品认证。

图2-61 湖南望城乌山贡茶业有限公司茶园基地

乌山贡茶作为优质的富硒茶，深受广大消费者喜爱。先后获得湖南省茶业博览会"茶祖神农杯"名优茶金奖、亚太茗茶银奖、"潇湘杯"名优茶金奖、中国国际农产品交易会参展农产品金奖、中国中部（湖南）农业博览会产品金奖等荣誉。

在总经理罗宇的带领下，公司本着"秉承千年品质，遵循贡茶匠心"的企业精神，通过茶旅融合带动农民致富、推动美丽乡村建设。

罗宇，1971年9月出生，长沙市望城人（图2-62）。现任湖南省茶业协会理事、长沙市茶业协会副会长、长沙市工商联执委、望城区工商联副会长、乌山商会会长。多年来获得"优秀共产党员""最美企业家""先进工作者""优秀管理者""湖南茶叶十大新锐人物"等称号。2011年，抱着重振乌山镇茶产业的理想，接手原高桥茶厂；2012年，茶厂资产重组，成立湖南望城乌山贡茶业有限公司，任总经理。十年间，他带动全厂扩建茶园，新建厂房，改良品种，更新设备，推进乌山贡茶产业全面提质升级。同时积极科学创新，共计申报专利8个。

图2-62 湖南茶叶"十大新锐人物"罗宇

2018年，乌山贡茶所处的望城区与长沙县、浏阳市、宁乡市共同申报"长沙绿茶"农产品地理标志品牌成功，昔日的贡茶已成为今日的国字号金字招牌，乌山贡茶以极致的茶叶品质和产业抱负践行国家乡村振兴战略。

十一、湖南浏阳河茶业有限公司

湖南浏阳河茶业有限公司位于淳口镇北部，毗邻龙伏镇，为浏阳市最大的茶叶生产企业，也是长沙市农业标准化示范单位、长沙市现代农业特色产业科技示范基地、长沙市农业产业化龙头企业、湖南省茶业集团股份有限公司优质茶出口基地（图2-63）。

图2-63 湖南浏阳河茶业有限公司

公司前身为原"浏阳市路口茶厂"，始建于1965年，2003年改制成立股份制有限公司更名为湖南浏阳河银峰茶业有限公司，2021年4月份公司变更为湖南浏阳河茶业有限公司。公司属典型的"公司＋基地＋合作社＋农户"的产业模式，自有茶园1100亩，涉茶叶专业合作社茶园3740亩，有总资产1800万元，年产值2600万元。茶树优良品种有黄金茶（1、2号）、碧香早、白毫早、槠叶齐、桃源大叶等；有3条加工生产线；主要产品有黄金茶、名优绿茶、红茶及黑毛茶四大系列26个品种。

历经50余年的发展，公司已通过ISO9001质量管理体系认证，积累了丰富的茶叶种植经验，拥有成熟的加工技术和先进的产品工艺，建立了与国际接轨的系列标准，创立了"银峰茶""浏阳河"系列品牌（图2-64），产品已获"绿色食品认证"，注册商标"浏阳河"名优茶、"浏阳河银峰"曾连续3次荣获2003、2005、2007年第六、七、八届"湘茶杯"金奖及第八届中国国际农产品交易会金奖，连续7年被"湖南省茶业集团股份有限公司"评为"优质茶基地先进单位"。公司不断探求技术创新，拥有3项具有自有知识产权的专利技术，基本实现了生产规模化、管理规范化、质量标准化、加工机械化、销售网络化。

公司董事长熊鼎新，1964年5月生于长沙浏阳市，是湖南省茶业协会、湖南省茶叶学会理事、长沙市茶业协会副会长（图2-65）。连续多年被中共淳口镇委员会评为"优秀共产党员"，曾获得"浏阳市首届十佳青年企业家""浏阳市十大魅力农民""湖南茶叶十大新锐人物"荣誉称号。2007年10月，由熊鼎新牵头联合117户茶农成立了"浏阳市银峰茶业专业合作社"，公司通过统一生产标准、统一技术指导、统一农资发放、统一鲜叶收购和统一品牌销售，形成了典型的"龙头企业＋基地＋合作社＋农户"的产业模式，为广大茶农支撑起产业保护屏障。目前公司已发展社员300多户。2021年12月被长沙市农业农村局认定为"长沙市乡村中级工匠"，主要从事工种为茶叶制作工。

"金山银山不如茶山，家有一园茶，不怕没钱花"成了淳口镇新的顺口溜。"创新发展、致富茶农"成为合作社社员的共识，而"同唱浏阳河，共享浏阳河茶"成了熊鼎新下一个目标。

图2-64 浏阳河茶业有限公司生产的 "长沙绿茶"产品　　　　图2-65 湖南茶叶"十大新锐人物"熊鼎新

十二、湖南淳峰茶业有限公司

湖南淳峰茶业有限公司成立于2004年9月，注册资金1180万元，地处浏阳市淳口镇，是一家集茶园基地建设、茶叶生产、加工、销售、科研于一体的现代茶业企业。公司现有茶园1.02万亩，是国家级茶叶标准园，是中国绿色食品委员会理事单位，湖南省优势特色千亿茶产业基地，湖南省民营科技型企业，湖南农业大学科研基地，长沙市农业产业化重点龙头企业，长沙市四大千亿产业集群规模企业，浏阳市农产品加工龙头企业，浏阳市第一大茶叶生产加工基地，湖南省创业富民明星单位，曾获得"中国质量满意十佳企业（品牌）""中国十大科技创新企业""湖南省著名商标""长沙市优秀龙头企业""科技创新企业""浏阳市科技示范基地"等荣誉称号。

公司产品多次荣获省市级优质产品荣誉称号，公司独创的"大围山翠峰""湘妃翠"在"湘茶杯"上荣获金奖，农博会金奖，中国民营经济高峰会人民大会堂指定用茶，湖南茶文化节名优绿茶评比金奖（图2-66）。

图2-66 湖南淳峰茶业有限公司产品

十三、湖南隐珠谷茶叶有限公司

湖南隐珠谷茶叶有限公司位于长沙县福临镇，成立于2019年，拥有400亩茶叶基地分布在影珠山附近，为长沙地区产茶历史最悠久的产茶区（图2-67）。2021年茶叶基地被中绿华夏有机食品认证中心认定为有机茶基地。公司生产的"隐珠谷茶（绿茶、红茶、白茶）"被认定为有机茶。"隐珠谷绿茶"荣获2020年第十二届湖南茶业博览会"茶祖神农杯"名优茶金奖；"隐珠谷红茶"荣获2021年第十三届湖南茶业博览会"茶祖神农杯"名优茶金奖。产品行销国内外，获得中外茶业界好评。

图2-67 隐珠谷茶园一角

表 2-2   2021 年长沙市重点茶叶企业一览表

级别	企业名称	企业 LOGO	企业地址	法人代表	主要产品
国家级农业产业化龙头企业	湖南金井茶业集团有限公司		长沙县金井镇金龙村	周长树	金井毛尖、金井绿茶、首善红红条茶
	湘丰茶业集团有限公司		长沙县金井镇湘丰村	汤宇	湘波绿、桑植白茶
	湖南怡清源有机茶业有限公司		长沙市芙蓉区隆平高科技园（长冲路 36 号）	曹军	怡清源野针王、故园香
省级龙头企业	长沙云游茶业有限公司		长沙市望城区靖港镇凌冲村东风组	杨正武	云游牌绿茶、红茶
	湖南望城乌山贡茶业有限公司		长沙市望城区乌山街道维梓村	罗宇	乌山贡毛尖、绿茶、红茶
	长沙沩山炎羽茶业有限公司		宁乡市沩山乡沩山村	姜配良	"炎羽"牌沩山毛尖
	湖南沩山茶业股份有限公司		长沙 宁乡县沩山乡沩山村沩山大道（沩山密印寺）	黄雪钦	沩山牌沩山毛尖

级别	企业名称	企业 LOGO	企业地址	法人代表	主要产品
省级龙头企业	湖南金洲茶叶有限公司		长沙市宁乡市金洲镇关山村	雷建恒	shennun 牌精品外贸茶
	湖南沩山湘茗茶业有限公司		长沙市宁乡市沩山大道 177 号	姜胜标	沩山金针、沩山毛尖、一品湘茗、密印禅茶
	神农金康（湖南）原生态茶业有限责任公司		长沙经济技术开发区人民东路北、长桥路东中部智谷工业园 1 栋 301、302 号	何礼明	养生茶，绞股蓝七叶胆，杜仲茶，青钱柳茶，原叶茶，野生茶，降三高茶
市级龙头企业	长沙骄杨茶业有限公司		湖南省长沙县开慧镇葛家山村坝上组	金志升	骄杨绿茶、骄杨红茶
	湖南隐珠谷茶叶有限公司		湖南省长沙县福临镇金牛村腰塘冲组	陈 静	隐珠谷绿茶、隐珠谷红茶
	湖南鸿大茶叶有限公司		长沙县高桥镇高桥村 286 号	周小虎	高桥银峰
	湖南浏阳河茶业有限公司		浏阳市淳口镇鸭头村	熊鼎新	浏阳河绿茶、浏阳河银峰绿茶

级别	企业名称	企业 LOGO	企业地址	法人代表	主要产品
市级龙头企业	湖南淳峰茶业有限公司		浏阳市淳口镇鹤源社区山上组	罗强	湘妃翠、大围山翠峰、淳峰毛尖、淳峰绿茶
	长沙彩沩农业科技有限公司		宁乡县沩山乡沩山社区刘家组10号	姜学文	
	湖南湘沩茶叶有限公司		宁乡县沩山乡沩山村太阳庙组	李谢华	沩山黄茶、沩山黑茶、沩山绿茶
	长沙刘沩农业开发有限公司		宁乡县沩山乡八角溪村刘冲组	刘广	
	湖南密印生态茶业有限公司		宁乡县沩山乡沩山村李子组24号(沩山乡集镇)	高命均	沩山毛尖、密印禅茶
	湖南亮沩农业开发有限公司		宁乡县沩山乡回心桥村姜家组1号	姜国强	
	湖南金叶茶叶科技有限公司		宁乡市花明楼镇杨林桥村	姜菊香	金盆云雾

级别	企业名称	企业 LOGO	企业地址	法人代表	主要产品
市级龙头企业	湖南河西走廊茶业有限公司		长沙市宁乡市金洲大道历泉路口	贺端青	出口茶产品

第三章

长沙绿茶品质之源

长沙茶叶种植历史悠久，茶文化底蕴深厚，从马王堆汉墓出土的茶与茶具，到唐代潭州刺史张渭的"饮茶胜饮酒，聊以送将归"，从李时珍《本草纲目》记载的"湖南之白露、长沙之铁色"，再到明清时期"金井高桥48家茶庄"，早已蜚声天下。所有这些都说明了长沙茶叶的辉煌历史。

长沙产茶，以绿茶为主。长沙位于湖南省东部偏北，湘江下游和长浏盆地西缘，东经111°53′~114°15′、北纬27°51′~28°41′。全市国土面积1.1819万km²，辖芙蓉、天心、岳麓、开福、雨花和望城6区，浏阳、宁乡2市及长沙县。境内丘岗连绵，河网密布，湖泊珠联，水量充沛，属典型的丘陵、平岗地貌，海拔多在50~500m，土地资源较丰富，土壤种类多样，以红壤和水稻土为主，占总面积约70%，土壤pH在5.0~6.5，土质肥厚、结构疏松。此外，长沙属亚热带大陆性季风气候，其特征是气候温和，降水充沛，雨热同期，四季分明，夏冬季长，春秋季短。年平均气温16.8~17.3℃，年积温为5457℃，年均降水量1358.6~1552.5mm。上述条件表明，长沙非常适宜茶树生长。

良好的生态环境，优异的品种资源，传统与现代加工工艺的结合，造就了长沙绿茶独特的品质特征：外形条索紧细卷曲，色泽翠绿、润，匀整显毫，汤色嫩绿明亮，嫩香持久，滋味鲜爽回甘，叶底嫩绿鲜活匀齐。长沙绿茶，不可多得的茶中佳品。

第一节　长沙制茶历史演变

湖南制茶历史悠久，自"长沙零陵界中"江华等地发现野生茶树，从生吃鲜叶到晒干收藏，从团饼茶到散茶，是湖南最早的绿茶。随着人们对茶品质要求的不断提高，大大促进了茶叶制作方法的改革创新，使得茶类从绿茶发展成红茶、黄茶、黑茶等多种茶类，制作方法也不断改进。

远古时，先民们在晴天把鲜叶放在阳光下晒干，以便随时取用，称为"生片"。遇到下雨时鲜叶无法晒干，就把摊晾过的叶子压紧在瓦罐里，过了一段时间，便成为可直接食用的"腌茶"，这是最初茶叶加工的萌芽。到三国时出现了蒸青饼茶的加工方法，张辑的《广雅》中记载："荆巴间采叶作饼，叶老者，饼成以米膏出之。欲煮茗饮，先炙令赤色，捣末置瓷器中，以汤浇覆之，用葱、姜、桔子芼之。"由此表明当时人们已懂得将采来的叶子，蒸汽杀青，米汤除涩然后制成饼，晒干或烘干。

唐至五代湖南茶叶与西北少数民族实行"茶马互市"，茶叶制作以蒸青团茶为主。前期制法较为粗糙，随着贡茶需求的增加，设立了专门采制皇室御用的贡焙。唐代宗大历五年（770年）设贡焙，起初仅五百串，后加至两千串、一万串，至唐武宗会昌（841—

846年）中，增加到一万八千四百串。贡茶一方面增加了茶农的负担，另一方面为了提高茶叶品质，贡焙组织官员研究制茶技术，从而促使茶叶生产不断改革。中唐以后，蒸青作饼工艺已经逐渐完善，陆羽《茶经·三之造》记述："晴采之，蒸之，捣之，拍之，焙之，穿之，封之，茶之干矣。"此时已具有完整的蒸青茶饼制作工序：先将采下的鲜叶，在甑中蒸，再用杵臼捣碎，尔后拍制成团饼，最后将团饼茶穿起来烘干、封存。拍制有一定的规承：规为铁制，或方或圆；承又称台或砧，常以石为之，此为制团茶或饼茶之法。《茶经·六之饮》曰："饮有粗茶、散茶、末茶、饼茶者。"惟以团饼茶为主，少数地方也有蒸不捣或捣而不拍的散茶和末茶。个别地方还有炒青。刘禹锡（772—842年）于唐贞元二十一年（785年）革新政治失败后，贬为朗州（今湖南常德）司马，在朗州作有炒茶诗。

西山兰若试茶歌

山僧后檐茶数丛，春来映竹抽新茸。宛然为客振衣起，自傍芳丛摘鹰嘴。
斯须炒成满室香，便酌沁下金沙水。骤雨松声入鼎来，白云满碗花徘徊。
悠扬喷鼻宿酲散，清峭彻骨烦襟开。阳崖阴岭各殊气，未若竹下莓苔地。
炎帝虽尝未解煎，桐君有策那知味。新芽连拳半未舒，自摘至煎俄顷余。
木兰沾露香微似，瑶草临波色不如。僧言灵味宜幽寂，采采翘英为嘉客。
不辞缄封寄郡斋，砖井铜炉损标格。何况蒙山顾渚春，白泥赤印走风尘。

欲知花乳清冷味，须是眠云跋石人。

（唐·刘禹锡）

诗中"斯须炒成满室香""自摘至煎俄顷余"等句，记载的是在湖南西山寺庙采茶制茶杀青工艺的过程（图3-1），这是至今发现的关于炒青绿茶最早的文字记载。

宋代茶类及制茶方法与唐代基本相似，随着技术发展，贡茶和斗茶制度逐渐形成，出现了各种大小不同的龙团和凤饼茶，名目繁多。元代马端临《文献通考》

图3-1 20世纪80年代长沙金井手工炒茶

载："宋制榷务贷六……凡茶有二类：曰片曰散。片茶蒸之，实卷模中串之。惟建则既蒸而研，编竹为格，置焙室中，最为精洁，他处不能造。"片茶，就是唐代的团茶和饼茶。

散茶，即为唐代的蒸青散茶和炒青之类。惟片茶制作技术有改进和发展。唐代碎茶用杵臼或手工捣舂，宋代改臼为碾，甚至用水力碾磨加工。宋代熊蕃《宣和北苑贡茶录》记述："宋太平兴国初，特置龙凤模，遣使即北苑造团茶，以别庶饮，龙凤茶盖始于此。"宋代赵汝励《北苑别录》记述了龙凤团茶的制造工序：蒸茶、榨茶、研茶、造茶、过黄、烘茶。即茶芽采回后，先浸泡水中，挑选匀整芽叶进行蒸青，蒸后冷水清洗，然后小榨去水，大榨去茶汁，去汁后置瓦盆内兑水研细，再入龙凤模压饼、烘干。龙凤团茶的拍制工艺较唐代更为精巧，"饰面"图案有大发展，图文并茂，龙凤腾翔。龙凤团茶的工序中，冷水快冲可保持绿色，提高了茶叶质量，而水浸和榨汁的做法，夺走了茶的真香真味，且整个制作过程耗时费工，使得片茶工精价贵，销路日窄。宋代后期，适合民间饮用的散茶兴起，散茶取代了片茶，取得了主导地位。此外，还出现了以香入茶的制作方法，宋代蔡襄《茶录》载："茶有真香，而入贡者微以龙脑和膏，欲助其香。"南宋施岳《步月·茉莉》词注："茉莉岭表所产……古人用此花焙茶"，记载了茉莉花焙茶之法。

宋代潭州造茶业甚为发达，以致朝廷对潭州"纳茶"之事相当重视，宋太祖开宝七年（974年）闰十月专门颁布了《赐潭州造茶人户敕榜》，从敕文中亦可知宋代潭州"棬模制造茶货"（图3-2）之盛，敕榜全文如下：

图3-2 至今仍在使用的宋代潭州"棬模制茶"工艺

敕潭州管内造茶人等：逐年所行造纳官湖南独行号大方茶，近拟本州般到开宝五年、六年独号茶斤稍重，与自前入纳棬模轻重不同，切虑人户采摘打造不易事。惟兹茶茗，产在湖湘，斤片重轻，固有常式。既棬模之稍大，念制造之惟艰，兼虑输纳之时，或有难邀之弊，宜依旧例，用便烝民。凡尔众多，体我优恤。宜令本州自今并依旧棬模制造茶货，旧日每三十片重九、十斤者，不得令过十斤。即须如法制造，无令卤莽夹杂。若是场司受纳人员及州府固违敕命指挥，邀难人户，须令送纳重茶要及十斤以上，并许人户上京论告。若勘鞫得实，应干系官吏，并当重断；其论告事人仍支赐赏钱二百贯文，兼与放本户下差税。故兹榜示，各令知悉。

元代基本沿袭宋代后期生产格局，以制造散茶和末茶为主。宋代的散茶、末茶实为团茶制作工艺的简化，并没有形成单独完整的工艺。元代出现了类似近代蒸青的生产工艺。元代王桢《农书·卷十·百谷谱》载："采讫，以甑微蒸，生熟得所。蒸已，用筐箔薄摊，乘湿略揉之，入焙匀布火，烘令干，勿使焦，编竹为焙，裹弱覆之，以收火气。"即将采下的鲜叶，先在釜中稍蒸，再放到筐箔上摊凉，尔后趁湿用手揉捻，最后入焙烘干。可见蒸青绿茶制造工艺在元代已基本定型。

明代制茶技术有较大的发展。以散茶、末茶为主，惟贡茶沿袭宋制，饮茶保持烹煮的习惯，团饼茶仍占相当比例。明洪武初，诏罢贡茶，团饼茶除易马外，不再生产。散茶得以盛行，而工艺更为精进。蒸青散茶相比于饼茶和团茶，茶叶的香味得到了更好的保留。然而，使用蒸青方法，依然存在香味不够浓郁的缺点。于是出现了利于发挥茶叶香气的炒青技术。经唐、宋、元代的进一步发展，炒青茶逐渐增多。到了明代，炒青制法日趋完善，在张源《茶录》中记载："造茶。新采，拣去老叶及枝梗碎屑。锅广二尺四寸，将茶一斤半焙之，候锅极热，始下锅急炒，火不可缓，待熟方退火，撒入筛中，轻团数遍，复下锅中，渐渐减火，焙干为度。"另《茶疏》《茶解》中也有相关详细记载。当时炒青茶的制法大体为高温杀青、揉捻、复炒、烘焙至干，这种工艺与现代炒青绿茶制法已非常相似。饮用的方法也由煮饮改为开水直接冲泡，明代陈师《茶考》："杭俗烹茶，用细茗置茶瓯，以沸汤点之，名为撮泡。"由于散茶的大力发展，使炒青工艺日渐精进，明代闻龙《茶笺》曰："炒时须一人从傍扇之，以祛热气，否则色香味俱减。"当今炒制高档绿茶时此法仍有采用。

明代新创起来的还有黑茶、熏花茶、红茶等。明御史陈讲疏记载："商茶低伪，悉征黑茶，产地有限……"明万历二十三年（1595年），长沙府安化黑茶"天尖""贡尖"定为官茶，成为茶马交易的主体茶。安化黑茶分为花砖和黑砖，花砖采用二、三级黑毛茶，黑砖采用三、四级黑毛茶为原料，经称茶、蒸茶、装匣预压、装匣、紧压、冷却、退砖、修砖、检砖、烘干等工序制成。田艺蘅《煮泉小品》记述了类似现代不炒不揉而成的白茶："茶者以火作者为次，生晒者为上，亦近自然……清翠鲜明，尤为可爱。"明代，窨花制茶技术也日益完善，且可用于制茶的花品种繁多，据《茶谱》记载，有桂花、茉莉、玫瑰、蔷薇、兰蕙、橘花、栀子、木香、梅花九种之多。现代窨制花茶，除了上述花种外，还有白兰、玳瑁、珠兰等。至此，茶叶的种类由单一的绿茶发展到多种茶类并存的格局。

清代制茶技术发展迅速，出现了绿茶、黄茶、黑茶、白茶、红茶、青茶、花茶等多种茶类，制茶工艺也有了空前的发展和创新（图3-3、图3-4）。长沙府湘阴县产绿茶，清乾隆《湘阴县志》载："茶产文家铺，又一种产白鹤山，极佳……士人谓之白鹤茶。味极甘香，非他处可比。"此即今日湖南十大名茶之一的"兰岭绿之剑"的前身。

图3-3 清道光年间庭呱所绘茶叶加工图（今藏美国赛伦市皮博迪·埃塞克斯博物馆）

图3-4 清代压制茶砖的工具

长沙府宁乡县则产黄茶，著名的沩山毛尖即是黄茶中的佼佼者。黄茶采摘初展鲜叶，经杀青、闷黄、揉捻、烘焙、熏烟等工序制成。清代刘靖《片刻余闲集》中记述："山之第九曲处有星村镇，为行家萃聚。所产之茶，黑色红汤，土名江西乌，皆私售于星村各行。"自星村小种红茶出现后，逐渐演变产生了工夫红茶。

长沙府安化、宁乡、浏阳等县也开始大量生产红茶。清同治《宁乡县志》载："广人贩红茶，按谷雨来乡，不利雨而利晴，不须焙而须曝，乡园获小利焉。"清初王草堂《茶说》说："茶采后，以竹筐匀铺，架于风日中，名曰晒青，俟其青色渐收，然后再加炒焙……烹出之时，半青半红，青者乃炒色，红者乃焙色也。"此中所记述的则是青茶的制作。清代中国已成为世界上具有最精湛制茶工艺和丰富茶类的国家（图3-5）。

中华人民共和国成立以后，茶类分为基本茶类和再加工茶类，基本茶类包括绿、黄、黑、白、乌、红六大茶类，以这些基本茶类作原料进行再加工以后的产品统称再加工茶类，主要有花茶、紧压茶，以及萃取茶、果味茶、药用保健茶和含茶饮料等。各类茶的加工技术有了新的发展。20世纪50年代，中国开始研制红茶、绿茶加工机具和采

图3-5 清代茶叶生产场景

茶机等茶园作业机具。20世纪60年代中期，红茶、绿茶初制、精制成套机械研制和设计成功并投入生产，使中国茶叶加工基本实现机械化。20世纪60年代以来，先后研制出中国特有的紧压茶加工机械、花茶窨制机械；特别是20世纪80年代以来，各种扁形、针形、卷曲形等名茶的加工机械研究成功，全国的特种茶和名茶加工逐步实现机械化。目前"长沙百里茶叶走廊"的茶叶生产企业除了少数名优茶以及特色茶仍由手工加工外，绝大多数茶叶的加工均采用了机械化生产。

第二节　长沙自然资源禀赋

在地球上，有一条神秘奇特的纬线，它贯穿了四大文明古国，存在着许多令人费解的神秘现象和文明信息，这就是北纬30°。在北纬30°上下5°所覆盖的范围内，人类古文明在此发展。埃及的尼罗河、伊拉克的幼发拉底河、中国的长江、美国的密西西比河，均是在此入海，同时，这里也是产茶的黄金纬度带。仅在中国，就有60多种名茶产于此。中国十大传统名茶中，除安溪铁观音以外，其他九大名茶的产区均在这一纬度范围。而长沙，正处于这一纬度范围内。2005年，长沙被原农业部确定为"全国优质绿茶产业带"。

长沙属亚热带季风湿润气候区。气候温和，热量丰富，冬季最冷月平均温度在4.1℃以上，夏季最热月平均温度在32℃以下，年平均气温17.2℃，降水量1390mm，日照1677h，无霜期275天。茶树年生长期3—10月，月降水量大多数在100mm以上，相对湿度在80%左右。特别是丘陵山区和春季，日照时间短，气温不高，降水多，蒸发量小，相对湿度大于平岗区和夏秋季。区域内温、光、水等自然条件在季节上组合搭配较好，对茶叶发展十分有利，是茶树生产的适宜区。全市茶园大多分布在200～500m的向阳山丘缓坡，一般冬无严重冰冻，夏无酷热，全年热量丰富，漫射光多，光照弱，湿度高，风速小，昼夜温差较大，有利芽叶内含物质的积累，使所产茶叶具有持嫩性强、自然品质佳的特点。而且，全市山丘面积大，宜茶土地后备资源比较丰富，在土壤成土母岩中，花岗岩、变质板岩、沉积沙页岩占40%以上，其发育的土壤呈微酸性，质地砂、粘适中，无机养分丰富，自然肥力较高，具有茶树生长的良好土地资源条件。

湖南全省122个县（市、区）中，有90多个（市、区）产茶。主要分布武陵、雪峰、南岭、罗霄山脉和环洞庭湖地区。从20世纪60年代开始，各地对茶区进行了大量调查研究。按照自然条件和发展历史等方面的情况，对湖南茶区进行了划分，主要分为湘东茶区、湘南茶区、湘中茶区、湘北茶区和湘西茶区。

长沙属于湘东茶区。湘东茶区是名优绿茶、出口茶的优势产区。东界江西，包括幕阜山、九岭山、连云山、湘水中下游及攸水一带，南起衡东，北至平江，西止韶山、湘潭等地。这一地区地势起伏，海拔200～700m，土壤以红黄壤为主，宜生产红茶、绿茶、黄茶和黑茶。名优茶高桥银峰、湘波绿、金井毛尖、岳麓毛尖、沩山毛尖即产于此地。著名的"百里茶廊"、省会长沙多家内外贸茶叶企业都位于此地。

长沙市为湖南省省会，是湖南省政治、经济、文化、交通、科技、金融、信息中心。今辖芙蓉、天心、岳麓、开福、雨花、望城6区和长沙县，代管浏阳、宁乡两县级市。2021年常住人口1004.79万。

长沙位于湖南省东部偏北，地处湘江下游和长浏盆地西缘。地域范围为北纬27°53′～28°41′，东经111°53′～114°15′。东邻江西省宜春地区和萍乡市，南接株洲、湘潭两市，西连娄底、益阳两市，北抵岳阳、益阳两市。东西长约230km，南北宽约88km。全市土地面积11819km^2，其中市区面积2150.90m^2，建成区面积567.32m^2。

长沙的总体地质特征是，地层出露齐全，花岗岩体广布，地质构造复杂，各个地质历史时期的地层在长沙市均有出露，最古老的地层大约是10亿年以前形成的。总体地貌特征是，地势起伏较大，地貌类型多样，地表水系发达；长沙的东北是幕阜—罗霄山系的北段，西北是雪峰山余脉的东缘，中部是长衡丘陵盆地向洞庭湖平原过渡地带；东北、西北两端山地环绕，地势相对高峻，中部递降趋于平缓，略似马鞍形，南部丘冈起伏，北部平坦开阔，地势由南向北倾斜，形如一个向北开口的漏斗。长沙城区为多级阶地组成的坡度较缓的平冈地带，地势南高北低，湘江由南向北流经中部，穿贯市区，江中的橘子洲长5km，在湘江两岸形成地势低平的冲积平原，其东西侧及东南面为地势较高的低山、丘陵；东有属于湘赣边雁阵式山系的大围山，海拔800m以上山峰有50余座，其主峰七星岭，海拔1607.9m，为全市最高处；西有海拔800m以上的山峰13座，是高山茶的主产地。

全市300m以上的山地占29.52%，50～300m的丘陵岗地占41.02%，50m以下的平原占25.30%，水域占4.16%，全市有名山30余座，5km以上长度的河流302条，大小瀑布10余处，A级旅游资源10个，B级旅游资源17个，其中相当一部分分布在全市120余万亩茶区和宜植茶地区。

长沙土壤种类多样，可划分9个土类、21个亚类、85个土属、221个土种，以红壤、水稻土为主，分别占土壤总面积的70%和25%。其余还有菜园土、潮土、山地黄壤、黄棕壤、山地草甸土、石灰土、紫色土等，适宜包括茶叶在内的多种农作物生长。

长沙水系完整，河网密布；水量较多，水能资源丰富；冬不结冰，含沙量少。长沙市的河流大都属湘江水系，支流河长5km以上的有302条，其中湘江流域289条。湘江自湘潭昭山流经长沙县西南边境，然后由南向北纵贯市区，经望城县乔口出境（图3-6）。经过市境的长度有74km，其间流入湘江的支流有15条，其中较大的有浏阳河、捞刀河、靳江、沩水。年平均地表径流量82.65亿 m^3，径流深550 ~ 850mm。湘江流经长沙市的常年径流量年均692.50亿 m^3。全市地下水总储量每年9.35亿 m^3。

图3-6 湘江长沙段

第三节　长沙绿茶适制品种

茶叶品质的优劣，主要取决于鲜叶质量的优劣以及制茶技术的合理程度，而好的茶树品种加上科学的栽培管理才是鲜叶质量的保证。因此，长沙绿茶优异品质的形成离不开优良的茶树品种。目前，加工长沙绿茶的主要品种有楮叶齐、碧香早、湘波绿2号、白毫早、湘妃翠、福鼎大白、玉绿等中小叶品种。

一、楮叶齐

楮叶齐，无性系，灌木型，中叶类，中生种，由湖南省茶叶研究所从安化群体种中单株选育而来，1987年全国农作物品种审定委员会认定为国家级良种，编号GS 13006—1987（图3-7）。该品种树姿半开张，分枝密度适中，叶长9.2cm，叶宽3.3cm，叶着生上斜，叶面平整叶色黄绿、有光泽、茸毛中等，一芽三叶百芽重70.0g，育芽力和持嫩性较强，产量较高。一般3月中旬萌芽，4月开采。花冠长宽为 3×31mm，花瓣6 ~ 8片，花萼无毛，抗逆性强。鲜叶茶多酚类26.64%，儿茶素总量180.68mg/g，氨基酸2.39%，咖啡碱4.78%，黄酮类2.97mg/g，水浸出物44.1%，为红绿兼制的品种，制作名优绿茶，银毫显露，色泽翠绿，香高味醇。

图 3-7 楮叶齐（无性系，灌木型，中叶类，中生种）

二、碧香早

碧香早，无性系，灌木型，中叶类，早生种，由湖南省茶叶研究所以福鼎大白茶为母本、云南大叶茶为父本，采用杂交育种法选育的省级良种，1993年通过湖南省农作物品种审定委员会审定（图3-8）。该品种分枝半开张，叶片稍上斜状着生。叶长椭圆形，叶尖渐尖，芽叶浅绿色、茸毛多，一芽三叶百芽重52.5g。发芽较密，持嫩性较强，产量高，抗寒性强。春茶一芽二叶鲜叶中氨基酸含量3.8%，茶多酚含量25.5%，咖啡碱含量3.9%，水浸出物含量40.6%。制作绿茶，外形紧细显毫，锋苗好，色翠绿，栗香高长，滋味鲜爽。

图 3-8 碧香早（无性系，灌木型，中叶类，早生种）

三、湘波绿2号

湘波绿2号，无性系，灌木型，中叶类，早生种，由湖南省茶叶研究所从福鼎大白茶的天然杂交后代中系统育种而来（图3-9）。树姿半开张，分枝密度中等，分枝角度为50.2°±1.3°。叶片长椭圆形，叶色深绿，叶面半隆起有光泽，叶身背卷，叶质柔软，叶尖渐尖，R值为3.14，叶半上斜着生73.1°±2.4°。芽叶黄绿色，茸毛多，持嫩性强。发芽特早，品比试验区一芽一叶期比对照种福鼎大白茶早15天左右；产量高，品比试验6年（4～9龄）平均每亩年产鲜叶1182.90kg，比对照福鼎大白茶高24.24%。内含物丰富，春季平均水浸出物40.56%，氨基酸4.92%，茶多酚21.93%，酚氨比4.46。制作绿茶外形色泽翠绿有毫，汤色黄绿亮，香气清香高长，滋味鲜嫩醇爽，叶底嫩匀绿亮。品种抗寒、抗旱性较强，抗病虫性亦较强。

图3-9 湘波绿2号（无性系，灌木型，中叶类，早生种）

四、白毫早

白毫早，无性系，灌木型，中叶类，早生种，是1973年春季从湖南省茶叶研究所的安化中叶群体茶园中通过单株选育而来的无性繁殖系，原编号为幼丰73-01，后来以其芽叶白毫多，发芽早而定名为白毫早（图3-10）。该品种属灌木型，树姿半开张，叶梢上斜着生，叶形长椭圆，叶长8.9cm，叶宽3.4cm，叶身微内折，叶面平滑，叶尖渐尖。发芽期早，育芽力强，芽叶伸育快，一般一芽一叶开展期在3月19—30日。芽叶黄绿色，白毫多，产量高，6年平均产量比对照福鼎大白高30%左右。一芽二叶春季内含物分析测定，结果为水浸出物40.37%，茶多酚24.07%，氨基酸4.08%。制作绿茶外形条索紧细卷曲，白毫满披，色泽翠绿，香气清香高长，汤色黄绿明亮，滋味鲜醇，叶底嫩绿明亮。

图3-10 白毫早（无性系，灌木型，中叶类，早生种）

五、湘妃翠

湘妃翠，无性系，灌木型，中叶类，早生种，由湖南农业大学于1985年从福鼎大白茶的天然杂交后代中单株系统选育而来的国家级良种（图3-11）。该品种属灌木型、半披张状，分枝角度和分枝密度较大，中叶类，椭圆形或近长椭圆形。芽叶浅绿色，茸毛较多，一芽一叶期为3月底，一芽三叶期为4月上旬，略早于福鼎大白茶（早1～2天），花果量少、年生长期较福鼎大白茶长10天以上。春季一芽二叶水浸出物含量36.06%，茶多酚18.59%，氨基酸2.22%，咖啡碱4.04%，儿茶素中简单儿茶素占比较高。抗寒、抗旱性好，移栽成活率高，适应湖南全省栽培。制作绿茶细紧曲长，绿翠有毫，汤色黄绿明亮，香气高长，滋味鲜醇、爽，叶底黄绿嫩匀。

图3-11 湘妃翠（无性系，灌木型，中叶类，早生种）

六、福鼎大白茶

福鼎大白茶，也称华茶一号，无性系，小乔木型，中叶类，早生种，1965年和1973年两次被全国茶树品种研究会确定为全国推广良种，并列为全国区试的标准对照种（图3-12）。在全国15个产茶省（区）均有大面积栽培。1984年被全国农作物品种审定委员会认定为国家级良种，编号GSI 3001—1985。分枝较密，分枝部位较高，节间尚长。叶椭圆形，先端渐尖并略下垂，基部稍钝，叶缘略向上。芽叶肥壮，茸毛特多，一芽三叶百芽重63.0g。芽叶生育力和持嫩性强。一芽三叶盛期在4月上旬。产量高，每亩可达200kg以上。春茶一芽二叶干茶样约含氨基酸4.3%、茶多酚16.2%、儿茶素总量11.4%、咖啡碱4.4%。该品种抗旱性较强，抗寒性强，扦插繁殖力强，成活率高。制作绿茶外形紧细，银毫满披，色泽绿翠光润，滋味鲜醇，汤色嫩绿明亮，叶底嫩绿匀整。

图3-12 福鼎大白茶（无性系，小乔木型，中叶类，早生种）

七、玉　绿

玉绿，无性系，灌木型，中叶类，早生种，1980年秋以薮北种为母本、优混（福鼎大白茶、楮叶齐、湘波绿、龙井43号等混合花粉）为父本进行人工杂交混合授粉（图3-13）。从F$_1$代中选择优良单株经无性繁殖获得的品种，于2005年通过湖南省省级审定登记。平均叶长7.54cm，平均叶宽2.83cm，呈长椭圆形，叶色黄绿，叶面平展，叶身内折，叶脉10对，叶片半上斜着生54.2°±3.4°，叶质柔软，叶尖渐尖。树姿半开张，分枝较密，分枝角度49.5°±2.4°。芽叶黄绿色，茸毛中等，持嫩性强。玉绿内含物较丰富，其中水浸出物44.35%、茶多酚30.90%、氨基酸3.65%。该品种抗旱性、抗寒性及抗病虫性均较强，扦插繁殖力强，成活率高。玉绿制烘青绿茶外形紧细有毫，色泽翠绿，汤色绿亮，滋味鲜爽，叶底嫩绿。

第三章　长沙绿茶品质之源

图3-13 玉绿（无性系，灌木型，中叶类，早生种）

第四节　长沙绿茶茶园建设与管理

　　良好的茶园建设与管理水平是茶叶鲜叶原料品质的保证，而好的鲜叶品质正是高品质茶叶产品的两个先决条件之一。长沙绿茶茶园的种植与管理主要包括园地选址、规划、建设，茶树种植以及茶园管理等方面，特别是品种选择上需要考虑长沙绿茶多毫的特点，选用幼嫩芽叶茸毛较多的前述介绍品种。

一、茶园建设

　　茶园建设必须从有利于茶树生长、方便管理、保持水土、综合治理和提高垦荒植茶的总体效益出发，基本原则是园址合理、工程配套、因地制宜、开垦适度、改土增肥、基础扎实。

1. 茶园选址

　　茶园建设应选择自然坡度小于25°的平地与缓坡地建立新茶园，土地集中成片。选择土层深厚、土质肥沃、排灌方便的旱地种植。土壤为红、黄壤或者板页岩发育而成的褐棕色土壤，pH在5.0～6.5。土层厚度≥50cm。园地附近有较丰富的森林等植被覆盖。空气、水分和土壤符合绿色食品产地环境条件（NY/T 391）的要求。

2. 茶园规划

　　园地选址好后，进行全面规划，茶园划分为区、片，"区"的分界线以防护林、主沟、干道为界，"片"以独立自然地形或支道为界。作业面积以片为单位，平地或缓坡茶园75亩，坡度较大茶园60亩较适宜。

茶园道路建设分主干道、支道、操作道和环园道，主干道与附近公路或茶厂相连，要求农用汽车或手扶拖拉机能到每个片区，操作道要求能走胶轮车。

水利布局：茶园四周置隔离沟，深70～80cm，宽80～100cm；茶园内每相距40～50m设横水沟（坡地沿等高线设置），深30～50cm，宽40～50cm；道旁置纵水沟相连，沟深20～30cm，宽40～50cm；横水沟与纵水沟相接，纵水沟与排水沟相通。每20～30亩茶园设置一个容量10～20m³的蓄水池，并与园内水沟相连。

3. 园地开垦

园地规划后，即可进行全面开垦，主要包括清障、调整地形、修筑梯田、垦地等工序，开垦之前应全面清除园地范围内的树木、乱石和其他杂物等。初垦时间一般在每年的6—8月份或12月至次年2月份进行，深度60cm，主要是深翻土壤及去杂。5°以下的平地茶园按直行式开垦，5°～10°的缓坡茶园沿等高线横向开垦，15°以上的坡地应修筑水平梯田，不规则坡面按"大弯随势，小弯取直"的原则开垦。复垦一般在茶苗移栽前进行。

4. 深施底肥

茶苗移栽前，按茶园种植规格进行开沟，间距1.5m，深度60～80cm，宽度60cm。开沟时，先将表层土沿沟一侧堆积，再将沟底土翻至另一侧沟面。种植沟开好后，开始施底肥。底肥采用农家有机肥、菜籽饼或茶树专用肥等。肥料应符合NY/T 394的要求。施肥时按照每亩农家有机肥5t、菜籽饼200～260kg，茶树专用复合肥50kg进行。边开沟边施肥，将肥料与土壤拌匀，再覆土至与地面平齐，待自然沉降10cm左右后即可进行种植。

二、茶树种植

茶树的种植质量，对日后茶树生育、茶园管理、产量水平、经济年龄长短，乃至茶叶自然品质等，均有直接或间接的关系或影响。这里主要介绍长沙绿茶茶园建设采用的种植方式与方法等。

1. 种植方式

长沙绿茶的茶园一般选择单行双株或双行双株种植模式。

单行双株：行距1.5m、丛距30～35cm、每丛2株，每亩需茶苗2500～2750株。

双行双株：行距1.5m、丛距30～35cm、每丛2株，每亩需茶苗5000～5500株。

2. 栽植时间

长沙地区宜在11月至次年3月初进行。如遇冬旱，则宜在初春进行。

3. 品种与茶苗

选择适宜当地气候、环境条件和所制茶类的无性系茶树良种，种苗质量符合GB 11767中规定的1、2级标准。品种为槠叶齐、碧香早、湘波绿2号、白毫早、湘妃翠、福鼎大白、玉绿等中小叶适制品种。

4. 移栽方法

茶苗根系自然舒展，并与土壤紧密相接，土壤以超过根颈部2～5cm为宜，踩紧压实后浇足定兜水，及时定型修剪，修剪高度为茶苗离地15～20cm。

三、茶园管理

（一）幼龄茶园

幼龄茶园的管理主要包括浅耕培土、间作和补苗等。**浅耕培土**：新栽茶苗在当年5月下旬之前进行浅耕培土，清除园内杂草。9月下旬至11月，进行一次中耕锄草，并施基肥。**间作覆盖**：幼龄茶园可在茶行间间作绿肥，如茶肥1号、黄豆、玉米等作物，也可直接铺草覆盖。**补苗**：茶苗定植1年后，应在当年11月下旬至次年3月初进行补兜，补兜采用同龄同高度茶苗。

（二）成龄茶园

成龄茶园的管理主要是耕作、除草、施肥以及修剪等。**浅耕锄草**：每季茶采摘结束后浅耕锄草，全年进行2、3次，结合施追肥进行，深度10～15cm。**深耕**：每年或隔年进行一次，在秋茶后11月初结合施基肥进行，深度为25～30cm，茶兜附近40～50cm内深度以10～15cm为宜。

（三）施　肥

实施平衡施肥或配方施肥。以施有机肥、农家肥为主，配合少施化学肥料。

基肥：10月底至11月初施用，基肥以"有机肥为主、化学肥料为辅"，每1～2年施一次，每亩施农家肥1000kg或菜籽饼500kg或茶树专用有机肥300～400kg，配复合肥50kg。追肥：一年2次，第一次在春茶萌发前20～30天，第二次在春茶结束后立即施用，以速效肥为主，每次每亩施复合肥50kg左右。茶树为叶用作物，施氮肥比例宜偏高。

（四）茶树修剪

茶树修剪包括定型修剪、整形修剪和更新修剪，主要依据茶树不同的树龄和生长势进行。

1. 定型修剪

茶苗定植时，离地面15～20cm处将主茎剪断，侧枝不剪。在茶树高达到

35 ~ 40cm，用整枝剪在离地面25 ~ 30cm处修剪。此后，在上次剪口的基础上提高10cm，用水平剪或修剪机剪去上部枝条，剪口要求光滑平整。定型修剪多次后直到理想树型培育成功。

2. 整形修剪

包括轻修剪和深修剪。**轻修剪**：一年1 ~ 2次，宜轻不宜重。剪去树冠面上的突出枝条或剪去树冠表层3 ~ 5cm枝条，一般在春季和秋季茶季结束后进行。**深修剪**：一般在春茶结束后进行，深修剪3 ~ 4年修剪1次，用修剪机剪去树冠上部15 ~ 20cm细弱枝层。

3. 更新修剪

包括重修剪和台刈。**重修剪**：在春茶结束后的5月中下旬进行，剪口离地面30 ~ 45cm为宜，剪口要求平整。剪后2 ~ 3个月，新梢长至20cm以上，新梢基部5cm左右开始半木质化，在重修剪剪口上提高5cm进行一次定型修剪。**台刈**：在春茶前进行，离地面5 ~ 10cm处剪去全部地上部分枝干，剪口要求平滑、倾斜。台刈后茶树抽发大量新枝后进行疏枝，留下5 ~ 8枝壮枝留养。经过重修剪和台刈改造的茶树，需进行定型修剪。重修剪后第二年，距剪口12 ~ 15cm处进行定型修剪。台刈后第二年距离地面40cm处进行第一次定型修剪，第三年距离第一次定型修剪剪口12 ~ 15cm处进行第二次定型修剪。

（五）病虫害防治

茶树病虫害防治遵循"预防为主，综合治理"的方针，以及"公共植保，绿色植保，科学植保"的理念，根据茶树病虫害发生特点，以生态调控为基础、理化诱控和生物防治为重点、科学用药相辅助控制茶树病虫害的防治措施，促进茶叶安全生产。主要技术措施有如以下：

① **生态调控**：注意保护和利用茶园中有益生物，减少人为因素对天敌的伤害；通过茶园周边及园内种植其他作物，丰富茶园植被，结合农事操作为茶园天敌提供栖息场所和迁徙条件，保护天敌种群多样性，形成良好的生态圈，发挥生态调控作用。

② **农业防治**：采除茶小绿叶蝉、茶橙瘿螨、茶蚜等为害的芽叶；通过修剪，剪除分布在中上部病虫为害的枝叶；秋末结合施肥，进行茶园深耕，减少土壤中害虫数量；将茶树根际落叶和表土清理至行间深埋，防治病叶和在表土中越冬的害虫；冬季封园。

③ **理化诱控**：人工、吸虫捕杀；灯光诱杀、色板诱杀、信息素诱杀；采用机械或人工方法防除杂草，禁止使用除草剂。

④ **生物防治**：人工释放天敌，释放赤眼蜂寄生的茶尺蠖、茶毛虫等鳞翅目害虫卵块，释放胡瓜钝绥螨控制茶黄螨、茶跗线螨等螨害；使用生物源、植物源、矿物源、动物源农药进行病虫害防治。

⑤ **科学用药**：及时观察茶园主要病虫害发生发展动态，确定防治时间，严格按制定的防治指标，抓住害虫的早、小和少的关键时期施药；药物防治进行区域防治，采用"先查后打，边查边打，小孔点杀"的原则。

第五节　长沙绿茶的加工工艺

一、长沙绿茶工艺流程——非遗技艺

长沙绿茶，以金井绿茶为代表，具有悠久的历史，明朝万历年间已是朝廷御贡，已有400余年历史，其加工制作方式经历了一个逐步成熟与完善的过程（图3-14）。2012年长沙（金井）绿茶制作技艺被成功录入长沙市非物质文化遗产名录，2016年被成功录入湖南省省级非物质文化遗产名录。

长沙绿茶传统工艺，也是非遗技艺，即长沙绿茶手工制作技艺，不仅在当前高档茶的制作中仍然发挥着装饰茶形、提质去杂的作用，承担起了手工制作技艺传承的重任，同时也是工匠精神的传承，需要继承，必须弘扬。

鲜叶→摊青→杀青→清风→初揉→炒二青→摊凉和复揉→做条→提毫→收锅→包装贮存

1. 鲜 叶

清明前后，采摘标准的一芽一叶初展。要求长短、大小、颜色一致，不采露水叶、斑点叶、雨水叶、病虫叶、鳞片及鱼叶。原料采回后薄摊于洁净篾盘。

2. 摊 青

鲜叶进厂经验收后，应按品种、采摘时间、鲜叶级别等因素及时归类摊放。鲜叶摊放在竹垫或篾盘或摊青槽内，要求均匀薄摊，摊叶厚度一般为2～3cm，1kg/m²左右，摊放时间6～8h，气温低、湿度大可适当延长，摊放中一般不宜翻动鲜叶。

3. 杀 青

在龙井锅或15℃固定位置的斜锅中进行，锅内温度控制在220℃左右，每锅投叶400～500g。锅中投入鲜叶后，掌心向下，五指伸开，双手拇指与手掌将茶芽推至锅底。四指向拇指钳合，尽量将茶叶抓起，散洒在前方的锅壁上，任其自然滑于锅底。先闷炒后抛炒，抛闷结合，约2s炒动一次，手势轻巧敏捷，切忌来回重力摩擦，防止芽头弯曲、伤芽、发暗。约经4～5min，茶叶色泽变暗，青草味散失，茶香浓郁，水分挥发30%左右收锅。

4. 清 风

收锅后茶叶摊入篾盘中，上下抖动，驱散热气至常温，同时飘去单片叶和鱼叶。

金井绿茶非遗工艺流程:

① 采茶

② 摊青

③ 杀青

④ 揉捻

⑤ 炒二、三青

⑥ 提毫

⑦ 足火

⑧ 精选

图3-14 金井绿茶非遗工艺流程

5. 初揉

降至室温后的茶叶,在篾盘中将茶叶收拢,双手合抱回转揉捻2～5min,中间抖散几次,以轻柔为主,不宜揉出茶汁,茶条初卷即可。

6. 炒二青

将初揉后的茶叶抖散后投入约90℃炒锅中,初入时有"哆哆"的响声,快速翻炒2～5min,用手握茶条稍有刺手感时茶叶出锅,放入篾盘中摊凉。

7. 摊凉和复揉

篾盘中的茶叶摊凉约20min,边凉时边抖散茶条,将摊凉后的茶叶在篾盘中回转揉捻2min,中间抖散1、2次基本成条即可。如初揉后已成条,可不复揉。

8. 做 条

降温后投入80℃的锅中，快速反复翻转锅中茶叶，让其散发茶叶中的水分。同时，双手掌心稍用力握紧茶叶反复搓揉，抖散，直至茶叶干至稍有刺手，改为轻轻翻转。

9. 提 毫

双手掌配合轻轻搓擦茶叶，随着茶叶的逐渐干燥，茶叶上的白毫也渐渐显露出来，此时茶叶水分含量在10%左右出锅。

10. 收 锅

将茶叶摊放在篾盘中，自然降至常温。同时使茶叶中的水分内外均匀，轻轻移至篾制的焙笼中。焙笼内放置火盆（用木柴燃烧后的无烟炭火），火温控制在70～80℃，中间翻动3、4次。待茶叶完全干燥（水分控制在5.5%～6.0%）下笼，摊放在篾盘中。

11. 包装贮存

将茶叶收锅后摊凉，将摊凉后的干茶筛去碎末，用牛皮纸分袋装好，再套上牛皮纸袋，扎紧封口。贮存于避光的瓦缸中，同时将牛皮纸包好的生石灰包放入缸中，防止茶叶吸潮。

以此工艺加工成的长沙绿茶，外形条索紧细、卷曲多毫、色泽翠绿，内质香高持久，滋味浓郁，叶底嫩绿明亮匀齐且耐冲泡，深受人们喜爱，视为礼茶之珍品。

二、长沙绿茶工艺流程——现代工艺

长沙绿茶为炒青或者烘炒结合加工的绿茶，当前加工多为连续化、自动化、智能化的生产线加工，也有少量生产采用半自动化结合人工辅助进行加工（图3-15）。

图3-15 湖南金井茶业集团有限公司名优茶生产车间

主要工艺为：摊青→杀青→揉捻→初干→回潮→足干。

1. 鲜叶采收与质量要求

根据不同类型产品的品质要求，采摘不同标准的鲜叶原料。名优绿茶，大多要求芽叶幼嫩，采单芽或一芽一叶初展；大宗炒青绿茶一般要求鲜叶具有一定的成熟度，采摘标准为一芽二、三叶。长沙绿茶鲜叶不同等级要求见表3-1。不同等级尽管要求不一致，但是不同绿茶对鲜叶仍有一些共同的要求。从叶色来看，一般要求叶色深绿；从叶型大小来看，一般以小叶种为宜；从化学成分来看，以叶绿素和氨基酸含量高的为好，此外要求原料嫩、匀、鲜、净。

表 3-1　长沙绿茶鲜叶等级质量要求

鲜叶等级	质量要求
一级	单芽头，壮实匀齐，新鲜、有活力，无机械损伤和红变芽，无夹杂物，无开口芽、空心芽、虫咬芽。
二级	一芽一叶初展，芽叶肥实尚匀齐，鲜活，无机械损伤和红变芽，无夹杂物，无开口芽、空心芽、虫咬芽。
三级	一芽一叶展开或一芽二叶初展，芽叶尚匀齐，新鲜，无红变芽叶，茶类夹杂物 < 1%，无非茶类夹杂物。
四级	一芽二叶展开或同等嫩度对夹叶，芽叶欠匀齐，新鲜，无红变芽叶，茶类夹杂物 < 1.5%，无非茶类夹杂物。

2. 鲜叶贮青

鲜叶从茶树上采下后，其内含物仍发生着激烈的理化反应，如多酚类化合物的氧化，维生素C含量降低，碳水化合物的呼吸消耗，此外，香气物质的变化也是非常明显的。因此，让鲜叶在贮藏期间朝着有利于品质形成的方向发展，使其不变质，应控制好两个关键条件：一是保持低温，避免叶温升高；二是适当降低鲜叶的含水量。因此，鲜叶贮藏应选择阴凉、湿润、空气流通，场地清洁、无异味的地方，有条件的可设贮青室。

3. 摊　青

鲜叶进厂经验收后，应按品种、采摘时间、鲜叶级别等因素及时归类摊放。其摊放方法是：大宗绿茶原料在摊放时，选择清洁、阴凉、没有阳光照射的场地，下铺竹垫或彩条布等，鲜叶不能与地面直接接触。摊叶 15 ~ 20cm，约20kg/m²，时间一般12h以内。中间2h左右要适当翻动鲜叶，防止鲜叶发热，一般当鲜叶含水量减少到70%左右，即可付制，要做到先进厂的先付制。目前，已有采用设备进行贮青，各厂家可根据环境条件制定切实可行的摊放技术参数，确保鲜叶品质。名优绿茶的原料摊放，应摊放在竹垫或竹匾内，要求均匀薄摊，摊叶厚度一般为 2 ~ 3cm，1kg/m²左右，摊放时间 6 ~ 8h，气温低、湿度大或雨水叶可适当延长，摊放中一般不宜翻动鲜叶，如鲜叶发热，可小心翻动。如有条件，可采用设施摊放（摊青机），通过温湿度和鼓风控制摊放进程。

4. 杀 青

长沙绿茶的鲜叶杀青多采用滚筒杀青机或者热风杀青机进行杀青。名优长沙绿茶采用滚筒杀青机时，多选用30型或40型，单机或几台并联成组同时进行，滚筒杀青机一般长300～400cm，转速为25～28r/min，从投叶到出茶，全程3～5min；大宗长沙绿茶加工一般选用60型、70型或者80型滚筒杀青机，台时产量以60型为例，可杀鲜叶150～200kg。操作时，当给滚筒加热后，应立即开动电机使滚筒运转，让筒体均匀受热，以免筒体变形。约经半小时，筒内温度达220～280℃时，即筒体加温处微微泛红，或见火星在筒内跳跃时，开始从进叶斗向筒内投叶；开始投叶时应适当多投快投，以免焦叶，待筒体出叶后，即正常均匀适量连续投叶，并启动排汽罩电动机，将水蒸气排出。在杀青过程中，由于火温不稳或投叶不匀，会出现杀青过度或不足等情况，故要随时检查杀青叶的质量，如果杀青过度，则要增加杀青投叶量或降低炉温或加快转速；如杀青不足，应适当减少投叶量或提高炉温或降低转速；在杀青停止前10min，要降低炉温，以免结束时产生焦叶。采用滚筒杀青机，保证杀青叶质量的关键是掌握好筒温和投叶量。

热风杀青机，也叫超高温热风滚筒杀青机，主要由杀青机主机、热风发生炉、上叶输送带、鲜叶提升机、冷却机、机架六部分组成。杀青过程主要分为两个阶段：闷热阶段和散热脱水阶段。热风杀青机作业时，加热使热风发生炉运行，为鲜叶杀青提供足够高的温度和足够数量的热风。启动杀青筒体，进口处热风温度≥330℃（手放上去有灼热感），上叶输送带开始投叶，投叶量要均匀（不能太多也不能太少，以免出现杀青不透或者杀青过老，出现焦叶现象）。热风发生炉产生的高温热风，通过热风管道送入热风杀青机的闷杀区，当鲜叶送入筒体内时，在闷杀区高温热风和翻滚动的鲜叶充分接触，把热量传递给鲜叶，由于叶片与热风的温差很大，故热量迅速穿透鲜叶，使叶温快速升高，钝化酶的活性，完成杀青工序。其后随着筒体的转动，杀青叶不断向前传动到散热区，利用杀青后热的余热对茶叶进行脱水，也能起到进一步杀青的作用。随后经过冷却机的冷却，大量的冷风使叶面的水分快速蒸发，快速降低叶温，也可同时起到脱水的作用，此时杀青叶的含水量大约在60%，有利于揉捻工序的操作。以上洋6CSF-100型为例，整机总功率2.2kW，进口温度330～370℃，滚筒转速2.5～25r/min，台时产量≥350kg/h，滚筒与地面交角±2°（可调），杀青后的含水量60%左右。

杀青程度的掌握，一般是在出茶口取叶通过感官来判断，杀青适度的特征是：手握茶质地柔软，紧握成团，稍有弹性，嫩梗折而不断；眼看叶色由鲜绿变为暗绿，叶表失去光泽；鼻嗅无青草气，并略有清香。如叶边焦枯，叶片上呈现焦斑并产生焦屑，则为杀青过度。反之，杀青叶仍鲜绿，茶梗易折断，叶片欠柔软，青草气味重，则为杀青不足。

5. 揉 捻

长沙绿茶为卷曲形绿茶产品，现代加工多采用揉捻机，45 ~ 55型揉捻机是比较常用的装备，单机或者机组的选用主要依据产量的高低。长沙绿茶不论是名优系列还是大宗产品，都宜采用冷揉的方式，即杀青叶出锅后经摊凉，使叶温降到室温时再揉捻，它有利于保持茶叶的香气和色泽。揉捻时投叶量的多少关系到揉捻的质量和工效。各种型号的揉捻机，都有一定的投叶量范围。如果投叶量过多，揉捻中由于叶团翻转冲击桶盖或由于离心力作用叶子被甩出桶外，甚至发生事故；同时由于摩擦力的增加，杀青叶在桶内发热，不仅影响外形，也影响内质；更重要的是由于杀青叶在揉桶内翻转困难，揉捻不均匀，不仅条索不紧，也会造成松散条和扁碎条多。投叶量过少，茶叶间相互带动力减弱，不易翻动，也起不到揉捻的良好作用，所以投叶必须适量。实际生产中，在不加压的情况下，投叶量以装满揉桶为度。

在揉捻过程中，不论原料老嫩，加压均应掌握"轻—重—轻"的原则。在揉捻开始阶段不加压，待揉叶略现条形，黏性增加时，根据叶子的老嫩，掌握压力的轻与重。一、二级叶应以无压揉捻为主，中间适当加压；三级以下叶子适当重压，且取逐步加重法，即开始无压，继而轻压、中压，到重压最后又松压，如果加压过早或过重或一压到底，往往使条索扁碎和茶汁流失。各级杀青叶揉捻时间和加压方法见表3-2。

表3-2 揉捻和压力控制时间（单位：min）

杀青叶级别		揉捻总时	不加压	轻压	中压	重压	不加压
1 ~ 2级		15	5	8			2
3级	第一次	20 ~ 25	5 ~ 10	5	5		5
	第二次	20 ~ 25	5	5	5	5	5

6. 初 干

长沙绿茶加工中初干主要为炒干或烘炒结合，生产线上主要使用60型以上瓶式炒干机或者网带式烘干机。揉捻解块后的茶叶进入150 ~ 180℃的炒干机，经过1、2台串联在一起的炒干机炒制后，含水量降至20%左右，进入下一工序。使用烘炒结合工艺时，揉捻解块后的茶叶均匀薄摊（1 ~ 2cm）于网带上，烘干机出风口的温度控制在120 ~ 140℃，烘至茶叶含水量约40%，然后用炒干机进行炒制，至含水量20%左右。

7. 回　潮

摊凉回潮的目的主要是使茶条中的水分重新分布，便于干燥程度均匀一致，并促进品质的进一步形成。初干后的茶条进入生产线上的摊凉回潮设备，主要是网带上进行通风散热，控制摊叶厚度和时间，一般厚度10cm左右，时间20 ～ 30min。

8. 足　干

长沙绿茶的足干阶段，根据不同产品类型或厂家工艺，有的采用炒干，也叫辉锅，有的采用烘干，但不论是炒干还是烘干，温度都不宜太高，一般在80℃左右进行，控制茶叶最终含水量在6%以内。

第六节　长沙绿茶品质特征

长沙绿茶历史悠久，品质优异，是卷曲多毫型绿茶的典型代表。新中国成立后，以高桥银峰、金井绿茶、湘波绿、乌山贡茶等为代表的长沙绿茶屡获大奖，深受消费者喜爱。"芙蓉国里产新茶，九嶷香风阜万家。肯让湖州夸紫笋，愿同双井斗红纱。"这是时任中国科学院院长的郭沫若先生1964年初夏品尝长沙"高桥银峰"茶后即兴所赋的诗句，高度赞誉了长沙绿茶，可与当时久负盛名的"紫笋"和"双井"媲美。"雪芽如银现异香，巧妙美味舌甘永"，同样是对"高桥银峰"茶形美、香鲜、汤清、味醇品质特征的高度概括。

茶叶的品质特征，主要从两个方面进行评价，一个是感官品质，一个是生化品质。茶叶的感官品质是通过感官审评来进行评价，即借助于人的视觉、嗅觉、味觉、触觉等感官器官对茶叶的形状、色泽、香气和滋味等感官特征进行鉴定的过程，是确定茶叶品质优次和级别高低的主要方法。茶叶的生化品质是通过技术手段检测茶叶的主要理化成分含量，一是看常规成分的含量高低，二是看有别于其他产品的特殊成分及其含量。

茶叶审评项目一般分为外形、汤色、香气、滋味和叶底。确定茶叶品质优次与高低，一般分干评外形和湿评内质，同时进行以确定品质。外形审评分条索、色泽、整碎、嫩度、净度5因子，结合嗅干茶香气，手测毛茶水分。内质审评包括香气、汤色、滋味和叶底4个项目。

长沙绿茶经过历史沉淀和现代技术的结合，具有外形条索紧细弯曲，色泽翠绿、润，匀整显毫，汤色嫩绿明亮，嫩香持久，滋味鲜爽回甘，叶底嫩绿鲜活匀齐的品质特征，不同级别产品稍有差异，具体见表3-3。

表 3-3　长沙绿茶不同等级与感官品质要求

级别	外形	内质			
		汤色	香气	滋味	叶底
一级	条索紧细弯曲，色泽翠绿润，匀整显毫	嫩绿明亮	嫩香持久	鲜爽回甘	嫩绿鲜活匀齐
二级	条索紧细弯曲，色泽绿较润，匀整有毫	绿亮	清香持久	鲜醇回甘	嫩绿匀整
三级	条索较紧细弯曲，色泽较绿润，较匀整	黄绿明亮	清香较持久	醇和回甘	黄绿较匀
四级	条索较紧细弯曲，色泽较绿尚润，尚匀整	黄绿明亮	清香尚持久	醇和回甘	黄绿尚匀

通过对来自不同产地、厂家和级别的长沙绿茶送样检测，结果发现以长沙地区主栽的中小叶类茶树品种为主加工制成的长沙绿茶其氨基酸和水浸出物含量较高，尤其是春茶比较明显，因此，耐冲泡也可以说是长沙绿茶的一个比较重要的品质特点。具体含量见表 3-4。

表 3-4　长沙绿茶主要理化成分含量要求（单位：%）

项目	指标			
	一级	二级	三级	四级
水分 ≤	6.0			
水浸出物 ≥	45.0	43.0	42.0	40.0
茶多酚 ≥	18.0	20.0	20.0	20.0
总灰分 ≤	6.0	6.5	6.8	7.0
游离氨基酸总量（以谷氨酸计）≥	3.0	2.5	2.2	2.0

第四章　长沙古今名茶集萃

好山好水出好茶。长沙以其优越的地理、气候、土壤条件，2000多年植茶、制茶、饮茶的历史和丰厚的文化积淀，曾孕育出众多名茶。有史可考的就有：唐代的衡山、溈湖，宋代的独行、灵草、绿草、片金、金茗、岳麓、草子、杨树、雨前、雨后，明代的长沙铁色、白露，清代的溈山毛尖、芙蓉青茶、云台云雾、河西园茶、金茶等。现在，全市以金井、湘丰、溈山、云游茶、乌山贡茶等为代表的骨干企业20余家，年加工能力超10万t。溈山毛尖、金井毛尖、高桥银峰、湘波绿、金鼎银毫、浏阳河银峰、猴王牌茉莉花茶、野针王等茶叶品牌曾多次获得国内外金银奖牌，在市场上享有很高的知名度。

第一节　传统名茶

一、麓山云雾茶

岳麓山是中国著名的历史文化名山，为南岳七十二峰之一，称之为灵麓峰。南朝刘宋时《南岳记》载："南岳周围八百里，回雁为首，岳麓为足"。岳麓山沿湘江西岸南北走向，绵延数十公里，与烟波浩淼的湘江、风景秀丽的橘子洲和日新月异的长沙城构成山水洲城的独特城市景观。千百年来，岳麓山游人如织，名胜古迹遍布全山。号称"汉魏最初名胜，湖湘第一道场"的古麓山寺，唐代即为长沙必游胜地，唐代诗人杜甫在《岳麓道林二寺行》一诗中就有"玉泉之南麓山殊，道林林壑争盘纡"的记述。中国古代四大书院之首的岳麓书院，中国四大名亭之一的爱晚亭，辛亥革命元勋黄兴、蔡锷墓庐等名胜古迹荟集于斯。今岳麓山下聚集着湖南大学、中南大学、湖南师范大学等20余所大中专院校和科研院所。岳麓山还是青年毛泽东和他的同学"指点江山，激扬文字"常常徜徉流连的地方。

初登云麓宫

一九一五年岁杪，雪后与润之共泛湘江，经朱张渡游岳麓遂登云麓宫。

共泛朱张渡，层冰涨橘汀。马啼枫径寂，林落鹤泉滢。

攀险呼俦侣，盘空识健翎。赫曦联韵在，千载德犹馨。

（罗章龙）

麓山云雾茶的前身为岳麓毛尖，属历史名茶，产于今岳麓山风景名胜区内，茶园面积已不足10hm^2，十分宝贵（图4-1、图4-2）。明清时期，岳麓山的茶和山上白鹤泉的水都是有名的贡品。现时的麓山云雾茶采摘于清明谷雨期间，取一芽二叶，经摊青、杀青、二揉、三烘和整形理条等工序后制成。不用农药和化肥，用传统的茶枯饼做肥料，因此口味纯正。其外形条索紧结，卷曲多毫，深绿油润，香气清高持久，滋味甘醇，汤色黄绿明亮，叶底肥壮嫩匀。

图4-1 麓山云雾茶茶园

图4-2 麓山云雾茶铁盒包装

宋朝名士魏野对岳麓茶情有独钟。魏野（960—1020年），字仲先，号草堂居士，陕州陕县人。一生不仕，广交僧道隐士，亦与当时官界名流寇准、王旦酬唱诗赋。著有《钜鹿东观集》，有诗咏岳麓茶：

城里争看城外花，独来城里访僧家。辛勤旋觅新钻火，为我亲烹岳麓茶。

改革开放前，长沙城里的专业茶馆几乎绝迹，人们登岳麓，赏红枫，看湘江北去、隔岸万家灯火，于微喘小汗之际，如若手头不紧，能在云麓宫或白鹤泉茶室花上2～5元钱，面对万壑松风，喝上一杯用白鹤泉水冲泡的麓山云雾茶，那就真的算得上一件奢侈的事情和神仙般的享受了。

20世纪90年代后，茶园面积逐渐减少，但仍坚持生产至今，并采用梅花与茶树间种的方法，清明谷雨茶叶采摘期间正是梅花盛开之时，梅花的"暗香"沁入茶芽之中，别有风味。所产茶叶主要供景区自用和接待宾客。

二、河西园茶

河西，指湘江西岸长沙段从岳麓山至尖山、白沙洲一带区域。这一带是丘陵区进入洞庭湖平原地带的丘陵与平原交错地区，地形复杂，气候多变，土地肥沃，景色优美壮阔。唐代诗人杜甫在《发潭州》等诗中有"岸花飞送客，樯燕语留人"等著名的诗句描写此地景致。

河西园茶属历史名茶，是长沙的传统茶产品。相传在唐代天宝年间（742—756年）由麓山寺僧人从安化县带回茶籽种植于寺院周围，每年采制茶叶款待游客。清咸丰年间

（1851—1861年）开始茶橘间种，茶园与橘园相连，茶树与橘树相间，故曰"园茶"。河西园茶以粗壮、烟香而脍炙人口，属黄小茶类，是一种比较特殊的茶，在渥堆、熏烟等工艺上有其特色。

河西园茶主产于岳麓山至回龙洲、白沙洲湘江西岸沿河一带约30km范围，土壤为红壤含砂砾，土层深厚肥沃，茶橘间种有橘树遮阳，给茶树生长创造了适宜的环境气候条件，茶树生长茂盛，芽叶肥软，持嫩性强（图4-3）。再加上独特的采制工艺，形成了它独特的品质风味和长沙人独具地方特色的饮茶风格。一是产地

图4-3 河西茶园

特殊，产于长沙湘江西岸传统特产南橘园中；二是鲜叶原料为"蕻子茶"，粗壮鲜嫩形如菜苔；三是特殊的加工工艺，既杀青，又渥坯，几揉几熏，茶、烟香味浓郁，茶汤橙黄，滋味醇厚，叶底黄绿；四是长沙人饮河西园茶，饮其茶汁后还嚼其叶底，保留了茶叶作为食品时代的使用习惯，齿颊留芳，别饶风味。

河西园茶一般在谷雨前采摘，选取一芽二、三叶的鲜叶原料采回，经适当摊放即行加工。整个加工工艺分杀青、初揉、初烘、渥坯、复揉、再烘、再渥坯、三揉和全干9道工序。其工艺的独特之处是渥坯和全干用黄藤与枫果球小火慢烘，全干后的茶叶完整，提起呈串钩状，因此又有"挂面茶"的俗称。

湘水清绝深至十丈犹能见底

湘水无纤埃，十丈如碧玉。直是银河铺，不用燃犀烛。

我性不茶饮，至此酣千锺。爱极无可奈，藏之胸腹中。

（清·文学家袁枚）

袁枚（1716—1798年），字子才，钱塘人。清乾隆进士，改庶吉士，散馆授知县。后退居江宁，纵情山水，其诗在清中叶负有盛名，有《小仓山房诗文集》传世。一个生性不饮茶的高士，一反自己的生活习惯，喝得酣畅淋漓，理由则是"爱极无可奈，藏之胸腹中"。湘江水、长沙茶对于诗人的魅力由此可见一斑。

三、金井毛尖与金井红碎茶

金井毛尖和金井红碎茶均原产于长沙东乡金井镇金龙村原金井茶厂（今湖南金井茶业集团有限公司）。金井镇与平江县、浏阳市茶区接壤，与高桥、范林（今属高桥镇）等乡镇相邻，平均海拔200~300m，山塘密布，河溪纵横，气候温和，雨量充沛，冬无严寒，夏无酷暑；土壤主要

图4-4 金井茶业"三棵树"茶园基地

是第四纪母岩红色黏土、少量花岗岩冲积风化物红壤，并间有部分区域性酸性紫色土等，pH值在5.0左右；土壤土层深厚，土质肥沃，全氮含量在0.2%，碱解氮在200ppm左右，全磷在0.1%左右，速效磷在20ppm左右，速效钾在120ppm左右；昼夜温差大，远离市区，紧邻平江幕阜山，环境污染少，适宜于茶树生长，是长沙县茶叶的传统产区之一（图4-4）。

长沙县生产红茶始于清咸丰、同治年间（1851—1874年）。长沙县金井、高桥的红茶颇有名气，逐步形成长、浏、平红茶产区。清同治年间的《平江县志》记载："道光末，红茶大盛。商民运以出洋，岁不下数十万金。"1949年后，老茶园得到垦复，还扩建了新茶园，改革开放后，金井的红茶生产又得到进一步发展，建立了科学的栽培、价格体系，推广实施了先进的加工技术，创新了经营管理方法，红茶生产呈现出一派繁荣景象。金井红碎茶产品以其外形颗粒紧结、匀整、色泽乌润，内质香气高鲜、滋味浓强鲜爽，汤色红亮，叶底红匀明亮等品质特点，一直畅销国际市场。1988年获首届中国食品博览会金奖；1990年再次被评为国家优质产品。

继红茶之后，金井绿茶近年异军突起，其"金井毛尖"一跃为湖南十大名茶之一，有绿色金茶之称（图4-5、图4-6）。因注册商标为金井，今谓"金茶"。明代李时珍《本草纲目》记载"楚之茶，则有湖南之白露"，湖南之白露即金井、高桥一带所产绿茶。金井毛尖采于只施有机肥料的优良茶树品种，采用适温提毫工艺，使之保持色泽绿、汤色绿、叶底绿的"三绿"品质，产品外形银毫实显、条索紧结适度，汤色嫩绿叶底芽头整齐新鲜，气味清香高长，饮之甘甜，回味持久，富含微量元素，堪称茶中上品。金井毛尖出自于生态环境的金井茶园，无性繁殖技术，科学培管的白毫早、福鼎大白、湘波绿、楮叶齐等优良品种中。采摘于清明谷雨之季节，选择春暖花开、阳光明媚、气候温和之

天气，精选一芽一叶初展之雀舌，通过阴凉通风自然摊放，待茶香散发花香扑鼻之时进行现代机械加工与传统加工工艺相结合，一气呵成。

图4-5 金井毛尖茶　　　　　　　　　　　　　图4-6 刘仲华题金井绿茶

　　"金井"牌（茶叶）注册商标是湖南省茶业行业第一家被国家工商行政管理总局（现国家知识产权局）认定的"中国驰名商标"，是湖南金井茶业有限公司金茶系列产品中的拳头产品，产品从1984年开始就荣获农牧渔业部优质产品奖、国家质量奖、中国乡镇企业名牌产品奖、全国名优绿茶评比金奖第一名、湖南省名牌产品、湖南省著名商标、湖南省老字号、湖南十大名茶（图4-7）。"中国红"瓷器包装的金井毛尖（二两装）在第二届中国湖南·星沙茶文化节上曾拍到6.38万元天价，有"绿色金茶"之称。

　　"昨天我从万寿山带回了一桶上好的泉水，家中还藏有一些湖广长沙的金井白露茶"，这是电视剧《万历首辅张居正》中的一个场景，改编自熊召政（茅盾文学奖获得者）的作品《张居正》。金井毛尖今打出"金茶"品牌，民间有"北有君山银针，南有金井白

图4-7 金井茶业公司产品包装

露"和"浙江有龙井，湖南有金井"之说。金井白露指十月小阳春毛尖，其品质尤佳，一是地理位置同杭州西湖龙井村同处在北纬30°线上，加之罗霄山脉"小气候"条件，是天赐种茶淑地。二是采摘时间不同，一般茶叶清明谷雨前为最佳采摘时间，金茶白露毛尖，则是在每年9—10月白露时节采摘，故称"白露十月小阳春毛尖"。三是水源优质，金井山泉自古有名，故地名称"金井"，好水，保证了茶叶的优质。四是加工技术独到，有一批以周长树为代表的"非遗"制茶大师。

长沙金井绿茶工艺记

《诗》曰："饮之食之，教之诲之。"以茶行道，合一天人，儒释道之通识也。儒茶三一同中，可证诸《朱子语类》；而刘贞亮论茶之十德，裴汶、赵佶论茶之致中和，俱明吾儒圣义。赵州和尚以"喫茶去"传灯，而佛果禅师拈提之，故东瀛以茶禅一味指月。长沙金井茶业以绿茶工艺列居非物质文化遗产名录，实归"湖南老字号"，念有命于世，遂相土作室，以山正道。乃请记于吾人，以永铭玉石。

潭州东北一百有二十余里，有凤形山，捞刀河抱焉。李唐初，乡人凿井出金，曰金井。有茶，曰金茗。宋人马端临《文献通考》云："独行、灵草、绿芽、片金、金茗出潭州。"茶、泉相宜，令名丕显，由来已久矣。

降及晚清，湘军兴，湘茶盛。一时，天下莫或无有湘人、湘茶。诸商在湘设庄作茶，远放西洋，利莫大焉。其时，金井、高桥、范林之茶庄二十有四家。至仲春，万女歌山，万灶飘烟，万锅升香，万箧揉茶；牙贾寻村问津，人肩摩，夫担争，市声喧阗，交投火爆，而金井河中千帆竞发。熙攘往来，辐凑金井，骈利乡民，葳蕤繁祉。

惊蛰后，始采茶。一芽一胚，色、形俱一，败叶毋摘。归，摊于箧盘，一二时辰，惟明净，曰摊青。取柴生火，热锅百有二十度，入叶八两。双手并运，掌心朝下，五指山开，以擘、掌推芽至锅底，又擘、指钳抓，宣茶于锅壁，随机落花锅底。每炒两秒，轻巧敏捷，未可用力摩挲，以防芽伤、叶曲、色暗也。四五分钟后，青味散，而茶香发，去水三成，收锅，曰杀青。摊入盘中，上下抖之，飘劙单片、鱼叶，散热至常，曰清风。此时，叶已拢，抱手抟之，山之，反复之，一二分钟，汁出，叶初卷即可，曰初揉。热锅九十余度，又入茶，复回翻之，以出水，约两分钟，曰炒二青。摊入箧中，抟揉之，抖散之，约两分钟，成条即可，曰复揉。热锅八十余度，入茶，二掌心发力抟揉，振宣之，及叶干成刺，旋轻翻轻揉，叶渐干而毫渐显，剩一成水，收锅，曰做条，曰提毫。复摊入箧中，降温如常，水分内外成均，遂移入箧笼，焙之，时炭火七、八十余度，待叶干九成有五，出笼，曰烘干。布诸盘，凉之，筛碎末，曰摊凉。分牛皮纸袋之，复袋之，口密封之，曰包装。贮于瓦缸中，又入生石灰之包，以防潮也，曰贮藏。

此作明前茶也。论工艺，四时矧然。其形条索紧细、卷曲多毫。一入水中，若仕女之眉，初弦之月，色泽翠绿，味浓香久，鲜嫩匀齐，清明冲虚，心目乐之，口腹颐之。矧耐冲泡。故向为人珍爱，敬之礼之，奉为茶中妙品。

论曰："摘之，炒之，揉之，烘之，本色显之，乃成茶品。其怀仁义之心，肉身成道，供养天下，圣王也。"祝长沙金井茶业曰："前圣后圣，惟传一心。惟信此心，永贞永兴。有缘遇我，此心光明。王者无外，良知永春。德配皇天，振铎忠孝；新明慧命，开福众生。"

（文化学者黄守愚）

四、高桥银峰

高桥银峰曾入选中国十大名茶，由湖南省茶事试验场高桥分场1959年研制，是中华人民共和国成立后湖南第一个新创名茶。湖南省茶事试验场建于1932年。1975年10月改为湖南省茶叶研究所，设茶树栽培、茶树良种、茶叶加工3个研究室和茶树保护组。1984年增设茶叶技术开发研究室。1988年在马坡岭划地10hm²，新建实验基地。1989年将茶叶技术开发研究室改建成茶叶技术服务部。1993年新组建茶叶新产品研究室。高桥、马坡岭两处实验基地总面积为63hm²，其中实验茶园35hm²。拥有实验茶厂两座，建筑面积5000m²。

高桥银峰产于长沙县高桥镇。这里地处玉皇峰下，高桥河畔，居平江、浏阳两个山区县（市）的交汇处，是由丘陵进入山区的过渡地带，周围山丘叠翠，河湖掩映，土层深厚，雨量充沛，气候温和，具有宜茶的气候特点，历来就是名茶之乡（图4-8）。《长沙县志·土产》称：清嘉庆十五年（1810年）此地"茶有宝珠、单叶、红白各种"。民国的《湖南茶叶概况调查》也有记载："长沙锦绣镇（即高桥）的绿茶早负盛名"。

图4-8 高桥白鹭湖

20世纪60—70年代，湖南省茶叶研究所引进福鼎大白茶种取代安化群体种。该种发芽早而整齐，芽叶茸毛厚，极适宜加工高桥银峰。同时，该所选育的湘波绿、槠叶齐、尖波黄等一批良种先后投入生产。20世纪80年代又选育出白毫早、茗丰等良种，其发芽时间、茸毛量均优于福鼎大白。这些品种后来已成为高桥银峰茶的主制品种，确保了高桥银峰的优秀品质。

高桥银峰茶原料一般在3月下旬开采，标准为一芽一叶初展，要求细小嫩匀，芽叶长2.5cm，每千克13000个芽叶左右，用细篾小篮盛装，内衬白纸。严格坚持"五不采"，即不采红紫叶、雨水叶、病虫叶、对夹叶和过大过长叶。其制作工艺分摊青、杀青、清风、初揉、初干做条、提毫、摊凉、烘焙、摊凉等9道工序。其中"提毫"的名称、操作手法及技术要点皆是在高桥银峰制作过程中发明的，是中国首次创造和采用的制茶技术，也是高桥银峰发挥茶香、保证茶芽外表白毫显露的关键工序。

高桥银峰茶叶形匀整，条索紧细卷曲，色泽翠绿均匀，表面白毫如云，堆叠起来似银色山峰一般，因而得名（图4-9）。冲泡后汤色晶莹，香气高悦持久，滋味鲜嫩纯甘，叶底嫩匀明净。

新中国成立后，高桥银峰茶被列为中国名茶和外事部门的礼茶。1964年，郭沫若来到当时的长沙县高桥公社，细品高桥银毫后，提笔写下了"协力免教天下醉，三闾无用独醒嗟"的诗句加以盛赞。1978年获湖南省科学大会奖，后又多次获湖南省名茶和全国名茶称号。

图4-9 高桥银峰

20世纪60年代，高桥银峰茶曾一度成为毛泽东主席办公厅专用茶，并屡以之款待外国贵宾，一时有"国饮"之誉。毛泽东、刘少奇、朱德、宋庆龄、王震等中央领导人都品饮过高桥银峰。

1964年春，该茶产量大增，品质更优，湖南茶叶研究所继1959年后再次寄赠郭沫若品评。

为名茶"高桥银峰"向中国科学院院长郭沫若同志求诗

再入京门倾大师，娥眉香赛老君眉。清馨孕自芙蓉国，秀色神凝浣女姿。

喜报三春滋雨露，瑞呈十载为丞黎。赴汤身价留芳在，敢乞高人一首诗。

（湖南茶叶研究所谢金溪）

郭沫若品饮之后，即以诗书赠湖南省茶叶研究所，为高桥银峰茶平添一段佳话（图4–10）。

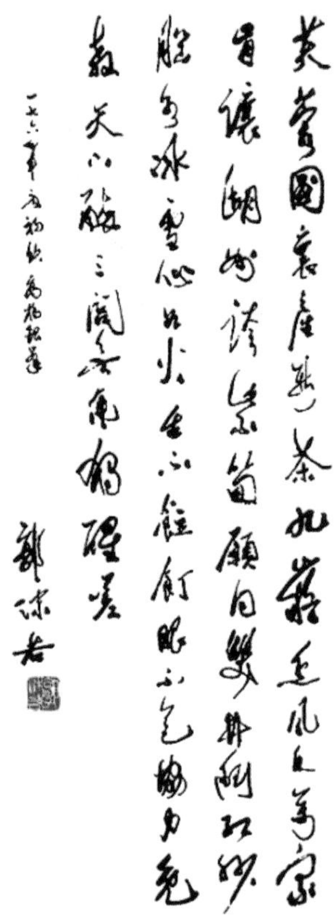

图4–10 郭沫若《初饮高桥银峰》诗手迹

一九六四年夏初饮高桥银峰

芙蓉国里产新茶，九嶷香风阜万家。
肯让湖州夸紫笋，愿同双井斗红纱。
脑如冰雪心如火，舌不饾饤眼不花。
协力免教天下醉，三闾无用独醒嗟。

（郭沫若）

20世纪90年代，江泽民、李鹏、乔石等党和国家领导人来湘视察工作，品饮高桥银峰后也赞不绝口。何香凝老人画梅花相赠，当代茶学泰斗庄晚芳先生给予“汤似长江水，形如断丝绒”的高度评价。

五、湘丰绿茶

湘丰绿茶产品分为“为人民服务”商政毛尖茶礼系列与“湘波绿”生活绿茶系列，产品源自湘丰四大自有优质茶园基地之一的国家级茶叶标准化有机示范基地——“百里茶廊飞跃基地”。该基地的生产经营通过雨林联盟认证和公平贸易双认证。湘丰绿茶先后通过欧盟、美国、日本等多个权威机构有机认证。

湘丰“为人民服务”商政毛尖茶礼系列（图4–11），产品原料以明前头采单芽为主，一芽一叶初展为辅，芽头含量高达95%。干茶外形条索紧秀细嫩，苗锋隽秀微卷，白毫满披，色泽翠绿。茶汤清绿明亮，清香高爽持久，清香之中略带栗香，滋味鲜爽醇厚、回甘生津、唇齿留香。叶底颜色嫩绿鲜润，芽头肥壮，芽尖匀整，芽叶似露角小荷。所有产品经320℃纯蒸汽杀青工艺精制，曾荣获湖南省创新奖、长沙市市长质量奖、中绿杯绿茶评比特金奖等荣誉。

湘丰“湘波绿”生活绿茶系列（图4–12），产品选料以谷雨前优质单芽或一芽一叶为主料，辅以一芽一叶或一芽二叶鲜叶为辅料拼配而成。采用湘丰全自动清洁化生产线生产。外形紧结卷曲，栗香高昂怡人，色绿形美，滋味浓醇，回味无穷。320℃纯蒸汽杀青，一秒钝化氧化酶，更鲜爽，更翠绿。嫩叶较多，因轻揉捻，叶片更匀整，更耐泡。

图4-11 "为人民服务"商政毛尖茶礼系列　　　图4-12 "湘波绿"生活绿茶系列

六、猴王茉莉花茶

花茶旧名香片，系在茶中掺入茉莉花片，在清代正式兴起，嘉庆《长沙县志》即有"茉莉夏开白色，清丽而芳"的记载。当代猴王牌茉莉花茶由长沙茶厂生产。该茶条索紧结，茶味浓醇，花香鲜灵，饮后满口留香。长沙茶厂于1950年10月在长沙市新河成立，当时名为湖南省茶业公司长沙红茶厂。由于出口需要，长沙茶厂于1953年停止加工红茶，改产绿茶和茉莉花茶。茉莉花茶利用1982年10月国务院和外贸部在北京同时举办"全国少数民族用品及土特产品展览会"与"全国出口包装展览会"的契机，从湘西调进一批优质绿茶，精心窨制了一批茉莉花茶，正式使用猴王牌注册商标，并定名为猴王牌茉莉花茶。

质量和创新是产品的市场生命力。猴王茉莉花茶由于质量上乘，又一改20世纪50—70年代傻大粗黑、不防潮、不保香的传统粗糙包装，在全省率先从日本引进小包装生产线，采用当时少见的精美小包装，加之价格适宜，一举饮誉京津地区，改变了湖南乃至全国花茶"一等产品，二等价格，三等包装"的落后状况。1998年生产5000t，销售收入过亿元；其商标已在国外注册，产品向国外和港、澳、台地区出口，年创汇数百万美元。至2005年，已建立东北、华北、西北、华南、京津五大区域销售公司，发展了1000余家一、二级经销商，拥有当时国内最大的茶叶销售网络。公司改名为湖南猴王茶业有限公司。

猴王茉莉花茶制作时对原料质量的控制十分讲究，首先是选取质地优良的茶坯，主要选自湘西武陵山区石门、慈利、桑植、永定、古丈等县区及邻近的湖北鹤峰、五峰茶叶原料。这些茶区山高谷幽，森林茂密，鸟语花香，专家公认为世界最宜茶地区（图4-13）。茶园又大都分布在海拔500～900m处，雨量充沛，土壤肥沃，云遮雾绕，漫射阳光多，昼夜温差大，茶叶肥厚，内含物质丰富，香味独特。毛茶经筛分、切断、风选、拣剔等一系列精制工序，汰除劣异成分后，严格分级配料。其次是选取优良的茉莉鲜花。猴王茉莉花茶的窨制，采用花朵洁白、丰润饱满的优质鲜花，以香气清雅幽长、质地最优的"伏花（7—8月）"为主要花料。在"春花（5—6月）""秋花（9—10月）"季节窨制的少量花茶，按级别拼配，保证各级花茶的品质。

图4-13 茉莉花园

猴王茉莉花茶窨制的技术也十分精湛。主要采用传统的多次窨制工艺，特、一级产品坚持三窨一提。在窨花拼和中做到薄窨，厚度不超过15cm。下足鲜花数量，把握鲜花吐香规律，并严格控制在窨温度、湿度、起花和时间等技术要点，使产品茶优花好，茶、花香浓。猴王茉莉花茶以其外形条索紧细，色泽绿润，匀整平伏，内质香气鲜雅，汤色黄亮，滋味浓郁甘爽，叶底柔软嫩匀，3次冲泡后仍齿颊留香，成为家喻户晓的品牌。以至在北方地区曾经流行一句"喝酒要喝茅台酒，喝茶要喝猴王茶"的民谣。周渊龙为其撰联云：

满堂茗醉三千客；一品香迷十四州。

猴王茉莉花茶历年来受到市场的追捧，同时获得全省、全国很多的荣誉（图4-14）。1994年获得第五届亚太国际食品博览银奖，1998年获得全国质量万里行优秀企业称号和改革开放二十年最具影响的品牌，荣获"2005年度全国三绿工程放心畅销茶品牌""中国茶叶名牌""湖南省著名商标"，通过中国绿色食品发展中心绿色食品标志认证和国家食品生产许可证（QS）

图4-14 20世纪80年代茉莉花茶运输包装

认证。

由于新河厂房（图4-15）拆迁等原因，长沙茶厂从2015年开始停产，直到2016年9月正式宣布破产倒闭。原猴王茶业有限公司后与湖南中茶茶业有限公司重组，猴王牌茶叶已于2017年5月重新上市。

图4-15 长沙茶厂被拆除前的最后影像

七、湘波绿

湘波绿是湖南省茶事试验场（现湖南省茶叶研究所）1961年创制的新名茶。湘波绿原系茶树种名，属无性系品种，是由湖南省茶事试验场于20世纪50年代育成的良种，属灌木型、中叶类、晚芽种。制成红碎茶有花香，制成绿茶品质亦佳。

高桥银峰问世后，由于品质特优，消费者十分喜爱，生产供不应求。为适应市场需要，湖南省茶叶研究所在高桥银峰的基础上又创制了产量较高的大众化名茶湘波绿，亦借用了该所1954年选育的茶树良种湘波绿名称。湘波绿原料标准为一芽二叶初展，全部采自无性系良种，既继承了高桥银峰的优点，原料又较高桥银峰粗壮，加工前摊放、杀青偏重，揉捻分两次用力稍重以加大芽叶破损，增强茶汤浓度。整个加工工艺分为杀青、清风、初揉、初干、复揉、复干、做条、提毫、摊凉和烘焙十道工序。其品质特点是外形条索紧结弯曲，色泽绿翠显毫，香气高悦鲜爽，汤色清澈明亮，滋味醇厚爽口，叶底黄绿光鲜。经测定，茶多酚、水浸出物、氨基酸、儿茶素、咖啡碱含量较高，品质甚优。1982年后多次评为湖南省名茶，1991年湖南省农业厅（现湖南省农业农村厅）授予"名茶杯"奖，

图4-16 湘波绿

1989年在首届茶与中国文化展示周活动中展销，深受客商青睐。

湘波绿不但茶叶很好，而且名称也十分美丽，并以其独特的诗情画意卓立于全国万千茶名之中（图4-16），茶名源自《菩萨蛮》。

菩萨蛮

哀筝一弄湘江曲，声声写尽湘波绿。纤指十三弦，细将幽恨传。当筵秋水慢，玉柱斜飞雁。弹到断肠时，春山眉黛低。

（北宋·张先）

张先（990—1078年），字子野，乌程人。天圣八年进士，晏殊任京兆尹时辟为通判，历官都官郎中。诗格清新，尤长于乐府。名人、名诗、名茶糅合在一起，提高了茶的附加价值。

1980年，著名电影艺术家赵丹和画家富华在上海合作一幅画，画中为一古色古香的茶壶，以花卉作背景，茶香飘溢的意境跃然纸上，并写下"一壶湘波绿，满纸银峰香"的题记，以此来赞赏湘波绿和高桥银峰茶的超逸品格和幽长茗韵。

1990年，长沙电视台拍摄了电视片《湘波绿》，以郭沫若的题诗《咏高桥银峰茶》作主题歌，由以唱《挑担茶叶上北京》等歌出名的著名湘籍男高音歌唱家何纪光演唱。

1992年4月，著名书画家李立、袁海潮、陈惠生联袂绘制巨幅《春满茶乡》国画。国学家虞逸夫撰书汉隶对联：

佳茗八百延年药；香味万千醒梦丹。

书法家王超尘也题联曰：

赏心悦目诗书画；煮茶品茗色味香。

还有好事者把湘波绿与龙井等名茶纂为一联，十分贴切，联曰：

雨花龙井湘波绿；紫笋水仙瑞草魁。

"湘波绿"商标于2006年10月31日由湖南湘丰茶业旅游开发有限公司申请注册。

八、东湖银毫和高桥银毫

东湖银毫是湖南农学院茶叶专业（今湖南农业大学茶学系）于1980年创制的新名茶。东湖银毫产于长沙市东郊浏阳河畔，东湖之滨，具有"色碧绿，毫闪光，香鲜嫩，汤清澈，味醇爽，形优美"的品质特点。1982年被评为湖南省20个名茶之一，以后多次获奖。

东湖银毫鲜叶原料十分细嫩，一般采自福鼎大白、东湖早等优良品种，标准为一芽二叶初展。采摘的口诀是："两叶一心，身长九分，枝枝一样，朵朵匀净。"加工工艺分为杀青、清风、揉捻、做条、摊凉、整形、提毫、烘焙等8道工序。制成后，即包成0.5kg装的小包，置于瓦缸内块状石灰中贮藏候用。

东湖银毫之所以"毫闪光"，除鲜叶品种属多毫的类型外，还与制作时采用高桥银峰纯熟的提毫工序分不开。提毫工序的目的是恰到好处地破坏茶条外表的胶结状态，使芽叶的茸毛尽可能地显露出来，既美化了成品茶的外观，又增强了茶汁的浓度和口味。

东湖银毫成茶分一号、二号和三号3个等级。一号银毫的品质特点是：茶条肥硕匀齐，银毫显露闪光，色泽嫩绿油润，香气鲜嫩持久，汤色清澈明亮，滋味醇厚爽口，叶底鲜嫩软匀。在洁净的玻璃杯中冲泡，芽叶成朵，两叶一心，栩栩如生。有诗记之曰：

东湖银毫茶，两叶抱一芽。味醇香持久，形色美如画。

高桥银毫产自长沙县高桥镇。高桥镇地居平江、浏阳两个山区县（市）的交汇之处，是洞庭湖平原和平、浏山区中间的丘陵地带。纵贯全境的高桥河源于平江、浏阳山区，在高桥境内汇集纵横川、溪，经捞刀河汇入湘江，流入洞庭湖。高桥产茶历史悠久，是长沙也是湖南省的重要茶区，历来就是名茶之乡（图4-17）。

图4-17 高桥茶园

高桥银毫的原料采自高桥乡"间山"山地的良种茶园。在清明前后采一芽一叶，要求芽叶大小均匀，不采雨水叶、病虫叶。其制作工艺分为：杀青、扬播、初揉、做形、提毫、摊凉、烘焙等7道工序。其品质特点是：外形条索紧细、圆直，银毫完整、披覆，色泽绿翠，香气清高持久，汤色黄绿清明，滋味鲜醇，叶底嫩绿匀亮。

高桥镇及其附近诞生了柳午亭、柳直荀、李维汉、田汉、杨昌济、杨开慧、杨开智、朱镕基等著名人物，又是长沙百里茶廊建设的核心地区，长沙县正有意整合当地茶业及名人故里旅游资源进行综合开发，将使名茶更加发扬光大。

九、怡清源野针王

"野针王"，湖南十大名茶之一，为湖南省怡清源茶业有限公司的品牌茶叶（图

4-18）。公司设于长沙，茶叶产自四季云雾缭绕、无公害、无污染的桃源怡清源优质野茶基地，以"野针王"优良茶树品种为原料，采摘谷雨前粗壮单个嫩芽精制而成。野针王干茶色泽深绿，芽头平直、匀齐，冲泡后栗香高长，滋味鲜醇。用透明玻璃杯冲泡，茶芽似群笋破土，柳叶吐绿，亭亭玉立于杯底，享有

图4-18 野针王包装

"君山银针的外形、西湖龙井的香气、碧螺春的滋味"之美誉，曾获中国湖南国际农博会金奖。"怡清源"商标为中国驰名商标。

楹联家常治国赞曰：

工夫到处清香溢；玉手烹来雅韵生。

楹联家刘有恒亦撰联曰：

天下第一沅江水；世上无双野针王。

野针王的衍生产品还有怡清源野茶毛尖，又名野尖王，产自地处武陵山脉的怡清源优质野茶基地。其明显特点为：干茶色泽墨绿、油润，外形条索卷曲，内含营养元素特别丰富，耐冲泡，冲泡后栗香高长，叶片肥厚，亦曾获中国湖南国际农博会金奖。

十、云游绿茶

云游绿茶由长沙市望城区靖港镇格塘片区的长沙云游茶业公司生产加工而成。格塘有着悠久的茶叶生产历史，是河西园茶的传统产区，处于北纬30°黄金产茶带与东经线120°湘江流域产茶带交叉点，是名副其实的"十"字黄金产茶区；属中亚热带季风湿润气候，气候温和，热量丰富，年平均气温17℃，降水量1370mm，日照1610h，无霜期274天；1月为一年中气温最低的一个月，平均气温为4.4℃，7月为气温最高，平均30℃，十分适宜茶树的生长。

相传吕洞宾修仙成道后，下山云游至潭州，其木屐上的一块泥土掉落在格塘镇以东团头湖的南岸，形成一个叫"仙泥墩"的小山丘，上面长满了一种矮小的树木，便是茶叶，后吕仙又传授一杨姓百姓种茶、制茶技术，使得杨家世世代代都以种茶制茶为业，世代相传。今"云游"茶业之名正是取自吕洞宾云游潭州传授种茶、制茶这一传说。它表达的是一种随性自由、超凡脱俗的人生境界；因云游的茶园部分在云雾缭绕的群山之

中，更是代表了茶叶的一种品质，天然无污染，是真正的生态茶、健康茶。正所谓"拂云览山水，归游品茶香"。"云游牌"茶叶于2016年获得"湖南省著名商标"。

公司肩负"匠心制茶，成就一杯好茶"的企业使命，致力于"打造中国人文茶领导品牌"的企业目标。云游品牌茶叶产于土质肥沃、雨量丰沛、林木葱郁、云雾缭绕的群山之中。公司坚持以"生态·健康"的企业宗旨，严格管控茶叶种植和茶叶生产加工，确保每一份茶均为天然无公害的绿色健康产品，产品以"云游牌"绿茶、红茶为主导（图4-19）。"云游牌"毛尖曾获第五、八届中国湖南（国际）农博会金奖，第六、十一届湖南茶业博览会茶祖神农杯名优茶评比金奖。"向雷锋同志学习"系列毛尖获得"湖南名优特产认证产品"、湖南茶叶千亿产业十大创新产品、首届潇湘杯湖南省名优茶评比金奖等诸多荣誉。公司于2013年3月获得国家农业部（现农业农村部）

图4-19 云游茶业系列产品

颁发的有机产品认证，为广大喜茶、爱茶之人提供生态茶、健康茶。

十一、乌山贡茶

素有"洞庭南岸第一山"的乌山，孕育了名闻遐迩的乌山贡茶。乌山高峰耸立，山势绵延，松篁竞秀。清代诗人王文清咏乌山诗云：

石栏危径几人过，引我寻高杖薜萝。日暮寒烟归寺院，天空宿雾恋山窝。

渴呼峰顶甘泉出，俯拾平原沃壤多。极目长沙秋色远，祝融吹叶下湘波。

王文清（1688—1799年），号九溪，长沙府宁乡县人，雍正进士，晚年任岳麓书院山长。他居于宁乡与长沙交界的双江口，回乡时常路过乌山。乌山贡茶种植基地地处于湘江以西，夹于沩水、八曲河中间，东连长沙主城区，西抵宁乡，处于亚热带温润气候，年平均气温18.6℃，年降雨量1415.8mm，年日照1205h，无霜期274天。气候温和，土壤肥沃，且土壤富含微量元素硒和锌，从而增加了保健、美容、防癌的功效。如此的天时地利为乌山贡茶的生长提供了得天独厚的自然条件。这里石长铁路、长常高速、319国道以及京珠高速西线穿境而过，公路的主干线直达市区，交通极为便利。

乌山贡茶的得名有千多年的历史。相传唐大中三年（849年），宣宗李忱患有嗜睡恶疾，久治不愈，没精打采。时为宰相的裴休见状颇为焦急，忽忆昔年任潭州刺史时曾品乌山神茶，得知此茶有治病疗疾之奇效。于是令子裴文德速往乌山神岭征调神茶为皇帝治病。宣宗服后病情大有好转，不日便可上朝理政。李忱大喜，遂书"尊品好茶"四字交与裴休。裴休会意，即令文德将圣谕送至神岭，罗氏族人秉烛跪接。从此乌山茶被誉为"乌山贡茶"，蜚声天下，历代尊显，享誉千年。

其实乌山贡茶的由来还有一个更神秘的故事。说的是华夏的老祖宗神农氏为解救天下苍生之疾苦，走遍三山五岳觅食采药。一日，他顺湘江而下，来到沩水之畔的一个山岭上，因正值晌午时分，饥渴难耐。四处张望之际猛然发现草木丛中有株矮树长得枝繁叶茂，油亮发光，连忙采摘几片树叶放入口中咀嚼，顿觉口舌生津，神清气爽，连夸"好物、好物"。适逢一采药老者，路遇神农手捧几片树叶却如获珍宝，心生好奇，便揖问神农："老丈，此为何物？"神农回礼道："我手中之叶可解渴提神，还可入药行医。"谈话间老者得知眼前的老翁竟是神农，便邀请神农到家中歇息。神农得知罗老为罗氏族长，且为当地名医，并欣然前往。当夜，二老促膝长谈，神农将岭上发现之物取名为茶，并将他制茶、泡茶的方法，连同用茶入药的一些药道传授给罗老，还赠给罗老一包谷物，告之播种之法。次日，神农告辞，临行前叮嘱罗老将茶叶和谷物广为播种，为民造福。

日后，罗老遵照神农的嘱托种茶、播谷，经年累月解决了当地百姓的生活必需。乡民为纪念神农，将发现茶树的地方叫作神岭，将播种谷种的地方叫作农谷村，两地合起来叫作神农，表达了乡民对神农的尊敬之情。据说每年二月乡民们都会自发来到神岭焚香秉烛拜谢神农。后人有诗为证：

乌山百业数茶先，原与神农结巧缘。岭上村翁逢火帝，得来尊品五千年。

乌山贡茶不仅出自得天独厚的自然条件，它还得道于精心制作。为了光大乌山贡茶的盛名，乌山贡茶茶业有限公司特制定了《乌山贡茶基地茶园建设与管理培训手册》。要求从培训到制作必须严格把好各工序的质量关。第一，严格把好建园关。确保空气清新、远离污染，水源洁净，土质疏松。第二，精选良种。选种产量高、抗性强的品种，如楮叶齐、香妃翠、桃园大叶等。第三，科学管理，修剪、除杂、冬培、施肥等耕作严格按照有机茶园的标准操作，不打剧毒农药、不施化肥。第四，生产加工从半手工制茶逐步向全自动化升级。从鲜叶采摘分等级开始，到茶叶的摊放、杀青、加工、入库，各道工序都有质量监督人员的把关。独特的自然条件与精心的制作相结合，使得乌山贡茶在消费者中享有很高的信誉。故有"天滋天孕生朝贡，一品毛尖倍觉怡"的赞美诗句。

近年来，乌山贡茶连续获得16次殊荣，其中，2015、2016年获得湖南省第七、八届茶博会"茶祖神农杯"名优茶金奖，2017年获得第三届"亚太茗茶"银奖，2018年获得"潇湘杯"名优茶金奖，2018年被中国质量万里行授予"品牌湖南100强"（图4-20）。

图4-20 乌山贡茶包装

十二、沩山毛尖

沩山毛尖产于宁乡沩山。沩山在宁乡县西部与安化交界处，土壤肥沃湿润，经年云雾缭绕。沩山亦名大沩山，湘江支流沩水的发源地，属雪峰山余脉，雄跨宁乡西北，北邻桃江，西接安化，"周回百四十里"，平均海拔580m，最高雪峰顶，海拔927m。在海拔800m以上的崇山峻岭之中，隐匿着一块长达十几千米，海拔460～500m的盆地，自然环境优越，茂林修竹，高峰峻岭，溪河环绕，瀑布飞泻，常年云雾缥缈，阡陌纵横，鸡鸣狗吠，流水人家，有如世外桃源（图4-21）。相传盆地水田中，原有一巨石，叫围山，后演变为沩山。沩者，四面皆水也。亦说因舜帝有个叫"沩"的儿子在此开发而名。四周云气相汇于斯，搅动旋转，漫山升腾，故有"四面爬坡上沩山，人到沩山不见山"之说。草木深茂，雾障云飞，大气磅礴，号称"大沩凌云"，为旧时宁乡十景之一。

沩山人杰地灵，人文荟萃。盆地西北侧的毗卢峰下，有千年古刹密印寺，乃唐代名相裴休为灵祐禅师所奏建，是中国佛教禅宗五派之一的沩仰宗祖庭，在日本、东南亚一带享有崇高的声誉。寺下不远处有灵祐禅师的肉身寺——同庆寺。另外还有晚唐诗僧齐己藏修遗址齐己庵，南宋抗金名相张浚及其长子张栻墓葬，以及南宋状元、礼部尚书易祓故居与墓葬等。此地附近还是近现代革命家何叔衡、谢觉哉等人的出生地。沩山一带数十年来屡屡出土大量商周青铜重器，其来历至今仍是个未解之谜。

图4-21 沩山

　　沩山产茶，历史悠久，与密印寺有着不解之缘。相传唐代密印寺内有一个老禅师善制茶，并能识别何处土壤宜茶，何处产茶最好，并始创沩山茶。20世纪60年代，曾发现密印寺大佛殿中大佛体内藏有茶叶30余斤，揭开时满殿清香扑鼻，令人惊异。这是"茶禅一味"的生动见证，可见茶在佛教中的地位。在精神境界上，禅讲求清净、修心、静虑，以求得智慧，开悟生命。禅宗认为茶是被药用之作物，它的性状与禅的追求境界十分相似，于是"茶意禅味"融为一体。饮茶成为至高宁静的心灵境界，也成为禅的一部分。从唐代开始，密印寺的和尚就有种茶供佛的传统。沩山茶正是从那个时候开始的。相传沩山毛尖最初便是密印寺僧人为供佛所种植和制作的。沩山毛尖制茶方法用的是传统的"蒸青"法，茶叶不经过揉和炒，因此白毫完好，形如银针。熏烤燃料采用松球、松蒢、松节和松花粉，使毛尖独具浓郁的松香气味。

　　传统沩山毛尖茶，又叫沩山银针，属黄小茶类。沩山毛尖既是大自然的恩赐，更是制作者智慧的结晶。它的芽尖形如鹊嘴，体形似兰花，叶片闪亮发光，色泽黄亮光润，汤色橙黄鲜亮，滋味醇甘爽口，有令人心怡的松香味。由于它的采摘期在清明前7~10天茶芽刚刚绽苞的时候，因此形成了鹊嘴。经滚水冲泡，片片芽叶像一群受惊的游鱼在水里上下浮沉，接着便缓缓旋转，好像鸟儿慢慢在空中回旋，还可看到茶芽张开小巧细嫩的两片鹊嘴，并且吐出一串串水珠。这是由于芽尖细嫩而轻，芽头肥大而稍重，所以当茶叶吸足水后出现倒立水中、不浮于上、不落于底的奇妙景象。如果用清甜可口、富含硒、锌的沩山芦花峪山泉水沏泡，味道更是妙不可言。因为沩山毛尖内也含有硒、锌等人体必需的微量元素，所以它还有保健、美容、防癌的功效。大约在南宋庆元元年（1195年）以后，沩山茶便正式定为献给朝廷的贡品。不过当时纯正的贡品茶年产仅二三十斤而已。清同治年间（1862—1874年）《宁乡县志》载："沩山、六度庵、罗仙山等处皆产茶，惟沩山称上品。"沩山毛尖即成为中国十大名茶。到清代后期，沩山毛尖已泛指沩山地区所产的茶叶，年产超过万担。1941年《宁乡县志》又有"沩山茶谷雨前采制，香嫩清醇，不亚武夷、龙井，商品销甘肃、新疆等省，久获厚利，密印寺内数株尤佳"的记载。

沩山毛尖制作工艺分杀青、闷黄、轻揉、烘焙、拣剔、熏烟六道工序，其中熏烟是关键工序，也是制法之特点。历史文献记载，沩山"谷雨前茶，谓之雨前茶，有枪无旗，极细嫩，以枫球、黄藤焙之，香满堂屋"。现在要求谷雨前采制，采一芽一、二叶原料，坚持"六不采"。杀青后趁热堆于篾盘中，上覆盖湿棉布闷黄为度。闷黄后的揉捻宜轻压慢速短时，芽叶微卷完整。揉捻叶干燥时用枫球黄藤暗火熏烟，具有特殊烟香。

沩山茶园属黑色砂质土壤，土层深厚，腐殖质丰富，茶树饱受雨雾滋润和漫射阳光照耀，故而根深叶茂，梗壮芽肥，茸毛多，持嫩性强。沩山毛尖外形完整呈朵，叶缘微卷，呈金毫，色泽黄润，汤色澄黄明亮，烟香浓郁，滋味醇甜爽口，叶底黄亮嫩匀，1981年评为湖南省名茶，以后又多次获奖（图4-22）。

20世纪50年代，毛泽东品尝沩山毛尖后，托工作人员写信向沩山乡致谢。后来华国锋称"沩山毛尖，具有独特风格"。甘泗淇、周光召等宁乡籍著名人士对故乡的沩山茶也都给予高度评价。刘少奇一生酷爱这种家乡茶，并用来款待国内外友人。其夫人王光美品饮后也欣然留下"沩山毛尖，色美味浓"的题词（图4-23）。"宁乡四髯"之一的谢觉哉在赞美家乡的《宁乡好》诗中趣味盎然地写道：

> 宁乡好，吃得十分香。
>
> 腊肉咸鱼煎豆腐，细茶甜酒嫩盐姜，擦菜子打清汤。

旅台湘人李紫在其《湖湘十忆》中也写道：

> 湖南忆，一忆是宁乡。山寺茶甘蝉唱远，田村日暖稻花香，魂梦系沩江。

这一方山水，这一方茶，牵动游子几多的乡情。沩山茶真可谓是集名山、名泉、名寺、名人、名茶于一体。2016年由国家质量监督检验检疫总局（现国家知识产权局）审核批准为国家地理标志保护产品，保护地域范围为宁乡沩山乡全境、黄材镇龙泉村和蒿溪村、巷子口镇狮冲村和黄鹤村、青羊湖国有林场今辖区域。

图 4-22 沩山毛尖茶

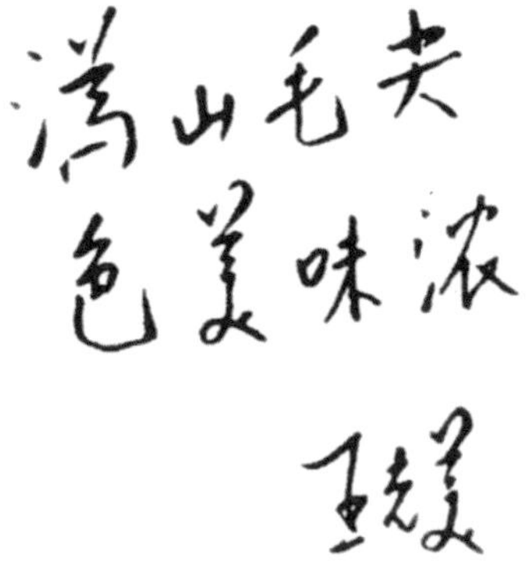

图 4-23 王光美题词

第二节 新式茶饮

一、茶颜悦色

茶颜悦色是湖南长沙茶悦餐饮管理有限公司旗下品牌，成立于2015年3月，茶颜悦色以茶饮和甜品为主打，根据港粤台的饮品创意奶茶店，运用复合创新思维顺势推出的最新一代立体复合型餐饮业态（图4-24）。

图 4-24 茶颜悦色商标

茶颜悦色为近年来长沙本土培育的一个"网红"茶饮品牌，其主打产品有新式奶茶、原味茶系列、调味茶系列等。茶颜悦色专注于原创中国风，品牌一直遵循"中端的价格，高端的体验"，力求将中国茶文化与西式奶茶文化融为一体。

二、尚木兰亭

湖南尚木兰亭茶业有限公司创立于2013年，公司推崇创新理念，倡导文创定制礼品茶，拥有专业的定制茶策划服务团队（图4-25）。2018年开创"茶饮礼"集合店经营模式，开启"无原叶不茶饮"，以茶为核心

图 4-25 尚木兰亭商标

的"时尚饮"，打造"文创茶"，并为用户提供个性化茶礼定制服务。尚木兰亭以茶为载体，传承文化，点亮生活，以时尚健康的产品、温暖舒心的服务、轻奢文艺的情怀、爱与幸福的普世价值观创造美好茶生活，遇见尚木兰亭，遇见美好。

公司现拥有1家定制茶文化馆，2家茶饮礼集合店，3家品牌茶叶专卖店。公司倡导"原叶茶饮让美好自然发生"的理念，深受消费者的欢迎。

第五章 长沙茶叶贸易

唐代湘籍诗人李群玉《答友人寄新茗》云："满火芳香碾麹尘，吴瓯湘水绿花新。"这正是古代湘茶产业兴旺的写照。近代长沙茶产区以长沙县高桥为盛，1935年《中国实业志》载："长沙县民国二十二年植茶面积1万亩，产茶2.1万担……主要产区为高桥，其次有范林桥、单家坝。"吴觉农1934年撰《湖南产茶概况调查》亦载："高桥向为茶商云集之地，设立茶行十余家，规模宏大，贸易繁盛。除本县及平、浏茶商集资经营外，尚有外邦至此贸易。"湖南省茶叶管理处《本省红茶运销调查》载："1939年，长沙县高桥远销红茶9213箱，占全省红茶产量的10%。"时有茶庄48家，大都沿河而建，茶船顺金井河而下，入捞刀河，奔三湘四水，再涉重洋，至遥远的异域他乡。

第一节　长沙茶叶内贸史略

长沙茶叶的内销有据可查的历史大约在唐代（618—907年）。唐李肇《唐国史补》（781年）载常鲁出使西蕃，在拉萨见到6种名茶，其中有潙湖茶。唐杨晔《膳夫经手录》（865年）载有："潭州茶中益阳团茶、渠江薄片，唯江陵、襄阳皆数十里食之。"

五代（907—960年）马楚时期，茶叶为马楚政权的重要经济作物，茶商号称"八床主人"，他们将长沙及湖南茶叶销入中原腹地，年获利百万贯，形成长沙茶叶省外销售的第一个高峰时期。

宋代（960—1279年），沿习唐贞元九年（793年）建立的"榷茶"制度，茶叶由政府专买专卖，在湖南实行按茶株纳税的政策。至嘉祐四年（1059年），改为由茶商向政府纳税领取引票，持引至产地收购茶叶，运往北方销售。南宋准许商人自由收购贩运茶叶，但税收更重，管理更严密，茶贩不堪重负，赖文政等6次组织起来武装抗税。北宋政府以两湖茶叶在张家口与东北少数民族进行茶马交易（图5-1）。

元代（1279—1368年），在江州（今江西九江市）设榷茶都转运司，总收江淮荆湖福广的茶税，茶商必须在转运司纳税领引，持引购运茶叶。起初税率是30%～35%，36年后税额增长达30倍，一担大米买不到两斤茶叶，长沙茶叶生产与运销也逐渐萎缩。

明代（1368—1644年），明太祖朱元璋下令减轻茶税，税额均不及元代的十分之一，长沙茶叶销售数量增

图5-1　茶马互市图

加，品种由团饼茶发展到烘青绿茶和黑毛茶等。长沙、岳州、常德等府茶叶行销北方各省。到明末清初，陕西、甘肃、青海、宁夏、新疆等地的边销茶，主要依靠在16世纪初就已开始生产的安化黑茶，每年约三万担。形成长沙茶省外销售第二个高峰时期，长沙成为中国四大茶市之一。

清代（1644—1911年），茶法沿袭明代旧制，茶叶由茶商自陕西领引纳税，带引赴湖南采购，每引正茶100斤，准带附茶14斤（图5-2）。咸丰五年（1855年）湖南设立厘金局，正税外加征茶叶厘金税，赋税在百货中最重，此税直至1930年方止。这一时期的茶叶贸易比明代还要发达，国内销售数量大幅度增加，形成长沙茶叶外销第三个高峰时期（图5-3）。品种增加了砖茶（包括茯砖、黑砖、青砖），花卷（百两茶、千两茶），天尖、贡尖、生尖茶，红茶及各种名茶等。咸丰同治年间（1851—1874年），陕甘回民抗清起义，前后长达十余年，西北地区茶运交通阻塞，东西柜茶商逃散，加上1840年鸦片战争后，俄商来华设厂大量加工砖茶运回本国销售。因此西北各省边销茶奇缺。

图5-2 清代茶引凭证

图5-3 清代绘画《茶叶铺》

平定回民起义后，陕甘总督左宗棠于同治十二年（1873年）奏请另订边销茶章程，改为"以票代引"制度（图5-4）。每票40引，正附茶51.2担，并在原陕、甘、晋以及回民茶商经营的兰州东、西柜之外，添设南柜，允许南方各省茶商经营，指派长沙人朱昌琳为南柜总管。光绪元年（1875年）开始在兰州发放引票，所发引票都由茶商持赴长沙府安化等地购买黑毛茶，然后运陕西泾阳加工成砖茶销售西北边疆地区。朱昌琳在长沙太平街设有乾益升茶庄，在安化设有分庄收购茶叶，在新疆、青海、甘肃等省设有分庄，销售茶叶达60余年（图5-5）。"乾益升"还在长沙东乡麻林、高桥、金井等地设有规模可观的茶场，制成绿茶、红茶和砖茶，用一色朱漆木匣盛装，上盖"乾益升"牌记，成为享誉一时的名牌。

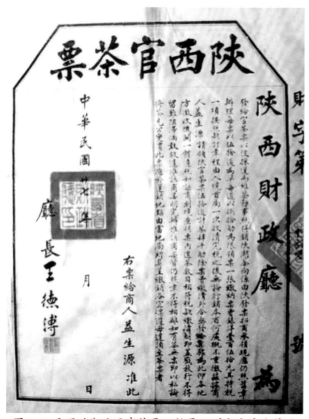

图5-4 民国时期陕西官茶票，凭票可到湖南采办茶叶　　图5-5 清末《图画日报》载"拣茶女"图

1912—1949年，长沙茶叶运销情况与晚清大致相同。至抗日战争爆发，茶路交通阻塞，引茶体积大，运输困难。1938年10—11月，武汉、岳阳先后沦陷，茶叶外贸又受重大影响，加上货币贬值，茶商经营艰难，致使湖南黑茶积压，边区砖茶供应紧张。为压缩体积，便于运输，1939年5月，湖南省物产贸易管理局派茶业处副处长彭先泽至安化江南镇，试压黑砖茶成功，1940年就地设立国营砖茶厂，产品除运销香港、苏联外，全部运兰州转销西北各省。另有公私合营的华湘茶厂，以及安化茶叶公司制茶厂，湖南省农业改良所安化茶场（省营）等厂亦生产黑砖茶供应市场。抗日战争胜利后，晋、陕、甘及湖南茶商恢复和扩大黑砖茶，花卷茶，以及天尖、贡尖、生尖茶生产，并采购引茶至泾阳加工茯砖茶运销西北（图5-6、图5-7）。在湖南采购、加工茶叶的茶商，每年有20多家，茶叶盛销时，全省茶号多达200多家。东西柜茶商在湖南设的茶号较多。经营年限长，资金雄厚的茶号有长沙的乾益升，安化江南镇的魁泰通、天泰运、合盛西、裕

兴福、合盛行，安化小淹镇的吉盛昶和湘潭的兴和福等，其中就地设厂加工砖茶较多的有安泰、华安、天泰、庆和、两仪等茶厂。

图5-6 "泾阳砖"的压制模具

图5-7 永巨茶行压造茶砖的模板（右上为蒙文）

中华人民共和国成立后，湖南茶叶的国内销售主要分为三大块，一块是边茶供应，一块是省间调拨，一块是省内销售。边茶生产销售这块，长沙除宁乡等地被划定为边销茶原料产地外，基本上退出了边茶生产销售市场。1950—1984年，茶叶先后被规定为国家一、二类计划物资，实行计划管理和派购政策，由中央茶叶主管部门（中国茶叶公司、全国供销合作总社茶叶局）统一管理，下达调拨计划到各省市区调出、调入的茶叶经营公司。属省以下单位执行的，省公司再分解下达到行署、县茶叶经销公司和茶厂。湖南属茶叶调出省份，长沙属茶叶调出地区，长沙的调出单位主要是省属长沙茶厂，调出品种主要是花茶与绿茶。

1984年，商业部将茶叶改为三类可自由经营商品。湖南于1985年取消茶叶派购，实行以销定产，茶叶市场开放，实行议购议销。提供调出省外茶叶的单位有所增加，新产生了一批社队茶叶生产、加工与经营企业，供应的茶类品种增多，新创名茶如长沙茶厂的凤嘴牌茉莉花茶等产品的销售市场扩大到全国各省市自治区。

省内销售这块，在1984年以前由省茶叶主管部门统一管理，统一价格，统一下达销售调拨计划。以省内调拨为主，少量的从外省调入。长沙属重要茶区和销区，县县产茶，只有个别湖区乡镇不产茶。长沙农村习惯饮用本地绿毛茶。在实行计划管理时期，茶农生产的茶叶，除按人头每人留自用茶0.5kg外，全部由国家收购。当地乡镇和不产茶的乡村所需茶叶，由市茶叶主管部门安排销售计划，再由当地或由邻近产茶地的茶叶收购部门，按照计划调拨给供销合作社门市部销售。销售品种以产地绿毛茶为主，个别地方也饮用少量红茶、黑毛茶等。零售茶叶实行全省统一样价，直至1984年底。

除上述产地销售外，在市区和较大城镇，则以调拨销售为主，以成品绿茶为主要品种，其次也销售绿毛茶、花茶、名特茶等（图5-8）。河西园茶毛茶是长沙人民特别喜爱的地方历史名茶，拥有极其忠实的顾客群体。供货单位主要是湖南省长沙茶厂，其次是湖南省湘潭茶厂。20世纪80年代起，一些县办茶厂、乡镇茶厂的产品也相继进入了市场。为保证供给，增加茶叶花色品种，长期以来，湖南省茶叶公司都是按计划安排从云南调入少量沱茶，从浙江调入少量龙井茶安排在长沙、株洲、湘潭、衡阳四地市销售。

茶叶的批发业务，20世纪50年代由湖南省茶叶公司批发，1950—1954年，中国茶叶公司湖南省分公司在坡子街设茶叶店（后迁于五一西路），批零兼营茶叶（图5-9）。20世纪60年代由长沙市副食品公司批发。销售价格和供货，由湖南省茶叶经营主管公司统一制订和安排。长沙市的批发价由湖南省物价局和茶叶主管单位联合制订。全省各地市茶叶市场的成品茶批发价格，按长沙市批发价加地区差率制订；零售价按各地市批发价加15%制订。

图5-8 金井特级茶

图5-9 茶叶批发

改革开放初期的10年（1978～1988年），是由计划经济向市场经济转轨过渡的10年。这个时期，我国经济推行全面改革开放政策，内贸茶叶同其他行业一样，经历了一场深刻的变革，经受了极其严峻的考验。虽然出现了这样或那样的问题，有过种种挫折，但从总体上看给长沙内贸茶叶带来了新的生机和活力：一是计划生产和经营的格局从根本上被打破，企业和个人的主观能动性与创造性得到充分发挥，出现了多渠道流通、多种经济成分并存的前所未有的活跃局面；二是改变了原有茶叶的布局，使茶叶生产根据市场的要求与变化得到合理的调整；三是促进了全市茶类结构的重大调整和茶叶产品包装的变革，提高了全市茶叶的整体效益。四是一大批名优茶如金井毛尖、湘波绿、高桥银峰、沩山毛尖等从单纯的评比和"贡品"中走出来、转到批量化、商品化生产经营，进入了市场，并影响和带动了一批具有较好经济效益的名牌产品，促进了全市茶叶经济的发展。过渡时期的这10年是给内贸茶叶带来新的生机活力和发展机遇的10年。

往后的10年（1988～1998年），是市场经济体系形成的10年，内贸茶叶在经历了市场经济冲击后，经过变革、探索、调整和重建，获得了全面的复兴，步入一个良性发展时期。主要体现在：一是适应市场经济发展的新的内贸茶叶经营体系已经形成，经过淘汰、改造、重组后，建立了一支充满生机的内贸茶叶生产购销队伍和灵活多样的经营机制，形成了由主营公司、重点茶厂（场）、茶叶批发市场、大型商场、茶店、茶馆等构筑的内贸茶叶新体系；二是市场成为内贸茶叶的直接导向，改变了计划经济时代生产什么销售什么的经营方式；三是促进了一大批具有区域行业带动作用的龙头企业的形成；四是促进了内贸茶叶新的合作与联合，茶叶产业化的推进，茶叶专业合作社的普遍兴起，促进了茶叶大生产、大流通格局的形成；五是促进了以效益为中心的新的内贸茶叶经营管理模式的形成；六是将科研、教育部门推到了内贸茶叶发展的前沿，由于市场的不断需求，使科研成果迅速转化为商品和生产力，同时由于技术不断更新和市场竞争的日趋激烈，促进了对教育部门培养的具有广泛适应性能和专业技术特长人才的需求，推动了全市茶叶科研、教育的发展。

进入21世纪，随着人们回归自然消费风尚的形成，茶叶的地位与作用已从饮料行业中更加显示出来，体现出它独特的魅力。并由此带来了茶叶国内消费的逐步增长，加之内贸茶叶运行机制的不断完善和规范，长沙茶叶内贸迎来了快速的发展。在组织创新上，发挥长沙茶业"政产学研金"大合唱的组织优势，进一步创新组织机制，加强市、县、乡、村各级对茶产业的组织领导，加大财政、金融、社会资本的资金投入，强化对产品研发、品牌宣传、市场开拓、装备升级、人才培养、茶文化推广的具体组织领导，打造过亿、过十亿、过百亿的"大而强"省级以上龙头企业和过千万、过亿元的"小而美"茶庄园。在营销创新上，推行"政府营销、企业营销、社会营销"三结合，有机联动。政府营销：举办茶旅文化活动，把客商请进来；支持企业走出去，到全省、全国、全球参会、参展、开店；重点支持龙头企业，培育核心竞争力，提升产品、人才、管理竞争力。企业营销：科学定位、顶层设计、锁定顾客，精准打击，着力圈层营销，搞好会员制，用好大数据，善用自媒体直播，实现可达、可控、可实现。社会营销：各级茶业协会，借力"国际饮茶日（5.21）"，开展五走进活动（进机关、进学校、进军营、进社区、进家庭），实现茶文化无孔不入、无缝对接、无限渗透。在产品创新上，顺应消费分级的大势，搞好产品多元化创新。大众茶主攻好喝，兼顾好看，以科技为本，靠规模化制胜；名优茶不仅好喝，而且好看，以品牌立市，靠颜价比出奇。树立综合产品的观念，搞好"茶叶、包装、服务"产品的创新。茶叶，做到色、香、味、形俱佳，外形与口感都好；包装，做到绿色、环保、可追溯，美观、简洁、可欣赏。在技术创新上，集中解决全产业链的标准化技术集成和示范推广，解决"种茶、采茶、制茶、泡茶、卖茶"的精细化技术标准化问题。2019年，长沙高桥茶叶市场1000余家门店，年销售茶叶达到17亿元，从全市茶叶销售额来看，连年创新高（图5-10）。

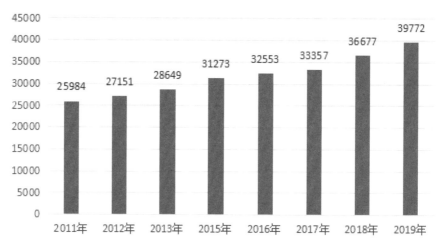

图5-10 长沙市2011—2019年茶叶销售量（单位：t）

注：不含市外订单茶园。

第二节　长沙茶叶外贸史略

湖南茶叶对外贸易应当说肇始于唐代的丝绸之路贸易，但没有确切的文字记载。现代意义上的对外贸易大概始于清康熙年间（1662—1723年），以黑茶为主，运销内外蒙古，有一部分在库伦（今蒙古乌兰巴托）由俄商购进运销俄国内。清雍正五年（1727年），沙俄女皇派使臣来华，协商通商，订立了《恰克图互市条约》，中俄贸易迁至恰克图进行。贸易商品大多以我国的茶叶，换取俄国的皮毛。《朔方备乘》有"山西商人所运者皆黑茶也（即青砖茶）……彼以皮来我以茶往"的记载。清乾隆年间（1736—1796年），青砖茶多从湖北羊楼洞和临近的湖南临湘县（今临湘市）转运。

据《清史稿·食货志·茶法》记载，清乾隆二十八年（1763年）以前，有长沙府安化县青砖茶运往恰克图，经归化城（今呼和浩特市）销往俄西伯利亚。清光绪年间，长沙有绿茶约120t运至上海，由茶商再行加工，与产于安徽休宁等地的绿茶拼配后售与美国洋行。

鸦片战争后，湖南开始红茶出口。1840—1949年的百余年中，湖南红茶的出口经历了四起四落的过程。

一、第一次起落（1840—1893年）

1840年后，为适应外商需要，扩大红茶出口，外省茶商纷纷来湖南茶区倡导生产红茶，设庄精制。江西茶商（赣商）于清道光年间来平江、岳阳示范，广东茶商（粤商）由湘潭至安化产制，晋商、鄂商等也接踵来到安化，随后不断传入邻近各产茶县。从此湖南省增加了一大宗出口茶类——工夫红茶，统称"湖红"。这些成箱红茶主要运往广州，供应英商洋行出口。晋商精制的红茶运至汉口，将两湖红茶和武夷红茶各按50%的比例拼和，作为武夷红茶标记，陆运恰克图卖给俄商。1861年，汉口开辟为对外贸易口岸，湖南距汉口较近，运输便利，红茶绝大多数运集汉口售与英、美、俄、德等国洋行，只有少数粤商仍运广州，晋商运往恰克图（图5-11、图5-12）。1880—1886年是湖南红茶出口的最好时期，据载，每年供应出口90万箱以上（每箱平均30.24kg），折合27670t，占当时全国出口红茶的27.6%，尚不包括副产品红茶末、红茶片和粗红茶，出口量居各省首位。这30年间，汉口英商洋行收购70%以上，其余为俄国及欧美澳各国洋行收购。1887年以后，印度、锡兰（今斯里兰卡）红茶因价廉物美，风靡全球。英国为扶植殖民地经济的发展，也从1890年以后大量减少"湖红"的进口，转购印、锡红茶。1893年，汉口英商只收购"湖红"1148t，不及兴盛时期的十分之一。

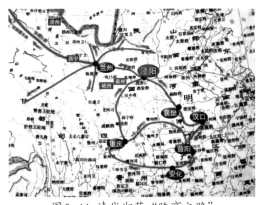

图5-11 清代湘茶"陕商之路"

图5-12 湘茶从广州装船起运外销的场景

二、第二次起落（1894—1921年）

1894年，俄商大幅度增加红茶进口，成为湖红最大客户。20世纪初，英国及欧美茶商收购量也稍有回升。到第一次世界大战初期，西欧各国为了贮备物资，又在汉口与俄商竞购红茶。1915年，湖南红茶出口增至21168t。出现了第二次增长。但纵观1891—

1917年的27年间，湖红年均出口约15900t，比最盛时期下降45%，而且每吨售价也跌落约40%。战后西欧各国经济衰退，来华购运茶叶者稀少。加之俄国十月革命后，经济尚未恢复，外汇短缺，压缩茶叶进口，原在汉口经营茶叶的俄商洋行，资本被没收而撤销。1918—1921年，湖红全部积压汉口，出口几乎停顿。

三、第三次起落（1922—1932年）

1922年，中苏恢复通商，欧美澳也有少数茶商来汉口采购。1923年，经汉口出口的湖红上升至12121t，出现了第三次回升。1927年，国民政府反共反苏，接着又发生"中东铁路事件"，中苏两国断绝邦交，红茶出口又复下降。

四、第四次起落（1933—1949年）

1933年中苏复交，苏联组织协助会来华购茶，汉口历年积压的湖红销售一空，湖南红茶出口又有起色。1933年出口4449t，比1932年的1876t增加一倍多；1934年达到7762t，出现了第四次回升。1937年抗日战争全面爆发，次年10月汉口沦陷，湖南红茶无法向汉口供应出口。财政部为了统筹外汇，由贸易委员会实行茶叶统制购销，组织中国茶叶公司经营，在衡阳设立办事处收购两湖红茶外运。但是物价飞涨，货币贬值，茶农和茶商亏损，加之南方各对外港口逐渐沦陷，输出困难，至1941年以后就一蹶不振，湖南红茶出口进入第四次最萧条的时期，1943—1945年无红茶出口，中国茶叶公司也倒闭撤销。抗日战争胜利后，内战爆发，外商多不愿来华购茶。湖南红茶只有安化、桃源、平江少量产制，多运至广州售与侨商外运。

这种起起落落的过程，实是华商与外商竞争、艰难经营的过程。清代邓实撰文指出："查汉口货物，茶实为大宗。上年行销洋庄红绿两茶，因茶市涨落无定，华商亏折居多。盖以资本不丰，待银周转，迫于时，自不得不贱价售之；迫于时，并不得不耗本售之。这时则耗愈甚，洋商乘机挑剔抑勒，渔利其间。非团体固结，焉能抵制。"其实，除抱团经营，讲究质量外，开展商检等工作对华商的壮大也同样重要。

1860年以前上百年间湖南砖茶的出口，基本上由晋商运往内外蒙古和恰克图销往俄国（图5-13、图5-14）。1864年，汉口俄商洋行到湖南羊楼司、湖北羊楼洞和崇阳设置3个砖茶厂，收购老青茶压制青砖茶，1865年有882t运至汉口，由俄国轮船装载航运天津，然后雇用骆驼陆运恰克图。俄商强迫清政府免除天津的子口税，只在汉口交纳5%的出口正税，交过境特别税每担银6钱。轮船路途占全程一半，运费轻，时间短，损耗少，到恰克图的成本低。晋商则相反，交纳正税外，沿途逢关纳税，遇卡抽厘，还有额外浮费；

归化城每票茶120担纳厘金60两白银，到库伦又需交纳规费银若干；而且，晋商在由湖北经河南、山西、内蒙古长达5000km的帆船、驼马运输线上，费时七八个月，人畜费用大，损耗多，总成本高，无法与俄商竞争，在买卖城的晋商行庄120家纷纷撤回，1865年只剩下10家。

图5-13 位于中俄边界（今蒙俄边界）北侧　　　图5-14 位于恰克图边境之南150m的中方（今属
俄方的恰克图茶叶贸易中心　　　　　　蒙古）茶叶买卖城

晋商为了挽回颓势，与俄商争夺中俄贸易资源，一再奏请清朝廷给予晋商与俄商同等待遇，维护茶叶销俄权益。清政府于同治七年（1868年）明令归化城的厘金由每票60两减为25两，沿途关卡不准收取浮费，准许晋商领票进入俄国境内贸易（但库伦的规费银则未减免）。晋商陆续返回买卖城，几年内又恢复到60多家，运至恰克图的茶叶（有砖茶和红茶、绿茶、花茶）比以前增加，1871年达12228t，超过了俄商运去的数量，1872年为9009t，1873年为11631t（据汉口关册载）。综计1871—1877年，晋商运恰克图的各种茶叶年平均9181t，并派员进入俄国境内，在西伯利亚十多个较大城市和莫斯科设立分庄。

汉口俄商见晋商在争夺中俄茶叶贸易中已取得成就，于是从清同治十三年（1874年）起的3年内，陆续将湘鄂边境的砖茶厂迁至汉口英租界。1874—1879年，年平均生产青、红砖茶6058t。为了扩大生产，采用蒸汽压砖机，又增设了3个厂。这种蒸汽压砖设备工效高，砖茶质量好，成本低。从此，俄商砖茶输出直线上升，1874—1879年，年均输出9659.4t；1888—1892年，砖茶出口量年平均达到15076t；1895年达到21437t；1903年以后，平均24000t以上；1908—1917年，年均30070t（其中红砖茶年均16867t，青砖茶12400t，小京砖茶803t），以清宣统二年（1910年）为最高，计37536t，值银788万两。俄商的红砖茶、小京砖茶（由红茶末压制而成，亦称米砖茶）和红茶，主要由海轮西运黑海敖得萨，转入俄国本土。1901年西伯利亚铁路全线通车后，青砖茶则由轮船运至海参崴交铁路西运，恰克图的茶叶贸易就冷淡下来。沙俄政府又采取不平等的关税政策，对华商入境茶叶，征收100%的重税，对俄商则征税很轻，有意打击排挤华商，扶植俄商，加之清政府又增征华商苛捐杂税，以及晋商落后的手工生产和牲畜运输，晋商由恰克图输俄茶叶再度急剧下降。1889—1902年，年均为3699t（青砖和其他茶类）。清宣统元年（1909年）输俄青砖茶约1000箱，只有54t。1912年起，不但输俄茶叶贸易被俄商取代，而且连本国外蒙古销售青砖茶的权利也被俄商返销掠夺，每年只运销内蒙古和宁夏等地约2400t。1918年以后，汉口俄商砖茶厂撤销，只有一家向英国注册仍然生产；另一家是粤商的兴商公司砖茶厂，1920—1924年，年均出口砖茶1073t。自后苏联协助会来华收购砖茶，湘、鄂边境的晋商恢复砖茶生产，也有湘商、鄂商设厂制造的。1925—1937年，连同汉口两厂每年平均出13623t，其中青砖茶占67%，红砖茶占32%。1938年只出口1875t，汉口沦陷后，各地存货有的被焚毁，有的被没收。1946年以后，临湘生产的青砖茶只供边销，无出口。

晋商和汉口俄商砖茶厂的青砖茶原料，是收购湖南临湘和鄂南各县的老青茶，据记载两省各占50%。红砖茶和小京砖茶原料，是在汉口收购湘、鄂、赣、皖四省的花香（红茶末）为主，其中湖南占76%；收购两湖的红茶片、低级红茶和级外红茶，也以湖南为多。

1940年，湖南省茶叶管理处在安化试压黑砖茶成功，经苏联商务参赞检验，认为"勘合俄销"。是年安化新制的黑砖茶112t，经衡阳于11月运抵香港，交与苏联。1940—1943年，连续有黑砖茶4000t由安化经川、陕、甘辗转运至新疆星星峡和哈密，交与苏联商务代办，作为国家偿还苏联贷款的物资，由苏联自备车辆运至中亚细亚一带分销。

湖南茶叶出口的形式，主要是为出口茶商提供货源。出口砖茶，提供老青茶、毛茶和黑毛茶原料，与湖北的毛茶原料拼配压砖出口；出口红茶，提供工夫红茶（成品茶）货源，与其他省的工夫红茶拼配出口。

湖南的出口茶商，先后有晋商、俄商、赣商、粤商、鄂商、湘商等。其中以晋商经营最早、时期最长，俄商经营数量最大。晋商从清朝起，来湖南收购砖茶原料，加工之后出口俄国，持续100多年。1840年以后，湖南产制红茶，又收购红茶与黑砖茶一道出口俄国，到1912年晋商经营的输俄茶叶，完全被俄商取代，才被迫停止。湘商组织收购湖南茶叶出口，起步较晚，数量较少。据《湖南海关》记载：1900—1933年的34年中，年均出口480t，最多的1926年为3060t。

俄商从1864—1917年，先后在湖南临湘羊楼司和汉口等地设立砖茶厂，利用湖南、湖北原料加工砖茶，运往俄国销售，成为湖南省砖茶原料出口的最大销售茶商。俄商从汉口运往俄国的砖茶，1864—1871年年均3476t，1874—1879年年均上升至9695t，1888年以后年均12000t，1903年以后年均24000t，1908—1917年年均30072t，其中湖南原料占50%。俄商还进口红茶，其中湖南红茶占76%。对于俄商垄断中俄红茶贸易，中国官员有所察觉并采取了一些行动。湖广总督张之洞在《购办红茶运俄试销折》中指出："查红茶销路，以俄商购办为最多，惟有自行运赴俄国销售，庶外洋茶市情形可以得其真际，不致多一转折，操纵由人。"并建议湖南、湖北两省，由官府支持，购办红茶，直接运往俄境销售，由此可保护本国茶商利益。但国力、商力都弱的中国，当时这种努力都显得苍白，于中俄红茶贸易的大格局没有什么根本性的影响。

1937年抗日战争爆发，长江被堵，粤汉铁路军运紧张，湖红年内只出口4万余箱。国民政府以茶叶为对苏联易货重要物资，于1938年6月颁布茶叶管制法令，实行统购统销，由财政部贸易委员会统筹管理。湖南成立物产贸易管理委员会，负责发放茶贷（中央负担8/10，省方负担2/10），协助茶商抢运积存汉口及省内红茶至香港销售等，年内共运出口51277箱。次年，湖南省物产贸易管理委员会撤销，另在湖南省建设厅内设茶叶管理处，负责全省茶叶工作，国营中国茶叶公司也在衡阳设立驻湖南办事处，收购湖红外销，1939年出口91550箱。自汉口、广州沦陷后，新辟的东南、西南出口线路屡被切断，湖红出口日益困难，尤以收购价落后于物价上涨速度，打击了茶农的生产积极性。这一年，安化县每50kg红毛茶可换大米247kg，至1942年只能换14.5kg。茶农入不敷出，被迫挖茶种粮，或另谋生路。这一年全省仅出口红茶7200箱。太平洋战争爆发后，陆、海运道断绝，湖红出口亦停止。

1945年9月，抗日战争胜利后，湖南相继成立公私合营安化茶叶股份公司、湖南茶叶公司、华湘茶厂、华安茶厂等单位，希图振兴湖南茶叶出口，但因内战继起，物价飞涨，国民经济濒于崩溃，只有少数侨商至广州购买少量湖红，每年200~300t。茶区毁茶种粮，或听任茶园荒芜。全省茶园面积已由最盛时的160万亩，减少到48万亩，减70%；茶叶总产量由60000t减少到9750t，减83.8%。

中华人民共和国成立后，根据中国茶业总公司对内地与口岸分工的规定，湖南茶叶对外贸易以组织货源调拨口岸出口为主。至20世纪70年代中期，湖南茶叶生产已进入大发展时期，茶叶产量仅次于浙江省，居全国第二位。全省每年外销红茶的收购量在1万t以上。红碎茶经过12年试制，已大批量出口，调拨口岸出口的方式已不适应不断扩大出口的需要，1977年5月经外贸部批准，开放湖南为红碎茶出口口岸，同时保留部分对广东口岸的调拨任务。此后，中国土畜产进出口总公司又相继于1984、1987年批准将湖南工夫红茶和绿茶由调拨出口改为本省自营出口。

1950—1978年，中国土产畜产湖南省茶叶进出口公司（现湖南中茶茶业有限公司）出口茶叶70000t。1978年开始自营出口，品种有红碎茶、工夫红茶、轧制红碎茶、绿茶、砖茶、乌龙茶和速溶茶等。至1992年，共出口2000多批（次）14万t多，创汇23636万美元，茶叶出口到40多个国家和地区，年创汇最高达4000万美元。

2007年，湘茶出口企业达20多家，湖南省茶业有限公司、湖南三利进出口有限公司和湖南登凯贸易有限公司三家独占鳌头，占全省出口总值的88.7%。长春茶厂及大洋、天牌、猴王等品牌增长较快，成为湘茶出口新秀（图5-15、图5-16）。

至2019年，湖南全省出口茶叶4.93万t，创汇1.7亿美元，其中九成以上的出口份额被长沙市所占据。从主要出口国看，俄罗斯、乌兹别克斯坦、德国排在前三位；从茶叶出口品种看，绿茶出口占据主导地位，红茶、花茶及其他半发酵茶出口量增加。以长沙县为例，湘丰茶业集团有限公司、湖南怡清源有机茶业有限公司、湖南鸿大茶叶有限公司、湖南金井茶业有限公司出口创汇金额分别达到1217万、573.25万、289万、101.47万美元。

图5-15 长沙外销绿茶"高桥银峰"

图5-16 长沙猴王牌出口茶叶包装

第三节　长沙古今茶庄、茶店

一、金井、高桥四十八茶庄

古代茶庄是集产供销于一体的商号。清代以来，金井河畔、郭桥东侧的高桥古街，以著名的四十八茶庄而名声远扬。

高桥又名郭桥。清嘉庆《长沙县志》载："郭桥，城东百二十里，原名高桥渡。乾隆三十九年（1774年），善化拔贡任广东曲江知县郭灿，捐二千余金改建。桥跨河岸，东西径九丈，宽一丈，砌四石墩，搭以巨木，铺以厚板，周绕栏杆，盖亭其上，以蔽风雨。并置民田五斗，计一坵，以作岁修。其田坐落汤家湾，粮载锦绣都十甲，册名郭桥，纳则两二斗八升五合。水系沙婆塘门首塘板塘荫救。桥东立'奉县示禁碑',桥西建茶亭,暑月煮茶,以待旅人,闾里环桥为市。众济二桥,在郭桥西。乾隆甲午(1774年),里人公建,将原置高桥渡经费、田租拨作二桥岁修。其田在锦绣都东边塅五亩,计三坵。嘉庆丙寅(1806年),经管侵吞,控县讯明断追,册名更立甘棠渡,纳粮三斗二升。"

可见,乾隆三十九年(1774年),今高桥地段同时建两桥。其中郭桥不仅建造精美,还处处体现"盖亭其上,以蔽风雨""暑月煮茶,以待旅人"等"为民理念",岁修等管理措施也很到位。

郭桥位于今高桥镇金桥村乡道"同仁路"上,横跨金井河,是四墩三孔的花岗岩古桥,长26m、宽4.3m、高6.9m、占地100m^2,两侧各有0.9m高的花岗岩石护栏,东南侧刻有"郭建"二字(图5-17)。2004年当地政府出资对该桥作了大规模维修,现桥面中心为花岗岩轴线,其余部分铺水泥。

图5-17 郭桥(高桥)

郭桥是长沙地区保存较好、具典型清代风格的石拱桥,设计独特,工艺精细,桥墩及跨拱部分均由规格一致的方形和长扁形麻石砌成,饱经200多年风霜、洪水,仍傲然屹立,并经受现代熙熙攘攘的车辆考验,成为连接高桥集镇与金桥村的交通咽喉,对研究桥梁发展史、建筑工艺均有重要价值,今为长沙市文物保护单位。

睹物思人,行走在这舒适桥面上,对郭灿200多年前的建桥义举,追根溯源,考其担当基因,不胜感慨。郭灿曾祖郭金门乃岳麓书院历任55位山长之第23位。因"三藩叛乱",岳麓书院于清康熙十三年(1674年)遭战火重创。清康熙二十三年(1684年),湖南巡抚丁思孔重修书院,聘郭金门为山长,岳麓书院再次步入快速发展轨道。郭金门为《岳麓书院试牍》作序称:"今天子好文,廷臣屡上书请正文体,海内力学嗜古之儒,彬彬称盛,而长沙燹冷之余,会大中丞丁公、督教姚公、郡司马赵,风起文澜,一笔一削,点墨成金,并藏岳麓。余得窥其全豹,因之有感。"郭桥另一重要特色是"闾里环桥为市"之建筑理念。即便于商贾充分利用金井河的水运条件,在沿河一带形成集市,茶叶由金井河至捞刀河入湘江,直达汉口、上海等商埠。时有歌谣曰:"湘茶船载下南京,来自金井小地名,金井河边小茶妹,巧手采出碧山春,好似织女下天庭。"盛况可见一斑。

平江不肖生(向恺然)《我研究拳脚之实地练习》载:"宣统三年三月……因高桥地

方的位置，又靠山又近水，茶叶出进，都极便利。每年三月间开市，远近来选茶的男女，老的少的，村的俏的，足有一万多人。趁这茶市谋生活的小买卖商人，各种各类凑起来，也在一千人以上……"那时，高桥、范林桥、单家坝十里长河，3个码头，数十家茶庄，全在河东一线。路上不断人，灶里不断火，到处有人用车推着铜板去收购毛红茶。运茶的、选茶的、看茶的、打包的、搬运的，异常繁忙。

旧时高桥窄窄的麻石（花岗石）街道两侧，茶叶号一家挨着一家。成堆的茶叶摆放在店铺外的架板上售卖，茶庄屋檐上的旗帜迎风招展。如现存邹氏祖传"永兴祥茶号"木质招牌，黑底金字，端庄大气，制于清乾隆年间，有近300年历史。作为省内外茶商云集之地，鼎盛时有茶行48家，即所谓"高桥四十八条秤"。

1935年《中国实业志》载："长沙县民国二十二年植茶面积1万亩，产茶2.1万担……主要产区为高桥，其次有范林桥、单家坝。"单家坝在金井与范林交界处，跨河有宽6m、长60m的4拱麻石桥——太平桥。造桥年代失考，但从桥面正中的麻石被独轮车辗成一道深深凹痕，便知其年代久远。当年日寇犯乡时，山乡百姓扶老携幼走过石桥逃往浏阳深山老林"躲兵"。日军溃退后，人们又走过桥去重建家园，桥上又响起独轮车声。

有"中国当代茶圣"之誉的吴觉农（1897—1989年），1934年所撰《湖南产茶概况调查》中说："高桥向为茶商云集之地，设立茶行十余家，规模宏大，贸易繁盛。除本县及平、浏茶商集资经营外，尚有外邦至此贸易……所有红茶悉由金井河或高桥交船启运，至捞刀河过载入湘江至洞庭运售汉口。"抗日战争前夕，高桥在武汉还有协记、元茂隆、德玉昌、新记、瑞记、咸昌福、锭记、晋丰太等庄号。

湖南省茶叶管理处《本省红茶运销调查》载："1939年，长沙县高桥远销红茶9213箱，占全省红茶产量的10%。后因印度、斯里兰卡等国生产茶叶，在国际市场与中国茶叶竞争，特别是抗日战争时期，沿海港口封锁，茶叶出口受阻，生产受限。"可见，高桥茶叶早已享誉国际市场，远销沙俄、波斯等异邦。当时的48家茶庄，大都沿河而建，以利货船顺金井河而下，入捞刀河，奔三湘四水，再涉重洋，至遥远的异域他乡。高桥茶，香透五湖四海的数百年时光。

明代李时珍《本草纲目》载："楚之茶，则有湖南之白露，长沙之铁色。""湖南之白露"就是产于金井、高桥一带的绿茶。清代，高桥（郭桥）旁生意兴隆，来此经商的江浙等地的茶商络绎不绝。当地村民邹广宇还珍藏着长1.03m，宽0.255m的"永兴祥茶号"黑底、金字老招牌。邹广宇说：抗战时，日军进攻长沙，"永兴祥茶号"毁于一旦，祖上仅保存了这块招牌（图5-18）。年过九旬的娭毑过世前将该祖传宝物传给他，并告诉其背后故事：家中祖孙七代经营茶庄，家谱有记载。他决心传承祖业，先整理家中"永兴祥

图 5-18 邹广宇向记者展示收藏的
永兴祥茶号招牌

茶号"手抄本资料，交给政府，再在高桥镇重开"永兴祥茶号"茶庄。

在郭桥下游，河中尚有几个坝墩。秋季雨水稀少，行船困难，又正是茶叶运出旺季，茶庄老板便联合出资，在河中筑几个永久性三合土、石头坝墩，以减轻筑坝的工作量。坝塘蓄满水，择日开放，上百号木船满载茶叶，似蛟龙入江、出海。

清末茶庄首富魏鹤林，名下茶铺占了半条街。某年夏初，他运了几十船茶叶去上海，遇到日本人极力压低价钱。魏一气之下，烧了船和茶叶，自此家道败落。但在茶乡人心中，他是有骨气的中国人。金井、高桥48家茶庄毁于日寇的战火。

二、朱乾升茶庄

晚清长沙茶庄以朱乾升和魏德裕最为有名，两家茶庄几乎垄断了长沙茶业。

"朱乾升"是晚清富商朱昌琳所设商号的总称，下设茶、粮、盐分庄。朱昌琳（1822—1912年），字雨田，长沙县安沙人，清末实业家，长沙早期民族资产阶级的代表人物，曾任阜南官钱局总办，是湖南近代工矿业和慈善事业的开创者之一（图5-19）。功授候补道员赠内阁学士。朱昌琳系前国务院总理朱镕基的曾伯祖父，祖籍安徽南陵县，为明太祖朱元璋的后裔，先辈来湘，落籍长沙。朱昌琳本系儒生，小试落第，27岁那年在唐荫云（曾任湖北按察使）家教书。唐家广有田地，是年初谷生芽，佃户多以芽谷送租，谷价千钱三石，求售无主。有人劝朱囤之，商之于父，父以无钱未允。唐笑曰："只要先生承受，明年卖出再付款。"朱遂将几千石芽谷囤积。次年，即清咸丰元年（1851年）湖南发生大水灾，农业歉收，谷价骤涨10倍，朱昌琳由此一夜而富。随后在长沙太平街开"乾益升"粮栈，又叫"朱云谷堂"，今遗址犹存。粮栈粮食容量为10余万石，自储自营，不寄客货。"乾益升"兼营淮盐和茶叶，渐积巨资，总栈名通称"朱乾升"，朱昌琳遂成为长沙著名富商。

图 5-19 朱昌琳

清同治三年（1864年），太平天国事息，全国航路畅通，清政府恢复淮盐运销，朱昌琳开设"乾泰顺"盐号，领得盐票多时达100张，约占湖南全省盐票的1/5，在湘北南县乌嘴一带辟有专用盐运码头，转销盐于洞庭湖滨各县，成为湖南盐商首富。

清同治十三年（1874年），朱昌琳开始大步涉足茶业。其时清政府征商颁领茶引，恢复贩茶于甘肃、新疆、西藏等西北地区。清代西北广大地区销售的茯砖茶，都集中于兰州后分销。兰州原有东、西二柜的商业组织，东柜由晋、陕商人经营，西柜由回民充任。清同治十二年（1873年），陕甘回民起义被平息后，陕甘总督左宗棠为充实税课，奏请在兰州添设南柜，准许南方各省茶商经销。朱昌琳出资领得茶引200多张，在长沙太平街"乾益升"总栈下，又设"朱乾升"茶庄，成为南柜总商，又在新疆乌鲁木齐设立分庄，派员到安化采购茶叶，到陕西泾阳加工为茯砖，然后分销陕、甘、青、新、蒙各地，并部分转口俄罗斯。朱昌琳科学地按茶叶产销流转方向，在安化、汉口、泾阳、西安、兰州、塔城等地设置分庄，分段负责茶叶收购、转运、加工、销售工作，使各分庄各司其职，责有攸归。对人员管理亦十分讲究，分庄办事人员预先在总庄工作一年以上，工作是书写各处往来号信。一年后经过考察再行选派。其薪酬待遇，按业绩大小分等支付，三年来回换班一次，凡在分号、分庄办事者，无不获利而归，因此人人效力，尽职尽责。"乾益升"还在长沙东乡麻林、高桥、金井等地设有规模可观的茶场，制成绿茶、红茶和砖茶，用一色朱漆木匣盛装，上盖"乾益升"牌记，成为享誉一时的名牌（图5-20）。

图5-20 太平街乾益升总栈旧址

粮食、淮盐、茶叶历来是古、近代湖南的三大商业贸易，也是政府的主要税源，朱昌琳倾力经营，呼风唤雨长达50余年，终成一代巨富。朱昌琳在湖南购有田租1.8万余石，在安徽南陵购有田租万余石，在长沙太平街、金线巷、高井巷、孚嘉巷、伍家井等有房产数十栋，在长沙县安沙棠坡房屋田产绵亘几坡几岭，后发展到自设钱庄，发行朱乾升号市票、银饼。他将一个儒生因未考取功名而实现的治国梦做到商业中，把治国之才略用于经商兴业，实现了自己别样的人生。他总结自己的商业成功之道时说："务审时，如治国。"

清光绪二十一年（1895年），湖南维新运动勃起，朱昌琳成为湖南巡抚陈宝箴推行新政的经济支柱。湖南矿务总局成立之初，遇到了"无款可筹"的极大困难，"长沙各殷实钱号，亦因矿务经营伊始，成败未定，不肯借贷，故与矿务局银钱往来者，只阜南官钱局一处"。阜南官钱局曾发行"省平足纹壹两"银币，每枚重35.92g，信用良好。朱昌琳从开辟资源、救济桑梓出发，以阜南官钱局总办身份之便对矿务局借款之事拍胸担保，同时还从他本人开的乾益升号钱庄另借银一万两给矿务局。他还入股兴办了长沙第一家近代工业企业湘善记和丰公司，并成功发行钱票。又与汪诒书、杨巩等人合作，在长沙灵官渡创建了湘裕炼锑厂，开长沙炼锑业的先河；随后，他又在长沙暮云市独资创办了阜湘红砖公司。湖南近代工矿业的发轫，朱昌琳作出了巨大的贡献。

朱昌琳乐善好施，热心资助地方公益事业，对于育婴、施药、办义学、发年米、送寒衣等等，都辟有专项资金，保证常年支付。朱家有田租2.5万余石，其中1万石直接用于慈善。清光绪三年（1877年），朱昌琳应山西巡抚曾国荃（长沙府湘乡人）、陕西巡抚谭钟麟（长沙府茶陵人）的嘱托，捐献大批粮食、布匹赈济两省灾民，功授候补道员。粮袋均用大白布缝制，粮卸后，其布又制成寒衣。他对地方大型市政建设也十分热心。清光绪二十三年（1897年）他倡议疏浚新河，开辟新河船埠，振兴浏阳河——湘江的航运，历时10年竣工，先后捐资13万银元之巨。清光绪二十五年（1899年），他又捐资修建湖南平江县长寿街麻石路面。朱昌琳的儒商风范广被世人称赞。清宣统三年（1911年），年近九十的朱昌琳被举耆贤，特授内阁学士衔。次年病逝，经学大师王闿运挽朱昌琳联云：

> 荷衣徒步记相从，喜卅年平揖公卿，豪情吐尽英雄气；
>
> 花径玉缸频把酒，看诸子满床簪笏，里社仍祠积善翁。

三、魏德裕茶庄

长沙人无不知有朱雨田，亦无不知有魏鹤林；无不知有朱乾升，亦无不知有魏德裕。魏德裕总栈设立在长沙朝阳巷，主人即魏鹤林。魏鹤林祖籍直隶柏乡，于元朝时迁移湖南，世居长沙县大贤都八甲沙坪竹坡（今属开福区）。魏世代豪富，传至魏鹤林，系三代单传，祖遗田租4000余石。19岁时，因家请之账房是年亏欠8万余金，遂将该账房开除，自理家政，井井有条。因见当时做盐做茶发财者多，遂前往扬州、淮南一带调查盐务，编成《盐法小志》6卷，又亲往陕西泾阳一带调查黑茶销路，编成《茶法小志》4卷。

返湘后，他在省城朝阳巷购置房屋创办粮栈，专做谷米生意，颇为顺手，以粮栈之余利，足供家中岁用之开支。遂将祖遗田租卖去3000余石转买盐票10张、黑茶票300余张，专事盐茶生意，将德裕栈改为盐茶粮总栈，除自有盐票外，又租他人盐票200余张，做德裕盐号，汉口、扬州一带均设有号庄，获利甚厚。又在安化设立茶庄，专办粗茶叶运往陕西泾阳，就泾阳县之水做成茶砖，运销甘肃、新疆、蒙古、西藏以及俄国等处，沿途于汉口、泾阳、兰州、迪化、蒙古等处均设茶号，用人不下千百名，贸易与朱乾升栈并驾齐驱，北五省一带无不知有朱乾升、魏德裕两巨商之名号。

在陕甘一带坐庄号大都捐有功名，与该地督抚司道通往来。当时省城有官盐行八家者须请有官牙帖方能开设，魏德裕做盐行六家半，营业之大，获利之巨，当时惟朱乾升可与抗衡，而朱魏两人性情各有不同，亦各有见地。朱昌琳对于所用执事人等，喜诚朴，不喜奢华。魏鹤林则待己异常俭朴，对于执事人等穿着奢华、用度扩大者，在所不忌，凡往来往事人等无不衣冠楚楚，势利惊人。魏鹤林的夫人，见之私相告语曰：我家执事人等皆如此侈张，恐于我家不利。魏答曰：彼等侈张，正为我家扩大门面，何惧之有。不数十年获利数千百万，在兰州买田租一万余石，在长沙买田租一万余石，从前卖去之田业一概收回，省城所置房屋不下数十栋。捐一花翎候补道，发分广西，却未赴任。他在长沙县茶乡高桥镇也置有产业，名下茶号几乎占了半条街（图5-21）。

图5-21 清代高桥茶庄旧照

魏鹤林生有四子，长名文斐，次名笛峰，三名渠初，四名舜庸。均捐候补道，但未出任。有人总结魏鹤林生平，长处是慎言语，有信实，精明过人，遇事默算，不欺人亦不受人欺。对于慈善业亦甚慷慨，于育婴捐助三四千金以为之倡，于恤厘捐谷一百五六十石作为基金，于童媳捐银一千余两。凡贫家小户童养媳者，他都给以补助。种种善事举，受惠者长久称道勿衰。自魏鹤林卒后，生意渐渐收束，家中用途扩大，四子分析，合计尚有租七八千石，朝阳巷德裕栈一带房屋提作四房公有，每年佃钱收入犹不少。

四、民国至新中国初期的茶庄

民国时期茶庄实为生产和销售茶叶的厂家，或称茶号（图5-22）。茶庄向种茶户收买毛茶，加工制造，制成箱茶、花香、毛红、梗子等出品。民国湘省茶庄，主要生产红茶和黑茶，外销者亦以此二种为多。绿茶多零星销于本省，故无大规模之生产。

图5-22 民国立大茶庄

在往昔红茶洋庄盛旺时，湖南全省茶庄有千余家之多。到民国中期华茶销路日蹙，茶庄纷纷倒闭。1933年中苏复交，始有复业者。据1935年《中国实业志》湖南卷组织的调查，湖南全省有茶庄184家，其中长沙15家。184家茶庄中，专制红茶（箱茶）者71家，专制黑茶者26家，专制毛红者65家，兼制红茶、花香、毛红、茶梗者22家。

茶庄因其籍贯不同，有本帮、客帮之别。本帮为湖南本地人，客帮则有晋、闽、粤、苏、鄂、赣等省人。客帮来湘制茶者，以闽商为最早，宋元时代已有其踪迹，次之为陕西、山西两帮。清代中叶，粤商因红茶销路畅旺，亦觅踪前来，其后又有汉口、江西、安徽、江苏商人来湘制茶。到民国中期以本帮为最多，但山西帮（简称西帮）纪律整肃，资本雄厚，组织严密，各庄多采用合伙制，各庄之间又有山西会馆起组织作用，其势不可小视。闽、粤两帮，则因销路衰落，渐形消退。盖在184家茶庄中，除69家帮籍不详外，本帮计62家，山西帮2家，江苏帮3家，汉口、江西、安徽3帮各1家。

湖南加工茶叶，除茶事试验场外，完全用手工生产，故茶庄所需资本不大。且茶庄因茶叶收获之季节关系，多系临时性质，资本亦以足够收购毛茶及开支工资等费为度，若感不足时，临时向钱庄或其他金融机关融资，故无所谓固定资本与流动资本之分。全省茶庄184家中，除44家资料不详外，其余140家总资本额共计1718600元，平均每家12276元。其中长沙15家，除资料不详者8家外，其余7家总资本90600元，平均每家12943元。

湘省茶叶出口，向以红茶（箱茶）为大宗，故茶庄出口，亦以红茶为最多。仍据1935年《中国实业志》湖南卷，其时各茶庄年产红茶101292箱，每箱以50斤计，合50646担。毛红10659包，每包以130斤计，合13857担。花香、梗子合计1050担。此外专制黑茶之茶庄26家，共产黑茶132300担。

茶叶交易手续颇繁，茶户于收得鲜叶后，制成毛茶，售于茶庄，茶庄或直接将毛茶装运赴汉口，或制成箱茶、花香、茶梗等货，运汉销售。再由汉口茶栈，售与出口洋行。

或经由平汉路运销西北一带。湖南本省茶庄，兼制造与运销于一身，陋习甚多，如用秤一事，各地情形极其复杂。如安化茶商用七六扣，即收买毛茶百斤，作76斤计算。理由是毛茶含有水分，故须打折扣。长沙毛茶百斤，折减为48斤。付款方面，亦有折扣，如长沙、浏阳有九二兑钱之名目。

红茶之销路，向以俄国为大宗，自欧洲大战、俄国革命、中俄绝交等政治事变迭次发生后，销路大减。中俄复交后，茶叶运销未复旧观。至于绿茶则多行销本省，除一部分由湘南运粤外，由长沙、岳阳两关出口者，最多亦不过数百担。其他如黑茶、茶梗、茶末等类，亦多运汉压成砖茶，然后输往俄国及山西、陕西、蒙古、新疆一带。

其时长沙15家茶庄主营全为红茶，组织形式除"铨记"一家为独资外，其余均为合资（表5-1）。

表5-1　1935年长沙茶庄一览表

茶庄名称	地点	帮别	设立年份	资本（元）	茶叶产量（箱）
佑记	高桥	江苏	1934	未详	700
德日新	高桥	湘乡	1904	23000	942
德积厚	高桥	高桥	1915	9000	384
晋丰泰	高桥	山西	1901	9000	555
春鑫	高桥	湘乡	1930	22000	900
协记	蒲塘	高桥	1926	未详	110
万华春	石门坎	高桥	1928	未详	264
利源祥	狮公桥	长沙	1934	未详	170
铨记	范林桥	长沙	1931	16000	870
瑞记	团山	团山	1924	未详	103
新记	新塘桥	新塘桥	1922	5800	200
长记	西山墩	西山墩	1934	5800	176
仁记	乌龟山	乌龟山	1934	未详	100
成昌福	石湾	石湾	1924	未详	600
有美玉	金井	金井	1928	未详	700

民国时期长沙城内茶庄，也称茶号，有的批零兼营，有一些主要从事零售，即今之茶叶店。1934年《长沙市指南》记载，坡子街著名茶叶店有詹恒大、段永春、吴中和等，中山路有醴泉源等，所售茶叶主要是长沙市民爱喝的绿茶、花茶和河西园茶（图5-23）。

中华人民共和国成立之初，长沙市场的茶叶零售业务，主要由私营茶庄经营。1954年以前长沙有私营茶庄（店）17家，分布在市内主要繁华街道，其中8户批零兼营，1户批零兼运销，8户零售。詹恒大茶庄是清光绪年间开业的老字号，设立于坡子街，1954年零售茶叶5t，批发7.6t。永春茶庄于清宣统年间开业，位于新建的五一路，1954年零售茶叶3.2t，批发21.5t。大同茶庄设立于黄兴南路，1954年零售茶叶3.4t，批发12.6t。津津茶庄设解放路，1954年零售3.3t，批发16.2t。君山茶庄设中山路，1954年零售2.6t，批发8.4t。1921年开业的益生华茶庄和雍乐茶庄、真善美茶庄批零兼营，年销量在2～10t。1916年成立的裕大茶庄及杨复茂茶庄、怡丰茶庄、福利茶庄、大华茶庄与秦桂记茶庄分设在蔡锷路，水风井等地，1954年各庄茶叶零售量在0.5～1.5t。

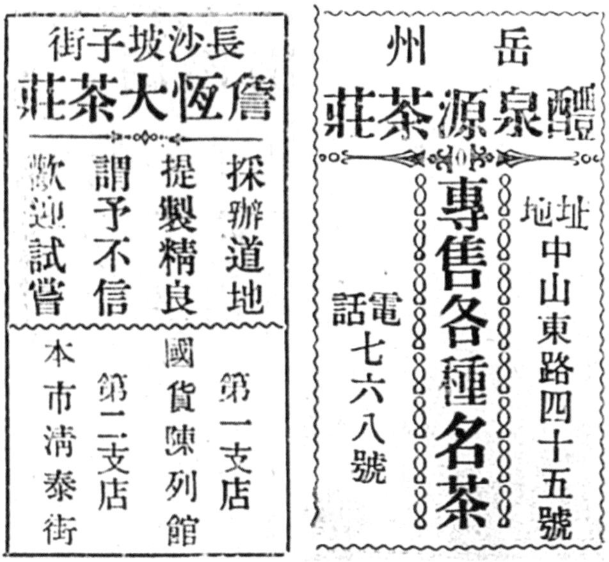

图5-23 1934年詹恒大（左）、醴泉源（右）茶庄广告

从1955年起，私营茶庄被迫退出历史舞台，茶叶零售业务统一由长沙市百货公司系统经营，后改为长沙市副食品公司系统经营，一般在副食品店设专柜销售。专营店极少，长沙市仅存君山茶店和大同茶店，同时兼营烟酒。

五、市场开放后的新茶店

1984年以后，茶叶市场开放，长沙市的茶叶销售日趋活跃，专营与兼营茶庄、茶行、茶店不断增加，较有名的有袁家岭的君山茶行和迎宾路口的湘君岛茶行，以及湖南省茶叶公司于1989年元月设立的长沙全国名茶总汇（图5-24、图5-25）。

图5-24 袁家岭君山茶行

图5-25 迎宾路口湘君岛茶行

这一时期，本地茶叶店与专兼柜台经营的品种增多，价格随行就市，销售量也有较大增加，仅长沙全国名茶总汇经营的国内名茶品种就将近400个，年销售额400万元。但总的来说还是较低端的大众化产品，价格十余元1袋（250g）的猴王牌茉莉花茶就算是比较高档的流行产品，5～7.4元一捆的纸包云南下关沱茶是最流行的外省茶叶。

推动和促进长沙茶叶市场迅速成长和发展的是闽台茶商。闽台茶商大约在20世纪90年代中期进入长沙，在后期和21世纪初达到高峰。铁观音茶醉人的清香，人参乌龙茶浓醇的滋味，琳琅满目的茶品和茶具，以及精美的包装，加上闽台茶商新奇的茶艺表演与亲和待客的营销方式，一下子征服了喜刺激、重口味、永远充满好奇心的长沙人。一时间，闽台茶店开遍长沙黄金码头，品乌龙茶、送乌龙茶和功夫茶具成为流行时尚，使最先进入长沙经营茶店的不少福建茶农一夜暴富，带动了更多人蜂拥而来。位于今雨花区的高桥湖南茶叶城、长沙茶市开始几乎就是福建茶商撑起来的。闽台茶店最著名的，当时有南园茗茶、春池茗茶、金壶春茗茶、尊品茗茶、天皇茗茶、芳成茗茶、梨山茗茶、一品香、杉林溪茗茶店等，而以台湾的天福茗茶店规模最大（图5-26）。天福的商品价格高，但货物精美，店堂装修豪华，针对的是高端顾客。其他店货物兼顾了中端顾客的多种需要，有的不标价，有的标价，价格高低相差极大，叫人摸不着头脑，且交易灵活，人情攻势巧妙有力，经营者地方团队意识很强，体现了闽商灵活、抱团、开拓的特征，经营利润奇高。

在乌龙茶畅快长沙人的胃口，闽台茶店擦亮长沙人的眼球，茶叶经营利益滚滚流入闽台茶商腰包的时候，长沙本土茶人开始觉醒。当时正是湘茶生产经营由高峰跌入低谷的时期。朱先明教授、施兆鹏教授、尚本清副教授等茶界元老耆宿奔走呼号，喊出了振兴湘茶产业的口号。简伯华、黄厚仁等企业家从中原、东北市场抽回身来，发力开拓、攻占长沙市场。其时，本书执行主编之一汤青峰因一偶然的机缘，踏进了一家福建安溪人的茶叶店，并与年轻的店主成了朋友。闽台乌龙茶在长沙的流行与长沙茶业的衰落引起了他的关注，他开始利用旅游、出差之机考察江浙与福建等省迅速崛起的茶产业，并博览群书，了解中华茶业和茶文化的历史，最后从江浙闽等省茶业的现状中得出要振兴湘茶产业，必须舞起湘茶文化龙头的结论。

恰逢《东方新报》的潘显宏副主编抓住了湘茶产业和湘茶文化这个主题，请汤青峰进行报道策划。于是，从2001年4月11日开始直到年底，就有了空前的分别以《湖南茶业：今日现状令人忧——会诊湖南茶叶产业系列报道之一》《湖南茶业：辉煌何以成往事——会诊湖南茶叶产业系列报道之二》《古老文化急需"冲泡"——湖南茶产业系列报道之三》《湖南茶业：何日能圆辉煌梦——会诊湖南茶叶产业系列报道之四》《湘茶实行战略大转移——关注湖南茶业系列报道之五》《湖南茶业：阵痛中孕育生机》《古丈茶：豪情万丈唱新韵——关注湖南茶业系列报道之六》等为题的前后8个整版关于湘茶产业与湘茶文化的系列专题报道，引起了其他媒体的共同关注和决策层的注意，一定程度上促成了2001年9月26日湖南省茶叶工作大会的召开（图5-27）。

图5-26 开在长沙的台湾天福茗茶店

图5-27《东方新报》有关湖南
茶业的系列报道之一

　　本地茶叶店，除前述君山茶行、湘君岛茶行、长沙名茶总汇，以及下河街、金线街一些小茶叶店外（图5-28），直到20世纪结束都没有什么起色，长沙的茶叶零售市场完全由得改革开放风气之先的福建茶店独占鳌头。但从21世纪开始，本地人开的茶叶店在长沙相继出现。最先有怡清源茶业股份有限公司开的连锁店。随后年余，兰岭茶厂、君山茶叶公司、古丈茶叶公司等企业都相继在五一路、人民路、八一路等处开设专卖店，直到湖南茶叶城、长沙茶市开业，湖南及长沙本土的茶叶批零企业才勉强形成气候（图5-29）。

图5-28 金线街的小茶叶店

图5-29 兰岭茶厂设在长沙的销售店

湖南本地人在长沙开的茶叶店既吸取了闽台茶叶店的长处，又有自己的特点。后起的长沙本地茶商，大多文化水平较高，具有文化营销的经营理念，讲究店堂装饰的文化氛围，同时也吸取了闽台茶商灵活的经营方式，亲和的销售手段等长处，因而各具特色，具有浓厚的湖湘文化风情。像怡清源茶叶连锁店，店面以绿色为基调，以仿古建筑为特征，飞檐翘角，两边门柱上悬挂有名家对联木刻，店内柜台整齐划一，灯箱展示出企业蓬勃发展的历史和气象，书法字画点缀其间，营业员统一着民族风情服装，笑容可掬，温婉怡人。

随着湖南茶叶城的经营渐入佳境和长沙茶市的开张营业，福建茶商逐步聚集到两处，在市中心开设零售店的步伐减缓，已开的部分零售店也退出市区归集到两处进行批零兼营。湖南省茶叶公司借收购重组的东风，不失时机在市内黄金码头大开"君山银针"连锁店；唐羽茗茶店从株洲市移师长沙，并

图 5-30　嫩香灵茶业有限公司

以其对中国古老茶文化之"和、静、恬、雅"的崇奉和独特理解为核心，装饰店堂，统领经营，短短两年就先后在五一路、芙蓉路和长沙茶市连开 3 家颇有规模的专店。2004 年湖南省茶叶总公司（现湖南湘茶集团茶叶股份公司）湖南茶厂生产厂长熊志伟先生创办嫩香灵茶业有限公司（图 5-30）。凡此种种，都使湘茶在长沙的零售有了令人惊喜的起色。

继闽台乌龙茶在长沙热销之后，在长沙形成了另一个热销局面的是云南的普洱茶（图 5-31）。云南茶在长沙的热销有其原因：一是产品对路，二是普洱在全国、甚至世界部分地区的流行。2001—2002 年间，长沙有人在迎宾路、芙蓉路等处经营云南蒸酶绿茶等产品，因少人问津而关门大吉。但下关沱茶等品种却是一直广为长沙消费者所喜爱。这种历史好感惠及对普洱茶的了解和喜爱。长沙是个极其喜欢追逐流行时尚的城市，加之普洱茶健身康体的某些功用又正契合日益蔓延开来的某些现代富贵病的食疗需求。于是从 2005 年下半年开始，普洱茶专卖店便在长沙市的八一路、五一路、人民路等处相继涌现。与闽台乌龙茶进入长沙不同的是，开普洱茶店的基本上是清一色的本地人，他们

或从云南进货，或与云南厂家合作联营，但都掌握了市场销售的主动权。整体上讲经营方式、手段更加灵活多样，对文化的诠释与表现也更加丰富多彩，表现出一种成熟经营者的从容与老到。如车站北路的沁香茗茶店，装饰风格中西结合，佛堂茶室共存，文化观念出世入世相融，标榜、倡导"茶心、佛心、平常心"之禅茶文化精神，在周边酒店、酒吧的嘈杂中淡定出一种空灵的韵味（图5-32）。

图5-31 普洱茶在长沙大受欢迎

图5-32 车站北路"沁香茗茶"

此外，还有人民西路的同逸普洱茶庄等等普洱茶专店，虽然都是因店面租金高被迫又卖茶叶，又经营茶水，但都将普洱茶产品与中国古老的茶文化，以及湖湘文化结合得非常好，充分展示出一种文化企业的迷人风貌，成为长沙城一道亮丽的风景。

2006年，因普洱茶过度炒作，价格虚高，以本省安化白沙溪茶厂生产的黑砖茶、花砖茶、茯砖茶、天尖茶、贡尖茶、生尖茶，恢复生产的千两茶（花卷），以及益阳茶厂的茯砖茶，临湘茶厂的青砖茶的价值得到市场的发现，出现价涨量增销旺的良好势头。2007年在长沙召开的国际茶业大会暨展览会，以上述茶品为主力的湖南黑茶更是铆足了劲，出尽了风头，其产品在长沙出现热销之势。芙蓉路上的斗茶园等著名茶馆一反长沙茶馆大多忽视本省茶产品推介的风习，举办湖南黑茶文化节，将湖南黑茶的收藏、销售和品饮活动推进到一个新的阶段，对湖南茶产业的振兴也产生了深远的影响。

与此同时，在长沙城内茶馆与茶庄功能相互渗透的茶店越来越多，"馆"与"庄"的概念变得模糊难分，"茶馆＋茶庄"的经营方式渐渐普及。一方面，茶馆为扩大经营范围，提高利润，将经营茶叶茶具的项目引入茶馆；另一方面，茶庄为提升品牌形象，给购茶者提供专门的品茶区、包厢等服务。"茶馆＋茶庄"的复合式经营店主要来自3个主体，即茶馆、茶庄和品牌直营店。

以茶庄为主体的"馆庄"多在茶庄内摆设茶桌，或增设品茶包厢。茶庄的销售人员很多对茶叶知识比较了解，而茶庄的大客户往往相对固定，因此增设的茶桌和包厢为购买茶叶者提供了一个品尝、选购茶叶的更为优越的环境。茶庄内增设免费包厢，现在已经普及，怡清源、天福、唐羽、一品香、劳止亭等著名茶庄都有这样的包厢服务。此外，君山银针、古丈毛尖、兰岭绿茶、北港毛尖等品牌的连锁店也纷纷增设品茶区。另有各地中高档茶叶批发市场内的摊铺里，也都布置有品茶用的茶具茶台。

　　品牌茶企业直营的"馆庄"则更像是为产品提供的"导购"和"售后服务"。如蔡锷南路"南园极"（铁观音）茶艺馆、五一东路"北港茶艺馆"等，内设厅房和展示专区，以茶艺表演的方式销售茶叶，被当地茶商称为"最强势的品牌茶销售方式之一"。

　　一些自身并不产茶的茶叶店也开始树立自己的品牌，促销作用立竿见影。如一位自谓"茶痴"的金井人吴永详在雨花区洞井商贸城开了家"茶痴茶叶商行"，代理各种名茶，雅称"吴夫人茶仓"，以老板娘"吴夫人"注册了品牌商标，对原茶进行重新包装，形成了产品名牌与茶店品牌的叠加，效果出乎意料（图5-33、图5-34）。

图5-33 "吴夫人"茶仓　　　　　　　　图5-34 "吴夫人"茶礼品包装袋

第四节　长沙茶的包装、商标和广告

一、长沙茶的包装

（一）长沙茶的包装文化

　　包装是商品生产的重要组成部分，也是商品生产的一个必要条件。茶叶具有独特的色、香、味、形，且多数具有物性脆、易断碎、易汲潮、易吸味等特点，如果包装不当，很容易使茶叶质量下降甚至劣变，从而影响饮用价值和经济效益。包装从用途角度分为运输包装和销售包装。运输包装起保质作用，同时也便于搬运和仓储；礼品包装除保质外，还兼顾装潢美化功能。恰当、科学的茶叶包装，在运输、储存、销售等流通领域中，能够保护茶叶的品质，同时精美别致的包装还具有宣传产品的特点、介绍科学的品饮方法等作用，从而起到促销的作用（图5-35、图5-36）。

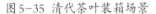
图5-35 清代茶叶装箱场景

图5-36 清末长沙府湘阴县怡兰茶包装

茶以包装为载体并将文化贯穿其中，能增加产品文化内涵、增加商品的附加价值，从而实现产品的差异化。许多茶叶经营企业把茶叶包装的差异性、独特性、原创性及小批量化、个性化等作为开发茶叶市场的主导思路，这使得茶文化与茶包装成了紧密联系、不可分割的整体。茶包装造型的独特风格和气韵，不仅迎合了消费者的审美趣味，给人以美的享受，而且有助于品牌形象的树立，在"自助式"销售方式的今天，能直接刺激消费者的购买欲望，从而达到促进销售的目的。有的可重复使用的礼品茶包装，如金井大红瓷茶叶罐、长沙生记茶社出品的"永丰细茶"铸铁罐包装等，直接提升了茶叶产品的附加价值（图5-37、图5-38）。

图5-37 金井名茶大红瓷包装

图5-38 长沙生记茶社"永丰细茶"
铸铁罐包装

又如猴王牌茉莉花茶包装的不断革新为其在打开市场时起到了相当重要的作用。1958年以前用木箱散装，按省计划调拨。1958年开始用极简陋的纸袋小包装，不防潮，不保香。20世纪70年代中期，改用乙烯塑料袋代替纸袋，能防潮，但保香仍不佳，且不美观，得到的是"一等产品，二等包装，三等价格"的社会评价。1981年，长沙茶厂在使用了湖南省茶叶公司注册的"猴王牌"商标后，大胆率先从日本引进了佛列斯克喷铝复合小包装，以50g、100g、250g、500g这4种规格，针对销区东北、西北、华北喜好喜庆色彩的审美情趣，采用红、绿、蓝三色为封面主色调，色彩艳丽，印刷精美，质地坚固，密封性能好，向市场推出，取得极佳效果，不仅使猴王花茶逐步名闻遐迩，还推动了全国茶叶小包装的大改观。1982年10月，国务院在北京举办"全国少数民族用品及土特产品展览会"和外贸部举办"全国出口包装展览会"长沙茶厂受邀参展，猴王牌茉莉花茶，由于质量上乘，包装美观大方，物美价廉，竞购者络绎不绝，2000kg产品一抢而空，猴王花茶便不胫而走，自此，猴王牌茉莉花茶走出低谷，几十年饮誉三北地区（东北、西北、华北），在销区流传"喝酒要喝茅台酒，饮茶要饮猴王茶"的谚语。为满足不同顾客的需求，"猴王牌"还推出瓷罐包装，也受欢迎。

精美别致的茶叶包装，不仅能迎合消费者的审美趣味，给人以美的享受，而且有助于品牌形象的树立。尤其在"网购"时代，消费者可直接从电脑或手机上感观茶包装的形象，先入为主，从而能刺激消费者的购买欲望，达到促进销售的目的。目前湖南茶叶市场上的包装可以说是琳琅满目，但总的说来，作为茶叶包装如何呈现出包装材料多样性，注重融入茶文化意蕴等特色，还有提升的空间。

（二）包装材料的多样性

20世纪80年代以前，茶叶处于国家统购、统销时代，茶叶包装主要有木箱、铁听、纸袋、竹罐、瓷罐、锡罐等。商业销售部门一般零售茶叶均用牛皮纸包装或以锡箔作为包装材料，高档茶叶用铁听装。90年代以后，随着包装工业的发展和现代高科技的结合，涌现出了许多新型的包装。茶叶包装已从原来以纸袋包装为主向精美实用、新颖别致、一式多样的方向发展。市场上茶叶包装已突破了原有的传统模式，出现了纸箱、纸罐、金属罐、衬袋盒装、复合薄膜袋、竹（木）盒、玻璃罐等。

近年来多层复合材料的出现，使茶叶充氮保质包装走上了实用、普及的阶段，其中采用塑料复合材料进行包装的茶叶最具大众性，市场上使用较好的是聚酯/铝箔/聚乙烯复合，其次是拉伸聚丙烯/铝箔/聚乙烯复合材料，这些通称铝箔复合膜，是日常茶叶小包装中防潮、阻氧、保香性、遮光性能最好的一种。复合薄膜袋包装形式多种多样，有三面封口形、自立袋形、折叠纽扣形等（图5-39）。另外，复合薄膜袋印刷着色性能好，热封合性好，用来做销售包装设计，更具有独特的效果。因此，几乎长沙所有品牌的茶叶都有塑料复合材料的包装。特别是近年出现的以复合薄膜为材料的泡装袋（可内装茶

5~7g），更是满足现时代茶叶消费者的高要求。

竹木制品作为传统包装材料依然有着广泛的应用，在现时代以竹木为材料制成的包装显得古朴，迎合人们的回归自然的心态，又加之木制包装古色古香、造型独特，将雕刻、镶嵌、书法等多种艺术手段应用其中，其间不乏名家之作，极富中国传统文化气息，有较强的市场感染力，有一定的收藏价值。竹木包装主要缺点在于密封效果差，

图5-39 金茶复合薄膜袋包装

不利于茶叶的长期保存，因而常采用铝箔复膜袋作为内包装，或在木盒的内包装上采用锡箔等，或将茶叶先装于罐内再用竹木盒作外套，以尽可能地保证茶叶的密封性。

陶瓷包装在茶叶包装中也占有一席之地，精美典雅，绚丽多彩，再加上独特的造型，有的精练挺秀，有的端庄淡雅，有的壶身还经过素刻、镶嵌、描金、丝网印花等装饰，观之赏心悦目，能适应较多人的品位（图5-40至图5-42）。如金井茶业有限公司设计的礼品茶系列产品，其包装与湖南铜官、醴陵瓷器搭配，选用白瓷、青瓷、中国红系列茶壶、茶杯、茶罐等茶具，色泽典雅，造型别致，与品质优异的金井茶相配，体现了湖湘文化的特色，增添了一分高雅的情趣，满足了追求高品位的消费者的审美心理。

图5-40 长沙市内的内销瓷罐茶

图5-41 青釉茶坛

图5-42 仿铜官窑茶罐

（三）包装意蕴的丰富性

长沙茶叶包装近年随着人们物质生活的不断提高，在设计上日益精美，注重文化意蕴的传承，在表现方式上，充分运用色彩的心理反应，结合民俗文化、诗文、书法、国画等视觉图形的意涵来烘托茶文化，增强感染力，促进心理联想，激发购买欲望。

为满足个性化、多样化的消费需求，量身订作茶包装和文创产品茶包装也开始大行其道。如随着社会上单身人群的增长，小份量50g、100g茶包装开始流行。小罐茶包装一罐一泡，更适合一次性消费。高档的小罐为铝质，低档的也可为纸质，既环保，又便利。这里说的小罐茶不是指2017年1月在济南恒隆广场推出的由"八位大师"手工炒制的那种"小罐茶"，而是一种圆筒形小包装形式。

小罐茶包装也适合文创产品茶的设计。湖湘茶文化研究会的周磊热衷于文创产品茶包装的设计，他在为湖南省博物馆设计的文创茶长方形包装盒上，采用湖南省博物馆的镇馆之宝、马王堆汉墓出土的T形帛画上的太阳鸟做包装标志（图5-43）。大红色的太阳中停着一只金乌鸟，镶嵌在包装盒的右上方，有画龙点睛之妙。太阳和金乌鸟都是茶祖神农氏的图腾，自然而然把湘茶与茶祖联系到一块了。包装盒一黑一白，内套装小罐茶各10个，黑色盒装安化黑茶"原叶茯茶"，白色盒装张家界白茶"白毫银针"，相映成趣。由于产品由国殷公司出品，而命名为"国殷茶·贵客罐"。这款包装茶在2018年12月7日湖南电视台茶频道第100期"倩倩直播间""蹭茶"节目中推出，并邀请湖南省文史研究馆馆员陈先枢和湖南师范大学教授蔡镇楚先后出场讲解，一炮打响。

图5-43 周磊设计的湖南省博物馆文创小罐茶包装

礼品茶包装可用于各种纪念品。湖南省黄兴研究会在辛亥革命元勋黄兴逝世100周年之际，利用黑茶耐贮藏的特性，在茶饼的包装纸上印上相应的图案和文字，上置黄兴手书"无我""笃实"书签，外套精美的抽屉式包装盒，其纪念价值和收藏价值不言而喻，在海峡两岸共同举办的纪念活动中深受好评（图5-44）。

湖南农业大学产品设计系主任、"佰意组"创始人王佩之是一位茶包装设计高手，作品23次获国内外设计奖项、其中国际类5项，指导学生多次获得各类设计奖项。长期从事茶创意产品及茶产品包装设计、茶具产品设计。他设计的两款"三湘四水五彩茶"包装极有创意，包装形式为包装盒内套装五彩小罐茶（图5-45）。包装装潢突出"三湘四水"，潇湘、蒸湘、沅湘，湘水、资水、沅水、澧水，在包装盒上行云流水；小罐颜色突出"五彩"，安化黑茶、桑植白茶、潇湘绿茶、湖南红茶、岳阳黄茶，在包装盒里五彩缤纷。茶叶包装之美离不开色彩的渲染。把握住包装设计中的色彩，亦即抓住了消费者的情感。不同的茶叶也给人不同的感受，绿茶清新鲜爽，红茶强烈醇厚，黑茶醇厚回甘等。把特别的品质用相宜的色彩体现出来，也成为茶包装设计的一大特色。如此包装，为宣传推广湘茶品牌起到了其他手段不可替代的作用。不过，"潇湘绿茶"若改为"长沙绿茶"更为贴切，因"长沙绿茶"已为国家地理标志产品，而"潇湘绿茶"不是。且此款包装中的"潇湘"专指湘西，地理概念不准确。因广义的"潇湘"指湘江流域，狭义的"潇湘"仅指永州地区。

图5-44 纪念黄兴逝世100周年黑茶臻品包装

图5-45 王佩之设计的"三湘四水五彩茶"包装

　　茶素来与文人雅士有不解之缘，在其氤氲的暖香中，永远留存着最幽静的茶记忆，因此古有诗云："此物清高世莫知"，若要营造出"清高"的氛围，当然非中国画莫属。中国画是中华民族灿烂文化瑰宝，它以物寄情，物我两忘，以超然的意象，飞凌于万象之上，在主客观交感之中产生深邃的境界，这种境界与茶文化所欲传达的超然脱俗意境正好吻合。而在茶文化发展历程中，有许多脍炙人口的诗文妙句，如苏东坡的"从来佳茗似佳人"、卢仝的"一碗喉吻润；二碗破孤闷；三碗搜枯肠，唯有文字五千卷；四碗发轻汗，生平不平事，尽向毛孔散；五碗肌骨清；六碗通仙灵；七碗吃不得也，唯觉两腋习习清风生"等名诗佳句运用到包装中。这些诗文以直观的形式体现茶文化的内涵，也平添几分雅趣。因此在现代茶叶包装设计中，有以国画作为主体图形作装饰的，如"高桥银峰"以著名国画家何香凝的梅花图作为包装图案，色泽以黄、红为主，显得喜气、典雅、高贵，同时隐含名人对高桥银峰的高度赞誉。

在包装设计中，文字是传达商品信息必不可少的组成部分，好的包装都十分重视文字的设计，优秀的文字设计不仅能传达出商品的属性，更能以其独特的视觉效果吸引消费者的关注。中国文字源远流长，经过历史的锤炼，岁月的琢磨，使汉字本身即已具备了形象之美而达到艺术的境界。汉字书法体是中国文字的一种书写形式，是中华民族文化的精髓，它包括甲骨文、篆书、隶书、楷书、草书、行书几大类型。由于民族的欣赏习惯，对传统书法体有着极强的接受能力及喜好程度，其视觉效果已成为民族风格设计的一种形式特征。茶文化与汉字书法均是中华民族智慧的象征，它们之间本身就早已有着密切的联系，从汉文字中的第一个"茶"字出现，就是由书法字体书写，因此用书法字体作为茶叶包装的视觉元素的确是恰到好处。如金井茶的包装，其"金井"二字由湖南当代著名书画篆刻家李立所书，更添金井茶的文化底蕴。

二、长沙茶的商标文化

商标是区别不同企业的商品和商品不同质量的一种专用标志，通常由文字、图形、符号或其组合构成，在商品、包装和广告上标明。商标经过注册登记后即具有专用权并受法律保护。商标是商品经济发展的产物，也反作用于商品经济的发展。商标是一种语言、一种意识、一种象征，更是企业发展战略的一个重要组成部分。一个好的企业除了重视物质的产品质量，也重视精神的——企业的意识、理念、一种升华的思想，赋予商标的内涵，于是有了商标文化，商标也成了一定的文化载体，反映着时代文化思潮与经济运作的一种交融，影响着社会，特别是消费者的行为，甚至影响到商品经济的发展。一个商标之所以能够在市场中产生较高的知名度，主要在于其商标内涵，即该商标所代表产品的技术含量、新颖性、功能、质量、工艺、材质、形状、颜色、包装、价格、市场占有率、企业文化、企业形象、企业信誉、售后服务等。

湘茶商标的记载始于唐，如"湖南之衡山""㴩湖之含膏"；宋代潭州名茶有仙芝、玉津、先春、绿芽等20多种；明代有"湖南之白露""长沙之铁色"等。这些茶品牌可视为早期的茶商标。

现代很多茶业企业，在树立品牌形象或是进行产品宣传时，常常会通过宣传商品商标的图形含义及使用范围等来加深人们对商标的认识和记忆，或是其他各种形式的广告活动来进行产品的宣传从而加深对产品的了解，增加对产品的信任度。在进行商标与广告设计时大多融入了企业的文化与精神，具有一定的特色。

图5-46 "猴王牌" 商标

湖南省猴王茶业有限公司，"猴王"牌注册商标，以美猴王图案作为商标标识，美猴王形象来源于中国传统经典中降妖除魔的孙悟空，他正直勇敢、爱憎分明的形象，早已深入人心，以此为商标标识因凝聚了深厚的民族情结，易获得消费者的信赖（图5-46）。整个构图承前启后，一气呵成，视觉感强烈，显示出企业强大的生命力和广阔的发展空间，同时，表现了企业员工团结向上，开拓创新，勇攀高峰的决心和斗志。红色作为标志的标准色，代表了生命与活力，体现着企业"永远向上"的不变追求。

图5-47 "怡清源" 商标

湖南省怡清源茶业有限公司"怡清源"商标极富文化内涵（图5-47）。怡：怡情养性，怡然自乐；清：清静、清寂、清心寡欲、茶禅一味；源：源正本清、流风遗韵、源远流长。"怡清源"三字融合浓厚的中国传统文化内涵和博大精深、源远流长的中国茶道精神。寓意常伴"怡清源"不仅茶香四溢、清心健体，同时能怡情养性，陶冶情操，品味人生，参禅悟道，达到精神上的享受和境界的升华。

"怡清源"注册的产品商标和服务商标由五片茶叶、逗号、太极图、圆形等要素演绎而成，寓意深刻，耐人寻味。其中五片茶叶：体现"怡清源"是茶企，五片鲜嫩茶芽螺旋上升排列，如沸水冲，茶叶随水转，清香四溢，极富动感，象征"怡清源"生机勃勃，充满活力，不断前进、上升；逗号：象征企业不断发展，永无止境；太极图：蕴含阴阳相调、中庸和谐、天人合一的中国传统哲学思想，与民族的茶产业及茶文化内涵一脉相承，体现了怡清源企业文化兼承于博大精深、源远流长的中国传统文化；圆形：整个图形是一个由不同半径的圆弧构成的灵动圆形，内含一种理性美，尤其符合中华民族审美心态，圆形顶部不封闭，表现企业科学严谨而不失灵活，道法自然，贯通宇宙。"怡清源"商标受到了市场广泛的认可，并具有较高的美誉度，2003年就被评为"湖南省著名商标"，2007年12月被认定为"中国驰名商标"。

在长沙茶市畅销的"白沙溪"黑茶，商标以古青铜器上的夔龙纹作装饰，以老宋体作主体文字标出商标始创的年份，配以"黑茶之源，遍流九州"的广告语，意在突显其历久弥坚的品质。在湖南省商务厅组织的"湖南老字号"评选中，"白沙溪"成功入选。"白沙溪"商标亦为"中国驰名商标"。

商标可以授权转让，湖南省三利进出口有限公司很好地利用了这个策略。2007国际茶业博览会上，中国茶叶股份有限公司授权湖南省三利进出口有限公司使用"中茶"牌商标，生产、销售湖南黑茶。"中茶"商标于1951年注册并启用，其名满大江南北，其特制茯砖、普通茯砖、黑砖、天尖等系列黑茶，在西北各省家喻户晓。这次"中茶"牌商标授权给三利公司使用，促进了湘茶产业的发展，推动湘黑茶产业做大做强。同时，也有利于进一步提升"中茶"品牌的价值。

中国工商总局发布的"中国驰名商标"中，长沙茶占有多席。仅在入驻隆平高科技园的茶业公司中就拥有6个"中国驰名商标"，即"怡清源""金井""君山银针""湘益""白沙溪""永巨"。对应的公司是：怡清源——湖南省怡清源茶业有限公司，金井——湖南金井茶业集团有限公司（图5-48），君山银针、湘益、白沙溪、永巨——湖南省茶业集团股份有限公司。这3家公司都是集科研、生产、加工、销售、服务、文化于一体的中国茶叶行业百强企业，尤其在文化营销上极有特色，这些品牌形象的树立是湘茶发展的中坚力量。

图5-48 金井茶业商标

三、长沙茶的广告文化

广告是为了某种特定的需要，通过一定形式的媒体，并消耗一定的费用，公开而广泛地向公众传递信息的宣传手段。在商业领域，广告通常是商品生产者、经营者和消费者之间沟通信息的重要手段，或企业占领市场、推销产品、提供劳务的重要形式。

清光绪年间《湘报》在全国最先刊登茶业广告，如新开"恒兴祥茶号"连续在《湘报》登广告，广告文称："恒兴祥茶号开设省城柑子园口，专办各种名茶，发客童叟无欺，其价格外公道。凡赐顾者请认本号招牌为记，庶不致误。"

清代自出现报刊，就有许多茶庄的广告。如清光绪三十一年（1905年）《长沙日报》的一则"吴中和茶号"广告，自称开设于长沙黄道街，"已历百有余年"，即开设于清嘉庆十年（1805年）以前，可谓当年的百年老店了（图5-49）。它既销外省的"武夷""龙井"等名茶，也销本省的"君山""香片"等名茶，"货真价实，中外推许"。

民国时期报纸商业广告大兴，今天仍能查到当时长沙元兴、玉壶春等茶庄的报纸广告。玉壶春茶庄的广告文采用打油诗形式，紧扣消费者心理，颇具特色（图5-50）。广告诗云：

> 保安甘和茶，始创第一家。经营数十载，赏识遍中华。
>
> 药妙兼茶好，非同乱咁夸。家中长备饮，获益确无差。

长沙茶庄的广告可谓无孔不入，除接二连三的报纸宣传之外，其他形式也是五花八门，广播、月份牌画、电影铁幕、铁路车站及沿线广告等，花样繁多。当时，电话已有所普及，人们习惯在送话器一端包块绸布。茶庄也敏锐地将此视为契机，如成兴茶庄加工出印有"电话要茶，随时送到，成兴茶庄敬赠"字样的绸布分发给用户。为推销袋茶，有的茶庄还在杂货店、浴池、旅社、茶摊等处广设代销点，统一制作彩色铁招牌，"代销××茶庄茶"的广告一时遍及大街小巷。一些茶庄在浴池、旅社内的窗帘印上广告的同时，又在不少茶园、剧园、剧院等名角演出所用的桌围面料上缝绣演员的大名，下缀"××茶庄敬赠"字样，并不断换新。同时传统的楹联不仅悬挂在各茶庄、茶号，而且印在各种广告品上，如：

> 玉盏霞生液；金瓯雪泛花。
>
> 翠叶烟腾冰碗碧；绿芽光起玉瓯青。
>
> 幽借山巅云雾质；香凭崖畔芝兰魂。
>
> 制出月华圆若镜；切来云片薄如罗。
>
> 雀舌未经三月雨；龙团先占一枝春。

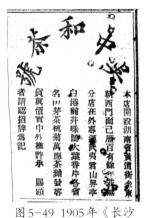

图5-49 1905年《长沙日报》吴中和茶号广告

图5-50 1927年长沙玉壶春茶庄报纸广告

图5-51 1934年长沙"徽州永春茶庄"广告

1934年《长沙市指南》刊发一则开设于长沙坡子中街的"徽州永春茶庄"广告，声称开设长沙省城历数十余年，专门采办各省名茶，向为各界人士所称誉（图5-51）。广告中所列名茶，如西湖龙井、云南普洱、贵州寿眉、黄山毛峰、岳阳君山、洞庭碧螺、安化银针、天都云雾等，长沙人至今耳熟能详，这与广告的持续宣传不无关系。

现代广告媒体和手段更为丰富多彩，长沙运用了品茶会、宣传画册、户外广告牌、橱窗陈列、门店装饰等多种形式及网络、报刊、杂志、电视、新闻媒体等渠道来进行宣传与推广（图5-52）。统一的门面

图5-52 长沙绿茶宣传广告

招牌、统一的橱窗陈列，具有特色的广告语等不仅体现了企业的形象，同时也加深了消费者对品牌的印象，久而久之，得到消费者的认同并形成固定的形象。

长沙茶叶市场上，一些精辟的广告词随时映入人们的眼帘。如怡清源茶业有限公司"野茶王"广告"形赛龙井、香比碧螺、味斗毛峰"，长沙绿茶广告"品长沙绿茶，享美好生活"，金井广告"金杯盛玉叶，井水沏名茶"，湘丰广告"湘兰沅芷，丰标不凡"等，这些广告词深入人心，流露出消费者对品牌茶的喜爱。怡清源"不做别的，一切为了茶"的信条表明了怡清源的工作目标，而"源于真、信于诚、精于细、卓于恒"质量方针更是让消费者对怡清源品牌质量放心。

茶广告除上述物质载体的广告外，更成功的广告是"不是广告，胜过广告"的广告，即下节"长沙茶业节会活动"。

第五节　长沙茶业节会活动

一、中国湖南·星沙茶文化节

为了重现长沙县高桥茶市的历史景观，再创长沙茶业新的辉煌，造福长沙县及周边数百万茶农，长沙以百里茶廊为基地，以茶文化为龙头，率先吹响振兴湘茶的号角。

2003年，长沙县成功举办了首届采茶节。开展了种茶、采茶、制茶、品茶、赞茶、茶道、茶艺等一系列茶文化活动，从不同角度宣传本县茶叶悠久的历史、深刻的文化底蕴和丰富的茶文化内涵。

2004年，长沙县创办了中国湖南·星沙（首届）茶文化节，首开湖南省茶文化节的先河。此次茶文化节由中国茶叶流通协会、湖南省农业厅、长沙市政府主办，湖南省茶叶学会、长沙县政府承办。5月20日，茶文化节在星沙（通程）广场盛大启幕，全国人

大常委会副委员长成思危、全国政协原副主席毛致用发来贺信，湖南省领导和老同志熊清泉、刘正、刘夫生、梅克保出席了开幕式，来自美国、俄罗斯、赞比亚、芬兰等9个国家和浙江、福建、江西等16个省的客商纷纷慕名而来，听茶歌、赏茶舞、闻茶香、品新茶、谈茶经，以茶会友。3天的节会期，举行了隆重的湖南星沙茶业大市场奠基典礼、百里茶廊巡礼、潇湘茶韵文艺演出、金井飘香文艺演出、茶艺表演、茶叶高峰论坛、名优绿茶评比等活动。在名优绿茶评比活动中，长沙县出产的"金山毛尖""高桥银毫"等绿茶，在20个金奖产品中占据8席；在5月22日举行的供销合作签约仪式上，签订的19个合同项目总额高达3.58亿元，其中外资合同金额为665万美元。茶文化节的成功举办，对挖掘长沙深厚的茶文化，整合长沙茶产业资源，吸收外地知名茶产区经验，宣传推介长沙的茶产业，培育长沙县的名茶品牌发挥了重大作用。

2005年，长沙县又成功策划并组织文化名人百里茶廊采风活动。5月27日，茅盾文学奖获得者、湖北省作协专业作家熊召政，江西省文联主席、作协主席陈世旭，中国作协副主席、湖南省文联主席谭谈等省内外14名作家、摄影家、书画家沿百里茶廊踏青、采风、品茶，创作出了一批优秀茶文化作品。湖南省书协副主席、长沙市书协主席谭秉炎撰联："百里茶廊翻翠浪，三杯满室溢清香"；长沙市美协主席柯桐枝展纸泼色，将心中之激情幻化成一幅娇艳的红梅图；熊召政成诗一首："为寻玉液来金井，碧岭螺山五月春。不必洞庭赊月色，湘茶醉我楚狂人"（图5-53）；湖南省文联副主席、著名作家彭见明亦写"茶道千古"以寄兴……

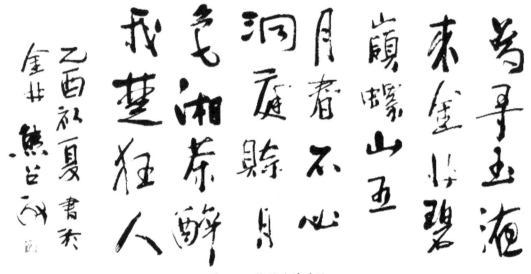

图5-53 熊召政诗手迹

2006年5月13日，以"绿色·健康·和谐"为主题的第二届中国湖南·星沙茶文化节暨湖南省茶叶博览会在长沙星沙隆重开幕。全国政协副主席、中华全国供销合作总社理事会主任白立忱，中华全国供销合作总社监事会主任、中国茶叶流通协会会长刘环祥，湖南省及长沙市的领导及老同志戚和平、熊清泉、刘夫生、梅克保、杨泰波、余合泉、张湘涛等出席了本届茶文化节的开幕式及有关活动。国内外知名茶叶专家、教授、文化名人，全国17个省（区、市）的茶叶行业社团组织负责人，以及来自福建、广东、湖南等8

图5-54 第二届星沙茶文化节书画展

个省（市）的125家参展参评厂商代表出席了此次盛会。本届茶文化节持续时间6天，期间举行了湖南省茶叶博览会、全国名优绿茶评比、"绿色·健康·和谐"高峰论坛、茶叶行业社团组织负责人联席会议、百里茶廊巡礼、"观星沙美景，品名优绿茶"广场文化活动、百里茶廊名优绿茶拍卖会、"绿色·健康·和谐"主题征文活动等（图5-54）。

节会期间召开的全国茶叶行业社团组织负责人联席会议，以中国茶叶流通协会、中国茶叶学会、中国国际茶文化研究会的名义发表了《中国茶业星沙宣言》，标志着长沙茶文化建设进入了一个崭新的阶段。星城长沙，气象万千；百里茶廊，茶叶飘香。中国茶届精英，咸集星沙，借"第二届中国湖南·星沙茶文化节"之东风，以"绿色·健康·和谐"为主题，共商中国茶业百年大计。

中国茶业星沙宣言

一

茶叶，得山川之灵气，积日月之精华，溶泉水而获得高雅的生命属性。人与茶融，茶与诗合，茶禅一味，成就了以"天人合一"为哲学基础的中国茶文化。

人的生命，是世界上一切的荟萃；而健康之美，才是人类生命之美最本质的内涵。现代科学研究证明，茶叶有"三抗"（抗癌、抗氧化、抗衰老）、"三降"（降血糖、降血脂、降血压）、"三消"（消炎、消毒、消臭）之功效。饮茶何为？一言以蔽之：强身健体，延年益寿。茶，是当今世界三大无酒精饮料中最有益于人类健康的天然绿色饮料。

茶叶产业是彰显当代人生命意识与环境意识的绿色产业和朝阳产业，是为人类健康谋福祉、为和谐社会求福音的伟大事业。

二

穆穆神州，物华天宝。中国茶叶曾经有过多少灿烂辉煌：从蒙顶山茶树神话到马王堆汉墓出土的茶与精美茶具，从云南千家寨茶树王到茶马古道，从武夷山的九曲茶园到台湾的冻顶乌龙，从西湖龙井到太湖碧螺春，从君山银针到古丝绸茶路，从皇宫御饮到名扬英伦，从天门陆羽《茶经》到湘西夹山寺的"茶禅一味"……中国茶叶的辉煌历史与对人类的巨大贡献，早已载入世界饮食文明的彪炳史册。

悠悠潇湘，人杰地灵。这里有地处北纬30°、以武陵山脉为中心的中国最大的有机茶生产基地。"茶之为饮，发乎神农氏"，神农尝百草，以茶解毒，源自潇湘，炎帝神农氏乃是中华茶叶之人文初祖。湘茶有缘，湘茶有幸，最早沐浴着神农大帝农耕文明的雨露阳光，流淌着舜帝道德文明与"湘灵鼓瑟"的美妙乐章，闪烁着圆悟克勤《碧岩录》与"茶禅祖庭"的佛光禅韵。

百里茶廊，悠远绵长。从李时珍《本草纲目》记载的"湖南之白露、长沙之铁色"到明清的"高桥48家茶庄"，早已蜚声天下。"芙蓉国里产新茶，九嶷香风阜万家"，一代文豪郭沫若当年笔下的"高桥银峰"产地，现已发展成为闻名遐迩的"百里茶廊"。从春华到金井，从高桥到板仓，万顷生态茶园，托起以"金井茶"为著名品牌的科学化、规模化的优质茶叶产业带。如今这条绿色走廊又发展成为现代旅游观光茶园，给茶产业注入了新的生命。她是当代长沙人以茶兴农，以茶富民，把茶业发展与建设社会主义新农村有机结合，推动新时期茶产业跨越式发展的重大创新。

三

大江南北，茶园叠嶂；五洲四海，茶叶芬芳。当今之世，国际茶业，群雄并起；中国茶业，适逢盛世辉煌。面对经济全球化的新格局，中国茶叶面临难得的发展机遇，也面临着激烈的国际竞争。希望与困难并存，机遇与挑战同在。我们期望：中国茶界同仁牢记小平同志"发展才是硬道理"的教诲，增强责任感与竞争意识。与时俱进，抓住机遇，共谋发展，实施"产业化、品牌化、国际化"的发展战略，开创中国茶业新纪元。

我们期待：中国茶界同仁坚持科学发展观，以人为本，以诚信为德；以增加茶农收入为责任，以提高茶叶质量为生命。依靠持续的自主创新，依托深厚的茶文化底蕴，为中国茶业插上科技与文化的双翼，打造具有核心竞争力的国际知名品牌。

我们期盼：各级政府在实施"建设社会主义新农村"与"构建和谐社会"的战略中，充分认识发展中国茶叶的重要地位和作用，加强对茶叶产业的领导，加大对茶产业的扶持力度，夯实茶业生产基础，优化产业结构，全力做大、做强、做优中国茶叶产业，重振中国茶业千秋雄风。

滔滔湘江兮，千载流芳；熠熠星沙兮，百里茶廊。聚日月之精华兮，沐天地之灵光；汇四海之精英兮，商茶业之振兴。让我们全体中华茶人继承茶祖神农之伟业，发扬茶圣陆羽之精神，真诚携手、鼎力合作，打造"绿色、健康、和谐"的中国茶业。

二、2007 年国际茶业大会

2007 年 5 月 18 日全球茶人瞩目的国际茶业大会在星城长沙拉开帷幕，这次大会是政、商、学、企共同主办和参与的盛会，由中国食品土畜进出口商会会同国际茶叶委员会、商务部外贸发展事务局、湖南省商务厅、长沙市人民政府等 9 个单位共同主办。大会以其规模之大、规格之高、参加国家之多，与会人数之众，堪称全球茶叶界的"奥林匹克"盛会。

此次茶业盛会，共有来自近 30 个国家与地区的 600 名嘉宾云集长沙，其中包括俄罗斯、英国、美国、埃及、巴基斯坦世界五大茶叶进口国茶叶协会成员，以及来自欧盟、独联体、东欧、美国、加拿大、日本、韩国、非洲、中东、东南亚、南美等国家和地区的茶叶局、茶叶协会负责人、茶种植、加工、贸易企业、茶文化、茶科研机构的专家、学者及茶叶主要生产国、消费国政府主管部门。大会在湖南的召开，为湖南茶业向全球茶人展示技术实力、生态环境、茶文化等搭建了良好的平台，给湘茶产业的发展带来新的生机与活力。大会期间，学术交流、市场研究和贸易合作相结合获得了良好的效果，如 5 月 19 日上午，国际茶叶大会高端论坛中，湖南省茶叶学会理事长、湖南农业大学教授刘仲华面向全球茶叶精英作《湖南黑茶：人类健康的新希望》的与会发言，向全球茶客、茶商推荐这一"藏在深闺人未识"的湘茶特产。随后，桃源县紫艺茶业公司举行了中国高档黑茶"紫艺三冰"首发式，该茶的独特工艺和保健作用，立即引得中外客商的瞩目，当天签订 500 余万元的购销合同。

5 月 20 日，参加 2007 国际茶业大会暨展览会的国内外代表和嘉宾一行 80 余人赴湘丰飞跃有机茶基地及湖南金井茶业有限公司、湖南湘丰茶业有限公司、湖南省茶业有限公司（图 5-55）、湖南猴王茶业有限公司、湖南登凯贸易有限公司和湖南省怡清源茶业有限公司等湖南主

图 5-55 2007 国际茶业展览会湖南省茶业有限公司展位

要茶叶龙头企业参观。各企业根据自身特点安排了丰富多彩的参观活动，使国内外嘉宾不仅看到了规划整齐的茶园，干净整洁的厂房，先进的加工设备，还领略到了浓郁的湘茶文化和风情。产业参观特别加深了各国茶叶界对中国茶园高标准安全生产的感性认识；展示了中国茶叶产业化、规模化、标准化生产的风采，茶园得到了国内外嘉宾的一致肯定。会议期间，总出口成交额达4000万美元，内销超过1亿人民币。其中湖南省茶业有限公司共接待来自25个国家的客商40多批次，签订了总计1060多万美元的订单。在内销方面，也取得了重大的突破，共签订合同达5200万元。

盛会的召开，是湖南茶业与世界"零距离"对接的良机，让世界茶叶界更多人了解湖南及其湘茶。

三、湖南茶业博览会

自2009年首届湖南茶业博览会（以下简称"湖南茶博会"）在长沙成功举办以来，至2021年已举办十三届。经过年年升级，步步提升，湖南茶博会已成为中西部地区茶业行业连续举办最久、一线茶企参展率最高、现场布局规格最高、地县市经销、代理商到场参观率高的品牌专业盛会。

2010年第二届湖南茶博会就颇具规模，收益颇丰，为今后连续举办打下了基础。第二届湖南茶博会于2010年12月2日在湖南省展览馆隆重开幕。开幕式上还举行了白沙溪茶厂生产的2010两世博千两茶"一卷千秋"和益阳茶厂生产的"一品江山"金花茯茶赠送湖南茶博会仪式。

图5-56 第二届湖南茶业博览会部分展位

本届湖南茶博会以"弘扬茶文化、发展茶经济、引导茶消费、打造品牌茶"为主题，以市场为导向，为广大茶企、茶商、茶人、茶友、茶叶消费者营造一个崭新的茶文化与艺术品交流平台。此次茶博会也是湖南茶界的一次盛会，展览规模5000m²多，设立展位

300个，1000余家企业、10000多种产品参展、参会，汇集了省内知名茶叶品牌，如君山银针、安化黑茶、石门银峰、古丈毛尖、金井毛尖、桃源野茶王、保靖黄金茶、高桥银峰、怡清源野针王、桂东玲珑茶、猴王花茶等（图5-56）。同时也邀请了来自云南、江西、福建、浙江、河南等地两百余家茶叶、茶具生产企业及茶艺术品、收藏品参展。

2018年9月7日第十届湖南茶博会在长沙红星国际会展中心举办。本届茶博会由湖南省农业委员会、中国茶叶流通协会、湖南省供销合作总社、湖南省工商业联合会、中国国际商会湖南商会、湖南省发展和改革委员会、湖南省经济和信息化委员会、湖南省扶贫开发办公室、郴州市人民政府、湖南日报报业集团、长沙仁创会展联合主承办。

本届茶博会参展范围覆盖茶产业链的多个层次，包括了六大茶类的各地名优茶，花茶、保健茶、萃取茶、药用茶等深加工茶产品和茶饮料产品，茶叶相关器具，工艺品和收藏品，茶叶机械与检测设备，茶叶包装材料与制品，以及茶文化、茶科技新技术、新成果、新产品等多元丰富的展览项目。展览面积达到3万 m^2，设国际标准展位1200余个，吸引了来自全国60个名茶产区的800余家知名企业参展，其中包括大益、老同志、合和昌、益木堂、新境普洱茶业等名山普洱茶品牌，福鼎白茶、蓝景弘等白茶品牌，国滇、茗中皇、积庆里等红茶品牌，还有钱金泉、张太友、郑求标等多位紫砂艺人，以及尊主服饰、闲着文化等精美茶服的展示。为体现本次展会"展示湘茶魅力、搭建交流平台、扩大茶叶消费、建设千亿产业"的主题，博览会现场专门设置安化黑茶、湖南红茶、长沙绿茶、岳阳黄茶、桑植白茶湖南五大茶叶品牌的茗茶展区。

展会期间还举办了"'茗星'十佳经销商、茶馆、茶友颁奖典礼""安化黑茶长沙文化艺术团'中俄万里茶道'表演""万两黑茶空降湖南茶博会"等主题活动。

四、2018中华茶祖节

2018年4月20日，由湖南省农业委员会、娄底市人民政府、长沙市雨花区人民政府等单位联合主办，湖南省茶业协会、神农茶都文化产业园等单位承办，湖南省茶叶研究所、湖南省茶业集团股份有限公司、湖南广播电视台茶频道等协办的"2018中华茶祖节开幕式暨湖红·新化红茶推介会"在长沙神农茶都文化产业园举行（图5-57）。

湖南省政协副主席葛洪元宣布2018中华茶祖节正式开幕，拉开了"2018中华茶祖节品茗思祖活动月"的序幕。在开幕式上，新化县人民政府举行了新化红茶推介会。长沙市雨花区副区长陈怀宇在开幕式上致欢迎辞，并介绍了长沙神农茶都文化产业园建设情况及发展规划。

长沙神农茶都文化产业园向新化县人民政府赠送了中华茶祖神农像。开幕式上还举行了新化县人民政府与湖南省茶业集团、湖南渠江薄片茶业有限公司与湖南中茶茶业有限公司的新化红茶项目签约仪式。

图5-57 2018中华茶祖节开幕式

开幕式结束后全省各地先后举行了"2018年中华茶祖节品茗思祖活动系列活动",分别是"2018中国开茶节"君山银针站,中国古丈第二届茶旅文化节,420桃源红茶全民品茶周,2018第四届碣滩茶文化旅游节,湘西黄金茶文化节,南岳祭茶大典,2018古丈"创意茶旅"年度风云盛典,中华茶祖节常宁"登天堂山、赏杜鹃花、品塔山茶",2018古丈毛尖新茶推介会暨中国有机茶高峰论坛,2018张家界春天茶会,2018第四届沅陵碣滩茶文化旅游节,2018邵阳市第二届茶文化节暨茶文化进社区等活动。

第六节　当代长沙茶市概览

五代十国时期马楚王国的"茶马互市"是长沙茶市的一个里程碑,"回图务"则是长沙历史上最著名的茶叶贸易机构。明代,长沙更是一跃成为中国四大茶市之一。

清代长沙县高桥镇形成中南地区最大的茶市,兴盛时茶号、茶庄达48家之多。清嘉庆十五年(1810年)的《长沙县志·土产》称此地"茶有宝珠、单叶、红白各种"。被陆定一誉为"中国茶圣"的吴觉农(1897—1989年)于1934年撰写的《湖南产茶概况调查》记载:"长沙锦绣镇(即今高桥镇)的绿茶早负盛名","高桥向为茶商云集之地,设立茶行十余家,规模宏大,贸易繁盛。除本县及平、浏茶商集资经营外,尚有外邦至此贸易……所有红茶悉由金井河或高桥河交船启运,至捞刀河过载入湘江至洞庭,运售汉口。"当年高桥为湘东红茶产销中心。本地茶商茶行5所，外邦来客8家，资本雄厚，规模可观。这些厂商抗战前夕还在武汉设有庄号。如协记、元茂隆、德玉昌、新记、瑞记、咸昌福、铨记、晋丰太等，专营湖南运汉茶叶。以高桥名义在汉口拍卖之茶在湖南茶中占有一定地位。

清末民初，长沙不仅仍然是湖南最大的茶叶集散市场，也仍然是全国几大著名的茶叶、茶具市场之一（图5-58）。中华人民共和国成立后，茶叶的国内外贸易主要控制在外贸商业与供销社系统的几大国营和集体茶叶公司手中。直至改革开放后，1984年这种一统天下的局面才逐步开始改变，长沙于20世纪80年代始有其他经济成分的专门茶叶店出现。20世纪90年代福建茶商得改革开放风气之先，大量涌入长沙开店，以销售闽台产乌龙茶为特色，以功夫茶茶艺为张本，生意极为火爆，终于唤醒了长沙人沉睡已久的茶叶经营意识。至20世纪末，长沙终于出现了高桥茶叶茶具城等以福建民营茶业打先导的大型茶叶集贸市场。

图5-58 清末民初茶叶市场

一、高桥茶叶茶具城

高桥茶叶茶具城是湖南高桥大市场内的十几个大型专业批发市场之一（图5-59）。位于长沙城东京珠高速、成（都）厦（门）高速公路交汇处，距长沙火车站1000m，离铁路货站500m。高桥大市场于1996年9月9日竣工开业，由湖南高桥大市场股份有限公司拥有产权、独立开发，统一定位、招商、运营和管理。市场拥有经营用地面积1000亩，

图5-59 高桥茶叶茶具城

优质商户6000余户，经营商品达170多万种，辐射周边10余省市，年交易额达1280亿元，是中南地区规模最大的千亿级商贸产业集群和全国第三大综合性批发市场。

高桥茶叶茶具城于2010年6月开业，经营面积6万㎡，经营商户800余户，年成交额超过100亿元，是湖南特色产品出口基地和出口产品质量安全示范区，也是中国中部规模最大、品牌最全的茶叶产销基地，享有"三湘茶叶第一城"的美誉。市场主要经营的商品有：茶、茶具、茶包装、茶室设计、私人定制茶品等。代表茶叶品类有：黑茶、君山银针、古丈毛尖、铁观音等，涵盖中国六大茶系、400多个品牌、千余种产品。

高桥茶叶茶具城有独具特色的服务体系，通过拉动产业链上下游资源，有效丰富市场的经营业态，提升商户的经营品质，打造市场的品牌形象。

一是完成提质改造，实现品牌形象升级。自2008年起，湖南高桥大市场按照"高品质规划、高起点建设、高标准完成"的思路，累计投入30多亿元进行硬件提质改造，全面提升了市场的整体形象和购物环境，实现了环境提质、商户提质、商品提质和品牌提质。高桥茶叶茶具城也率先在全国茶叶市场中，形成了统一的古镇式装修风格和外立面的全面"亮化"，并开创了"夜间营业"的新模式，引领进入"茶文化休闲消费时代"。在此基础上，高桥茶叶茶具城通过充分挖掘夜间休闲经济，引导市场商户进行品牌形象升级，增强消费者对市场和商户的品牌认可度，带动和引领湖南乃至中部地区茶叶市场的品牌化发展和升级。

二是加强产地对接，打造专业化茶叶街区。依托湖南高桥大市场的辐射力和影响力，高桥茶叶茶具城先后与古丈、石门等湖南主产茶区域开展政企合作，联合打造"古丈毛尖一条街"等茶产区专业化街区，带动形成茶基地面积达120万亩，构建新品研发、生产、包装、检测等茶叶产业生态链。同时，还修建中国茶叶市场首条"茶叶包装一条街"和"茶具一条街"等，多次主办中国中部（国际）茶博会等各类以茶文化为核心的展会活动，使市场成为极具湖湘文化特色的茶叶产销集散地（图5-60）。

图5-60 高桥茶叶茶具城部分门店

三是推进黑茶出口，助力"湘品出海"。为积极打造中国中部茶叶出口基地，湖南高桥大市场积极对接"一带一路"沿线国家，依托市场茶叶资源优势，组织商户开展茶叶出口。2017年，为突破湖南黑茶的出口瓶颈，高桥茶叶茶具城组织商户成功注册了黑茶商标"HEITEA"，并同步在20多个国家注册商标，并成功将黑茶出口到俄罗斯，"HEITEA"也成了黑茶出口俄罗斯的品牌。进而实现本市场黑茶出口零的突破，利用黑茶国际品牌的专属性，逐步掌握黑茶出口市场的话语权。

四是强化管理服务，构建安全放心开放的市场。湖南高桥大市场建立了所有商户的完整数据库，开展数据分析和业态优化；开通了服务热线，组织商户开展运营活动；推进诚信商户体系建设，制定"商户诚信文明积分管理规范"；投资100万元建立食品安全快检室，成立食品安全管理办公室，为商户开展检验检测，对所有进入市场的食品进行常态化巡查，打造食品安全放心市场。高桥茶叶茶具城为打造对外贸易交流平台，为世界采购商提供的一系列优质服务，包括：采购资源精准匹配、商务翻译和洽谈、线上线下推广、通关手续办理，以及根据采购商需求，从茶叶选料、品质等级和包装设计等，量身打造出个性化定制茶等。

二、长沙茶市

长沙茶市位于长沙市万家丽路与长沙大道的交汇路口，紧邻湖南茶叶城，由湖南省汇城置业有限公司开发，于2003年12月13日开盘（图5-61）。市场整体采用江南民居仿古多层建筑形式，玲珑别致，设计上较有文化韵味，只可惜整体规模无法扩大，铺面价格相对较高，因此经营状况没有达到应有的效果。但其发掘茶市文化底蕴之努力是值得肯定的，湖南省文史馆馆员余德泉所撰门联曾受许多茶客追捧。联曰：

没事常来，听四海茶人论道；
宽怀小坐，沏一杯雪茗清心。

图5-61 长沙茶市及其门联

市场下沉式广场挡土墙上的花岗石浮雕对包括茶圣陆羽的生平事迹，古代高僧名士斗茶品水等故事皆有所表现，还刊刻有余德泉所作的《长沙茶市记》等（图5-62）。

图5-62 长沙茶市文化墙

从文化意义上讲，长沙茶市称"中南第一茶市"自有其道理。长沙茶市有铺面238间，主营零售。2006年销茶600t，总交易额0.25亿元，以闽、滇乌龙茶与普洱茶为主。

长沙茶市记

雨花火星大道交汇处，一座江南民居仿古建筑，结构恢宏，质朴典雅，格外引人注目。此即汇城置业公司斥逾亿之资所建之长沙茶市，亦中南第一茶市也。吾登其顶，但见麓山隐峙，湘水雾环，车疾街衢，人稠巷道，好一派都会繁华。入其中，更见商贾云集，生意隆兴。谈者操四海方音，交易乃九州名茗。今君山南岳古丈雪峰之湘茶，早已非龙团雀舌可比；与福建浙江云南安徽之联合，正共建资源发展平台。四处品牌竞立，一楼气象空前。不意间有琴声袅袅而来，乃茶艺表演方始也。彼以二八妙龄，言于礼道；纤弱素手，注以清芬。和于乐，尽于情，款款动人，是陆羽之经再传而卢仝之饮新继也。吾好品茗，拾座而倚饮再三。出其市，已是满街灯火，夜宇通明。回观茶市，更是妖娆壮丽。想其前景，不当如斯夜之街宇乎？于是归于陋室，拈笔而撰此文。甲申畅月叙永余德泉谨记。

（余德泉）

三、星沙茶业大市场

星沙茶业大市场位于长沙县星沙街道，处于京珠高速入口处，星沙大道、潇湘路、武塘路、北环线四周环绕，距国际物流园、黄花国际机场与霞凝新港等皆在15min车程之内，是长沙县星沙发展规划的中心区域（图5-63）。

图5-63 星沙茶业大市场

星沙茶业大市场当时是通过政府规划、政策引导、市场运作方式建立起来的省级农业产业化重点龙头市场，总占地面积189.31亩，由湖南天鸿公司斥资3.6亿元人民币打造，分三期开发建设。第一期建设14栋综合楼，建筑面积91000m²，共14栋，由上千个可自由分割的独立商铺和经济实用的风情住宅组成。市场建有茶业商铺、茶叶拍卖厅、高档写字楼、商务中心、信息中心、物流中心、茶文化交流中心等设施，具有茶叶交易、信息交流、商务办公、旅游休闲、品味生活等多项功能，致力于打造成中南地区规模最大，档次最高，设施最全的茶业交易、信息交流与茶文化传播中心，星沙地区最具规模的综合型市场。

市场是中国湖南·星沙茶文化节定点举办点，曾成功举办2004年和2006年两届中国湖南·星沙茶文化节。

四、神农茶都

神农茶都全称为"神农茶都文化产业园"，成立于2013年，是中国唯一以神农文化为主题茶全产业链的创新模式大型商业综合体平台公司，面积0.1km²余，占地120亩，致力于打造一座城市的茶旅文化新地标，是雨花区委区政府重点打造的"以文提区、以旅促市"的文旅商结合项目，是全国最大的黑茶交易集散地和茶祖神农文化、湖湘文化、中华茶文化元素的集中展演区（图5-64、图5-65）。神农茶都文化产业园以"弘扬茶祖神农文化，振兴中国茶业"为己任，打造天下茶人寻根地、茶企品牌聚集地，以茶产业带动精准扶贫，讲好中国茶故事、传播推广中国茶文化、神农文化，成为中华民族伟大复兴的助推器。

图5-64 神农茶都炎帝雕塑

图5-65 神农茶都文化步行街

神农茶都创始人王志高，出生于铁观音的故乡安溪西坪，家里世代经营茶，传统工艺纯手工制作，所有茶叶全部采自深山的原始森林，精心采茶，片片臻选，匠心做茶，粒粒甄香，一辈子为了茶而发展，只愿茶友们都能尝尝正宗的茶味。

王志高为感受茶祖伟业、感悟湖南茶文化，于2004年离开福建，只身来到湖南，落脚长沙雨花区高桥，在高桥茶叶市场内开了家"百传茶叶店"，做个体户销售茶叶。2006年，王志高细心观察发现，顾客对茶产品的品牌、品种的需求很广泛，于是他的店里开始代理各类茶叶品牌供顾客选购。2012年，他发现店里一直在"卖别人的茶叶产品"这件事，并不是他真正想做的，他想要实现"中国茶人的大联合"，就是要团结一切可以团结的力量，去开拓属于自己的茶文化品牌，打造专业茶叶市场。于是他拿着开茶叶店赚的钱开始了艰难的招商之路。经过一番斟酌，选址了高桥火焰市场，成立茶都，与高桥火焰社区正式签约。签约后，他带着团队跑遍福建、广州、云南、深圳等中国著名的产茶地。人生地不熟，为发展客源只能发传单，抱着电话本一个个上门去拜访，有为获客户认可，一周五次登门讲解茶叶特性的努力，100天时间引入百家茶企签约入茶市。

当他正琢磨着找谁为茶市题名之时，机缘巧合下，竟有湖南省茶业协会会长曹文成亲自为茶都命名，原中国佛教协会会长一诚大师为茶都书写牌匾，此后又有"杂交水稻之父"袁隆平为茶都书写"神农尝百草，日遇七十二毒，得茶而解之"的条幅。湖南省茶叶学会会长刘仲华对神农茶都给予了高度评价："世界只有一个神农传奇，中国只有一个神农茶都。"2013年终于在神农茶都这片沃土上，一粒"茶种"开始成长为挺拔昂扬的创业之"树"。

神农茶都成立以来，已拥有自己的知识产权、品牌LOGO及品牌文化，汇集了来自全国各产地的六大茶叶类茶配套产业及茶文化配套企业的入驻，聚集了全国各地六大茶类系列800多个品种。不仅将火焰社区内的安置房小区门面兴办的市场蝶变成专业市场，更为当地居民带来租金收入超过1亿元，解决2600余人的就业问题。据不完全统计，园区年度营业销售收入约20亿。

公司致力于将神农茶都打造成为茶文化特点鲜明、功能区域划分明确、配套设施完善、服务定位高端，集批零兼售、茶文化传播、休闲体验为一体的品牌之都、文化之都、旅游之都、信仰之都、惠民之都的顶级全国茶叶茶文化综合市场，让所有人带着信仰来神农茶都旅游、购物，感受中华五千年茶文化的无限魅力。

为推进世界茶叶发展，谱写茶产业和茶文化发展新篇章，使湖南省茶叶经济迈上一个新台阶，同时为神农茶都商户提供更优质的服务，2015年9月，在长沙市雨花区委区政府的大力支持下，神农茶都茶文化步行街顺利开工，步行街全长224.6m，宽20.95m，总面积4705m²。在步行街内，神农茶都举办各式各样内容丰富的活动，宣传茶文化，增添茶文化魅力。神农茶都茶文化步行街的建设除了使原有的市场环境得到改善以外，其独特、悠久的茶文化元素也使得整个雨花区的旅游业上升到了一个新高度。"国内首条茶文化步行街"的名号也使神农茶都响遍全国。

神农茶都功能分为5个区，每区12栋，共60栋。其中1楼为商铺，2楼是茶企办公区，3～5楼为住宅区；至2018年已引进商户300余家，汇集了全国各地六大茶类系列800多个品种。市场聚集了以湘茶集团白沙溪为首的龙头企业；以科技兴茶为代表的顺天然茶企；以文化兴茶、茶旅结合为代表的云上茶企；以中国普洱十大品牌"老同志""岁月知味"为代表的品牌等，一派欣欣向荣的景象。市场以和谐共赢为中心，推行为商户提供有形市场和无形市场相结合的经营模式、配套服务，包括现代茶艺培训服务、物业管理专业化、宣传推广服务、商户品牌建设等服务，打造专业的茶叶市场。

为实现"继续举办好中华茶祖节，弘扬中华茶祖文化，推动千亿产业的发展"的目标，讲好中国茶故事，弘扬茶祖神农文化，打造湘茶品牌，扩大湖湘市场，谱写茶产业和茶文化发展新篇章，使湖南茶业经济迈上一个新台阶，2017年神农茶都提质升级为"神农茶都文化产业园"。

金杯盛玉叶
井水沏名茶

清泉题
二〇二一年七月

第六章　长沙茶泉古韵

好茶须好水，正如茶谚所谓"扬子江中水，蒙顶山上茶"。古今雅士、有条件讲究的茶人，在品水、泡茶技艺上都有一定造诣。因此，茶谚里还有"从来名士能品水，自古高僧爱斗茶"的说法。井文化是长沙文化特征的显著标识之一。漫步岳麓书院濯缨池，仿佛听到屈原"沧浪之水清兮，可以濯我缨"的歌吟；端详贾谊故居长怀井，仿佛听到杜甫"不见定王城旧处，长怀贾傅井依然"的感叹。从井泉的名称来看，旧时的井泉水都是可饮用之水，有的赞美水的清冽，如白沙井、甘露井、玉泉、清泉、冷水井；有的描绘井的环境，如桂花井、桃花井、稻香泉、芦花泉、百汇泉；有的寓含美丽的传说故事，如白鹤泉、鸳鸯井、乌龙井、金井；有的以名人为名，如贾谊井、太尉井、黄香井、易袯井；有的为祈福倡义，如聚福井、遐龄井、尚德井、思源井；有的干脆以姓氏为名，如彭家井、陈家井、洪家井等。长沙许多街道以井泉为名，突出了井泉在城市中的地位，也突出了井泉在茶文化中的地位。

第一节　茶文化与井文化

中国古代多种地理方志有长沙井的记载。如宋乐史《太平寰宇记》引宋永初《山川记》云："长沙寒泉井在县南一里，炎夏饮之令人寒颤。郭仲产《湘川记》云，其水清美，汲之则注而不竭，不汲则满而不溢。""县南一里"正是名气甚大的白沙井，这是沏茶的上等泉井。

寒泉不仅是白沙井，太平街贾谊故宅里的长怀井也是寒泉。长怀井，据南朝刘宋时盛宏之所撰《荆州记》记载为贾谊所凿（图6-1）。《荆州记》云："贾谊宅中有一井，谊所穿，极小而深，上敛下大，其状如壶。"汉文帝三年（公元前177年），贾谊贬谪为长沙王太傅，至今已近2200年，故贾谊井号称"天下第一井"。同时期的马王堆汉墓出土了茶叶及与茶有关的文物，印证了茶饮与"天下第一井"的关系。唐大历四年（769年），诗圣杜甫初到长沙，正值清明时节，触景生情，写下著名的《清明》诗。

图6-1 贾谊故宅长怀井

清 明

朝来新火起新烟，湖色春光净客船。绣羽冲花他自得，红颜骑竹我无缘。

胡童结束还难有，楚女腰肢亦可怜。不见定王城旧处，长怀贾傅井依然。

（杜 甫）

从此，贾谊井乃称"长怀井"。唐元和五年（810年），大文学家韩愈调任江陵府法曹参军途经长沙，遍游长沙名胜后，对贾谊井尤有感触，诗云：

题张十一旅舍井

贾谊宅中今始见，葛洪山下昔曾窥。寒泉百尺空看影，正是行人渴死时。

（韩 愈）

诗中葛洪即晋人抱朴子，以神仙养导之法名世。韩愈把贾谊井与葛洪的丹井相提并论，可谓赞美有加。

唐代茶圣陆羽对泡茶用水有比较全面的论述，他在《茶经》里说："其水，用山水上，江水中，井水下。其山水，拣乳泉、石池漫流者上；其瀑涌湍漱，勿食之，久食令人有颈疾。又多别流于山谷者，澄浸不泄，自火天至霜郊以前，或潜龙蓄毒于其间，饮者可决之，以流其恶，使新泉涓涓然，酌之。其江水取去人远者，井水取汲多者。"

唐代张又新在《煎茶水记》中记载了茶圣陆羽的一个品水故事："代宗朝李季卿刺湖州，至维扬，逢陆处士鸿渐……李曰，陆君善于茶，盖天下闻名矣，况扬子南零水又殊绝，今者二妙千载一遇，何旷之乎。命军士谨信者，执瓶操舟，深诣南零，陆利器以俟之。俄水至，陆以勺扬其水曰，江则江矣，非南零者，似临岸之水。使曰，某棹舟深入，见者累百，敢虚给乎。陆不言，既而倾诸盆，至半，陆遽止之，又以勺扬之曰，自此南零者矣。使蹶然大骇伏罪曰，某自南零赍至岸，舟荡覆半，惧其鲋，挹岸水增之，处士之鉴，神鉴也，其敢隐焉。李与宾从数十人皆大骇愕。"

明代许次纾（1549—1604年）在《茶疏》中指出："精茗蕴香，借水而发，无水不可论茶也。"清代张大复在《梅花草堂笔谈》中则更为具体地强调："茶性必发于水。八分之茶遇十分之水，茶亦十分矣；八分之水试十分之茶，茶只八分耳。"但并非所有的好水皆能泡全部的好茶。由于茶与水的成分差异，某些特定的好茶，须用某种特定的好水才能冲泡出壶中妙品。"岳麓茶、白鹤泉水"，"长沙茶、白沙水"，以及"金井茶、金井水""沩山茶、芦花水""白鹤茶、白茅尖泉水"相映生辉，向为湘城胜事、品茗佳话。

文人雅士，日常生活自在散漫，对于茶、水的特性与成分疏于探究，亦远非雅兴所在。但于品茗意境，心灵感悟、感官评价等得出来的对事物名位的评判却十分的较劲，

第六章 长沙茶泉古韵

以至于从唐代的张又新开始，为确定自以为是天下第几泉的事打了几百上千年的笔墨官司。最后，倒是一个爱到处跑且多才气的大清乾隆皇帝，反而于感官判定之外，还能依据一点水的比重之类的科学原则。乾隆皇帝为天下好水排定了一个还算令人信服的座次，长沙白沙井即在乾隆皇帝御定的"全国七大名泉"之中。

争论并非没有一点积极意义，至少达成了基本的科学共识。以品质论，宋徽宗赵佶《大观茶论》中"清轻甘洌"，外加一个"活"的评判原则能为各方接受。"清"指水的清亮雅洁，没有污染；"轻"指水的比重轻、矿物质少；"甘洌"则是指水的味道要微甜而呈凉性；"活"则是指要取流动的、经常被饮用的水，为的是流水不腐的缘故。环境在变化，科技在进步，今天的茶人如果如某些古人般拘泥，是十分可笑的事。所以，当我们有好茶而无好水，纯净水倒是省却了我们不少身心之劳。符合"清轻甘洌"标准的纯净水不一定能使某种好茶泡出绝品来，但却不失为适合冲泡各种好茶的通用之水。

长沙基本处于湘中丘陵与洞庭湖冲积平原过渡地带和湘浏盆地，市区则完全处于湘江和浏阳河交汇的河谷台地上。岳麓为屏，湘江为带，橘子洲浮碧江心，浏阳河曲绕城乡，湖塘星布，冈峦交替，城廓错落其间，是一座依水而建、靠水而兴的山水城市，优质水资源十分丰富，造就了湘城茶馆千年不衰的繁盛。长沙的地质构造以石英砂岩、砂砾岩、粉砂岩及页岩等为基础，经过长年的风化和冲洗，在狭长的湘江河谷地带形成大片沙滩、沙洲，呈现"白沙如霜雪"的绝妙景观。"长长的沙滩和沙洲"，这就是长沙之名最初的含义。长沙的地下水大多从以白沙和砾石构成的含水层中滤出，清澈晶亮，绝无杂质，故称之为"沙水"，长沙名井"白沙井"也由此而得名。"常德德山山有德，长沙沙水水无沙""济南的泉，长沙的井""长沙的水，武昌的鱼"等耳熟能详流行全国的俗语，把"长沙水"的美誉推到极致。

第二节　白沙井

白沙井又名星泉（图6-2、图6-3），位于长沙天心阁以南1km处的白沙路旁，自古为江南名泉之一，清乾隆皇帝在《玉泉山天下第一泉记》中将白沙井与北京玉泉、塞上伊逊水、济南珍珠泉、扬子江金山泉、无锡惠山泉、杭州虎跑泉一道御定为全国七大名泉。白沙井附近白沙街、白沙井街、白沙巷、白沙岭、白沙里、白沙游路等街道皆因之而得名。

民间传说白沙古泉是龙吐之水，所以才如此明净纯澈，甘美爽口。相传在很久以前，江西有一条孽龙常常掀起滔天洪水祸害百姓。此事被观音菩萨获知，决定制服孽龙安定百姓。经过几次斗法较量，孽龙已头破血流，精疲力竭。它钻土逃遁，直逃到千里之外的湘江东岸才钻出地面。饥饿难忍的孽龙向江畔卖面的少妇讨要一碗面条充饥。不料这位少妇就是观音的化身，在此静候降伏孽龙。面条刚落入孽龙肚内，便化为一条条银链，牢牢锁住了孽龙的心。孽龙苦苦向观音恳求饶命，并答应吞云吐水，造福百姓，永不为害。观音念其有弃恶从善的诚意，将它就地囚禁，化作了回龙山。从此，回龙山下泉水流涌，天下太平。

图6-2 白沙井

图6-3 白沙井泉池

这个传说从清代张九思的《白沙泉记》关于"荫龙泉"的记述里大致可以找到依据，但老百姓搞不清文人道士之类文绉绉的地理风水谶纬之学，于是就演变出了以上的传说故事。

明嘉靖《长沙府志》载："白沙井，县东南二里，井仅尺许，清香甘美，通城官民汲之不竭，长沙第一泉。"白沙井在锡山与回龙山之间的山谷。有四口井，由东而西排列，每口井长约6.7m，宽深约0.3m，泉自沙石中涌出。原来，回龙山一带为古河床，在地质学第四纪初，出现冰期，在冰川融水和河流冲刷下，形成砾石层于白斑网纹红土层下，再下层为不渗水的板岩。因地层下陷，使白沙井及其附近地层成为蓄水深厚的地下水库。长年累月地下水顺着地层斜面往下流动，经过沙砾层的沉淀过滤后，在白沙井处露出，形成所含杂质极少、清香甘美、长饮不竭的泉水。地下水有承压性，泉脉甚旺，原老龙潭即为泉水所汇集。可见，明代以前此井已经存在，只不过当时不叫白沙井罢了。

宋代《太平寰宇记》引宋永初《山川记》云："长沙寒泉井，在县南一里，炎夏饮之令人寒颤。"郭仲产《湘川记》云："其水清美，汲之则注而不竭，不汲则满而不溢，今按真泉有穴，相去四尺。"所记地理位置和井的特征，与今日白沙井极为相似。故清代著名方志学家陈运溶在《湘城访古录》中说："寒泉疑即白沙井也。"据清光绪《善化县志》

记载："白沙井，旧建亭，为游息品赏之处。亭废，建石坊一座，右题玉醴流甘，左题星泉溥润。巡抚觉罗敦福有记勒石，旁有南沙井、老龙井，涓流不竭，清冽次之。"古时星象家认为白沙井上应天上的长沙星，故有"星泉溥润"之说。

民谚云："无锡锡山山无锡，平湖湖水水平湖，常德德山山有德，长沙沙水水无沙。"毛泽东诗句"才饮长沙水，又食武昌鱼"中的"长沙水"亦指白沙井水为代表的"沙水"。清初诗人蔡以偁《白沙二泉记》中的白沙井，四周野气横生，充满着粗犷之美：

长沙城南五里地，鸡犬成村，桑麻可绘，不巷不衢，编茅藉竹，三四茅屋豁出，平芜迤逦。

石路数百步，半山垄、半田墅，沙石浴雨，倒树张伞，泉即出山下焉。

满注不溢，取之不竭，甘逾醇酒，凉能醉人。折之西又得一泉，同老泉脉有如开双奁者焉。

白沙井水为旧时长沙市民的主要饮用水源之一。清康熙间岳麓书院讲席旷敏本《白沙井记》载："时炎夏，近井居民净夕舀之，贮以巨缸，平日担入城，担可得钱七八。"沙水既成商品，白沙井旁便出现了排队汲水的景象，汲水者以"后先为班次，担头各挂一瓢，班可容两人并舀。"文中记载，白沙井砌有阑甓。宽尺许，长倍之，深度略大于宽度，其形制已与今无异。

白沙井水水质极佳，清乾隆间善化优贡张九思（？—1750年）《白沙泉记》描述：

其泉清香甘美，夏凉而冬温。煮为茗，芳洁不变；为酒，不酢不滓，浆者不腐；为药剂，不变其气味。三伏日饮者，霍乱、呕吐、泄泻，病良已。

清末长沙名流，史学家王先谦（1842—1917年）对白沙井水情有独钟，作诗二首：

其 一

寄我新芽谷雨前，呼奴饱汲白沙泉。怪君诗思清如许，更有庐山活水煎。

其 二

雪芽沙水最相宜，午睡初浓一沁脾。还似江南风味否，墨华榭里品茶时。

王诗把井文化、水文化和茶文化融为一体，道出了用白沙井水煎茶的那种不可言传、只能意会的意境。如用白沙井水冲泡长沙名茶，品味更佳。

1993年，白沙古井被列为文物保护单位。然而到了20世纪最后几年，当房地产开发热火爆湘城时，有开发商看中了这块风水宝地，要在白沙井岭上兴工动土，建造大型公寓。一些社会贤达联名上书，要求保护白沙古井。长沙市政府顺应民心，终于将白沙井岭上的隆隆机器声停止了。长沙市政府决定，把白沙井四周辟为公园，栽种树木花草，保护环境，使白沙井的水源流长、水质不变，尽最大的力量抢救白沙古井。

图6-4 白沙古井公园石坊

新建白沙古井公园沿街立石坊大门（图6-4），大门石柱上分别镌刻李透之和张恩麟所撰对联两副，联云：

高阁仰天心，贲临瀛海三千客；
古城寻地脉，细品长沙第一泉。

高天聚风月一园，是造物之无尽藏，好为寄兴怡神地；
古井媲潇湘八景，看游人之所共适，都在廉泉让水间。

白沙井的右侧是一排石刻，最有警醒意义的是5块水字碑石，上刻历代著名书法家书写的130多个水字，以呼唤人们爱护水，珍惜白沙泉（图6-5、图6-6）。长沙人离不开包括白沙井在内的城市文化精神。滋润星沙数百年的白沙井，不仅是属于我们这一代人的，也是祖先留给我们子孙万代的遗产，是湖湘文化的一颗璀璨明珠。

图6-5 白沙古井浮雕

图6-6 白沙古井公园水字碑石

白沙古井右上方为长廊碑刻，都是历代名人题咏白沙井的诗文，不失为公园的一大景观，也为白沙井的水文化增色不少。这些诗文揭示了白沙井浓厚的文化底蕴，已全文刊录在《长沙井文化》一书中。

三月三日观白沙井用工部太平寺泉眼韵

照近洁士心，蛟然出榛莽。泉脉千里遥，汲养与终古。

凝自天一生，来从清虚府。万派何由侵，纤尘不敢侮。

细听岂有声，熟视若无睹。弗竭且弗盈，可旱亦可雨。

我昔违乡井，衣沾软红土。归来酌寒冽，绝胜斟膏乳。

饮水思其源，始达由半缕。恰逢修禊辰，于此参静趣。

甚欲濯沧浪，底事灌园圃。功在中冷上，品泉笑陆羽。

（清·乾隆进士唐仲冕）

白沙井公园记

"才饮长沙水，又食武昌鱼。"长沙江湖之有水者，多矣，然则润公所指何哉！曰：白沙井之水也，冠省会名，入天章集，荣之极矣。

长沙地质属第三纪不透水红色砂岩，上覆第四纪红壤，中有卵石层者，广袤未曾测定，而层厚在数米之间，其色也白，其粒也匀。级配均衡，滤力强劲，此清泉之所以生也。地质学者，冠其名曰：白沙井层，名标地质学科，显之极矣。

井位于旧城之东南隅，其显于世者三：水质清匀洁净，盛之于桶，则见底浮于面，盈之以器，则面凸出沿，一也；水位深不盈尺，信而守恒，夏不盈升，冬无虚涸，取之不尽，二也；水味清醇，掬而试之，初冽而转甘，沸而沏之茶，爽口怡神，三也。凡此：其理化性状优特，有以致之耳。

20世纪50年代初，余慕其名往视，但见熙攘攒挤，挑而饮与售于市者、就地洗涤与濯足凉身者杂沓其间，时有浊水返流入井，众论惜之。于是城建局斥资，以花岗岩砌井四眼，各得其所，沿用至今。

今者，当局视古井为文物，循群众之需求，掌地十五亩建园以纪之；并袭古制，召民间捐建，一呼百应，捐款者有之，捐名木者有之，捐花卉者有之，更刊名人诗画及封格征文以为廊；建茶肆零售以享众，成园之日，爱者塞途，极一时之盛。

若夫凤竹迎风，绿茵铺碧，银杏绘色，樟弄扶疏，四时之变，各尽其妙。而况室雅爽宾心，茶香留品兴。会二三知己，仿古颂今，切磋作记以为证，其乐融融者矣。

夫"山不在高，有仙则名；水不在深，有龙则灵"，而园不在大，有泉则兴。来日之盛，诚未可卜。偶有忧之者曰：白沙之成泉也，源远而流长，面宽而覆薄，今而后，经之、营之，何以护之哉？曰：护之道在严防污染。污水之渲导，其管欲坚，其接欲密，毋任其渗漏而入地层，保其质也。掣定范围，超高建筑，毋用桩基，毋破砂层，毋乱流向，保其量也。凡此污水导流之法，结构设计之方，今之妙法多矣。领导颂之，人民爱之，执事者慎之，君何忧哉？闻者色喜。余亦欣然而歌曰："黄河之水天上来，混浊缘无地脉徊。独有清泉能润笔，长廊封格为君开。"有心之士，盍兴乎来，特记之，以飨来者。

（湖南省人大常委会原副主任、民革湖南省主委潘基礩（1914—2011年））

白沙井公园建成后，在白沙井旁建起了一座"白沙源茶艺馆"。馆舍装修玲珑剔透，名石与名家字画盈室。静坐馆中，白沙全景尽收眼底，品赏沙水名茶，香沁心脾，宠辱皆忘。当代楹联家祝钦坡题白沙公园茶艺馆联云：

汲水可鉴，应解一清澄百浊；品茶有悟，须知馀味最多甘。

白沙源小记

沿世上最醇之一缕茶馨，可抵白沙源。

一年四季，白沙源皆煮茗焚香，座中不无雅士名流，谈笑风生、月白灯红，正是把凡尘中一颗倦怠心泊定的所在。

茶楼外是白沙井，千年泉水，伏地而出，甘美且清洌；又如古镜，照见秦时明月，汉时桃花，及今人的脸庞，正所谓风水宝地。

故白沙源茶水，皆汲自白沙古井，清心、明性、回甘依依，令岁月无古无今。

三朋四友，若相携来此品茗，那是雅事，可得瞬间的高尚、刹那的禅机、天地间的从容与澹定；亦是喜事善事快活事。

鸟鹊在枝，竹影倩魅，窗外风清，斗室如春，世界人生，又俱在笑谈中。把悲欣交付几片绿叶，恰是茶浓人清淡，天地共忘机。

免俗，免忧，俱来白沙源，齿颊留香，身轻神爽，不亦快哉！

（湖南省作家协会副主席何立伟）

数年间，以白沙井为中心向东西两头延伸，沿白沙路两旁涌现"山水客轩""和园""仁庄""怡清源"等十多家茶馆。茶馆有大有小，各具特色，但都以"白沙水"相号召，形成了博物、古玩与茶文化特色街区（图6-7至图6-9）。

白沙古井公园建成之初，长沙市园林管理局曾发起征联活动，应征之联无一不把名泉与名茶融为一体，体现出烹泉煮茗、消烦涤尘、物我两忘的高尚意境，现据征联打印稿选录如下（原稿无作者署名）：

沏饮香茗，清神醒脑；邀来挚友，谈古论今。

一园月色和茶煮；万古泉声带韵流。

图6-7 "白沙汩汩"雕塑　　　　图6-8 白沙源茶馆壁画　　　　图6-9 白沙井旁井神小庙

亭映天心月；泉烹谷雨茶。

白沙水，银峰茶，屈贾朱张，说不尽湖湘韵事；
绿绮琴，金缕曲，古今中外，歌涌出儿女英雄。

请客休迷园内景；劝君更沏雨前茶。

白水沙沉，井藏甘露；天心高峙，阁有香茶。

四时沙水供茶艺；一片冰心在玉壶。

论艺广交三楚客；烹茶任赏四时花。

茶艺馆前花欲语；白沙亭畔柳如痴。

茶艺馆前，积翠斜通径；白沙亭畔，飞红曲绕廊。

茶馆傍云亭，园林增色；白沙摇日影，古井凝辉。

茶斟七碗润文心，高谈客馆；艺博三湘抒慧眼，小憩公园。

登白沙亭，壮阔江山堪极目；坐茶艺馆，清幽风物可怡神。

古井新园，几多潇洒；清茶胜友，一片温馨。

到此品茶，因图好水；从头学艺，以养兰心。

斗品分甘，邀山月江风入座；寄情托兴，有龙芽雀舌相怡。

慕名来饮白沙水；得味才通陆羽经。

骚人雅士闻茶至；岳色江声扑馆来。

踵事增华，凿一井甘泉，邀八方茶客；凭轩把盏，话三湘人杰，瞰十里星城。

中国茶全书 ＊ 湖南长沙卷

212

汲井蒸醪，夜醉长沙吟杜甫；烹泉煮茗，风生两腋爽卢仝。

雀舌凝香添雅兴；龙泉烹茗送温馨。

古井涌廉泉，滴滴都为怵惕；名城添胜景，怡怡共乐清平。

茶真味美，古井甘泉香郁郁；音清艺湛，公园游客乐陶陶。

茶溢清香，沙水冲来春意暖；艺臻雅境，歌声唱彻月儿圆。

人文景物总相连，极目园中，好领会茂叔爱莲，三闾颂橘；
曼舞清歌长结伴，赏心楼上，细品评白沙泉水，高桥银峰。

品茗得名泉，芳香满室；游园逢好友，笑语盈亭。

古胜迹教游客醉；白沙泉酿贡茶香。

风正帆悬，来寻香草三闾赋；水甜人好，且吃卢仝七碗茶。

古井新园，亦文亦趣；名泉好水，宜酒宜茶。

茶可清心，静里感怀家国事；艺能益智，意中常颂古今情。

琼浆玉液松风馆；嫩色新香谷雨芽。

把酒看山，不尽诗情画意；品茶揽胜，好消月夕花晨。

第三节　白鹤泉

　　白鹤泉在岳麓山半山腰麓山寺观音阁右侧，汇聚岳麓山峰顶流来的源泉，历来为寺僧和过往游人饮水之所，也是长沙最具代表性的茶泉（图6-10）。相传古时有一对仙鹤常至此饮水，后来在泉中留下鹤影。以此泉沏茶，热气似鹤从杯中升腾而出，栩栩如生。当时的长沙王得知，派人每日过湘江上山取水。一日，渡船忽遇暴风雨，泉水倾入湘江之中，取水者怕误了长沙王饮茶的时间，就在附近取了净水回宫交差。长沙王饮茶时不见鹤气，便以欺君之罪杀了取水侍者。仙鹤感其暴戾而飞徙他处，从此泉中不再有双双鹤影。

图6-10　白鹤泉

白鹤泉

仙鹤去不返，流泉清复清；本无出山态，聊作在阴鸣。

偶然煮佳茗，悠然忘世情；此中有真味，一啜道心生。

（清·长沙府宁乡人黄本骥）

传说归传说。岳麓山有鹤却有史为证。明代《岳麓书院志》记载："泉出石中，甘洁不涸……常有白鹤飞上石巅。"清代《新修岳麓书院志》亦云："泉出石中，甘冽绝伦，尝有白鹤守之，刻石记其上。"

从文献资料推断，岳麓山桃子湖至白鹤泉一带，当是古代鹤类的栖息地。鹤这种大型候鸟，一般喜欢生活在河中洲渚沼泽或植被丰富、水源充沛的水边山坡地带。白鹤的离去是自然环境改变的结果，至于是何时离开的，已无法考证。

白鹤泉的确是大自然恩赐的神泉。《新修岳麓书院志》谓："冷暖与寒暑相变，盈缩经旱潦不异。"就是说泉水的温度随冬夏而变化，夏凉冬暖，而泉的出水量也不因旱季和雨季的不同有多寡。因此，白鹤泉有岳麓山"第一芳润"之誉。北宋"铁面御史"赵抃（1008—1084年）诗云：

灵脉本无源，因禽漱玉泉。自非流异禀，谁知洞中仙。

南宋绍兴二年（1132年），抗金名将李纲（1083—1140年）出任湖广宣抚使兼知潭州。他早慕白鹤泉之名，下车伊始就渡湘江直奔岳麓山，并夜宿岳麓寺。当他掬饮到白鹤泉水之后，赞不绝口，写下《宿岳麓寺》，诗中有句：

步上法华台，试酌白鹤泉。泉味俨如昔，松竹自碧鲜。

自明代以来，麓山寺各住持僧均对白鹤泉加以整修，使泉水一直保持常流清洁。白鹤泉水冲泡麓山毛尖茶成了岳麓山寺僧的佳饮和招待来客的上品。清乾隆进士张九镒归故里掌教岳麓书院期间，亦常到麓山寺品茗。

白鹤泉

沙井汲寒渌，何如山上泉。旧闻来白鹤，此事渺千年。

我欲呼明月，相将浣碧天。僧雏延客坐，煮茗意欣然。

（清·乾隆进士张九镒）

麓山寺向以茶禅著称于世，岳麓毛尖与白鹤泉水是岳麓山两大贡品（图6-11）。自从唐天宝（742—756年）年间岳麓山寺僧从安化带回茶籽种于寺周围后，遂产生了长沙两大历史名茶——岳麓毛尖与河西园茶。可见，用白鹤泉水煮茗是麓山寺僧招待客人的极品。清光绪三年（1877年），湖南粮道夏献云建亭护泉，刻碑立石以纪其事。碑上还刻有翰林院编修杨翰所书的张栻《和石通判酌白鹤泉》诗。

图6-11 岳麓山茶轩

和石通判酌白鹤泉

谈天终日口澜翻，来乞清甘醒舌根。满座松声开节奏，微澜鹤影漾瑶琨。

淡中知味谁三咽，妙处相期岂一樽。有本自应来不竭，滥觞端可验龙门。

（张　栻）

历代诗人吟咏白鹤泉的作品不计其数，佳作迭出。其中，清代长沙人凌玉垣的《白鹤泉》二首读来亦饶有风味。

白鹤泉

其　一

石泉漾苔发，乳宝寒云遮。白鹤不可见，铜瓶来几家。

秋心落岩月，幽影洗山花。道味知弥淡，林间倘试茶。

其　二

朱藤白石度烟霞，烧竹闲僧素煮茶。寒玉一泓清未了，晚风吹落水蓣花。

（清·长沙人凌玉垣）

第四节　望城区泉井

一、洗笔泉与稻香泉

望城区铜官街道书堂山村境内书堂山，山形酷似笔架，故又称笔架山。这里是唐初大书法家欧阳询的故乡。书堂山南坡会子塘有"洗笔泉"。山涧清泉流经于此，汇入一小池，"洗笔泉"三字即刻于池边花岗石上（图6-12）。字高18cm，宽17cm，阴文隶书，笔力遒劲，无镌者姓名及年代。相传为欧阳询及欧阳通读书洗笔处。2004年被列为长沙市文物保护单位。

旧有书堂寺。寺周峰岭回环，洞壑幽邃；寺旁老树，皆大十围，寺前有石案，纹彩斑驳，传为询读书之案。询父子遗像祀寺中，寺门联云：

玉座息欧阳，万卷书香传宇宙；

名山藏太子，千秋堂构镇乾坤。

图6-12 洗笔泉石刻

欧阳询（557—641年），字信本，当过掌漏刻计时的太子率更令，故古诗文中皆称询"太子"或"率更"。13岁那年，父欧阳纥任陈朝广州刺史，举兵反陈，失败被杀，全家为此受到株连。欧阳询因年幼幸免于难，被他父亲的旧友中书令江总收养，并督教他经史书法。欧阳询聪敏勤学，少年时就博览古今，精通《史记》《汉书》和《东观汉记》三史，尤其笃好书法，几乎达到痴迷的程度，终成大家。

欧阳询的第四个儿子欧阳通也是一位著名的书法家。因欧阳询父子的名气，书堂山和洗笔泉也成为千古名胜之地，历代寻访吟咏者不乏其人。清乾隆进士，号称"扬州八怪"之首的大书画家郑板桥（1693—1765年，江苏宜兴人）就有诗咏书堂山。

书堂山

麻潭长耸翠，石案永摊书。双枫今夹道，桧柏古连株。

稻香泉水涌，洗笔有泉池。书堂称故址，太子号围圩。

（郑板桥）

图6-13 稻香泉

该诗仅8句40字，却巧妙地把书山堂八景全概括进去了，一句就是一景，依次为：欧阳阁峙、玉案摊书、双枫夹道、桧柏连株、稻香泉涌、洗笔泉池、读书台址和太子围圩。

2006年，寓居广州的长沙籍著名画家杨福音回乡小住期间，在《三湘都市报》开辟"回湘记"散文专栏，其中一文记载了他与茶友到书堂山访古并发现稻香泉碑（图6-13）的经过，读来甚为有趣：

十月偕权度、永康、嘉音驱车十五分钟，去长沙城北书堂山寻访欧阳询旧迹。沿途问去，有当地摩托车驾驶员自荐引路。越过塘基，迎面有山，茅草掩盖，乱石堆坡，大家四肢着地攀援而上，衣裤粘满绿点，也是沾花惹草。未及丈余，鞋袜尽湿。抬眼，哪里有欧阳询洗笔池影子。返身下山，正待上车，却见断墙脚下，数条麻石胡乱掩于沙土之中，其中有一条石露字一半。大家喊声起，掀开一看，上有稻香泉三字，十足欧体。查书，此为书堂山八景之一。众喜，用车拖回。暂归永康代管之。福音并记。

杨福音还乘兴写了一副对联，并将上文用小字书于对联两旁，别具一格。联云：

稻香泉有碑作证；书堂山无路可通。

今书堂山欧阳询文化园已建成开放，"稻香泉"石碑早已重归泉畔。赏欧阳询书韵，品稻香泉茶汤，将成为来此处访古问今游客们的一大文化享受。

二、铜官山六家冲井

铜官山又名云母山，六家冲井位于铜官老街中段北侧，铜官老街社区服务中心后面的铜官山主峰南坡脚下。

铜官镇（今铜官街道）位于长沙市望城区北部的湘江东岸，南距长沙老城区30km。铜官镇自唐代起就以生产陶瓷名扬天下，千年窑火不断，是陶瓷釉下多彩的发源地。其釉下彩饰、彩绘技术，率先将书法、绘画、诗歌、谚语、商品广告等融入陶瓷装饰艺术之中，开辟了陶瓷历史的新纪元，在陶瓷史上具有划时代的意义。铜官镇鼎盛时期曾与唐山、佛山、淄博、宜兴并称为中国五大陶都，其产品曾远销东亚、东南亚、欧洲等地。1998年在印尼海域打捞出来的唐代沉船"黑石号"67000余件瓷器中，铜官窑器皿就占了56000余件，足见铜官窑产品出口量之大。铜官镇是湖南省首批历史文化名镇之一，"海上陶瓷之路"的重要支点，一座集山、水、洲、城于一体，历史文化与现代气息交融的江岸陶都。铜官镇更是国内唯一背靠新一线城市，拥有无可比拟的山、水、洲、城自然资源，以及800余亩陶瓷生产厂场与陶瓷历史文化遗址资源，最具潜力的文化创意产业风水宝地。

铜官老街位于铜官古镇南端，在唐代已基本形成。老街依山傍水，南北走向，街面为麻石铺垫，房屋铺面多系砖木结构，全长1200m左右。老街北端下临湘江，是一个近

1000m长的深水港湾，名曰铜官潭。老街南达东山寺，即建于清康熙十三年（1674年）的彤关寺，清光绪三十年（1904年）改建为东山寺。东山寺建有石木结构戏楼，规模宏伟，工艺精致。历经千年沧桑，铜官老街古时的风貌有较大的改变，但街巷的布局未变，宫观寺庙、亭台楼阁等遗址仍存，部分铺面和木楼建筑尚有一定遗存，其底蕴与氛围为新造"古街"所无法复制。

铜官地下水源丰富，古井较多，四季不盈不竭，大都有几百年的历史。六家冲井就开凿于清朝年间。顾名思义，当时此地人户尚不茂盛，与今日人户之繁不可同日而语。六家冲井是3口并列的井，是纯粹的饮水井，水质清澈见底，清凉甜美，至今仍受当地居民和外来游客的喜爱（图6-14）。铜官山上层有丰富的覆土，覆土之上有众多的植被，下

图6-14 六家冲井

层夹有深厚的沙砾和流沙层。六家冲井之水正是源自铜官山脚这些砂砾、流沙层之中，经过了层层深层沉淀、过滤，因此就十分优质而丰沛。六家冲井被铜官老街广大居民群众誉为铜官老街的"白沙井"。

铜官山六家冲井已经作为望城区文物保护单位受到良好的保护。

三、黑麋峰金龙井

金龙井位于望城区湘江东岸东部桥驿镇黑麋峰山麓，与长沙县北山镇毗邻。

黑麋峰，曾因昔日山中出现过黑色麋鹿而得名。麋鹿者，麒麟也；麒麟现，祥瑞之兆也；黑色麋鹿又少见之，更以为异常之祥瑞也。黑麋峰域内现已发现野生动物71种，列为省级和国家级的有34种。在面积达25万 m^2、水深达25m的湖溪冲水库等处建有湖南省第一座抽水蓄能电站。黑麋峰国家森林公园同时是湖南省登山协会户外运动基地，湖南省青少年科普教育基地，山上还有被称为"湖南明珠"，屹立峰顶高达45m的球形气象预警雷达。

黑麋峰系幕阜山脉余支，群峰在此簇拥而起，主峰海拔590.5m，北距长沙老城区30km余，是长沙北郊、望城区境内"诸山之冠，一邑之镇"的第一高峰（图6-15）。它东接平、浏，绵延起伏、层峦叠嶂的影珠山、汉家山等山伏卧其间，西滨湘江，南望潭、

衡，北瞰洞庭，九峰、狐鼻踞其中，玉笥、达摩高耸在望，登峰远眺，视野辽阔，令人心旷神怡。唐代诗人刘长卿有诗咏之曰：

图6-15 黑麋峰

旧日成仙处，荒林客到稀。白云将犬去，荒草任人归。

空谷无行径，深山少落晖。桃源几家住，谁为启荆扉？

峰顶有千年古树和唐代刘仙姑妆亭遗址，有传说的"皇塔""佛字石"等古迹，摩崖石刻随处可见。相传"洞天福地"4个大字为吕洞宾所作，"佛山"2个字是狂僧怀素之真迹，"道场"2个字是著名书法家柳公权所书。至于寿字石，游人躺卧其上，谓能高出寿字者可百岁不老。还有象形石"狮牙""鹰嘴"，有头刚出壳的"池畔金龟"，引人注目的"双龙竞出""佛面经书"等奇形怪石。翠竹盈坡，油茶遍布。春天万木葱茏，山花怒放，百鸟争鸣。夏日浓郁苍润，漫步小溪流水，顿觉舒爽轻快。每当秋高气朗，环睹清明，四面风光，历历在目。严冬峻拔凝重，有冰披玉树、雪披琼枝的壮观景色。

历史上道家则将其列入全国三十六洞天之二十四位，释家将其与岳麓山、谷山、神鼎山并称为长沙佛教四大名山。山中云雾长封，自唐代始，道释名家在此布道传法，遂名播远近。峰顶开阔，唐时兴建一道观，明代万历四年（1576年）改建成佛寺，即洞阳寺。清同治《长沙县志》载："唐刘氏女栖此修真，石亭遗址尚存，周真人福亦于此得道，今有二仙遗像，祷雨辄应。"近年重扩建黑麋峰寺于其上。寺两旁金柱正面有联曰：

有仙则灵，听暮鼓晨钟，逸响遥分蓬岛外；引人入胜，看岳云湘水，普天齐付图画中。

清乾隆三十年（1765年）长沙举人李光峣（字鹭溪），曾任耒阳教谕、广西来宾知县，游黑麋峰记有峰麓的四口甘洌清澈泉井：

游黑麋峰记

峰四隅各有井，广盈尺，深倍之，水清见底，味甘甜，四季不竭，夏日尤寒冽异常，其中有物焉，状类蜥蜴，稍短，乌黑，腹正赤，金光晃目。天将雨，群自穴出，附石上，俗名汉金龙。

（清·李光峣）

所谓的"汉金龙"，实际上就是小鲵。小鲵是比较原始的有尾目两栖动物，身长约5~9cm，体形与大鲵相似，因其体有山椒味道，故又被称作山椒鱼。主要分布于亚洲的高纬度地区，中国浙江、福建、湖北、四川等地及日本亦有分布，跟同样分布于亚洲的大鲵有较近的亲属关系。小鲵与大鲵一样，是一种对生态环境要求很苛刻的原始动物。

图6-16 黑麋峰西井亭金龙井

金龙井石隙中有成群的小鲵繁衍生息，也同样证明金龙泉井中的水质十分优良。

金龙井由此汉金龙而得名。金龙井西井之上今建有井亭（图6-16），望城人士周海斌题联云：

星月邀朋，林泉酿酒；江山入画，石壁题诗。

四、谷山金鳅井

金鳅井在湘江西岸望城区与岳麓区交界处的谷山之中，旧时为谷山八景之一。传说井底常有金黄色的鳅鱼时隐时现，故名金鳅井。

谷山位于望城区东部星城镇（今月亮岛等街道）与岳麓区望岳街道交界处，与湘江东岸鹅羊山隔江而峙，峰峦起伏，蜿蜒20km余。主峰谷王峰，海拔362m，面积约15km^2。谷山之名在明代谷王以前即已有之。当地传说，远古先民信奉的农业神——谷神在此山显灵，谷山寺的前身即是祭祀谷神的道观，旧时谷山上有龙王庙、灵官殿、谷王宫等道教宫观即是明证。谷山寺又名宝宁禅寺，曾为"长沙八大丛林"之一，毁于20世纪60年代，今已重建（图6-17）。寺前清澈见底的谷山潭，其水源便是金鳅井的山泉水。

图6-17 谷山宝宁禅寺

明代谷王是朱元璋第十九子朱橞。橞自幼聪颖，为朱元璋器重，亦是建文帝朱允炆最信任的少数几个藩王之一。燕王朱棣攻打南京篡位，橞被诏勤王，看守金川门。然其首鼠两端，竟率先开门迎降朱棣，受朱棣重赏，改封长沙谷王。谷王是典型的劣二代，在长沙的名声并不好，"居位横甚，夺民田，侵国税，杀无辜"，还管不住自己的嘴巴，扬言当年开金川门迎燕王之时亦于乱军之中放走了建文帝，并且就将其藏在了自己的长沙封国中。"永乐十五年（1417年）正月，诸藩王奏橞谋不轨。明成祖将朱橞及二子皆废为庶人，橞自焚死，其官属多诛，封除。"朱橞改封长沙谷王，这便是谷王与谷山的时空交集。至于他与谷山的种种故事，都只是一个个的传说而已。

谷山上有灵谷，深邃莫测，名梓木洞。其下有龙潭，盛产青纹花石，可制砚，扣之无声，发墨有光。其他自然景观如壁上挂灯、烈马回头、罗汉肚、风门坳、刀背脊、仙人坡、一字涧、青龙嘴、黄狮岭、白虎排、观阵台、将军坳等不一而足，蔚为壮观。谷山砚的历史最早可追溯到宋代，据宋代米芾（1051—1107年）《砚史》记载："潭州谷山砚，淡青、纹如乱丝、扣无声、得墨快、发墨有光。"清乾隆《长沙府志卷之五·长沙山川·五》记载："谷山，县西七十里。山有灵谷，下有龙潭，祷雨辄应。有石色淡青，纹如乱丝，叩之无声，为砚发墨，亦有光。"清代长沙人曾兴仁（生卒年不祥，清嘉庆二十一年举人）《砚考》记载："产在长沙云母山溪谷中，质清润、色绿、多松花纹，扣之声如瓦木。品在洮河绿、郴州绿，绿端之上，清道光后取制砚者，多宝重之。"谷山砚采石场遗址位于谷山地区今黄金园街道的一处山坳里。谷山砚采石场延续千年，见证了长沙"谷山砚"制砚业的悠久历史，现为长沙市非物质文化遗产。谷山砚采石场遗址对研究长沙地区宋代以来手工制作业的发展及古砚台的制作都具有重要的历史价值、艺术价值和科学价值。

2001年，当时的望城县批准在此开始建立县级的森林公园。谷山森林公园，成为长沙中心城区殊为宝贵的绿心，人民群众修身养性的绝佳场所。

谷山地势险要，道路崎岖，怪石嶙峋，藤萝攀附，古木参天，涧溪淙淙。

登谷山

谷山与岳争空地，笋入青天势未已。盘旋鸟道登山尖，一碧遥看洞庭水。

苍茫独立翠微间，此身不信在人寰。长啸一声下山去，芒鞋带着白云还。

（清·杨世安）

金鳅井属于谷山山泉性质，泉水从细密的青纹花石裂隙间透析而出，水体明净，富含硒、锌等有益于人体健康的矿物质成分，水质十分优良，是人们休闲品茗难得的理想水源。

五、乌山乌龙泉

乌龙泉位于望城区乌山镇（今乌山街道）乌山南坡乌龙庵（图6-18）。

乌山东临湘江，西近宁乡，南瞻岳麓，北瞰城关，方圆约30km，主峰海拔194m，山势巍峨挺拔，峰峦竞秀，有"洞庭南岸第一山"的美誉，是长沙市湘江之西的名山。乌山的得名，《图书集成·职方典》有"在长沙县西新阳乡，四时有乌哺其上"的记载，故名乌山。清光绪《善化县志》卷四载："乌山，县西北四十里，河西都高居百余丈延伸十余里，山形突兀，黑石嵯峨。""黑石嵯峨"，又未必不是乌山得名之由？乌山多奇异怪石，或兽或牧，皆自然成型，颇为传神，构成龙泉漱玉、鹰石凌云、瀑布挂峰、洞门望母、山溜坐澜、灵岩横榻、狮子啸天、蛤蟆吐雾之景观，素有"乌山八景"之称。乌山周边半为平原，半为山区，山北边团山湖地区土壤肥沃，物产富饶，是湖南有名的万亩粮仓，山区层峦叠翠，茂林修竹，水声淙淙，别有洞天。

图6-18 乌龙泉

2014年9月通过湖南省政府批复，在乌山核心区域建有乌山森林生态公园。乌山森林生态公园地处湘江新区核心地带，地跨黄金园街道英雄岭村、黄金园村、喻家坡街道原佳村、乌山街道乌山村和双兴村，东西连绵约5km，南北宽约2km，总面积约380hm²。

乌山旧时多寺庙，比较有名的有乌山寺、乌龙庵、团福庵、长善庵等。中国佛教协会会长一诚大师未出家前，经常随亲友到乌山寺上香。乌山寺庙前曾经有一副对联，写尽乌山气势之雄壮，流传很广：

孤岭插青空，势极高危，出岫闲云时作雨；

回峰罗碧嶂，别开图画，入楝朝日每含霞。

乌龙庵始建于明朝中叶，庙门嵌字对联："乌转重华日；龙藏太古春。"乌龙庵原为佛教寺庵，后来增祀民间神祇。庙的东头是厨房、茶堂、庙祝卧房、雷大老爷殿，再而李公真人殿，再而周公祠。神龛前有对联："真道每吟秋月淡，至言长咏碧波寒。"西头是正殿，上面有观音殿、佛殿、关圣殿。大厅下面墙中神龛里有24位诸天菩萨。每个高约尺许，形态各异。两边墙上嵌有32个8寸见方的大字，即乌山八景的名称。还有石人、石马、石狮等。庵内幽静，冬温夏凉，别有天地。

乌龙庵坐北朝南，地处山腰，风景幽美，周围古木参天，后有顶峰倚靠，左右两峰相抱，前有壑涧奔流，终年水声潺潺。庵子座向左边屋后檐下有一石井，长约2m，宽约1m，深不过尺，水清见底。既不见泉水涌出，也不见水之外流；惟井边石壁如刀削一般，青苔湿润，泉水珠滴。奇怪的是一人饮用无多余，祭祀时百余人饮用也不少，今井址依然，为乌山八景之一"龙泉漱玉"。清乾隆间岳麓书院山长王文清曾题诗二首，其一云：

石梯危径几人过，引我寻高杖薜萝。日暮寒烟归寺院，天空宿雾恋山窝。

渴呼峰顶甘泉出，俯拾平原沃壤多。极目长沙秋色远，祝融吹叶下湘波。

如今，乌山森林生态公园周边的乌山贡茶传统茶园得到巩固和发展，乌山贡茶与乌山贡米等产品一道成为望城区几大著名的农产品之一。饱经都市疲惫的人们，驱车半小时，即可登上乌山，暂时遁入空门的暮鼓晨钟之中，用乌龙泉之神水，泡一壶酽酽的乌山贡茶，一览洞庭湖平原的优美壮阔，一洗城市的尘埃，荡涤胸中的昏昧。

第五节　长沙县泉井

一　金　井

金井位于长沙县金井镇金井河码头上，相传开凿于唐贞观年间（627—649年）。相传唐贞观年间，有江西人孙某，举家迁徙，来到长沙，在今长沙、平江、浏阳、汨罗四县（市）交界的凤形山下安家。孙老爹每日清晨出门放牛，经常发现河边有一袭纱幕，氤氲缥缈，若有若无，定眼一看，原是一股紫气，从一丛茶树间升起，缭绕其上。便与儿子一道，刨去荒草，剔除荆棘，小心翼翼将茶移植到新开的山土上。说也奇怪，那茶就栽就长。看那芽叶鲜嫩可爱，老爹将它摘下，却又随摘随发。再到原长茶处，仔细观察，发现有一泉眼，不断冒出水花。深挖数尺，有一石板，揭开一看，水底浮起一只金鸭，祥光闪闪，叫声嘎嘎。蹼底泉眼，涌流不息。倏忽金鸭不见，泉涌如注。父子惊异不已，倍觉神奇。商议修成一口水井，供村人饮用。井沿青石砌护，坚固美观，还在一侧竖立石碑，镌刻"金井"二字。井水泡茶，茶尤香冽，略成金色。金井之名由是而始，金鸭不再浮出水面，"金茶"之名却得以留传。井长4m，宽3m，深2.7m，井壁用青砖砌筑，井底用大青石平铺（图6-19、图6-20）。井内有四股涌泉，清澈见底，水味清凉纯正。金井老街部分居民饮水皆取于此井。近年用金井水沏金井茶成为一种时尚，原湖南省委书记熊清泉为之撰联曰：

金杯盛玉叶，井水沏名茶。

图6-19 1997年金井古井   图6-20 金井甘泉

金井镇因金井而得名，为全国重点镇，国家级生态镇，位于长沙县最北端，距县城星沙镇30km余，镇域面积210km²，人口66000余（图6-21）。金井河亦因金井而得名，流贯全境。据清同治《长沙县志》载："金井河发源于尊阳都龙头尖，南流经罗戴及石塘、涧山等处，会石板桥、蒲塘诸水，合流至金井，又会脱甲河水，经单家坝、范林桥、高桥至燕江。会学士桥水，出枫林港与赤水河合流至捞刀河入湘。"脱甲河地名来由，相传是明太祖朱元璋路经此地，曾脱甲歇息。

金井镇是长沙县的茶叶大镇，湖南省茶叶专业乡镇。镇域内有金井、湘丰等农业产业化龙头企业。2015年全镇完成规模以上工业总产值31.87亿元，财政总收入2089万元，一般预算收入624万元。2003年初，长沙县委、县政府提出了建设百里茶叶走廊。如今，这条绿色茶叶走廊跨越春华、路口、高桥、金井、开慧、福临、北山等乡镇，蜿蜒154km。百里茶廊已发展成为了长沙县农民增收的主渠道、长沙市四大农业产业带之一。金井镇抓住这一机遇，在推进农业产业化过程中，始终把培植农产品品牌作为重中之重，做大做强做响"金茶"品牌，打造更具实力、更有活力、更富魅力的茶乡特色小镇、湖湘文化名镇、生态旅游强镇。

图6-21 金井古井新建门头

二、棠坡朱家井

棠坡朱家井位于长沙县安沙镇和平村棠坡朱氏祖屋恬园内。

棠坡恬园位于长沙县安沙镇和平村107国道旁，北距长沙老城区32km。棠坡恬园又称朱氏祖屋、朱家花园，是中华人民共和国第五任总理朱镕基的旧居（图6-22）。1928年10月1日，朱镕基在这里出生，并度过了九载童年时光。

棠坡之名，缘于庄园主人，朱镕基的高祖父，名曰朱玉棠。清同治四年（1854年），朱玉棠为避太平军袭长沙之战乱，始决定定居于此地。其子朱宇恬（昌琳）、朱岳舲（朱镕基曾祖父）昆仲创业长沙，尊父命于此买田置屋，修亭掘池，建成远近闻名的乡间官僚宅院。棠坡恬园由棠坡大屋、恬园、朱氏棠坡支祠三部分组成。恬园占地6000m²余，建筑面积2400m²多，为三进庭院式布局，全为砖木结构。棠坡大屋由前厅、轿厅、戏台、正房、偏房、书房、杂屋和储藏间等组成，共有大小房屋百余间，建筑具明清时期典型的长沙传统民居风格。恬园之命名，自是符合老少主人的生活趣味。但朱宇恬为清末湖湘首富，财富和成就早已远超其父、其弟，声望日隆，又是长子，恬园之得名，与此相关乎？

棠坡恬园，僻处长沙城北60余华里之外，处山重水复之幽，却是晚清民初湖湘之名人会所。近代第一任外交官郭嵩焘，史学家陈寅恪之祖父湖南巡抚陈宝箴，以及王闿运、吴敏树、郭崑焘、龙汝霖、张笠臣、曹镜初，四方达官显贵、文人雅士，纷纷相邀，来棠坡品茗、赏花、游园。

棠坡恬园内的一口古井，与一屋（原址复建的朱家祖屋）、一墓（朱玉棠墓）、一树（一株数百年树龄银杏树）构成如今棠坡恬园的主要历史文化景观。古井完好如初，由4条长条麻石拼成井台，双眼井圈由一整块麻石雕凿而成，精巧玲珑（图6-23）。井上新建一四角凉亭，上有文字记载："朱氏祖井，始建于清咸丰四年甲寅（公元1854年），位于棠坡祖屋进门丹墀中，有石砌围档，井水清凉甘甜。"这口井自开凿之日起，清泉不绝，朱氏家人及族中所办的时中学校，都以此为饮用水，至今百余年，不盈不涸。1995年，湖南省地质勘探队还特意采集其井水作了水质鉴定，结论是"特优质矿泉水"。

图6-22 棠坡朱氏祖屋

图6-23 朱氏祖井

名门望族加绝妙好水，这种说法不无道理，但毫无书对。旧时的读书人，除了儒业，于地理风水之学也多所涉猎。据说朱昌琳也精于此道。地理风水，除了神乎其神的地方，倒也不乏居住环境、居住生态与居住科学的成分。棠坡三五公里范围的地形，宛如一个巨大的太极图，镶嵌在一片山环水绕之中，被风水先生视为宜居宝地。这里确实也人才辈出、人多寿长。当年朱家买下当地杨家的田、塘、山后，又发现恬园旧居前方有两道丘陵蜿蜒如龙脉，合二为一后自然形成一片空地。因此，正好就势将宅院建于此"正穴"中心。屋基之下倒扣有三只大蒸钵，再在屋前开有一口大圆形水塘，阶下挖有一口小圆形水井，院内房屋两两相对建有8座天井，大小相配，天地呼应，前照后靠，守住山势，藏风聚水。

至于是不是"发财之水"，迷财者自有迷财者的信仰。虽然朱昌琳科考不第，但其巨富后棠坡朱氏支祠的装修仍是：神堂内两边墙壁上，布置从岳麓书院拓下的朱熹所写之"忠孝廉节"4个5尺见方的大字；神堂中央的摆设仍是文庙祭孔的摆设形式。在谈到其聚财之法时，朱昌琳要言不烦地说道："务审时，如治国。"从棠坡走出去的朱家子弟，亦绝大多数走上了读书、从政、从军等人生道路，发家致富、经商理财者反倒不多。朱家有财，但发家致富不是朱家的追求。恬园的门联是："诗书继世，忠厚传家。"朱玉棠虽富甲一方，但乐善好施，乡里无不称颂。朱昌琳，虽是清末民初湖湘首富，但他同时也是长沙近代慈善事业的开创者，曾在长沙设保节堂、育婴堂、施药局、麻痘局，置义山、办义学，疏浚新河，赈济灾民。

和平村村委会楼柱上悬有朱镕基堂兄朱天池撰写的一副对联，表达了朱氏后人对先祖贤德的追思之情、继承之志，联曰：

　　孝友传家，乐善好施，敦雍睦，仰椿德，萱慈皆贤哲；

　　精忠报国，抑邪匡正，励情操，欣兰薰，桂馥尽忠良。

虽然朱家人基本上都走出了棠坡，但棠坡地方之人至今仍追颂着朱家之德。当年棠坡朱家抓到小偷，送往地方乡公所处理，不管小偷犯有怎样的错误，朱家必定主动供给小偷每天以一斤半老米、四两咸鱼、一包壶茶。棠坡之水即使是一泓发财之水，也是周济天下之水。对于今日之巧取豪夺、为富不仁者，良有以鉴矣。

三、北山书屋井

长沙县北山镇北山村西，远山如黛，田畴、绿树、井泉、水渠环列之处，矗立着一座著名的北山书屋（图6-24）。

建造书屋的主人名叫李默庵（1904—2001年），为黄埔军校第一期学生，国民革命军陆军中将，抗日名将。1949年8月曾列名参加湖南和平起义，是著名的爱国民主人士，中国人民政治协商会议全国委员会第七届和第八届常务委员、第九届委员，黄埔军校同学会会长。

李默庵出身北山贫寒之家，少时家里土无一垄，田无一丘，连租种田土的押金也交不起。因此，他的父亲李笠云和母亲王氏只能靠打零工、养牲猪勉强维持生计。李默庵到长沙楚怡学校读书，亦靠其堂兄李炳烈的极力动员和帮助。后来，还是因为学费问题，他转学到了全免学费的长沙师范学校就读。李父为他起名"默庵"，意为默念后山上的观音庵，希望儿子长大后多做救苦救难的善事。李默庵没有辜负父亲的期望，20世纪30年代曾回乡兴建大型新式学堂，可容纳学生二三百人。

图6-24 北山书屋

北山书屋始建于1928年，1936年扩建为园林式民居建筑，坐北朝南，砖木结构，主楼三层，为中西合璧式样，琉璃瓦双坡顶，另有门楼、凉亭、花园等等。占地面积约2000m²，建筑面积约1000m²。北山书屋为长沙县仅存的晚清及民国初期的建筑物，被列为长沙市文物保护单位。

一位驰骋沙场的武将，而将自己的乡间宅院名之曰书屋，是感叹曾经的世道艰难摆不起一张书桌，还是感叹战火连天的乱世摆不下一张书桌？而在某些世人眼中，出身微贱、学历平平的李将军，当不当得起如明代徐渭青藤书屋之类的宅院名称，则又另有一番世态炎凉。

《湖南知青》网上曾经登载陈居敬记录的一篇传说故事：话说著名的国民党将领李默庵先生，早年家贫，父亲卖瓦罐出身。待至李默庵先生发达后，在我老家附近给父亲盖上了一好气派的大屋。好事者给他父亲老人家送了块金漆门匾，上书四个大字"耆孝读实"。意义蛮好的，耆，耆老，年老而有地位的士绅。"孝"，尽心奉养和服从父母。"读"，读书人家。"实"，会意字，从宀，从贯；宀，房屋；贯，货物，以货物充于屋下。本义：财物粮食充足、富有；或曰，真实诚实。不知是书匾者有意，抑或是漆匾者好事，还是二人通力。匾挂上后不久，"耆"字的下半部金漆尽落，只留着上半部的"老"；"孝"字的上半部金漆尽落，只留着下半部的"子"；"读"字的左半部金漆尽落，只留着右半部的"卖"；"实"字的上半部"宀"金漆尽落，只留着下半部的"贯"。远远看去竟成了"老子卖贯（罐）"。揭人老底，付之一笑。

故事自然是故事，述说也有一些差异。但长沙著名作家杨里昂先生对这个故事，还找出一本名为《世纪之履》的书来进行了一番认真的考证：李将军的先辈是否卖过陶盆瓦罐，书中没有记载，但没有如传闻中所说发家致富。因为直到李将军1904年出生后，家里依然是田无一亩，土无一丘，连租种土地的押金也没有，因此他的父亲只能靠打零工、养生猪勉强维持生计。没起什么大屋，也就不会有人来送匾。到1928年李将军建成北山书屋的时候更不可能发生这种事，因为当时他已经是显赫人物，谁还能和他开这么大的玩笑？旧时乡间若有人发迹，常有好事者编造出一些故事来，"老子卖罐"大概也是属于这一类吧。

北山书屋井为李氏家井，属于李默庵故居北山书屋内的水井和泉池（图6-25、图6-26）。其水质清甘，尤其是院内泉池，明净碧绿，清澈见底，水草袅袅，鱼翔浅底，绿叶红鳞，交相辉映，令人心旷神怡。当历史的烟云渐渐消散，人们泡上一壶当地产的长沙绿茶，悠然的面朝逶迤的北山，静坐书屋，追思历史，臧否人物，述说故事，展望未来之时，又将是一番怎样的情景呢？

图6-25 修缮中的北山书屋泉池

图6-26 修缮中的北山书屋水井

第六节 浏阳市泉井

一、白茅尖泉和百汇泉

白茅尖泉为清代名泉，地处浏阳市南乡的茅尖山麓。其山不仅有名泉，亦产名茶。《湖南省志》记载，清中叶，白茅尖茶树树高干粗，叶大肉厚，茶叶冲泡后，芽张叶展，如白鹤飞翔，故誉为"白鹤茶"，品质殊佳，被列为贡茶，每年纳贡4斤。清同治《浏阳县志》卷二载："白茅尖，距县九十里，界醴陵……有'第一峰'三字碑，中断，数十丈有庵……庵后，泉甚甘洌。产茶亦异他山。"

白茅尖泉像个隐士，隐去了历史的光环，退隐到今天的人们反而不了解的莽莽山林之中（图6-27）。如今地图上已找不到白茅尖泉，当地人也不甚了了。揣着刚刚鼓起来的钱包，怀着强烈的补偿心理，今天旅人们的行动有着近乎疯狂的情状，其蜂拥而至之处，往往自然环境旋即遭到破坏，很快便昔日风光不再。白茅尖泉在清代以后自自然然地淡出了人们的视线，似乎在期待着那些近乎隐者般真正茶人的到来。

图6-27 白茅尖

浏阳另一名泉百汇泉，位于社港镇周洛村石柱峰樱桃坡玉皇殿天井内（图6-28、图6-29）。百汇泉为二口井，涓涓清泉自后殿百汇泉滚滚涌出。据方舆家言，水随山转，此泉水脉来自江西袁州（今宜春市），流至百汇泉后再流往长沙，与著名白沙古井属同一泉脉。百汇泉系明嘉靖二十七年（1548年）浏阳县知县李潜命名，泉井上涌如波，现加盖青石板，一旁供奉观音像。泉水富含麦饭石（CM），品质优良，在国内少见。寺周还有虾子石、烈士亭、香炉石、周洛古塔等名胜，21世纪初开始修建周洛古文化度假村，目前已建成的周洛风景区，为国家AAA旅游景区，百汇泉茶水成为游客乐享的清福。

图 6-28 玉皇殿

图 6-29 百汇泉

樱桃坡，海拔1059m。玉皇殿迄今已有1700余年历史。唐贞观、宋宣和、明万历年间屡有增修。玉皇殿又名樱桃观，昔有石屋48间，原为道观，后佛道共存，僧道分居于两厢。该庙坐东朝西，尽收捞刀河中、上游风光。今存前后两殿，高8m，进深27m，宽25m，花岗石砌成，部分石料系唐代遗物。殿前有亭廊，廊檐正中门楣上额"石柱峰""龙王庙"竖匾，两侧石柱镌联曰：

仰止高山，与东大围、南天马、西巨湖共臻名胜；

降若时雨，继商桑林、鲁舞雩、汉昆明毕荐馨香。

二、霜华山虎爬泉

霜华山位于浏阳市金刚镇石霜村，前对浏翠峰，后枕凤翔峰，狮子峰居其左，象王峰峙其右，中出小溪一泓，蜿蜒绕山而下，注入山麓金刚河。霜华山山峻水秀，因触石喷霜而名。

石霜寺

石上泉华喷猛霜，境奇因此辟禅房。使君环筇留何用，枯木千馀满一堂。

（宋真宗时期吏部侍郎兼王府侍讲毕田）

诗中"枯木"何指，其"自注"曰：

石霜寺，在浏阳县南八十里，有崇胜禅院。昔普会禅师居众千余，名其堂曰"枯木"，盖取其宴寂也。廉使丞相裴公尝亲枉大旆诣之，留玉環象笏于此，迄今存焉。

霜华山有十八景，最有名的为虎爬泉（图6-30）。霜华山因石霜寺位于此而闻名于世（图6-31），虎爬泉优质的山泉水也成为石霜寺"茶禅一味"的载体。

图6-30 虎爬泉

图6-31 石霜寺

石霜寺记

传开山时，僧苦远汲，忽夜闻虎吼。诘旦，视崖间石壁，上有虎爪痕，泉五道喷出如沸，名虎爬泉。盖道力宏远，猛兽亦为效灵也。

（清顺治年间浏阳知县韩燨）

虎爬泉

几幅袈裟地，禅林托钵初。传闻泉竭绝，曾费虎爬梳。

鸿雪犹留印，龙云宛辟畬。名山总神异，不必道凭虚。

（清光绪年间浏阳优贡、两广盐运使黄征）

石霜寺附近景色优美，石霜、道吾、宝盖、大光四寺并称浏阳四大祖庭，前两寺犹盛，后两寺早废。

石霜寺

春深玉殿紫苔封，簇绕屏山翠几重。鸟识磬声仍下食，云移潭影恰闻钟。

龙华地变黄金界，鹫岭南归白社宗。我爱远公栖遁好，再来挥麈抚长松。

（清康熙年间浏阳知县徐旭旦）

石霜寺又名崇胜禅林，前对浏翠峰，晴岚可掬，后枕凤翔峰，状若展翅苍鹰，狮子峰居其左，象王峰峙其右，寺宇依山坡分台阶而建。寺坐北朝南，依山而建，呈参差错落之格局，占地面积10000m²多。自唐至清，屡经修葺。今存大雄宝殿、关圣殿、云水堂、洪音阁、祖堂、方丈室、客膳厅、花蓼阁等。另有部分石碑木匾幸存。大雄宝殿居建筑群中心位置，总面积764.4m²，高18m，建于花岗石台基之上，重檐歇山顶，副阶周匝。方丈室居全寺最高处，结构比大雄殿较矮小，面积250m²，高11m，硬山屋顶。寺内幸存清代至民国年间匾额十块，最早的为清同治十二年（1873年）置。

石霜寺创建于唐代沙门庆诸之手。庆诸（？—888年），《五灯会元》有传，俗姓陈，庐陵新淦（今江西清江）人，拜绍銮为师，出家学佛。初参访沩山灵祐，在密印寺当米头，后又到道吾山参访宗智获悟。一天，宗智说：“我心中有一物，久而为患，谁能为我除之？”庆诸答：“此物俱非，除之益患。”宗智赞之，后建石霜寺，为住持，开堂说法。

时宰相裴休贬为湖南观察使，笃信佛教，执笏来访。庆诸指其笏说：“此物在天子手中为珪，在官人手中为笏，在老僧手中且道唤作什么？”裴休无言以对，遗笏而去，后建遗笏堂。此笏虽曾遗失多次，终完璧归赵，至今仍在，誉为“寺宝”。庆诸居石霜寺30年，僧众追随者上千人，其中十之七八参禅长坐不卧，屹若株杌，谓之“枯木禅”，名声远扬。唐僖宗派人赐紫衣不受，后为之修造寺院，由裴休监造。石霜寺遂成为湘省名寺。

三、蕉溪岭蕉溪泉

蕉溪泉在浏阳市蕉溪岭。

蕉溪岭位于浏阳市西北部，长沙以东约45km，属连云山脉，为“浏阳第一长岭”，南北分别为集里、蕉溪两街镇境域，长7.5km，岭上有大芭蕉，故名。在修筑106与319国道之前，岭上只有一条石级古道，由麓至顶，号称上七里、下八里，是浏阳自古以来通往长沙、平江的必经之路（图6-32）。明代嘉靖年间开山凿级，并建亭，名“遗爱亭”，清朝雍正年间浏阳知县陈梦文重修。

图6-32 蕉溪岭古道

1941年9月17日，第二次长沙会战开始，国民革命军第74军奉命参战，由江西新余前往长沙开拔。由于时间紧迫，部队被迫白天行军，在通过蕉溪岭隘路时，遭到日军飞机轮番轰炸，大批中华儿女血洒蕉溪岭。

20世纪90年代之初，为了畅通西去长沙的门户，发展壮大县域经济，贫困的浏阳以一县之可怜的财力，率先全省修建了里程达30km多的高等级公路——319国道浏永公路，并凿通了4km长的蕉溪岭隧道。当时全省第一、全国第二长的蕉溪岭公路隧道，曾是浏阳的一张名片、一道风景，加快了浏阳改革开放的进程，谱写了一曲时代的颂歌。

蕉溪岭上苍松荫浓，怪石嵯峨。阴雨天，峰顶白云缭绕，咫尺莫辨，天朗气清，则可眺远。有泉水从树下渗出，形成泉井，名蕉溪泉，又名飞仙古井。清朝光绪《湖南通志》云："四时不竭，清洁异常。"

蕉溪泉

观此山河泽气通，源源滴滴浑无穷。出山便有朝宗意，从此还归大海中。

（元·欧阳玄）

四、秧田村老龙井

秧田村老龙井位于浏阳市沙市镇东北部今捞刀河畔佛延桥边，其开凿历史，距今已有620年左右（图6-33、图6-34）。

据老龙井旁《古龙井》石碑等资料记载：元朝末年，秧田村罗氏家族人口繁衍发展上千人，然而，全村并无水井，全靠取饮捞刀河河水过活。明洪武后某年大旱，捞刀河河水断流，饮水奇缺，于是罗氏族人推选族中三位长老卜卦问天、求址掘井。他们选取离捞刀河边佛延渡口十余丈拐弯处进行开掘。当挖至约2m深时，出现两方形似龙头的石块。族人们继而在石块四周掘之，竟有泉眼喷泉而出。掘者大悦，放声高呼："天佑民，龙泉也。"后经风水大师详查，此井水系上游龙山地脉源泉而来，乃天赐村民福井。井成后，族人将其中一大块石头雕成龙头，放至井边，另一块稍小的石头雕作龙尾，放至井底，寓意龙井也，继以龙井名之。

图6-33 秧田村老龙井

图6-34 井旁捞刀河

老龙井上有大树遮盖，井水冬暖夏凉，水质优良，清澈见底，甜美甘醇，自凿成以来汲水之人便川流不息，沿用至今。耕读之家取水泡茶，才思泉涌；行旅之人取水解渴，清凉解暑。如用当地名茶"浏阳河银峰"泡饮，更是赞不绝口，念念不忘。秧田罗氏历代族谱对此井皆有记载，并有"湖南三十六井秧田一井"之称。

今天的秧田人不忘祖宗，珍惜历史，爱井护井，又使老龙井成为了秧田村的一个重要人文景观。

秧田村是个有着将近1100年历史的古老村落，是全国农村幸福社区示范村，国家级终身品牌学习中心。村子里明清时期就出过进士、大学士，有史可查历代获得各种功名的人有160人之多。截至2018年，全村共有1378户，5462人。自1977年恢复高等教育招生考试制度以来，全村共走出了685个大学生，其中硕士128个，博士26个，是远近闻名的"博士村"。

如果说邻县长沙县安沙镇棠坡朱家井是湖南"发财水"的话，那么，浏阳市沙市镇秧田村老龙井就是名副其实的湖南"人才水"了。时至今日，自来水已通到全村各家各户，但家中有考生的部分家长仍然坚持到此井汲水饮用，外地慕名前来取水的也大有人在。毕竟，湖南"人才水"的事实魅力不可抗拒哟！

"博士村"长辈对勤耕、重教、尊师祖训的敬畏与不懈传承，"砸锅卖铁也要供孩子读书"的卓越坚守，后生们积极面对艰苦生活磨砺的优良品质、意志，盛行千年不衰的龙舟文化的团结、拼搏、竞争精神的激励，成就了秧田村育才、成才的特色品牌，谱写了仁美文化家园的传奇佳话。汤青峰有打油诗记之曰：

博士登高已离村，雪泥鸿爪说传承。龙舟锣鼓震天响，我知秧田可继兴。

第七节　宁乡市泉井

一、易祓家井识山泉

识山泉又名状元井，位于宁乡市巷子口镇易祓故里，因易祓宅第"识山楼"而名，井为长方形井池，水系沩山泉脉，常年不涸，冬暖夏凉，甘洌异常，至今保留完好（图6-35、图6-36）。识山楼为南宋嘉定八年（1215年）易祓贬官返回故里宁乡巷子口时所筑，为易祓居住和读书之所。"识山"取苏东坡诗"不识庐山真面目，只缘身在此山中"之意。楼在沩山之南，因而可识沩山真面目。

图6-35 巷子口易祓故里

图6-36 易祓故里状元井

识山楼记

其下为读书堂，旁舍环列于其间，设花槛与楼相对。仆老矣，日游息于是。沩山在望，紫翠交错，若拱若揖，相为酬酢。山间以四时代谢，烟云变化，朝暮万状，不越指顾之顷，洞察秋毫之微，兹果山所特识者欤？系以诗曰：

山外如何便识山，白云出岫鸟知还。更看面目知端的，却在先生几格间。

（宋·易祓）

易祓（1156—1241年），字山斋，一字彦章。天资聪颖，勤于求学。宋孝宗淳熙十二年（1185年）殿试头名状元。历官礼部尚书、翰林院直学士、为孝宗、宁宗、理宗三朝重臣。曾以宁乡特产刀豆花进宋孝宗，使刀豆花驰名京师。宁宗时因主战而遭贬，59岁时返归故里。理宗时被重召入京，授朝议大夫，封宁乡开国男，食邑千户。诗词散文均有名气，生平著述颇丰，有《周易总义》《周礼总义》《山斋词集》等。

易祓自29岁踏上仕途，一去就是30年，直到59岁，宁宗降旨"去留自便"，他才告别官场。易离乡后，其妻萧氏因思念丈夫，常坐在井边，以井作镜，梳理容妆。但日复一日，见自己容光日渐瘦损，思夫之心日益焦切，遂赋词以寄。

一剪梅

染泪修书寄彦章，贪却前廊，忘却回廊。功名成遂不还乡，石做心肠，铁做心肠。
红日三竿未理妆，虚度韶光，瘦损容光。相思何日得成双，羞对鸳鸯，懒绣鸳鸯。

（宋·易祓妻萧氏）

30年后，易祓回到家乡，在故里巷子口沩水之滨精心营造了"识山楼"，"鸳鸯"终于长厮守。如今，识山楼早已灰飞烟灭，而这状元井至今水清如镜，甘冽如初，常年不涸，延续着一方文脉。自从易祓中状元以后，宁乡人一直以"会读书"著称于世，历代以科举入仕者络绎不绝。

二、沩山芦花泉

芦花泉位于宁乡市沩山芦花峪，为芦花瀑布汇成的名泉，有方形、三角形等各式泉井，用当地天然山石砌成井围，水质清甜可口，富含硒、锌等微量元素，用以泡沏沩山毛尖茶，味道殊佳，妙不可言（图6-37）。泉脉极丰，溪涧常年不绝，是沩水的发源地之一。

沩山位于宁乡市西北部，北邻桃江，西接安化，"周回百四十里"，为雪峰山余脉，最高峰瓦子寨，海拔1070m。在海拔800m的崇山之中，隐匿着一块长达十几里的盆地，明末举人陶汝鼐（1602—1683年，长沙府宁乡人）《游沩山记》称此盆地："平畴修曲，农世其阡，意乃坦然，夹涧林木，且蓊蔚。境幽人淳，鸡犬桑麻，如一小桃花源。"《读史方舆纪要》称：

图6-37 芦花泉

"四面水流深澜，故曰大沩。"另说因舜帝有个叫"沩"的儿子在此开发而名。四周云气相汇于斯，搅动旋转，漫山升腾，故有"四面爬坡上沩山，人到沩山不见山"之说。

游沩山

平沙修竹望沩西，行近灵山路转迷。叠翠几重飞黛色，盘蛇一道引丹梯。
飞桥仿佛过灵隐，结社相将到虎溪。更向南崖寻瀑布，净瓶公案与新提。

（王闿运）

"盆地"西北侧的毗卢峰下，有千年古刹密印寺，是中国佛教禅宗五派之一的沩仰宗祖庭，是唐代宰相裴休为灵祐禅师所奏建。裴休晚年贬谪潭州，居沩山裴公庵，故后葬密印寺对面端山之阳。灵祐禅师的肉身寺——同庆寺，也曾是晚唐大诗僧齐己的出家之地（图6-38）。齐己酷爱山水，酷爱饮茶，更爱家乡泉水，曾写下《听泉》一诗：

听 泉

落石几万仞，远声飘冷空。高秋初雨后，半夜乱山中。
只有照壁月，更无吹叶风。昔曾庐岳听，到晓与僧同。

（齐 己）

今日到沩山旅游者渐多，芦花泉路边也涌现了许多茶室，门口飘荡着写有"芦花泉，沩山茶"的茶旗。一茶室门口茶桌上布列着象棋残局，时有路人对弈其中，门口两旁张贴一副对联，读来明白如话，使人感到亲切。联云：

<blockquote>
花几个小钱，喝喝茶，消消暑热；摆一盘残局，动动手，试试高低。
</blockquote>

图6-38 同庆寺

三、司徒岭上司徒井

司徒井又名凉水井，位于宁乡市巷子口镇宁乡、安化交界处司徒岭古驿道上（图6-39）。

司徒岭得名，源于后唐天成四年（929年），楚王马殷遣江华指挥使王全统兵进攻梅山在此驻军并被扶汉阳（905—977年）、顿汉凌击毙。《宁乡县志》载："宋司徒王全驻兵于此，以拒瑶寇，战死，后人立庙祀云。"

图6-39 司徒岭古驿道

扶汉阳原籍汉阳，五代时因避"罪"投梅山右甲首领顿汉凌，任"梅山峒蛮"左甲首领。宋太平兴国二年（977年），宋太宗命翟守素、田绍斌、王侁等调集诸州兵马再攻梅山，扶汉阳率众仓促应战，兵败身亡，葬于飞霜崖（九关十八锁的第二锁、今安化县高明乡新风村）曹家屋后。后人怀念之，尊为扶王，称其墓为扶王墓，附近的山峰亦改称扶王山，并在数地建立扶王庙，在扶王山山顶为其建有扶王殿以资祭祀。

司徒岭为长沙通往安化梅城古驿道必经之处，峰岭险峻，有3000余级石阶，为清刑部主事李新庄倡修。司徒岭古驿道现为湖南省文物保护单位。

清朝光绪十四年（1888年）在岭上新建茶亭，任广东按察使的宁乡籍人士张寿荃特作《司徒岭新修茶亭记》，记曰：

> 每当游人驻足，行李息肩，当壁无尘水瓯饷，容息薪劳之粟，陵听铃语之即，当小住为佳。息影非同恶木，劝公无渡临河。何必投钱徐春雨月领夜风生。双瓶火活，忘却当头日午，一笠阴圆；又有古井澄波，长生拂日。苍鬐千尺，即是浮阳；寒碧一泓，便分河润。不够移山之策，何须调水之符。左右逢源，盘桓永日。

记中所载古井至今犹存，在亭后。石壁岩缝中有酒杯口大泉水涌入井中，长年不断，大旱年也不干涸。传说建亭时，宁乡、安化两地主事均得一梦：一白发童颜的老翁俯耳暗示，后壁正中稍加凿挖，可得清泉。

当我们静坐司徒岭茶亭极目远眺，追思战火纷飞、刀光血影的年代，冥想因梦得泉的神异故事，一杯香茶在手，又会是如何一番境界？

四、东鹜山冷水井

冷水井在宁乡市东鹜山之西。

东鹜山的得名，目前尚不知其确切来源。旧志有云，地多野鹜，故名。或云山形似鹜，往东走向，故名。东鹜山形不形似鹜，没有作过认真的现场考察，但以物赋形，多所牵强也是事实。相对来讲地多野鹜之说，似乎更有依据：其一，有书对。其二，鹜者、野鸭也。属鸟纲、雁形目、鸭科。雄性头呈绿色，翅膀上有纹理，雌性为黄斑色，但也有纯黑色和纯白色的。雄鸭不会鸣叫，雌鸭则会叫。也指家鸭，不是什么稀奇的动物。其三，灰汤地方历来养鸭、多鸭、嗜食鸭，汤鸭也一直为地方名产。因此，东鹜山之名，应该更多与鹜有关。

东鹜山，地处宁乡市西南的灰汤镇境内，位于雪峰山脉东麓宁乡、湘乡和韶山三市天然交界处，主峰海拔429.8m。山峰"鹰嘴石"，独石凌空，形奇势险，数十里外均可见之。东鹜山名胜古迹还有锣鼓石、禹王冢等等。山西锣鼓坑，坑长里许，坑中有一重数吨的巨石，人站在石上，可向两边摇动，一边作锣声，一边作鼓响，故名锣鼓石。禹王冢在鹰嘴石下不远，无墓堆，只大石碑一方，上刻"禹王碑"3字。

东鹜山山麓为全国著名的三大高温温泉之一的灰汤疗养胜地。

东鹜山古为禅林圣地，山上多庙，向有四十八庵之说，至今遗迹可寻。清末民初高僧释敬安（1852—1913年），俗名黄读山，字福馀，法名敬安，字寄禅，又号"八指头陀"，在此亦留有足迹。清末民初长沙著名藏书家、版本学家叶德辉评价其诗说："宗法六朝，卑者亦似中晚唐人之作。中年以后，所交多海内闻人，诗格骈宕，不主故常，骎骎乎有与邓（白香）王（湘绮）犄角之意。湘中固多诗僧，以予所知，未有胜于寄师者也。"

寻汤泉冷水井感赋

欲试汤泉水，因闻冷井香。禅心无去往，世态自炎凉。

转觉诗情淡，弥知道味长。溪边值渔父，聊与话沧浪。

（释敬安）

冷水井系山泉之水，源自花岗岩的裂缝，常年水温为18℃，含有29种对人体有益的微量元素，呈弱碱性，对心跳过慢、高血压、风湿病、糖尿病等有特殊疗效，故又有"长寿泉"之说（图6-40）。冷水井泉常年清澈，冬暖夏凉，甘洌爽口，用以沏茶特别清香；用以制豆腐，做出的豆腐鲜嫩可口。冷水井旧有亭，亭柱上镌联云：

图6-40　冷水井

七百年淹没不称，特笔表彰，姜公异载逢知己；

亿万劫清流无恙，名桥依弥，古井多泉共比邻。

井旁大石镌民国时国文教师黄石村所书对联：

冷眼看居民，富者贫来贫者富；井中观过客，南人北去北人南。

第七章　长沙茶具古今

湖南不仅产茶，茶具的生产也具有悠久的历史，创造过许多辉煌的业绩。茶具，古文献中又称作茶器，通常是指人们在饮茶过程中所使用的各种器具。茶具同其他饮具、食具一样，其发生、发展也经过了一个从无到有，从共用、分用到专用，从粗糙到精致的历史过程。湖南最早的有实物可确证的茶具可追溯到西汉时期。马王堆汉墓出土的大量精美绝伦、光彩奕奕的彩绘漆器，其中一部分就是茶、酒、食共用的茶具。古代湖南茶具在中华茶具史上占有极其重要的地位，唐代长沙铜官窑茶具，创釉下多彩工艺，大量出口外国；宋人周密《癸辛杂识·长沙茶器》盛赞"长沙茶器精妙甲天下"。

第一节　唐代铜官窑茶具

一、铜官窑考古发现

　　在湖南发掘出土的数以百计的一模一样的唐朝长沙铜官窑茶碗中，有一件在碗内底部，特别烧制有"荼碗"（古字"荼"同"茶"）两字。很明显，这只碗，就是专门的茶具。在长沙窑址出土的茶碗中，还有一只侈口、腹斜收、玉璧底、碗心折平，素胎上施化妆土，用褐彩书"岳麓寺茶碗"字款的碗，通体施黄色透明薄釉，底沿将釉抹掉，墨书"张惜永充供养"六字。由此题记可知，此碗为佛教居士所奉献，可能是成批定制生产的。"荼碗""岳麓寺茶碗"款器的出土，为长沙铜官窑茶具提供了实物标准器具。

　　唐代铜官窑又称长沙窑，位于今望城区境内的铜官镇（今铜官街道）老街至石渚湖一带（今新华联铜官窑古镇），南距长沙城 27km，北邻湘阴县，东依连绵的山丘，西临湘江，窑址面积约 30 万 m^2，1988 年公布为全国重点文物保护单位（图 7-1、图 7-2）。

　　铜官窑是一座座民间陶瓷窑，根据考古发掘的地层关系和出土"元和三年"（808 年）罐耳范，"大中九年"（855 年）釉下彩绘飞鸟瓷壶等纪年铭文，可知铜官窑的烧瓷历史

图 7-1　铜官窑谭家坡遗迹馆

图 7-2　谭家坡唐代铜官窑遗址

早于盛唐，兴于中晚唐，衰于五代。中晚唐时铜官窑是一时之盛，大抵是因安史之乱后，黄河流域不堪战乱之苦、人口大量南迁、经济重心南移之故。《旧唐书·地理志》曾有"襄、邓百姓，两京衣冠，尽投江湘，故荆南井邑，十倍其初"之记载。一时间小小街邑有十倍的增加，可见南迁人数之众。其时湖南境内没有出现大的战乱和灾荒，因而人丁兴旺，经济繁荣，铜官窑此时昌盛，势在必然。

铜官窑发现于1957年。从铜官窑至石渚湖，沿湘江东岸十里河滨，已发现唐代烧窑遗址19处，每处范围最小300m²余，最大万余平方米，堆积厚度最薄0.4m，最厚约4m。整个遗址可分为铜官老街和石渚湖两个小区。铜官窑小区，在今铜官老街上。从镇区的轮船码头到镇北誓港千余米内，有蔡家圫、沙湾寺、誓港3处窑址。蔡家圫地表可见少许瓷片和匣钵片，沙湾寺残存窑包（隆起如蒙古包的窑址堆积）一处，誓港残存窑包两处。铜官镇老街区因地处集镇，遗址多被搅乱。石渚湖在铜官老街南4km处。石渚湖面阔8000亩，已围湖筑垸辟良田。湖垸西临湘江，东、南、北三面环山，窑址均匀分布在南北岸的山坡上。

有关铜官窑的文献记载极少，仅有唐代湘籍诗人李群玉在《石渚》诗中作了一些描述：

> 古岸陶为器，高林一尽焚。焰红湘浦口，烟浊洞庭云。
> 迥野煤飞乱，遥空爆响闻。地形穿凿势，恐到祝融坟。

20世纪50年代，湖南省博物馆及故宫博物院的专家对瓦渣坪大批带彩的陶瓷堆积进行了调查、研究，认为这些古瓷制得很有特色，使用3种不同的金属烧出了3种不同色泽的花纹，且创造性地使用了釉下彩，对该窑口制品给予了高度评价。1973年，长沙市文化局配合石渚两次整修堤垸，清理了龙窑两座，得器物1928件。

对铜官古窑进行科学发掘与整理研究，是1983年3—12月进行的。据1983年《考古年鉴》记载，发掘面积达760m²，出土陶瓷器包括青瓷、白瓷、彩瓷和无釉素瓷四大类（图7-3、图7-4）。器物常见的有碗、壶、瓶、碟、盘、钵、盂、洗、坛、罐等，有的是专用的茶具，但多数为茶、酒、水、食共用的器具。

长沙铜官窑制釉技术的发展经历了青釉、颜色釉、釉下彩三大阶段。釉下彩阶段，大约从唐宪宗元和年间（806—820年）至晚唐，并延伸到五代。釉下彩的发明，是瓷器制造技术发展进步的结果。在此之前，中国已有了化装釉工艺，在一定程度上解决了瓷器烧成中釉色不一样的偏差。但唐朝当时瓷器的格局是"南青北白"，人们形成了这样一种"白瓷类银为美，青瓷似玉为佳"的审美风尚，越窑青瓷、刑窑白瓷为突出代表。随着人们审美观念的发展变化，单色釉瓷器逐渐失去活力而衰落下去，称雄一时的越窑青瓷也在不断运用金彩、扣金边、施褐彩等新工艺来美化产品。铜官窑正是受到这种变革的影响，由学习越窑青瓷而大胆创新，发明了青瓷釉下彩、白瓷釉中挂彩的新工艺，并将之与传统的装饰技艺如划花、刻花、模印、粘贴、捏塑等结合起来，形成了自己独特的艺术风格。

图7-3 铜官窑褐绿彩飞凤壶

图7-4 长沙窑绿釉海棠形莲花纹高足杯

铜官窑以其创新、高档和精湛的艺术，赢得了世人的偏爱，产品销往全国各地乃至世界许多国家和地区。从考古发现看，许多国家和地区都出土了长沙窑产品，如朝鲜、日本、伊朗、伊拉克、印度、印尼、菲律宾、马来西亚、泰国、斯里兰卡、巴基斯坦等。在国内，铜官窑产品在浙江、安徽、上海、江苏、河南、陕西、福建、广西以及广东揭西县等地均有出土，在西沙群岛也发现过一件铜官窑瓷器，其中数量最为集中的是江苏扬州和浙江宁波。1973年宁波渔浦门出土唐代瓷器约700件，除越窑产品外，铜官窑瓷器最多，而且含有精美的釉下彩绘奔鹿壶。

铜官窑是一个规模很大的制瓷手工业民营作坊群，其瓷器生产是一种外向型的商品生产。它以其窑址（铜官石渚）紧靠湘江，北近洞庭湖滨，水路交通十分便利的优越条件，将产品运往当时繁华的国际贸易都市扬州和对外贸易港口明州（今宁波）及广州等沿海城市，再转运到全国和世界各地。国外出土的铜官窑瓷器绝大多数是从扬州、宁波等地启运的，也有逆湘江而上经灵渠到达广州的。安徽等地出土的长沙窑瓷器，也并非长沙直接运入，而是来自扬州、宁波等地。可见，扬州、宁波、广州等地是铜官窑瓷器重要的集散地和转销地。

为适应外销的需要，铜官窑瓷器上的景物、文字，多表现销售地的风土人情，以适合当地人的口味（图7-5至图7-7）。如铜官窑窑址出土有一种瓷壶，小口卷唇，直颈、扁平体，壶两侧向内凹陷，高约20cm，一般施黄釉绿彩或全绿釉，釉色鲜艳浪漫，具有明显的中亚、西亚风格和浓郁的游牧民族的色彩。1983年，在扬州出土了一件题有阿拉伯文字"真主最伟大"的铜官窑背水壶。可见，这种背水壶是一种专供外销的产品。在外销的铜官窑瓷器中，以褐斑贴花瓷器最多。这种贴花图案大多具有浓厚的中亚、西亚风格，如有胡人乐舞、狮子及对鸟椰枣图案。这类瓷器主要销往中亚、西亚地区。有的瓷器则以同佛教有关的莲花作为装饰，主要销往印度和东南亚等地区。

图7-5 铜官窑青釉褐绿彩阿拉伯文字碗　　图7-6 铜官窑青釉贴花褐斑椰枣纹壶　　图7-7 铜官窑褐斑贴花胡旋舞蹈纹壶

　　铜官窑瓷器的一大创新是在釉下胎体上题写大量诗句、文字（图7-8、图7-9）。这些诗句、文字大多反映当时的某些社会情况或抒发工匠自己的情怀，或当作产品广告。瓷器上题诗或写上一点警策之语，可以唤起人们对生活的热爱，更增一份美的享受。发现窑址有题诗的陶瓷器，始于20世纪60年代。至今已发现118首完整的陶瓷器题诗中，除12首见于《全唐诗》外，其他大多数则基本属于流行在市井里巷的歌谣，唐代潭州的民俗风情全凸现在这些瓷诗里。其中同一首诗分别题于20件瓷器以上的有"只愁啼鸟别，恨送古人多，去后看明月，风光处处过"等4首。"君生我未生，我生君已老，君恨我生迟，我恨君生早"一诗题于14件瓷器上。一首诗题于多少件瓷器上，反映了这种瓷器生产量的批量，其生产量的多寡又是市场需求量的反映。

　　长沙窑陶瓷器上有关商业、商人的题诗，也能反映出当时长沙商品经济的发展。如"人归千里去，心画一盏中，莫虑前途远，开航逐便风"，反映出商人开拓市场、千里奔走、一往无前的积极心态。另一首诗"小水通大河，山深鸟雀多，主人看客好，曲路亦相过"，则反映商人们四处贩运、寻找市场的顽强精神。在商品上直接做广告是长沙窑商的一大发明。陶瓷器上所书的文字除诗文、联句、谚语、俗语、成语外，还有不少广告宣传文字。如朝鲜出土的长沙窑瓷壶上就书写有"卞家小口天下有名""郑家小口天下第一"。以姓氏作商号的名称，可以说是长沙商号命名的最初形式。长沙还出土有釉下褐彩"陈家美春酒"题字壶，"陈家"即为商号，而"美春"即为商标。

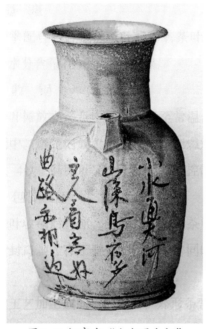 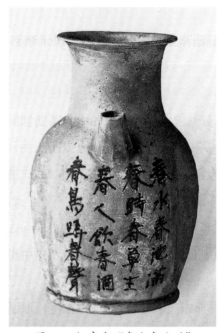

图7-8 铜官窑"小水通大河"
诗文壶

图7-9 铜官窑"春水春池满"
诗文壶

1998年，一艘被后人命名为"黑石号"的外国沉船在印度尼西亚海域被打捞出水。在"黑石号"被打捞出的6.7万件文物中，八成以上来自长沙铜官窑。这些文物中有两只碗上的刻字证实了这些瓷器的烧制时间和地点。一只绘有阿拉伯文及草叶纹的彩绘碗，外壁刻有生产日期"宝历二年（826年）七月六日"。另一只碗心写着"湖南道草市石渚盂子有明樊家记"14个字。尽管它们未曾能到达终点，千年沉睡在异国海底，却成为今天人们了解和研究中国瓷器，特别是长沙铜官窑最珍贵的文物。千年之后，当淤泥洗净，青釉褐绿彩绘碗仍釉色如新，樊家盂子碗心的14个字仍清晰可见（图7-10、图7-11）。

短短几十年，为什么石渚窑工便把产品成功地从内陆推向了国际市场。据文物专家张兴国研究，这离不开粟特人的参与。粟特人原是生活在中亚阿姆河与锡尔河一带说古中东伊朗语的古老民族，从我国的东汉时期直至宋代，往来活跃在丝绸之路上。在长沙铜官窑地区的窑工姓氏调查中，有康、何等姓氏，不排除他们为粟特后裔的可能性。粟特人以长于经商闻名于欧亚大陆，唐代早期，就有胡商和粟特后裔在洞庭湖沿岸和长沙一带活动，他们与中原尤其是洛阳保持着紧密联系。洛阳一带为数众多、善于经商的粟特人中有一部分极可能在安史之乱期间为谋生存而与北方窑工一同南下并参与了石渚窑业的生产。有粟特人或粟特后裔的参与，石渚窑业能很快并更好地把握外销市场的需求和偏好。而长沙铜官窑的匠人们迅速顺应市场需求，瓷器中出现了许多粟特人的风格、阿拉伯文字和图案，甚至实现了订单式生产，按照客商的造型要求来生产。"黑石号"出水的一只执壶上的卧狮，就与阿斯塔纳古墓狮纹锦图案十分相似。据《中国印度见闻录》等文献记载，9世纪的大唐帝国与阿拉伯的阿拔斯帝国之间已经有非常频繁的直接商贸往来，阿拉伯商船夏季乘西南季风从斯罗夫等港口扬帆出海，来年冬季又乘东北季风从广州满载返航。张兴国分析了"黑石号"可能的航行路线："黑石号"进入广州之后，先沿海北上至扬州。此时的扬州是连接长江和大运河的中心，是南北货物最大的集散地，阿拉伯商人在这里可以集中采购到长沙铜官窑、巩县窑、邢窑、越窑等陶瓷名品，以及扬州铜镜等其他物品。长沙铜官窑的青釉褐绿彩绘碗和樊家盂子应该是在扬州登上"黑石号"的。而屯集在扬州的铜官窑瓷器是从石渚湖上船，顺湘江北上到达长江，再往东抵达扬州的。号称"天下通衢"的扬州，也是长沙铜官窑产品的集散地。"黑石号"在扬州装上长沙铜官窑的产品后，再从长江口出海，在广州停留后驶向异国，不知道因为什么原因，它闯入了勿里洞岛和邦加岛之间的一片黑色大礁岩，并在此地沉没。

图7-10 "黑石号"出水的铜官窑"湖南道草市石渚盂子有明樊家记"题记碗　　图7-11 "黑石号"出水的铜官窑青釉褐绿彩飞鸟纹碗

铜官窑瓷器以其独特的艺术魅力赢得了国内和世界市场，成为有史以来湖南对外贸易的大宗出口商品，在湖南商贸史上占有十分重要的地位。长沙铜官窑的成功之处，在于它善于从国内外广泛汲取有益的艺术营养，勇于创新，以适应国内外市场的需要，并在对外输出中求得更大的发展。

二、铜官窑陶瓷的艺术特色

铜官窑的造型艺术、彩绘装饰艺术多姿多彩，达到了很高的境地。铜官窑的彩绘装饰艺术，最富创意的是在胎体上作画。中国西晋晚期开始在瓷器釉上点褐彩，但把绘画艺术成功地运用在陶瓷艺术上则是唐代的铜官窑。铜官窑陶瓷器装饰艺术有独特的成就，主要装饰方法有：

① **模印贴花**：花多贴在壶流下腹部及部分罐耳下部，贴花上饰以褐色彩斑，然后再施青釉。贴花的纹样为浮雕样式，有人物、狮子、葡萄、椰树、莲花、双鱼、鸟雀等。

② **釉下彩斑**：有大斑块和小斑点之分。大斑块多为褐色或褐绿色，小斑点则以褐绿相间的小点组成图案。前者在中唐时期已普遍使用，后者则流行晚唐时期。

③ **釉下彩绘**：开始纹饰比较简单，先出现釉下褐彩，然后发展为褐绿两彩。釉下褐绿彩有两种，一种是在坯上用褐绿彩直接绘画；另一种是先在坯上刻出纹饰轮廓线，再在线上填绘褐绿彩，最后施青釉。釉下彩绘色彩斑斓，线条流畅，形象生动。人物、山水、花草、鸟兽无所不有。人物画"竹林七贤"罐、"莲花太子"壶等，颇有吴道子之风。山水画表现出风旋浪急、水卷云飞的汹涌动态和高远境界。花草画主要描绘荷花、芦苇等水生植物，简洁淡雅，意境优美。

铜官窑陶瓷器的造型，在唐代陶瓷窑中是罕见的。工匠对于器皿的口、腹、系、流部位，善于随形变换，创造出许多实用美观的形式。仅壶口有喇叭口、直口、盘形口，壶腹有长腹、圆腹、瓜棱形腹、扁圆形腹、扁腹、椭圆形腹和袋形腹、葫芦形腹等。而每种款式又有高矮、肥瘦、深浅和弧度上的差异。壶流的安排颇具匠心，有的切削成多方形，有的轮旋成直管状，有的细长而弯曲，不同的流又有与之相适应的不同款式的壶柄。附件随壶身变化而变，设计秀美而精巧（图7-12）。

据专家介绍，铜官窑的器物造型，常见的有葵花形、莲花形碗、盏、杯、碟等圈足器和海棠式高足杯、花形托盘等花瓣形诸器；有鸟形壶、鱼形壶、兽形水注、狮形枕、羊形灯和多种兽形镇纸等动物形诸器；并有仿造金属的容器，如出土的双鱼壶与唐刘赞墓出土的鎏金双鱼壶相似，印花纽与錾饰亦模仿金属器模样，并饰有铆钉，而器腹多压成瓜果形（图7-13）。

图 7-12 铜官窑褐彩贴花壶　　　　图 7-13 铜官窑双鱼壶

隋唐时代的瓷器，就全面而言，原先南方以生产青釉瓷器为主，北方以生产白釉瓷品为主，色彩比较单一。长沙铜官窑创造性地把绘画艺术运用到瓷器装饰上，有的直接在瓷胎上作画、描字，然后再罩上一层透明的青釉入窑烧制，这就是中国最早的釉下彩制瓷艺术，专家们称它是"陶瓷史上的里程碑"。铜官窑瓷器的绘画内容很丰富，以花草树木、飞禽走兽、山水人物为主，如花间小鸟、双凤朝阳、芦鸭戏水、比翼双飞等。它们有的用单线勾勒，有的用彩色渲染，有的用阔笔泼墨，虽然构图简单，但技巧娴熟，意境精深，充满了生命的活力。尤其是奔鹿，眼大而有神，弓背翘尾，飞跃腾升；小鹿还充满稚气，憨态可掬，呼之欲出，极为生动。

绘画多取材于自然，形成一种气韵生动的写意水彩画。铜官窑瓷器的写意画大致可分为山水花鸟画、动物画、人物画。其中花鸟画可以说是我国最早的写意花鸟，它已经大量运用勾勒、勾花点叶、点垛、泼彩等技法，最出色的已达到"画花欲语，画鸟欲飞"的境界，颇具艺术感染力（图7-14）。在人物画中，有一件执壶的流下腹体部分画的儿童扛荷图，一胖乎乎、头大、肚围兜布、长巾飘拂的儿童，一边奔跑一边回头张望，以夸张和写实的手法，构成一幅寓意清新、表现儿童伶俐可爱的画面（图7-15）。

铜官主要器物的局部，其工艺特色，壶类多为喇叭口，而盘口、筒形直口次之，弇口极少。口沿微卷，有少数为圆唇式。碗碟多敞口，口沿反卷，亦有口型微敛者。壶嘴以"八棱形短流"为主要特色，亦有九棱、十棱、十二棱者。棱边为快刀信手削出，故每棱宽窄不一。稍晚，流部逐渐延伸，或变形管形长流。亦有极少数为猪嘴形、狮头形。器物之底有圆底、圈足、假圈足、平底、圆饼底和凹底等。而錾则见于壶、水注和匜形水瓢，有执手式、有鸡尾式、横錾式和提梁式等。

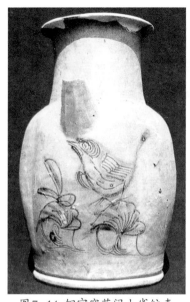

图7-14 铜官窑花间小雀纹壶　　　图7-15 铜官窑童持莲花纹壶

　　铜官窑制品多为瓷化程度不高的半陶半瓷品。从断面看瓷土含有细沙，呈灰白、香灰色，吸水率为1.82%~8.85%。其烧成温度较低，为1110~1200℃，大部分为1150℃左右，在胎、釉含铁的窑炉中以弱还原焰烧成。

　　器物某些不足的弥补往往会形成新的创造，为掩盖瓷白的灰色，增加釉的亮度，以便衬托彩绘图案的装饰效果，铜官窑瓷器普遍涂一层化妆粉。底粉均为白色，少为淡灰色，然后旋釉。这也是铜官窑瓷器最为著名的釉下彩的最初原委。

　　施釉多为青釉，釉层淡薄，小开片或不开片。呈现枣黄色、枣青色，小部分为榨菜青或虾青色，这类器物统称为"青瓷"，感觉是青中偏黄。还有施酱釉者，呈棕、咖啡、酱黄色，深者为酱黑色。施白釉作乳浊式或微带浅灰，状如凝脂，积如蜡泪，润泽而少光亮，不透明，有碎纹或大冰裂纹。

　　釉下彩广为流行始于铜官窑，正如陶瓷专家周世荣所言，其彩绘使用长毫中锋，很少使用偏锋，以酱褐釉勾绘细线，绿彩勾绘主要轮廓，线条细若铁线游丝，刚劲有力。主纹轮廓线状如没骨画，柔如透水棉，渗透性有如水彩，粗细线条刚柔相济，真乃"铁骨柔躯"。彩画用笔与装饰特点已趋于规范化，并形成了独立的体系，如鸟的眼睛使用偏心椭圆重圈纹，大小相套，从而使眼神格外突出；鸟足采用单线铁笔，勾叶状如彩带狂舞；而水草柔枝则多用没骨画。轮廓准确，落笔简要，其题材内容以花鸟画为主，也有绘人物、走兽、山水、祥云、茅舍、高塔、游鱼，或随笔作写意画，或彩绘后外罩透明枣黄釉，使画面更增光彩。

　　从铜官窑瓷器的模印贴花人物、动物及雕塑小品中可领略到盛唐气象。据长沙博物馆原馆长黄纲正先生所提供的资料看，模印贴花人物有金刚力士，着头盔、铠甲、战裙、马靴，脚踏圆轮，手舞一棒形或蘑菇形器物，与敦煌画中武士的形象类似。舞蹈人物则戴头冠，一足立于圆垫之上，一腿弯曲，扭动上身，这显然是极盛于开元、天宝年间的"胡旋舞"。这种来自西域的舞蹈，即舞者立于小圆垫毯上，纵横踢踏，旋舞如风。

咏长沙窑

开天旧物认前朝，葡雨椰风舞绿腰。更有商胡诗句好，乡思万里月轮娇。

（中国人民大学国学院院长冯其庸）

而在朝鲜龙媒岛发现的铜官窑贴花舞蹈人物壶，日本古瓷专家三上次男认为，是以波斯的阿娜尔达女神像作为原型的，其时唐政府鼓励发展国外的商业贸易，文宗曾有诏谕，对"南海番舶"要"接以仁恩，使其感悦"，"任其往来流通，自为交易，不得重加率税"。因而广州来华商人每年有10万人以上，扬州常有波斯胡店，胡官留长安者，约4000余人，皆有妻子。随着海上"陶瓷之路"的出现，铜官陶瓷的图案有较浓的西亚风味也是可想而知的。又如彩绘匍匐雄狮，为唐太宗时康居国曾遣使献狮颂扬太宗盛德，狮纹才始为唐代一大创造。

三、唐代铜官窑茶具举例

（一）圆口玉壁底"茶碗"字青瓷碗

铜官窑的茶碗品种很多，多数茶碗的高度为4.5cm左右，口径15.4cm。早期生产的茶碗以圆口厚胎玉壁底青瓷碗为主，也有敞口玉壁底的青瓷碗。中晚期生产的茶碗，品种较多，有各种花口圈足碗，还有多种绘有花草图形装饰的藻胎等。

圆口玉壁底"茶碗"字青瓷碗，是唐代的主要饮茶器具，它的特殊意义在于它作为实证信物有力地证明了民间茶碗与其他饮具分用的历史事实和大致年代（图7-16）。其碗通高5.4cm，口径15.4cm，碗心书有"茶碗"二字。"茶"是茶的古字，陆羽《茶经》问世前"茶"与"茶"字互用；之后，茶与茶二字从音、形、义3个方面才彻底区分开来。由此我们可以推断此碗为长沙窑的标准茶碗，它的生产年代应在长沙窑创立的早期，

图7-16 圆口玉壁底"茶碗"字青瓷碗

即初、中唐时期。

（二）青釉褐斑贴印椰枣纹壶

铜官窑生产的壶，在长沙窑题记中称之为瓶，是唐、宋时盛茶汤点茶的器具，可能还兼作汲水或盛水的器具，其主要器形有喇叭形大口壶、短流执手壶、小口短流系纽壶、横柄壶、小扁壶等。

青釉褐斑贴印椰枣纹壶通高19.5cm，口径6.5cm，喇叭口，短嘴，低圈足，肩部附有系纽，把与肩、腹相接，壶身施以一色釉，一改青白瓷重釉色不重纹饰之风，采用贴、印手法，饰有褐斑椰枣纹，整体造型敦实厚重，但朴实中透出秀丽，纹饰椰枣也十分形象逼真，由于椰枣当时

图7-17 青釉褐斑贴印椰枣纹壶

从西域传入中国内陆不久，因此在当时还有一种异域风情，从各方面看都有较高的艺术价值，是铜官窑的珍品，唐代茶具中的稀有之器（图7-17）。

（三）釉下彩联珠纹执壶

执壶，铜官窑题记中亦称之为瓶，今称之为壶，主要用来汲水或盛茶水。其造型多样，如壶腹就有圆形、扁圆形、瓜棱形、椭圆形等；壶口有喇叭口、直口、洗口等式样；壶嘴有直管、八角、方形等形式；壶柄亦随壶身变换款式。《中国陶瓷史》对此评论道："长沙铜官窑的瓷器式样之多，在唐代瓷窑之中少见。"釉下彩绘是铜官窑的首创，它突破了以往茶具的单一釉色，又为以后茶具的发展开了先河。

铜官窑釉下彩联珠纹执壶通高21.7cm，口径8cm，为灰白色胎，青黄色釉，撇口，矮颈，椭圆形腹，平底，低圈足；腹的一侧有管状短流，与此相对的另一侧有长曲形把手；壶身通体彩绘，用褐绿相间的联珠纹组合成重叠山峦图案，画面显得洒脱奇特、颇具变化之姿（图7-18）。整体作品，从造型到纹饰，都显露出一种朴拙其外、秀慧其内的艺术气质和韵味，在茶具发展史上具有深远的意义。由于唐代茶已成为人们的日常饮料，人们更加讲究饮的情趣，因此茶具不仅是饮茶时不可或缺的器具，还有助于提高茶的色、香、味，具有实用性。而且，一件高雅精致、具有很高艺术性的茶具，本身又富含欣赏价值，能够满足和提高饮茶者的审美需求与审美水平。

图7-18 釉下彩联珠纹执壶

（四）茶擂钵

铜官窑出土茶擂钵，呈碗状，通高5cm，口径15cm，平底，内壁刻有放射形沟纹图案，既增强搓揉茶料时的摩擦力，又一定程度上美化了茶器，使之粗中有细，俗中见雅，不失为可贵的茶具文物（图7-19）。

擂钵，在今天仍广泛使用。作食具用的擂钵一般体型较大，但也有例外，如现在湖南桃江、安化等县的擂茶，因饮食的人多，擂的食物有芝麻、花生、黄豆、大米等，所以与其茶食具擂钵是分用或共用的。作为古代碾茶器具，用于碾、擂茶和搓揉掺茶作料以制成擂茶用的茶擂钵，器型一般很小，其使用也有明显的区域性。今天湖南桃源县以芝麻、生姜和盐为原料，有三生汤之称的清擂茶就还使用这种器具。另外，长沙、益阳、湘阴等盛行喝芝麻豆子姜盐茶的地区也仍在使用这种茶擂钵，器型稍有变化，多为尖底，内壁刻有单一放射形沟状纹，主要用来擂盐渍姜，使之在茶水中味道更容易发挥出来。

图7-19 茶擂钵

（五）瓷茶碾

茶碾，属于古代盛行煎茶法时期一种特有的碾茶用具（图7-20）。唐宋及其以前，用它将炙烤后的饼茶碾成粉末，以便于煎茶。长沙窑瓷茶碾，通常由碾架、碾槽和碾轮组成。碾架呈长方形，四壁印有图案，或设有镂空状器座，也有外表绘有釉彩花纹的。槽身正中，有梭状凹槽，盛放炙烤后捶成碎块的饼茶。碾轮，也有称其为"堕"的，呈圆饼状，中间厚，边缘薄，轮的中间，有一孔，用来安插轴木。用双手推拉轴木，可使碾轮在槽内来回滚动，碾碎茶饼。

在铜官窑出土的瓷茶碾中，有一件的碾槽底部，刻有"天成四年五月造也"字样（图7-21）。使用"天成年号"的，自南朝到五代都有。但南朝梁国萧渊明的"天成"，年号仅在公元555年的2个多月里用过。可见该茶碾非那时所造。而五代后唐明宗李直在位八年（926—933年），用"天成"年号长达5年之久。其时，统治长沙地区的马殷采取纳表称臣、尊礼中原王朝的政治策略，又在后唐天成二年（927年）被封为楚国王，其在长沙地区采用后唐年号，以致民间皆知。由此可以推断，该铜官窑瓷茶碾属五代十国马楚时的产品，具体是公元929年农历五月所制造。

五代长沙窑瓷茶碾与唐代瓷茶碾相比，其结构没有多大变化，其质量与河南偃师出土的唐代瓷茶碾相比较也不相上下，其民用性质当然使其在质地和装饰的高贵、细致上无法和陕西扶风法门寺地宫出土的唐宫廷使用的鎏金壶门座茶碾相比，但它同样是中华茶具的历史瑰宝。

图 7-20 石碾

图 7-21 瓷碾

四、近代铜官窑的复兴

唐末天下大乱，黄巢起义军南下广州，大量斩杀和驱逐外国商人，造成长沙铜官窑产品出口锐减，铜官窑逐渐衰落，但低档的民间生活用瓷的生产仍延续下来。由于铜官陶土蕴藏丰富，一直成为当地百姓赖以生存的资源。

铜官窑复兴于何时，目前很难考证，但据1942年湖南省银行经济研究室所编的《湘东各县手工艺品调查》说："铜官制陶始于何时，鲜有人知。唯据老窑户收藏之契约，有康熙、乾隆之年号，即铜官陶业之创始必在三百年以前。相传，明末有渔人某远到广东捕鱼，于海滨（想系佛山石湾）学得制陶之法，归而传授他人。于是窑厂林立，陶工麇集，铜官之陶遐迩闻名矣。"显然，这份调查报告并不知晓铜官窑的历史，但从中可知清康熙年间铜官确有窑户存在。史载康熙中后期清政府实行"减官窑，兴民窑"的政策，当时醴陵瓷业已经复苏，这势必刺激着有烧窑传统的铜官发展陶业生产。到清末，铜官已有陶工数千人，生产的产品有日用陶、建筑陶和美术陶几大系列，号称十里陶城，成为全国五大陶都之一。

民国初年，铜官镇有陶窑160多座，窑工9000多人。古龙窑大多以"兴旺发达"一词中的"兴"字与吉祥褒义的字眼组成窑名。以有记载的72座古窑名为例，分别有：国兴、志兴、兆兴、友兴、保兴、利兴、尚兴、美兴、福兴、寿兴、正兴、祥兴、鼎兴、泰兴、长兴、同兴、宏兴、景兴、总兴、老兴、怡兴、顺兴、中兴、发兴、华兴、齐兴、再兴、交兴、恒兴、干兴、明兴、五兴、胜兴、运兴、和兴、万兴、越兴、大兴、有兴、媚兴、里兴、仁兴、义兴、富兴、特兴、谷兴、升兴、贡兴、捷兴、外兴、绍兴、佑兴、旺兴、德兴、贵兴、凯兴、云兴、忠兴、转兴、汉兴、内兴等窑。还有太平窑、长春窑、短窑子、白缸老窑、范家窑、窑头冲窑、花果园窑、长春老窑、巴山窑、竹景谷窑等。经考证，这些窑的始建年代，唐代2座、宋代3座、元代3座、明代20座、清代41座、民国3座。

中华人民共和国成立后，这些陶窑大多合并到长沙县（今属望城区）陶瓷厂和望城陶瓷厂（图7-22、图7-23）。

图7-22 长沙县陶瓷工厂老照片（今属望城区）　　图7-23 铜官陶瓷三厂老照片

"龙窑"是江南特有的窑型，以芦苇、杂柴、松枝为燃料提升温度。窑身体积大，外形美，一般长50~80m，内宽0.5~2m，内高1.5~2.5m，窑身两旁设有进出的窑门6~10张，两边均布50~100对投柴的窑眼，第一对窑眼叫"玻璃眼子"，当该眼子的釉色发亮像玻璃时才可上火。下有一个点火烘窑的"窑泡"，叫"炉头泡"；上有一个高4m左右的烟囱，叫"窑子尾巴"。龙窑都是依山而建，伏在坡度为25°~38°的山坡上，宛如一条静卧的长龙，故名"龙窑"。民国时期，铜官的龙窑多达数十座。后来，由于经济发展和技术革新，这种古龙窑在江南各大产区保留下来的已是凤毛麟角。在铜官尚保存4座较完整的古龙窑，成了铜官古镇最有视觉冲击力和艺术感染力的古遗址，外兴窑和义兴窑文物价值最高。

① 外兴窑：保存最完整，至今窑火未断，坐落在蔡家塅陶瓷总公司六厂境内的"鸡窝寺"。该窑长56m，西侧设2张窑门，东侧设6张窑门，共有窑眼56对，窑内高1.5~2.2m，底宽1.6~2.1m，炉泡容积约1.2m³，烟囱高6.4m，穿着完整的"龙袍"，十分壮观。外兴窑生产有时间记载的有：明神宗时期（1563—1620年）、清光绪十二年（1886年）、1928年、1986年。在窑工的呵护下，外兴窑至今仍窑火旺盛。《长沙窑综述卷》记载："1978年1月和11月，在铜官镇区沙湾寺外兴窑发现了唐代瓷片和刻画'陈'字的匣钵以及唐代早期贴花、印花碗类陶瓷碎片。"2005年6月，国家文物局局长单霁翔偕同两位司长来外兴窑考察，亲自入窑内探查，对该窑进行了充分肯定，说该窑属国家级重点文物毫不过分。2019年，外兴窑公布为湖南省文物保护单位。

② **义兴窑**：坐落在陶瓷总公司七厂境内的明函湾山岭上，是古龙窑中保存较完整、最具直观性的古窑（图7-24）。窑长63.5m，东侧设有5张窑门，西侧设有4张窑门，窑背两旁分别有古窑烧窑投柴的窑眼78对，窑内高1.35m，底宽1.3~1.75m。据陶瓷公司七厂退休干部、年逾古稀的文国仁老人介绍，他的曾祖父

图7-24 义兴窑老照片

文大庆拥有该窑第八段的产权。言此窑始建于明代，至今有近400年历史。2007年，义兴窑公布为长沙市文物保护单位。2019年，外兴窑升格为湖南省文物保护单位。

第二节 宋代士大夫茶具

唐代被称为茶圣的陆羽不仅写下了世界上第一部茶学著作《茶经》，而且还创制了一整套凡28种烹饮茶叶的专门器具，茶具从此与其他饮食器具开始分离，走向专业化。正如唐封演在《封氏闻见记》中所说："楚人陆鸿渐为茶论，说茶之功效并煎茶、炙茶之法，造茶具二十四事，以都统笼贮之，远近倾慕，好事者家藏一副。"可见陆羽精心设计的整套茶具，不仅奠定了中国古代茶具的基础，而且极大促进了中国茶具生产的发展。

宋代湖南的金、银、铜、铁、锡、铅等矿物的开采和冶炼均已形成相当大的规模。其经营方式主要为官府垄断和官私合营。主要由官府在各地置矿场，派官吏管理，实行官府垄断。也有一些坑场采取招募私人开采、私人与官府分成的办法。潭州所出矿产以银、铜为主，最著名的矿场为浏阳的永兴场。据《宋会要辑稿·食货·坑冶上》记载，浏阳永兴场在北宋熙宁七年（1074年）产银16673两，4年后增加到28757两。潭州在北宋元丰元年（1078年）收铜107.825万斤，居湖南之冠。炼铜方法已推广先进的在当时称作以药化铜的胆水浸铜法，宋哲宗末年（1100年），全国有胆水浸铜工场11处，永兴场便是其中之一。南宋绍兴、乾道年间（1131—1173年），该场产胆铜64万斤，每年输胆铜3414斤赴饶州永平监铸钱。

矿冶业的发展，刺激了湖南和长沙地区金属器皿制造业兴盛。《宋史·食货志》载："湖南衡州咸宁监，每年铸钱20万贯，需铜40万斤，铅20万斤，炭100万斤，（规模很

大）。"在长沙出现了一批冶制铜器为业的铜匠、铜户，能制造"妙甲天下"的长沙铜茶具。铜制茶具主要是煮茶壶（图7-25）。宋代周辉《清波杂志》载："长沙匠者造茶器极精致。工直之厚，等所用白金之数。士大夫家多有之，置几案间。但以侈靡相夸，初不常用也。"宋人周密《癸辛杂识·长沙茶器》也载："长沙茶器精妙甲天下。每副用白金三百星，或五百星，凡茶之具悉备。外则以大镂银合贮之。赵南仲丞相帅潭日，尝以黄金千两为之，以进上方，穆陵（理宗）大喜，盖内院之工所不能为也。因记司马公与范蜀公游嵩山，各携茶以往。温公以纸为贴，蜀公盛以小黑合，温公见之曰：'景仁乃有茶具焉？'蜀公闻之，因留合与寺僧而归。向使二公相见此，当惊倒矣。"清嘉庆《长沙县志·卷二十八·拾遗》亦载："（早在宋代）长沙茶具有砧、椎、钤、

图7-25 煮茶铜壶

碾、匙、瓶等目，精妙甲天下。一具用白金三百两或五百两，又以大镂银盒贮之。"另外，清代潘永因辑《宋稗类钞》也有类似的文字记载。

周密文中所说"赵南仲"系南宋名相，曾任潭州知州兼湖南安抚使。赵南仲（1186—1266年），名葵，字南仲，湖南衡山人，其父赵方曾就读于长沙岳麓书院，为儒学大师张栻的高足，官至刑部尚书。赵葵早年从父抗击金兵入侵，屡立战功。南宋绍定四年（1231年）平定李全之乱，诏授淮州制置使兼知扬州。在扬前后八年，垦田治平，备边益饬。南宋淳祐二年（1242年）进大学士，知潭州兼湖南安抚使。四年授同知枢密院事，封长沙郡公。九年进右丞相兼枢密使，封信国公。其时淮蜀两地将领，多出其麾下。赵葵致仕后，居长沙"南门外王家塘"，即今天心区青山祠天鹅塘，人称"赵相府"。

宋理宗御赐联云：

忠孝江南第一；英雄天下无双。

赵自署其门云：

门下书生拜相；马前吏卒封侯。

赵葵所置造茶具"以黄金千两为之"，完全可以与20世纪80年代在陕西法门寺地宫里发现的一套纯金茶具媲美。一代名相为长沙的茶具史增添了光辉的一笔。

宋以后，饮茶器具更加讲究，不仅在功用、外观、造型上要求严格，而且在质地上也由陶或瓷发展到包括玉或金、银器，日趋奢华（图7-26、图7-27）。明清两代，又相继出现了玻璃茶具和长沙窑产的广泛流行民间的包壶大碗茶具。清末民初，长沙茶具交易繁盛，成为全国主要茶具交易市场之一。

图7-26 鎏金盛茶银器　　　　　　　　　　　图7-27 金壶

第三节　当代铜官陶瓷茶具

民国后期因种种原因，铜官陶业开始走下坡路，到1949年，铜官镇商业萧条，只有工商业204家，仅剩陶工700余人。中华人民共和国成立后，铜官陶业迅速恢复。其产品有日用陶器、日用炻器、建筑陶、美术陶、工业陶五大类，产品远销全国和国外。但茶具的规模化、专业化生产恢复较晚，在一批非遗传承人和陶瓷工艺新秀的推动下，到21世纪初才有了较大规模的茶具生产，并逐步形成与茶产业相对接、与茶文化相融合的产业。2008年，铜官窑陶瓷技艺入选省级非物质文化遗产名录，先后有刘坤庭、彭望球、刘志广、谭异超、雍起林、周世洪等被评为省、市级非物质文化遗产项目代表性传承人。在茶具生产方面卓有成就的陶瓷艺人和企业主要有：

一、"泥人刘"的柴烧壶

铜官陶人刘嘉豪的曾祖父是铜官老街上著名陶艺匠人，他塑泥像，将双手拢袖中，仅几分钟，一个小泥人就从袖中捏出，人物形象惟妙惟肖，大家赠他"泥人刘"尊称。外界传言"北有泥人张，南有泥人刘"。此传言中的"泥人刘"就是长沙铜官镇著名陶艺家、湖南省工艺美术大师刘子振，他继承了长沙铜官窑技艺，再现了唐代釉下彩风格和雕塑艺术，成为长沙铜官窑一绝。

在铜官老街，刘子振的孙子刘坤庭以其祖父的尊称"泥人刘"三字作为陶艺作坊名。全称为长沙泥人刘陶艺有限公司，为湖南省商务厅公布的"湖南老字号"企业。刘坤庭则为湖南省非物质文化遗产项目代表性传承人。作坊原为铜官的剧院，剧院原本空阔，楼层有八九米高，刘坤庭购下后，将其隔为二层，第二层的中间，剧院原来横亘在顶层的木质过桥，如今还留在原处，倒成为了作坊一种质朴的装饰，使二楼展厅，更有了一些艺术的拙朴美感。

"泥人刘"不仅塑泥人，也善烧茶具。据望城区作家余海燕《"拙器"柴烧》一文介绍，以前的铜官陶器不管是古器还是新器，都是上了釉色的，釉在器物上形成光洁如玉的表皮，有些古器物经过历史的洗刷而斑驳，釉面剥离，底子上却显出化妆土来。化妆土的用处就像美女脸上刷的粉底一样，是用来遮丑的，将丑遮了，显示出的都是光鲜的外表。而"泥人刘"柴烧的壶是用的灰色田土，土中的细砂无法剔除，在烈火中，土会慢慢紧缩，砂自然就从表皮凸显了出来，柴烧壶将化妆土与釉质都摒弃掉了，器物表面的釉质层都是柴烧时自然落灰形成的。柴灰落在壶上形成一层薄薄的釉质层，呈深褐色，哑光，有铁的质感。柴烧壶静静地卧在原木的展示台上，惊艳了不少参观者的眼（图7-28、图7-29）。

图7-28 "泥人刘"的柴烧茶器石幽系列

图7-29 大师原作"瑞兽系列"

刘嘉豪说，窑内体积大概1.3m³左右，烧窑得准备好几个月。陶器胚都准备好了，大大小小的茶器，各具形态的茶器泥坯，都需要准备几个月的时间。烧窑的干柴也得准备充足。这样烧出来的壶不管是釉色还是器形，都是上等。土质为铜官本土陶土，仔细筛选，研细。器形线条流畅，颇具美感。釉色因是柴烧，没施过釉，全靠柴灰往上落的厚薄及火的火候来决定，只有柴灰落得厚火候又恰当，烧出来釉质层厚，颜色多变，色泽靓丽，自然而成好釉壶了。壶嘴出水流畅，呈优美弧线的出水，这几样皆备，始成就一把上等好壶。

二、彭望球与"富兴窑"

富兴窑是湖南省商务厅公布的"湖南老字号"企业，全称为湖南省富兴窑陶艺文化传播有限公司。领头人彭望球，铜官老街人，湖南省工艺美术大师、湖南省陶瓷艺术大师、长沙市非物质文化遗产项目代表性传承人。其家族从明朝开始做陶艺，彭望球为十八代传人。他13岁拜师，跟着爷爷学习陶艺，此后的30多年，彭望球一直在与泥土、窑炉相伴。他曾在广东潮州建立了陶艺工作室，2009年回到家乡长沙，开始专注做茶具。他的作品呈现出强烈的个人风格，运用了新技术和新的表现形式，辅以铜官窑元素，让充满釉色的杯盏泛出气韵生动的古朴（图7-30）。

彭望球首创铜官茶器和黑茶的结合研发，他从铜官陶罐在存放中对黑茶醒茶的影响，黑茶宜煮并采用炭火煮茶的古法中得到启发。最先为黑茶设计了目前在重要茶事活动中最经典的煮茶陶器，使黑茶的饮用方法得以重回晋唐之风（图7-31）。

图7-30 彭望球设计的煨茶器

图7-31 彭望球作品《铁锈花开》

2010年，彭望球开始研究冰碛岩入陶的工艺，2013年成功化石为釉，得以让水回归甘洌之美的同时，改善了黑茶茶汤之口感。来年又专为千两饼设计茶盒、薄片罐，为黑老茶设计了唐碗。唐碗的设计在当年一些大型的全国茶事展示中，让中华茶人认识到了铜官茶器的创新力。然后再接再厉，领悟品饮之器的设计可以从千年古壶侧把之造型吸收灵感，设计了一系列的侧把壶，从而让湖南茶界乃至国内茶界同仁认识到湖湘茶器"器以致用"的设计精神。2017年以来，又从黑茶需要闷泡，让茶与水更深度呈现口感的原理出发，设计了有利于闷泡的盖碗，更将让铜官茶器设计迈入新的理念认识。

彭望球还参与了多项文创茶具的设计和制作，得到用户和消费者的青睐。

三、刘志广与"广华鑫"

铜官老街上有一家名为"广华鑫"的店铺，全称为铜官窑广华鑫陶艺文化发展有限公司，开创于2003年。店主刘志广为陶瓷艺术大师、高级工艺美术师、长沙市非物质文化遗产项目代表性传承人、铜官窑陶瓷行业协会副会长。刘志广1962年出生于铜官镇的一个"陶瓷世家"，为谱系可查第六代传承人，自幼学习陶瓷技艺和绘画书法。从小的积累，让他逐步掌握了成泥、拉坯、制釉、绘画、烧成等技艺。刘志广的陶瓷绘画以写意为主，最大的特点就是快，往往几分钟就完成一幅画，一气呵成（图7-32）。

图7-32 刘志广作品：铜官窑青釉褐绿彩鸟形茶器

刘志广生性聪颖，加上基本功扎实，日积月累之下，陶瓷技艺越来越精湛，其创作的陶艺作品曾多次获奖。他广泛收集唐代铜官窑茶器上的诗文，并重新将其"还原"到他设计的陶瓷茶器上，再现当时铜官窑陶瓷沿湘江到洞庭，经长江顺流而下，经扬州出海，销往海外的历史盛景（图7-33）。

"广华鑫"生产的产品主要有两种，一种是仿古工艺品，一种是实用性产品，如茶器、餐具等，主要通过瓷都景德镇销往全国各地。

图7-33 刘志广仿制的唐代铜官窑诗文壶

四、谭异超与"五行艺术藏馆"

铜官老街边"铜官国际陶艺村"内的五行艺术藏馆，是陶艺大师谭异超的工作室。

谭异超，1945年出生于铜官陶瓷世家，从事陶瓷科研及创作设计工作近60年（图

7-34）。原任湖南省铜官陶瓷总公司研究所副所长、湖南省陶瓷工艺大师。从1962年至今，一直从事陶瓷工艺设计和工艺美术品的造型、釉下彩绘、釉下花纸等创作，相继完成了"精细铁炻器""白炻器"等重大科研项目，多次获国家、省、市重大科技成果奖、创新发明奖、优秀作品奖。2016年谭异超荣膺"中国陶瓷艺术终身成就奖"，是长沙市非物质文化遗产项目代表性传承人。

在谭异超的陶瓷作品里，融入了大量唐诗和书画元素，"以瓷作画、以画入瓷、画中有诗、诗中有画"，是谭异超孜孜以求的艺术境界。

2005年，谭异超60岁。做了一辈子的陶，原本打算退休到长沙颐养天年的他，在望城区、铜官镇等各级政府的挽留下，重新"出山"。他拿出毕生积蓄回归创业，率先投身到长沙铜官窑的产业复兴中。他创建了"五行艺术藏馆"个人工作室，为陶人们提供技术帮助和服务，供应泥料、釉料、色料、石膏、模具等，解决生产急需品，并与同行一起攻克技术难题。接下来，谭异超给自己列了一个"清单"：收徒传承长沙铜官窑非遗技艺；开办"长沙铜官窑非遗传习所"，对外授课；筹建"陶艺体验中心"，希望通过娱乐休闲的方式，让游客们体验拉胚、陶塑等陶艺工序，在玩乐过程中增强下一代对于长沙铜官窑陶瓷技艺的感性认识；举办非遗展览，更好地对外传播铜官窑文化。

图7-34 谭异超（左）向红网记者展示自己设计的茶具

五、胡武强的"陶粹"

胡武强，1944年出生于铜官镇，是铜官陶瓷传统手工艺极少的传人之一。他是能制造出铜釉红色陶瓷器的人，曾被誉为"古窑传人""陶艺之母"，著名画家黄永玉先生曾题"陶粹"二字赠予他。

胡武强的窑场就坐落在铜官镇中心，仍然保持传统手工艺模式，就是拉坯也不用电动，是个纯家庭式作坊，茶杯、茶壶等的制泥、拉坯、上釉、烧窑都在这仅400m²的地方。他的儿子、媳妇、女儿个个都是制陶高手。

据《长沙晚报》记者刘颖、贺文兵介绍，胡武强曾在古铜官窑遗址拾到一片特殊的旧瓷片，这是一块有着鸡血般鲜艳颜色的瓷片，也就是传说中的"鸡血红"。"鸡血红"的学名又叫铜红釉，是一种含有铜元素的釉料，是釉彩在高温的窑变中不经意间产生的。由于不能解释其产生原因，所以"鸡血红"从一开始就被蒙上了一层神秘色彩。但是自盛唐之后，铜红釉的技艺就慢慢失传了。于是，胡武强决心复原铜红釉烧制技艺，他一次又一次地在自家后院的手工龙窑里摸索试验，但一次又一次遭遇失败。

苍天不负有心人，1998年的一窑1000余件瓷器中，胡武强惊喜地发现了一点红。在不断地总结与反复的摸索后，2002年，他又制造出了一大片红。惊世的铜红釉，终于重现人间。

胡武强告诉记者，自己基本上每窑都能出一两件"鸡血红"成品了，但由于"鸡血红"的烧制全凭师傅的经验，所使用的釉料配方、釉料浓度、釉层厚薄、烧结温度、窑内氛围等条件要刚好互相满足时才能出现这种惊世骇俗的铜红（图7-35）。

2003年，胡武强的作品"火凤凰壶"获得了中国首届"文物仿制品暨民间工艺品展"金奖（图7-36）。随后，胡武强又带着不同的作品参加了不同的展会，都获得了大奖。

图7-35 胡武强"高颈喇叭壶"

图7-36 胡武强"火凤凰壶"

六、吴琪与"府窑陶瓷"

"府窑陶瓷"全称为长沙府窑陶瓷艺术有限公司，创立于2011年9月。公司秉持"复兴长沙铜官窑，推动铜官陶瓷重返国际舞台"的理念，乘借长沙文创文旅发展及湘江古镇群建设之机，在铜官率先发起"长沙铜官窑复兴计划"，确立"湘茶配湘器""推进当代陶艺""融合文创文旅""发展研学旅行"四大发展战略，利用原铜官陶瓷三厂厂址，投资建设"府窑茶器研发与产业化基地""窑窝—铜官国际陶艺文创园""窑窝—铜官国际陶艺研学营地"。

府窑创始人吴琪，2007—2010年在醴陵成功运作了奥运瓷、世博瓷、建国瓷项目，奠定了醴陵陶瓷产业国内品牌与市场营销体系基础，成为湖南知名陶瓷策划人。2011年，受望城区政府之邀来到铜官，通过半年的磨合和大量的调研论证，瞄准"湖南千亿茶产业"市场背景，以陶瓷茶器为产业切入点，借鉴宜兴、德化、景德镇、台湾莺歌四大古陶都在茶器产业化发展上的经验，正式提出"湘茶配湘器"发展战略，为铜官陶瓷产业复兴选择了一个切入口，也为企业扎根铜官明确了定位和发展方向。

通过十年的努力，府窑陶瓷已经投资完成了"铜官陶瓷茶器研发与产业化"平台，构建集产品研发、设计、生产、销售为一体的完整产业链，在铜官陶瓷三厂建设了"湖南茶器研究所（企业技术中心）"，成功推出了"冰碛岩陶器""古法秘制铜红釉""文人茶器""冰碛岩煮茶器""潇湘八景""和美长沙"等系列产品（图7-37至图7-40），尤其是在冰碛岩与铜官陶土结合上、古法秘制复烧铜红釉、微波烧结窑炉等核心技术方面实现突破，促进了铜官陶瓷的技术进步。

图7-37 冰碛岩茶器

图7-38 "古法秘制铜红釉"茶具

"府窑茶器"生产的"铜官陶瓷"与"沙坪湘绣""安化黑茶"一并成为"湖南三大礼物"，成为湖湘文创的代表，成为公务、商务礼赠及旅游纪念的佳品。公司以"府窑茶器"品牌连锁专柜与旅游纪念品专柜双轮驱动的品牌经营模式建立市场网络，进驻黄花国际机场、高铁、省市博物馆、岳麓书院、橘子洲头、韶山、张家界等旅游窗口；在湖南各大茶企、茶楼、茶店、会所形成终端专柜销售；与省内重点茶品牌合作，为企业量身定制茶器配套产品，开发"湘茶配湘器"新品系列，成为"湖南黑茶首选专用茶器"。

图7-39 绿松石茶器

图7-40 潇湘八景——江天暮雪

七、"凤来祥"茶具

"凤来祥"品牌创始人为孙天平，生于齐鲁大地，承门第之渊源，依传统古法制陶，选各地纯陶泥，釉料沿用土釉、矿釉、灰釉等。

"凤来祥"茶具艺术，立足长沙铜官窑，立志复兴失传1300多年的釉下多彩工艺。团队历时三年，在2018年初成功研制出铜官"十三彩"，并得到中央四台中文国际频道在2019年《记住乡愁》57集全球播出，并首创铜官"唐青花系列""文人器系列"。同时精准定位，为黑茶配器，以梅山蛮陶作创意，设计出多彩蛮陶系列，以"天下梅山，苗瑶故里"诠释安化梅山文化符号，传播黑茶文化底蕴。为此，绘出更多人喜爱的"梅山张五郎"形象，融入陶器之中，并创造出"擂杯"黑茶专属器，原创系列众多，如"铜官大器""春夏秋冬""厨房三宝""暖手杯"等系列收藏类茶器。

"凤来祥"柴烧更是依柴窑古老之法，即"不施釉药，一切火痕，落灰结晶均自然生成，称之为"灰釉"，外表粗犷，质里天然，构成人工难以达到的美妙纹路（图7-41）。每一件作品经过窑变后色调都是独一无二的，虽造型同，但每件经过窑变过程后的色泽都有所不同，浑然天成。

图7-41 "凤来祥"茶具

八、刘逸哲的"湘妃瓷儿"

2014年，刘逸哲刚从景德镇陶瓷大学毕业回到家乡，就一头扎进了铜官老街和它边上的破旧厂房创业，成立了长沙一原陶瓷有限公司。然而，作为土生土长的长沙伢子，他却并不十分了解家乡这个闻名古今中外的长沙窑。为了充分了解长沙窑与全国各有关主要窑口的区别和传承关系，他用近16个月的时间，走访全国60余个地方窑口。这些林林总总的历史古窑，一些在地方文化扶持政策的帮助下逐步发展起来了，也有一些却只剩下了寥寥的几位传承人，还有一些更成了令人痛心的绝技。发展了的也好，成了绝技的也罢，刘逸哲发现它们有一个共性，就是在功能和审美上，都严重脱离了当代人的生活。他由此深刻地认识到，只有创新才是对历史古窑文化最好的保护。多年来，他一直理论结合实际地探索着关于长沙窑的一切。受朝鲜出土的唐代长沙窑瓷壶上书写"郑家小口，天下第一""卞家小口，天下有名"的广告语的启发，他注册"郑家小口"与"卞家小口"商标。其用原矿复制或设计研发的作品一经推出都被藏家一扫而空。

在走访全国各窑口的过程中，他也见识到了中国七大竹产区形形色色的竹和竹制品。于是，中国文人最推崇的竹、长沙窑创新陶瓷茶具在他的脑海里产生了关联，碰撞出了电光火石。他取长沙窑"青釉褐彩"古法工艺之精髓，结合文人雅士崇尚的竹文化，尤其以饱含湖湘文化内涵和韵味的湘妃竹为原型，原创研发出了长沙窑创新产品"湘妃瓷儿"系列茶具（图7-42）。

图7-42 "湘妃瓷儿"系列茶具

"湘妃瓷儿"采用四次复活施釉法。第一次荡内釉浸外釉入窑700℃烧制，第二次浸外釉入窑700℃烧制，第三次浸外釉入窑700℃烧制，第四次浸外釉后开始绘制大斑点，最后喷釉入窑高温1330℃烧制。"湘妃瓷儿"采用上等原矿胎釉玉泥为胎。一般特白泥、高白泥、普泥配方类似，主要取决于原料的白度，白度越高泥烧出来就越白。而玉泥的配方就比较特殊了，主要是高硅、高钾、低铝，其钾、钠含量大于6%，使烧出的瓷器透光度高，具有天然的玉质感。原矿胎釉玉泥为胎烧制后出现的美丽褐色斑纹，是青釉中受到铁点窑变的结果，并不是每一个湘妃杯都能烧好，所以"湘妃瓷儿"产品的制成品很随机，绝不会有一模一样的两件，这才显得特别的珍贵。

竹以高风亮节、宁折不弯、正直虚心而著称，并已用千百年的时间扎根于文人雅士的精神世界。以湘妃竹元素为设计主题，他在竹节里苦苦寻找着陶瓷造型的线条关系。同时用千年铜官窑青釉点褐彩的古法工艺特色，研创出了湘妃竹仿生褐色斑纹效果，仿佛被风吹皱的涟漪、盛放的牡丹、升腾幻化的云烟，深深浅浅的纹理一圈圈晕染开来，如水墨般生动。

刘逸哲和他的一原团队，用新生代丰富的现代艺术、文化功底，又用传统匠人深入泥浆的脚踏实地的精神，以创新、致初心，开始接过长沙窑复兴的重任。

九、现代铜官窑茶具鉴赏（图7-43至图7-60）

图7-43 春彩茶叶罐

出品：长沙市望城区哲浩陶瓷有限公司

作者：谢艳芬

图7-44 彩茶器

图7-45《荷》手工刻花茶器

出品：长沙市望城区铜官馨雅陶艺馆

作者：谭艺

图7-46《长沙窑·摩羯》茶具套组

出品：长沙水墨陶城陶瓷艺术发展有限公司

作者：黄皓夫

图7-47《多彩铜官》

出品：长沙曾德国陶瓷艺术有限公司

作者：曾德国

图7-48 铜官青釉铜红茶具

出品：长沙市望城区铜官街道陶淘陶

作者：郭跃平

图7-49 钵子茶具

出品：长沙铜官品陶轩陶艺有限公司

作者：雍建刚

图7-50 铜红釉系列茶器

图7-51 九五至尊

出品：长沙市望城区铜官窑创伟陶艺坊

作者：李建伟

图7-52 铜官窑传统潮泥釉茶具

出品：望城区铜官街道胡哥手工陶瓷坊

作者：胡双辉

图 7-53 铜官绿釉茶具套装

出品：长沙楚风陶社陶艺有限公司

作者：王俊

图 7-54 冰碛岩黑釉茶器

出品：长沙市望城区胡氏陶艺有限公司

作者：胡武强

图 7-55 长沙窑釉下彩（虾）茶具

出品：长沙市望城区瑞杰陶艺有限公司

作者：周义斌

图 7-56《三湘四水茶具》

出品：湖南铜官双华陶艺有限公司（山缘堂）

作者：林建华

图 7-57 长沙窑釉下彩绘花鸟纹饰茶具

出品：长沙市望城区异超陶艺工作室

作者：谭曙光

图7-58 冰碛岩长嘴茶器
图7-59 冰碛岩（六方）茶器

出品：长沙市望城区盛唐工艺陶瓷有限公司

作者：孟祥霞

图7-60 铜官窑特色釉一壶两杯

出品：艺文小镇（长沙）陶艺有限公司

作者：江文斌、江上舟

第四节　"中国红"瓷茶具

中国红瓷器是长沙大红陶瓷发展有限责任公司生产的能代表长沙工艺美术水准的艺术瓷产品，2018年被评为首届长沙市"文化消费十大品牌"之一。瓷器的英文名字为China，在世界的面前China即中国，Chinese Red意为"中国红瓷器"，又称"中国红"。"中国红瓷器"专利的拥有者即长沙大红陶瓷发展有限责任公司董事长尹彦征。

"中国红"，圆了陶瓷人的千古梦。陶瓷上大红色曾是陶瓷史上千古难题。在中国陶瓷艺术长河中，唐代发明了铜红。后来，有了宋代的钧红瓷，明清时期的祭红、郎红、胭脂红、豇豆红、珊瑚红等红色釉瓷。尽管这些红色釉瓷的色泽也并非真正的大红，可就因为那一份"红"，使得烧制工艺要求极高。因为那一份"红"得来不易，这些陶瓷也就成为皇室内廷和历代国内外收藏家追求的珍品。因为一份"大红"难成，陶瓷界常大诉"十窑九不成"之苦衷。而对"大红"的追求，现代西方各国也竞相投入巨资，可研制工作至今没有实质性的突破。因为釉下彩瓷器要求一定的白度、硬度和透明度，要在1300℃的高温下才能烧成。而促成陶瓷上大红色的釉料在温度升至800℃这个临界点时，"红颜"完全褪尽。

在长沙大红陶瓷公司创始人尹彦征发明高温大红瓷器以前，逾千年来，无论是中国还是外国，烧制成的红色瓷器，其色相约为枣红、棕红、铁锈红或紫红，都不是中国人最喜爱的与中国国旗颜色一致的大红。尹彦征历经20年艰辛，攻克成千上万个难关，在1200℃以上高温，经多次烧制，终于烧成了颜色鲜艳、高贵华丽、喜庆吉祥，与国旗颜色完全一致的高温大红色瓷器。每件产品的拉坯、成形、雕刻、镂空、上釉、描金、彩绘，全部采用手工精心制作，颜色鲜艳、发色均匀，是绝美佳品（图7-61、图7-62）。

图7-61 中国红茶盘和诗文茶杯

图7-62 中国红茶壶和小茶杯

中国红烧制难度很高，工艺复杂，通常要四次进炉：一是素烧，二是釉烧，三是红烧，四是金烧。铜红在800℃要分解，中国红在1150℃的高温下成瓷，难上加难。红釉是用稀有金属钽烧制而成的，金属钽是比黄金还要珍贵的稀有金属，可以说中国红瓷是用黄金烧成的。陶瓷通常以烧制温度来划分其优劣，低温陶重，高温白瓷细、玉瓷轻，而中国红在1450℃的高温下烧制而成，尤显高贵。

中国红瓷器品类非常丰富，分两大类。一类是艺术品，共有4个系列107种，其中瓶、蛋、炉、盘、壶、笔洗、笔筒等艺术品，都具有极高的收藏价值。不同的工艺美术大师或者同一位工艺美术大师在不同的时期制作出来的作品都是不同的，所以每一件中国红瓷艺术品都很珍贵。二类是实用品，主要是茶具和餐具，实现批量生产。其中茶具，包括茶盘、茶托、茶壶、茶杯、茶碗等。有的茶杯外表的金色纹饰采用毛泽东手体诗词书法，极显高雅。中国红茶具分别选用优质骨瓷胎，运用中国红瓷烧成工艺和公司特有的彩绘技艺，经1400℃高温多次烧成，瓷质极好，釉色晶莹剔透，流光溢彩，纹饰象征美好，精美至极，耐高温、酸碱、环保无毒（图7-63）。

图7-63 中国红套装茶具

第五节　菊花石艺术茶具

浏阳市位于湖南东部，与江西省毗邻，处于长沙、株洲、湘潭三市的金三角地带。浏阳因浏阳河而闻名于世，这颗璀璨的湘东明珠可谓人杰地灵，其中有二朵花更是惊艳了全世界。一朵是天空中绽放的烟花，是浏阳人智慧创造的瞬间之美。一朵是浏阳河底的菊花，一种会开花的石头，谓之菊花石，这是穿越两亿七千万年的永恒之美。

菊花石又名石菊花，形成于两亿七千万年前的二叠纪。据地质部门勘测研究，菊花石由浅海沉积的特殊地质环境与物质的偶合而形成。在浅海的淤泥中形成一种酷似菊花状的燧石结核集合体，经过方解石化和硅化，其中内含丰富的对人体有益的硒、锶等多种微量元素，无有害物质，无放射性。

据《浏阳县志》记载："菊花石堪称石菊花，在县东永和镇侧，大溪水过永和市，中流石亘如洲，无甚花卉，一望如漩涡堆积，凹凸万状，如镂如封，殊极有趣，每秋高水落，益玲珑可喜。"

清乾隆五年（1740年），永和镇村民在砌河堤时，于河底采石偶然发现菊花石。石中的石菊花玉洁晶莹，形态各异；如神来之笔，似妙手丹青，朵朵传神，妙趣天成；或绽放或舒展，或含苞半吐，或沧桑凋零，可谓吸天地之灵气，取日月之精华。当地有一位秀才叫欧阳锡藩，爱好书画，喜弄文墨，见石头长有天然花朵，觉得奇怪，便刻了一方砚台，磨出墨汁非常细润，书写流利，且久存不干，一时传为奇物。从此，菊花石便成了珍贵的文房雕刻材料。

清代采菊花石制砚技艺渐趋成熟，当地官府将菊花石砚作为贡品献给皇上，今故宫博物院藏有数方菊花石砚。在当时，除了用菊花石制作文玩外，又开辟了菊花石茶器类别，由于菊花石材料中缊含丰富的微量元素锶，在饮用茶的过程中，经消化道吸收，还可通过把玩，由皮肤接触进入人体，有益于人体健康，而又不会产生不良的作用。故一直以来，菊花石的茶器更是一种可遇不可求的珍贵保健茶器，备受关注。

陈继武为国家级非物质文化遗产传承人、工艺美术大师、浏阳市菊花石文化传承协会会长。1990年开始从事菊花石雕刻工作，数十年来，他执着于菊花石艺术探索，刀耕不辍，可谓精诚所至，金石为开，在取得了一项项的艺术成果的同时，也收获了许多的荣誉，如2016年作品《万佛朝宗》获首届中国收藏产业博览会金奖等。

陈继武的菊花石雕刻艺术是湖南菊花石艺术界的一张名片，他与时俱进，具有独特的艺术思维和不拘一格的表现形式，在他的每一件作品上，都能感受到一种艺术的灵性和执着的精神境界（图7-64）。

菊花壶

兽纹壶

绽放

蒸蒸日上

图7-64 陈继武作品菊花石艺术壶

数十年飞刀镂凿，创作不计其数的佳作。近年来，茶器类作品也层出不穷。菊花石制作茶具不同于其他材料，对石料的要求十分挑剔，每一朵天然的菊花都必须在茶壶的壶身中央，由于菊花纹理的特殊生长规律，所以选材十分艰难，故有石菊易得，良壶难谋之说。早20世纪90年代前的菊花石茶具主要以供给日本为主，国内几乎看不到菊花石茶具。近十年来，陈继武在开辟菊花石艺术茶器领域独树一帜，无论选材，创意、制作、神韵、天然纹理的巧妙利用上来说，都是十分考究。在茶海的设计上更是注重文化，形态上则依势造形，随形遐想，着意于心，将天然花纹，自然肌理，巧妙结合，真正做到天人合一。由于花纹的唯一性，故每件作品都无法复制，匀为孤品，其收藏价值不言而喻。2012年创作的一件精美的菊花石茶器"兰亭序"被柳州奇石馆高价收藏。陈继武菊花石艺术茶品集珍稀、唯美、实用、健康、价值于一体，深得广大的茶文化爱好者的钟爱。

图7-65 陈继武作品"春江花月夜"茶盘

第六节　其他茶具

一、竹木藤茶器具

隋唐以前，中国饮茶虽渐次推广开来，但属粗放饮茶。当时的饮茶器具，除陶瓷器外，民间多用竹木制作而成（图7-66、图7-67）。陆羽在《茶经·四之器》中开列的28种茶具，多数是用竹木制作的。这种茶具，来源广，制作方便，对茶无污染，对人体又无害，因此，自古至今，一直受到茶人的欢迎。但缺点是不能长时间使用，无法长久保存，失却文物价值。只是到了清代，在四川出现了一种竹编茶具，它既是一种工艺品，又富有实用价值，主要品种有茶杯、茶盅、茶托、茶壶、茶盘等，多为成套制作。竹编茶具由内胎和外套组成，内胎多为陶瓷类饮茶器具，外套用精选慈竹，经劈、启、揉、匀等多道工序，制成粗细如发的柔软竹丝，经烤色、染色，再按茶具内胎形状、大小编织嵌合，使之成为整体如一的茶具。这种茶具，不但色调和谐，美观大方，而且能保护内胎，减少损坏；同时，泡茶后不易烫手，并富含艺术欣赏价值。因此，多数人购置竹编茶具，不在其用，而重在摆设和收藏。茶壶套装在藤编的茶桶内更显高雅。

　　长沙地区盛产竹木，历史上许多地方多使用竹或木碗泡茶。在农村还有用葫芦作盛茶用具的，炎热天到离家较远的地方务农，用葫芦装茶特别方便，这些用具价廉物美，经济实惠，但现代已很少采用。至于用木罐、竹罐装茶，则仍然可见，特别是作为艺术品的黄杨木罐和二簧竹片茶罐，既是一种馈赠亲友的珍品，也有一定的实用价值，在旅游产品市场很有销路。

图7-66　木雕茶叶筒

图7-67　藤编茶壶桶

图7-68　漆壳茶叶罐

图7-69　锡合金茶叶罐

竹木质地朴素无华且不导热，用于制作茶具有保温不烫手等优点。另外，竹木还有天然纹理，做出的茶具别具一格，很耐观赏。目前主要用竹木制作茶盘、茶池、茶道具、茶叶罐等，也有少数地区用木茶碗饮茶。

此外，还有漆器茶叶罐、合金茶叶罐等（图7-68、图7-69）。

二、玻璃茶具

长沙是世界上最早使用玻璃制品的地区之一。长沙地区110余座楚墓中出土了琉璃（即古玻璃）璧以及瑗、环、珠、管等130余件。璧呈乳白、淡黄、浅绿、深绿等色，半透明，饰谷粒纹，有的反面有方格纹，内缘或外缘有弦纹，在全国极为罕见。据检验，长沙楚墓出土玻璃器物属铅钡玻璃，与西方的钠钙玻璃颇异。由此可以说明，玻璃并非西方所独发明，长沙地区也是玻璃发明最早的地区之一。

玻璃，古称琉璃，是一种有色半透明的矿物质。用这种材料制成的茶具，能给人以色泽鲜艳，光彩照人之感。中国的琉璃制作技术虽然起步较早，但直到唐代，西方琉璃器的不断传入，中国才开始烧制琉璃茶具。唐代元稹曾写诗赞誉琉璃，说它是："有色同寒冰，无物隔纤尘，象筵看不见，堪将对玉人。"宋时，中国独特的高铅琉璃器具相继问世。元、明时，规模较大的琉璃作坊出现。清康熙时，在北京开设了宫廷琉璃厂，但多以生产琉璃艺术品为主，只有少量茶具制品，始终没有形成琉璃茶具的规模生产。

近代，随着玻璃工业的崛起，玻璃茶具很快兴起。玻璃质地透明，光泽夺目，可塑性大，因此，用它制成的茶具，形态各异，用途广泛，加之价格低廉，购买方便，而受到消费者喜爱（图7-70）。在众多的玻璃茶具中，以玻璃茶杯最为常见，用它泡茶，茶汤的色泽，茶叶的姿色，以及茶叶在冲泡过程中的沉浮移动都尽收眼底。

图7-70 玻璃茶具

长沙的玻璃制造业产生于清末。清光绪三十二年（1906年），由文经纬、萧仲祁、萧利生等集资20多万元，在六铺街创办了麓山玻璃公司。该公司以倒焰炉生产玻璃杯、花瓶、煤油灯灯罩等，获利颇丰。清光绪三十二年（1906年）的《东方杂志》载："湘省本有一种土造玻璃因不能清爽遂致辍业，兹闻省城西门外新设一玻璃厂，所出之货颇称明亮，且能将碎玻璃重作，已拟集资大办矣。"1915年，其制品在美国旧金山举办的首届巴拿马太平洋万国博览会上获一等奖。

玻璃器制造的成型方法，可分为人工吹制和机器吹制两种。当代产品主要采用膨胀系数为3.3的质量上乘的高硼硅绿色环保玻璃。高硼硅玻璃茶具为耐热玻璃茶具，可以明火及微波炉或电煮加热使用，其中内胆沥茶、茶汤分离的玻璃茶具十分行销。

三、个性化茶具

随着社会的发展，人们越发追求格调精致的生活，渴望彰显个性，对于茶具的选择也希望留有属于自己的独特印记。无论是个体消费者，还是集体消费者，尤其是茶馆、酒店使用的茶具，或单位、会议作纪念品的茶具，都开始强调茶具的个性风格。消费者对具有创意的茶具表现出浓厚的兴趣，除了材质和制作工艺外，外观造型的设计更为直观。茶具的个性设计主要是通过造型和装饰两个方面来表达。造型的个性化设计从视觉角度来说更容易打动人，即具有所谓视觉冲击力。茶具在具有实用功能的同时还要求具有欣赏性，既要把握时代气息，有大胆创新精神，让茶具散发出时尚气息，又要善于运用传统文化符号，把传统符号作为设计师匠心独运的灵感来源，使茶具设计充分体现传统文化的魅力。中国的传统文化符号，是在漫漫历史长河中，经过时间的洗涤积淀下的精华，是中国优秀文化的缩影。如书法、国画、篆刻印章、诗词、歌谣、吉祥纹样、太极八卦、如意等，都成为个性化茶具的设计元素。茶文化本身包含了丰富的文化符号，又与儒释道思想有着密切的联系，茶具作为饮茶器具，深受茶文化的影响，最为直观地表现茶文化的内涵。

长沙的个性化茶具主要有两类，一类是文创茶具，如长沙市非物质文化遗产项目"长沙童谣传承人、画家、陶艺家一尘（蔡颖强）搜集了几百首长沙童谣，为每一首童谣都绘一幅童趣盎然的漫画，出了一本书。他在自己的工作园地"随园"里建了一座小型窑炉。把每一幅童谣漫画都手绘在小巧玲珑的盖碗茶具上，入炉烧制出系列童谣茶具作品。第一幅入瓷的童谣漫画便是长沙儿童和家长人人会唱的《月亮粑粑》（图7-71）："月亮粑粑，肚里坐个爹爹，爹爹出来买菜，肚里坐个奶奶，奶奶出来绣花，绣个糍粑，糍粑跌到井里，变个青蛙……"

另一类是单位定制茶具。长沙各大茶馆、酒家使用的茶具，在造型、釉彩和装饰上都力图打造出自家区别于他家的特色。如"乌龙山寨"是一位湘西苗家女在长沙开的餐饮店，不仅在菜肴、装修、包厢名称、服务员服饰、宴会风俗等方面都展示一种异域风采，而且在茶具的创意上也别具一格，有一种粗犷之美。盛茶器皿一反传统大壶、大杯常态，而改用有柄的大玻璃瓶，瓶盖采用老式保温瓶的软木塞；金黄色釉的小茶杯上各烧上"粮""谷""丰"等字，虽然很土，但土出了时尚（图7-72）。

图7-71 一尘设计制作的《月亮粑粑》茶具

图7-72 长沙乌龙山寨酒店茶具

单位的礼品、会议的纪念品也是定制茶具的需求者。茶具经营厂家也瞄准这一市场，量身设计出造型各异的单个茶具或套装茶具样品，供用户选择。用户选定何种，只需临时烧字即可。如长沙时务学堂研究会召开学术讨论会就定制了一套小型家庭用白瓷茶具，烧上"时务学堂"四字，别开生面，颇具纪念意义（图7-73）。长沙时务学堂创办于1897年，是一所对中国近代史产生重大影响的学校，也是中国最早的新式学堂之一，校长为后来创办醴陵瓷业学堂的熊希龄，中文总教习为维新派大学者梁启超。

图7-73 长沙时务学堂研究会纪念性茶具

图7-74 郭春蓉茶空间、茶家具设计

个性化茶具还延伸到茶空间。所谓茶空间，实际上是茶馆、茶室的时髦称谓。长沙有很多茶空间设计高手。湖南农业大学环境设计系教师郭春蓉即其中的一位，他是湖南省陈设艺术委员会委员，曾获湖南省室内设计大赛商业空间方案类金奖。他在从事茶文化创意过程中，将物质形式与人文科学相结合，经过多年探索，在不同场合呈现不同的风貌。他在传统茶文化的基础上，探讨当代视角下茶器、茶家具和茶空间的组合设计，有不少成功的作品（图7-74）。

第七节　茶具商业和茶具收藏

民国时期，长沙茶具以瓷器为主，故茶具多由瓷器店经营。20世纪20年代，仅南正街、八角亭、永丰仓一带就有江西瓷业公司、九江瓷业公司、裕新昌瓷号、华盛瓷器店、义华瓷器店、景新瓷器号（图7-75）等多家瓷器店。

中华人民共和国成立后，专门的瓷器店减少，茶具多由新成立的日杂公司经营。改革开放以后日杂公司的门店渐少，茶具专柜或专店出现在各类超市和茶叶大市场内。部分茶馆也销售茶具。21世纪后有了网络销售。

今日长沙茶具市场，以大型茶具专业商店最为瞩目，店面豪华，品类繁多，线下线上，批发零售，连锁经营，生意做得很大。这里谨以永利

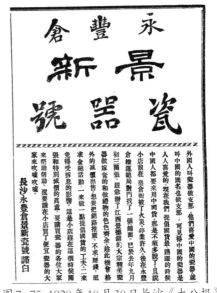

图7-75　1920年10月30日长沙《大公报》景新瓷器号广告

汇茶具高桥茶城店为例。永利汇茶具高桥茶城店位于长沙高桥大市场的高桥茶叶茶具城内。永利汇茶具始创于1999年，是一家全国知名茶具企业，拥有"永利汇""二十四器"两大茶具品牌，为集茶具开发、生产、销售为一体的知名综合性企业，总部设在福州，目前在长沙、昆明、南昌、合肥、石家庄等地已成立多家分部，先后获得"中国十大茶具品牌"及福建省茶具行业"诚信单位"等诸多奖项（图7-76、图7-77）。

图7-76　永利汇茶具高桥茶城店茶具陈列

图7-77　永利汇茶具高桥茶城店茶家具陈列

在长沙茶具市场红火的同时，古旧茶具甚至当代艺术品茶具的收藏也悄然兴起。长沙市白沙路、清水塘、韭菜园等地众多古玩市场和文物商店，茶具都形成大门类。长沙市收藏协会许多收藏家都是把玩茶具的高手，如把他们的藏品汇集起来，足可举办一个茶具收藏博览会。这里仅列举长沙市收藏协会副主席、长沙收藏网总编辑乐兵的几件藏品，以飨读者（图7-78至图7-82）。

图7-78 清乾隆"什锦花卉盖杯"一组

图7-79 清道光粉彩"虫草纹"什锦格茶食盒

图7-80 明成化"青花人物"品茗杯

图7-81 民国粉彩花鸟壶

图7-82 20世纪50年代"长沙专区瓷器生产合作社"壶

不管从功能性还是鉴赏性来说，茶具都有其独一无二的价值。不知不觉中，茶具收藏这一名词渐渐渗入到人们的日常生活之中。茶具收藏之所以贴近生活，一因茶具本身的收藏门槛较低，与传统的收藏品相比，茶具的价格区间较大，万元以上一件的有，几十元一件的亦可以。二因茶具的实用价值高，一般来说，家藏古董，基本上是藏而不用，仅可做观赏保值。

茶器则不同，它的实用功能，降低了收藏者的购买风险。三因茶具收藏也是修身养性，通过对茶具的把玩、欣赏及饮茶过程中的五官享受，可舒缓生活压力，以达到明目养神的作用。

茶具收藏从鉴赏开始。明代冯可宾著《岕茶笺》就曾描述明代士大夫把玩茶壶的情景："茶壶，窑器为上，又以小为贵，每一客壶一把，任其自斟自酌，才得其趣。"茶具审美的关键，是看茶具形态上点、线、面的过渡转折是否自然顺畅，是否显其整体气质。以壶为例，壶钮、壶口、壶肩、壶腹、壶底、壶流及壶把等处，是基本的鉴赏部位。涉及细节处，又可对其钮座、盖面、流口、流基、过渡、把基、把内圈等形体构造进行把关。观"形"之外，茶具表面的雕工、书画，可大大提升茶具的审美价值。若茶具制作出自名窑、名家之手，蕴含艺术家的个人创作理念及精神，则更有文化意味。

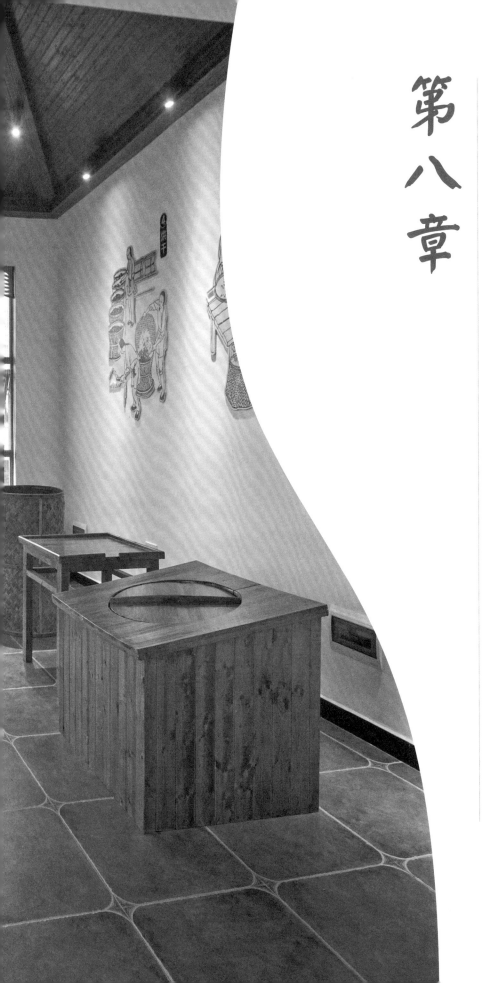

长沙茶俗采风

第八章

长沙饮茶风俗与长沙的茶叶生产、贸易及茶具生产是相辅相成的。正因为长沙饮用茶叶的历史悠久,风气很浓,在人情往来礼节中,敬茶、送茶是重要的风俗。茶叙,是交友、商谈,甚至于调解纠纷的重要媒介;茶会、茶话会成为联谊、庆贺、座谈的重要形式,而且都有一定的程式和各种讲究。因此至今长沙茶俗仍是长沙民俗的一个富有地方特色的重要方面。如包壶大碗盛茶、芝麻豆子姜盐茶、擂茶、嚼吃茶根之类风气就保留了茶作为食物时代的习惯;又如吃神茶、药茶和茶盐蛋之类风气就保留了茶作为药用时代的特点。由于长沙人的日常生活离不开茶,因此民间茶与饭常常并称,问人家人口或介绍自家人口情况,常常说"有几个人呷茶饭",开门七件事"柴米油盐酱醋茶"等等,都是我们今天研究长沙茶的历史、茶的文化最鲜活的材料(图8-1、图8-2)。

图8-1 已消失的职业——
茶担和茶摊

图8-2 喝茶,乡村老人的乐趣

第一节 铜官包壶大碗茶

艳惊世界的漆茶具,精妙甲天下的金属茶具都属长沙贵族茶具系列。长沙窑茶具虽属民窑,其产品也主要行销民间和出口,但有其时代特性。真正在长沙民间历久不衰,使用最为广泛的还得数长沙民间包壶大碗茶具,无论灶屋茶亭、田间地头皆可见其踪影,就是在改革开放之前的长沙城镇一般居民之家也是户户有之(图8-3、图8-4)。

包壶大碗茶具的组合十分简单,就是一只包壶外加壶口上坐一只粗瓷大碗。所谓包壶,实际上就是一只茶罐,其形制十分古老,陶胎除口沿外,里里外外皆施棕黑色釉,一般高24cm左右,腹径15cm左右,中大底小收圆颈,整体是橄榄型,圆颈下有2个对称系钮,2个系钮中间一侧伸出一圆筒型壶嘴,总容量在10大碗茶水左右,一般放置于灶屋间供家人取饮时用,或携至离家不远处田间地头供劳作小憩间解渴时用。也有器型较大,较为少见的包壶。

图8-3 包壶

图8-4 旧时与包壶并用的大白瓷壶

2006年5月26日《长沙茶文化采风》编辑人员在浏阳泮春乡间一农户家马路边发现一黑罐，象包壶，但与通常所见包壶又有较大区别。经询问路边农家，方知是其家年轻主人因嫌此壶粗陋而遗弃的包壶。该壶通高28cm，腹径23cm，内外施棕黑釉，橄榄型，圆弧内收形成圈足底，圆颈，在颈部一处将颈呈A型向外伸展形成开敞型壶嘴，壶嘴两边较近处有两个小系钮，与壶嘴对称后方有一大系钮，大系钮同时起壶把的作用。如此大的器型，在家可取代一般农家另有的茶缸，劳作时，则可携至更远处不便于随时往返家里取水的田间、山中。

包壶产生于什么年代至今无法考证，但可以肯定的是，它是一种十分古老且今天仍广泛为民间所用的饮用陶器。现在所见所用的包壶多产自长沙铜官窑。

用铜官包壶泡茶有"泡茶茶不走味，盛茶茶不变色，夏天茶不易馊"的特点。一般长沙人家用包壶泡茶盛茶较常见。方法是先将水在柴灶上烧煮，等到烧至冒出鱼眼泡时，抓一把茶叶投入锅中，再煮开几道后，倒入包壶或茶桶、茶缸中备用。夏天出汗多，劳作辛苦，一般一烧就是一大缸或一大桶，然后用包壶分盛带到田间地头。春、冬天则主要用包壶盛放，一壶茶往往可供一家人喝上几天。

所谓的大碗，就是长沙地区农家普遍使用的菜碗，其特大号的称"炉碗"，这种大碗在农家一般家用和红白喜事中用途广泛，既用来盛菜，又用来装饭，还用来喝茶。其胎为粗糙灰白瓷质，施白釉，釉色与胎同，耐用，价格低廉，至今仍是长沙农家最重要的饮食瓷器之一，一直以来就是长沙窑的低端大众化产品。

当然，随着城乡人民生活水平的提高，长沙城乡茶具也呈现出专门化、多样化的趋势。粗大的陶制包壶逐渐为精致的瓷壶等新式茶具所替代，成为一种忆旧的器物。长沙作家彭国梁就在其《上茶》一文中颇为怀念地写道:"想起了不识愁滋味的少年,在乡村的田垄中流着汗,没有风,就对着大人喊几声,呵——喂!风果真就跑来了。口干了,就跑到田埂边的树荫下喝茶。那茶是一种老沫叶泡的茶,壶是又笨又黑的包壶,盛茶的是一只饭碗或菜碗。什么叫牛饮,那应该就是真的牛饮了。可那牛饮解渴,过瘾,来劲。两碗三碗一下肚,再回到田垄中,茶又变成汗了。可现在,想出一身汗,都要想方设法的。茶呢,喝得装模作样了。"

第二节　望城芝麻豆子茶

　　喝芝麻豆子茶流行于湘中、湘北一带,在长沙地区也已相沿成习,徐珂编撰《清稗类钞》中即有"长沙茶肆有以盐姜、豆子、芝麻置于中者,曰芝麻豆子茶"的记载。芝麻豆子茶是待客茶中较高级别的一种,现在有的商家把握了速食快饮的时代特点,开发出了便于携带和冲泡的小袋装芝麻豆子姜盐茶,亦广受群众欢迎(图8-5)。芝麻豆子茶因地理气候的差别,有加盐姜和不加盐姜的分别。加盐姜的又叫芝麻豆子姜盐茶,靠近洞庭湖边上的地区因夏季酷热汗多,冬天苦寒难耐的缘故而多喜喝这种茶。它的制作方法是将芝麻、黄豆或豌豆、饭豆炒熟,然后添加家园茶叶,用滚开水一杯一杯地冲泡着吃,又香又甘润,其茶根咀嚼起来十分诱人。添加了擂碎盐渍生姜的芝麻豆子茶更是别饶风味,在酷热的夏天喝上几碗则生津止渴,暑热顿消;在苦寒的冬夜喝上几碗则额际发梢热气蒸腾,肠胃为之温热,暖意透散周身。遇上好客的主人家,一碗茶甫一喝上,第二碗茶就又泡上来了,然后是三碗、四碗……宾主围坐火塘,土罐中煨着水,水一开又是一轮茶,直喝得肚胀鼓鼓,浑身爽透,彼此感情在升腾,谈天说地因此兴味无穷。若是筛茶的姑娘看中了座中的某位小伙子,便会在看似公平的筛茶过程中手脚麻利地把酽酽的沉底茶倒进意中人的碗中。村姑不懂什么蓝田种玉、红叶题诗,她们只知用热辣香甜的芝麻豆子姜盐茶和那亮闪闪的秋波表达自己的爱意,成就自己美满的姻缘。长沙的老百姓就是在这

图8-5 芝麻豆子茶

样的一种热情、乡情、亲情和爱情中打发着岁月，完成着人生。

说起芝麻豆子姜盐茶的来历，据说还与南宋的民族英雄岳飞（1103—1142年）有关。南宋初年（1127年），岳飞被迫停止抗金，却屯军洞庭湖区镇压钟相、杨幺领导的农民起义。岳飞当然是忠于朝廷的，但岳飞打钟相、杨幺却是一个悲剧。钟相、杨幺当初也曾北上抗金勤王，被朝廷遣回，回乡后武装保境安民，却又被朝廷视为反贼，并且派坚决抗金却不被信任的民族英雄岳飞来攻打他们。岳家军在酷热、苦寒、湿重的洞庭湖区不习水土，患病者日众，战斗力大减。岳飞遂就地取材，用湖区盛产的姜、黄豆、芝麻加盐和茶叶，用开水制成药茶供士卒饮用，取得了较好的防病除疾功效。从此，这种兼具食用、饮用和药用功能的混合食物便成为洞庭湖区一种传统的民间饮料，被称作"岳飞茶""六合茶"，现在一般称作芝麻豆子姜盐茶。岳飞时任荆湖南路安抚都总管，驻节长沙。岳飞严密封锁义军水寨，采取围剿和招安两手策略，先后招降周伦、黄诚、黄佐、杨华、任士安、杨钦、陈滔等义军将领，义军迅速瓦解，大大减少了战争的伤亡。传说岳飞亲自以芝麻豆子姜盐茶款待降将，使降将大受感动，五六万强壮农民、渔民遂被岳飞"籍而为兵"，壮大了抗金力量。洞庭湖核心区域南县等地有武圣宫、洗马池、插旗、花篮窖等地名皆与岳飞有关，但在民间祭神、做道场等活动中，杨幺似乎占有统治地位，其庙宇建筑遍布湖区，且各地皆以其作为当地神祀中的庙王与土地菩萨供奉。抗金，老百姓给了岳飞一个公道；反抗暴政，老百姓给了杨幺一个公道。

第三节　宁乡沩山擂茶

擂茶，流行于洞庭湖区的常德、桃源、益阳、桃江、安化一带，在长沙西部的宁乡县沩山地区也颇有此好（图8-6、图8-7）。徐珂编撰《清稗类钞》"长沙人食茶"条说："湘人于茶不惟饮其汁，辄并茶叶而咀嚼之。人家有客至，必烹茶，若就壶斟之以奉客，为不敬。客去，启茶碗之盖，中无所有，盖茶叶已入腹矣。"究其原因，恐怕与长沙流行擂茶有关，擂茶的各种佐料与茶叶混沌一气，要吃香甜可口的佐料，势必将茶叶也一并吞下。擂茶最初由生姜、生米、生茶叶调制而成，故又称"三生汤"。其实擂茶的原料远不止"三生"，还有芝麻、花生、黄豆、绿豆、食盐、山胡椒等，有的还加入腌制过的盐姜，用料因地域、时令和其他原因而有差异。原料放入擂钵中，用茶树棒或山椒木棒将之擂成糊状，冲入沸水，然后分装入碗饮用。因为生姜、茶叶、山胡椒等均是中药，故饮擂茶可治瘴气病；因为花生、芝麻、黄豆等均是植物蛋白，加之绿豆解毒、芝麻润肺、生姜排汗、茶叶消暑、黄豆性凉、胡椒驱寒，因此饮用擂茶有生津止渴、润喉气爽、提神养身的功效。沩山擂茶的原料配比和擂制技艺列为长沙市第二批非物质文化遗产项目，其代表性传承人为高佩山。

图8-6 擂茶

图8-7 擂茶茶旗

关于擂茶的来历，有的说与马援有关，有的说与张飞有关。《桃源县志》有擂茶"名五味汤，伏波将军所制，用御瘴疠"的记载。公元48年，桃源、沅陵一带五溪蛮造反，朝廷派驻扎在长沙的伏波将军马援平叛。今日长沙书院路尚有一条"马援巷"，乃是马援扎兵之处。马部士兵多为北方人，不服水土，多染时疫，连马援也染病。当地老百姓有感马援部队守纪爱民，遂献三生汤之方，马援及士兵中的瘟疫治愈。马援就将三生汤改名擂茶，并在汤中加盐以增加口味，加之是用山胡椒棒擂制，因此又叫"五味汤"。从此以后，这一喝擂茶的习俗就流传至今。有联为证：

诸葛军中原无酒；马援帐内只有茶。

今天，宁乡沩山等地的擂茶，也基本上保留了"五味汤"的特色，但为了增加香味，除了姜是生的外，其余都炒过，"脚子"很少，属于清擂茶类，不过在隆重的待客场合，还配有米花糖、炸糍粑、炒玉米、红薯片、坛子菜等茶点，当地人称之为"巧果"（图8-8）。在安化等地的擂茶基本上保留了茶作为食品时代的特

图8-8 沩山擂茶

点，加米、加盐，可作"腰餐"或"宵夜"。

长沙地区的宁乡，1983年前曾属于益阳地区，与桃江、安化接壤，因此宁乡的擂茶，安化、桃江两种特色兼而有之。过去广泛流传"益阳妹子一把伞（益阳特产，漂亮的桐油花纸伞），宁乡妹子冒得讲（gang）（没得空话讲）"之语，加之桃江、桃源县等擂茶流行区，皆是出美人的地方，看来这擂茶称为"美女之饮"不无道理。明代孙绪（1474—1547年）有《擂茶》诗曰：

何物狂生九鼎烹，敢辞粉骨报生成。远将西蜀先春味，卧听南州隔竹声。
活火乍惊三昧手，调羹初试五侯鲭。风流陆羽曾知否，惭愧江湖浪得名。

第四节　浏阳茴香茶

茴香茶流行于浏阳市北乡（图8-9）。相传古时有一老太婆，经常恶心呕吐，小腹冷痛，久治不愈。一日，她无意喝下泡有茴香的茶水，顿觉异香扑鼻，渐渐成为嗜好，多年的顽疾也不治而愈了。邻里得知，竞相效仿，遂相沿成习。北乡家制茶法与他处不同，保留了部分唐宋古法，鲜叶采摘回家后，在开水锅中汆一下，然后在篾盘中凉去水气，经二三道揉搓，挤去茶汁，再上灶炒、焙。

北乡家制茶茶味很淡，茶杯中都不易生茶垢，适合北乡人喜长时间大量喝茶的习惯。加入川芎和小茴香，茶香、茴香，沁人心脾。现在加川芎的较少，加茴香则必不可少。茴香有自家栽种或从商贩处购买的四川货。一般外地人初到浏阳北乡，喝不惯这种香高味淡的茴香茶，也容易上火。当地人则饮之成习，认为它有祛风寒、止痛、健胃的功效。若是遇过年过节，红白喜事，或贵客临门，好客的北乡人还会摆上炒花生、

图8-9　浏阳淳口茴香小镇

豆子、瓜子、油炸糯米片、红薯片等茶点，当地人称"土换茶"招待，并一碗一碗不断进茶和招呼客人"呷点土换茶啰，呷点土换茶啰"，使客人心里暖洋洋的。

第五节　婚礼上的抬茶

中国的历史传统对婚姻家庭极度重视，男女婚姻每每被称之为"终身大事"，也是孝的重要内容。《礼记》称："将合二姓之好，上以事宗庙，下以继后世。"茶叶、茶饮作为一种吉祥美好的事物，在整个男女相亲、订婚、结婚与生育过程中都扮演着重要的角色。长沙地区的婚礼上流行拜茶和吃抬茶的习俗（图8-10）。清嘉庆《善化县志》卷三十《风俗·嫁娶》载："（新婚）次日新妇备枣栗、巾履献舅姑，谓之拜茶，此即告庙告虔意也。庆贺宾朋，合宅长幼俱于中堂，以赀见新妇，谓之分大小。亦有集聚新房令新夫妇捧茶奉客，谓之闹房，亦明妇礼成、妇顺意也。"

清光绪《善化县志》也有类似记载："嫁娶，民间订聘书庚，媒氏互交为信，男家用金玉钗钏等物伴庚，女家亦有回答，盖即古纳彩遗意，而增华甚矣。将婚，男家请期，谓之报日纳徵，谓之过聘。女家饰妆奁、器物，谓之铺房。送新婚衣帽，谓之装郎。两

图8-10　双拜花堂

家所费不赀。父母爱怜其女，恣其所求，女恃宠而骄，亦恣其所取。届期，彩舆鼓吹，迎新妇，谓之接亲。城中无不亲迎，惟乡间路远，此礼或不能行，不知御妇授绥，礼有明文。新妇初来，拜祖告至合卺，见舅姑，以次及尊长、亲属，谓之分大小，然告祖可也，拜天地则僭妄非礼。新妇捧水及巾，献履、进枣栗于舅姑，俗云拜茶，即古人盥馈之礼。惟分大小时，不问亲疏，皆得接见新妇，致为亵狎，更有轻薄之子是夕竟入新房，务令新妇送茶行酒，博笑腾欢，语言杂沓，恶俗可鄙，知礼者宜力斥之。"

吃抬茶一般是在晚宴后，闹洞房开始时，客人与宾主拥坐于堂屋或洞房中，新郎新娘抬着茶盘，在司仪先生的介绍下，依尊长顺序分别向男女双方的长辈敬献香茗，一边敬茶，一边还要启用正式的新称呼，即有尊长，也有认亲的意思；男女双方尊长则要一边答诺，一边说些喜庆祝福的话语，高高兴兴地把茶喝干，并将早已准备好的红包放于茶盘之上；敬完一位以后，新郎新娘再敬下一位尊长，直到敬完司仪安排的所有对象方止；这时，各方尊长回他处休息，热闹、戏谑的闹洞房才算进入正题。

吃抬茶要唱"抬茶歌""赞茶歌"，各地歌词不同，见第十一章"第二节　民间茶歌谣"。

第六节　疗心治疾的"神茶"

远古时期，神巫是氏族的精神领袖，科技、文化、医药的集大成者。经历数千年的发展，茶也由当时的药用、祭祀用、食用，发展到后来一直到今天的饮用，但其药用功能却从来没有中断过。过去由于生活贫困，生存环境恶劣，人们生病患疾时，往往缺医少药，人们便无奈地将美好的生活向往、救治疾病的希望寄托于神明，自己或家人生了疾病，就到寺庙道观里求神保佑，同时将从家里带来的茶叶等供奉于神祀之案前，谓之"开光"，回去后虔诚地依时泡水连茶叶一同吃下。开光的过程是把需要的开光物品放于一托盘，置于佛像前，大师念经数篇，即算是佛光普照。民间相信这样的物品因此而赋于灵气与法力。有的不去寺庙，而在家里摆案"请神茶"（图8-11）。

图8-11　请神茶

茶本来是药食同源之食品，对许多日常病症皆具有一定的疗效。陈茶更是中药材的重要一员，加之病人对神明敬畏笃信的心理作用，茶对病症的减缓和自我痊愈常常有一些积极的功用，现代医学称之为心理暗示疗法。长沙地区老百姓有到庙里求"神茶"的习俗，茶也因此与巫师，与庙宇，与菩萨，与信徒之间形成了一种不解之缘。20世纪60年代，在宁乡沩山密印寺内曾发现大佛殿中大佛像体内藏有茶叶30余斤，揭开时满殿清香扑鼻，令人惊异，由此可见茶在佛教中的地位。茶，真是一种"人神共享"的好东西。

第七节　积德行善的义茶

昔时，由于交通的阻塞，行旅十分艰难，人在旅途，常常是精疲力竭、唇焦口干，身处荒山野岭，旅人无不渴望路途中有一些遮风挡雨、喝口茶水的休憩之所。因此，长沙许多地方政府和社会贤达都把施茶作为主要的慈善事业，每逢炎热季节，在交通要道上建筑一些茶亭，或临时搭建一些茶棚，内设茶缸、茶桶，煮茶水施舍，供过往旅人歇息解渴。长沙市南门外回龙山下有著名的义茶亭，20世纪中叶亭已不存，却留下"义茶亭"的街名（图8-12）。

清代长沙府益阳县穿坳仑茶亭，在益阳杉树仑与桃江县松木塘结合部，其亭宽大，可供16桌人喝茶。清桃江县彭子仁捐建，并置田31.5亩，土地3亩，作为亭产。亭联两副，颇邀时誉：

> 生计尽关心，长途辛苦，坐片刻稍息疲劳，哪管春秋冬夏；
> 光阴同过客，逆旅奔波，喝一杯全消渴癖，任凭南北东西。

> 穿破名利关头，想只因富贵身家，过此尽属康庄道；
> 坳上清闲地位，看不上江山风月，少座都为畅快人。

清代长沙府安化县奉义茶亭，在小淹乡石门潭（图8-13）。由龚怡发遵母陈护英遗

图8-12 长沙义茶亭街（今无）

图8-13 清代长沙府安化县义茶亭

命所建，取名"奉义"。陈护英"秉性坚贞，夙怀慈善"，28岁丧夫，抚龚怡发为嗣。见行人过此，欲饮无茶，欲歇无荫，且常有绿林啸聚，匪迹出没，临终嘱子："暂不买田，先建茶亭。"怡发谨遵不渝，逾四载亭成，行人称便。至今亭房依旧，楹联尚存：

奉命岂敢忘，建小亭数椽，献予先慈偿夙愿；

义心尽所表，烹清泉几盏，聊为过客洗尘劳。

安化县杉树亭，在冷市、小淹两地等距的高芭、石沙村交界处杉树岭，建于清嘉庆年间（1796—1820年），是往昔新化、溆浦、梅城通往常德、桃源等县的要道。岭高海拔约600m，地形险要，素有"南北十里一关山"之称。茶亭为全木质结构，建筑呈新月形，亭长15m，宽4m，共5间，占地90m²余，东侧设条凳、茶缸，供行人停歇饮用，西侧两间横屋，供守亭人居住。亭东原建有梅山菩萨孟公祠。茶亭廊柱上有一联，相传为陶澍所撰，联云：

茶后行者行，莫愁劳燕分飞，放眼光明路正远；

亭前过客过，若访雪鸿遗迹，印心名胜景尤佳。

长沙市今辖地区仍有许多地名与建筑物都与茶字沾边。长沙市以茶字命名的街道名和地名有：义茶亭、茶馆巷（图8-14）、茶馆屋、茶铺子、茶园巷、茶园岭、李家茶铺、茶陵坪等。长沙地区著名的还有望城区的茶亭镇、茶亭塔，宁乡市的惠同桥茶亭、司徒岭茶亭等。另外，还有宁乡巷子口的南风亭、浏阳社港的新安桥亭等也是长沙地区著名的义茶施放之所。

图8-14 长沙茶馆巷的老公馆

有关今长沙地区的茶亭详见第十二章"第一节 长沙茶亭之旅"。

第九章　长沙茶馆文化

茶馆，又名茶肆、茶坊、茶店、茶铺、茶室、茶寮、茶楼、茶座、茶厅、茶园、茶苑、茶社、茶吧、茶空间等，是以饮茶为中心的综合性活动场所。"茶馆"一词，在今存明代以前的资料中未曾出现过。直至明末，在张岱的《陶庵梦忆》中才出现"崇祯癸酉，有好事者开茶馆"之语。此后，茶馆即成为饮茶场所的通称。茶馆是随着饮茶活动的兴盛而出现的，是随着城镇经济、市民文化的发展而兴盛起来的。茶馆的雏形是茶摊，见诸文献记载的最早的茶摊可以追溯到在江南建立东晋王朝的元帝司马睿时。《广陵耆老传》载："晋元帝时有老姥，每日独提一器茗，往市鬻之，市人竞买。"它虽是茶楼的最初原型，但存世却很久。即使到了20世纪80年代初，这种移动茶摊依旧存在。近现代的茶馆已不局限于喝茶，已兼茶艺、餐饮、娱乐、聚会、销售等众多功能。

第一节　长沙茶馆春秋

茶铺真正固定下来，成为茶楼、茶肆，除予人解渴外，并成为人们的休闲、进食之所，应该是唐代的事情。唐代的寺院饮茶成风。那时佛教盛行，寺院专设有茶堂，是众僧讨论佛理、招待施主宾客饮茶品茗的地方。法堂西北角设有"茶鼓"，以敲击召集众僧饮茶。另设有"茶头"，专门烧水煮茶，献茶待客。这大概就是最早的较大规模的集体饮茶形式。

寺院中以茶供养三宝（佛、法、僧），招待香客，逐渐形成了严格的茗饮礼仪和固定的茗饮程式。平素住持请全寺上下僧众吃茶，称作"普茶"；在一年一度新的执事僧确定之后，住持要设茶会。茶在禅门中由最初提神醒脑的药用功能而成为禅事活动中不可缺少的一环，又进而成为修行持戒、体悟佛理的媒介。茶与禅日益相融，最终凝铸成了流传千古、泽被中外的"茶禅一味"的禅林法语。

寺院僧的饮茶习俗对民间饮茶产生了重大影响。至盛唐，"王公朝士，无不饮者"。文人间时兴会、茶诗，这影响到上层统治者，慢慢出现了官办的大型茶宴（图9-1）。饮茶遂成风俗，促成了我国最早的茶肆的产生。至唐玄宗天宝年间（742—756年），许多城市"多开店铺，煎茶卖之。不问道俗，投钱取饮"。文人雅士喜好品茶鉴水，精研茶艺，这些都对茶馆的发展起了积极作用。加之陆羽《茶经》的问世，使得"天下益知饮茶矣"。

茶馆进入第二个兴盛时期是宋代。宋朝时，随着城市的发展，市内出现"瓦子"（娱乐场所），内有"勾栏"（演出场所）、酒肆和茶楼。宋代长沙有"长沙十万户，游女似京都"之誉，茶肆茗坊遍及大街小巷，《太平广记》中即有"潭洲燕子楼"之记载。宋代茶坊大多实行雇工制，茶肆主招雇熟悉烹茶技艺的人，称为"茶博士"，进行日常营业。茶博士是城市职业中专业化较强的技术雇工，是市民阶层中有特色的人群之一。为了吸引顾客，宋代的茶肆十分重视摆设，特别到了南宋，更是精心布置。南宋吴自牧在《梦粱录》关于茶肆有"插四时花，挂名人画，装点门面……列花架，安顿奇松异桧等物其上"的记载。当时的大茶馆更是富丽堂皇，讲究文化装饰，着力营造精致幽雅的品饮环境。明代《清平山堂话本》中描绘了南宋茶楼摆设："花瓶高缚，吊挂低垂；壁间名画，皆则唐朝吴道子丹青；瓯内新茶，尽点山居玉川子佳茗；风流上灶，盏中点出百般花；结棹佳人，柜上挑茶千钟韵。"

图9-1 清明茶宴图

元代，长沙经济得到恢复，人口大增，加之实行重商政策，长沙茶叶大量入市，商业繁盛，《马可波罗游记》中所记载的元代沿长江的新兴商业大城市中便列有潭州。明代，长沙与广州、九江、杭州并列为全国四大茶市，贩茶成为长沙府最广泛的商业活动，茶陵诗派李东阳的诗里也有反映。明代茶饮的普及与散茶加工法和散茶品饮方式有密切的关系。散茶促进了茶叶生产的发展，使得繁琐的茶饮生活变成简便的生活艺术，更广泛地深入到社会各个层面，植根于下层民众之中，从唐宋时期的宫廷、文人的雅尚清玩转变为整个社会的生活文化，也成了老百姓可以参与的"俗饮"。明代文人沿着元代文人的饮茶风气，走向自然界，重新将茶，将自己溶于大自然中，以茶雅志，别有怀抱。并且因事制宜，创造了以壶为代表的紫砂茶具。紫砂壶不仅因新的瀹饮法而兴盛，且迎合了明人饮茶的自然美的追求，从而成为明代茶文化的一种重要的文化表征或特殊的文化符号。

茶馆最鼎盛的时期是在清朝的"康乾盛世"，呈现出集前代之大成的景观（图9-2）。以卖茶为主的茶馆，环境优美，布置雅致，茶、水优良，兼有字画、盆景点缀其间。文人雅士多来此静心品茗，倾心谈天，亦有洽谈生意的商人常来此地。此类茶馆常设于景色宜人之处，没有城市的喧闹嘈杂。想满足口腹之欲的，可以迈进荤铺式的茶馆，这里既卖茶，也兼营点心、茶食，甚至有的茶馆还备有酒类以迎合顾客口味。这种茶馆兼带一点饭馆的功能，不过所卖食品不同于饭馆的菜，主要是各地富有特色的小吃。

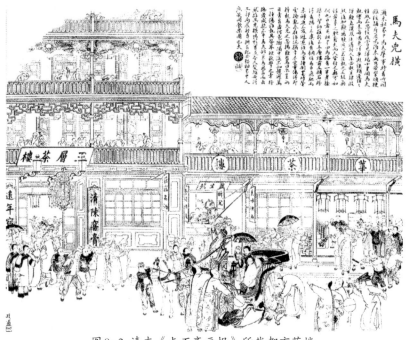

图9-2 清末《点石斋画报》所载都市茶楼

清代江南的茶馆内增设了分隔间的小茶室，相当于今天的包厢，包厢内雅洁无尘，茶客分室列坐，各品各的茶，互不干扰，亦有利于满足某些人际交往的私密性要求。民国初年刊行的汇辑清代野史笔记的鸿篇巨制《清稗类钞》在"饮食类"中对清代长沙老茶馆有这样的记载："长沙茶肆，凡饮茶者既入座，茶博士即以小碟置盐姜、菜菔各一二片以饷客。客于茶资之外，必别有所酬。"又说："茶肆所售之茶，有红茶、绿茶二大别。红者曰乌龙，曰寿眉，曰红梅。绿者曰雨前，曰明前，曰本山。有盛以壶者，有盛以碗者。有坐而饮者，有卧而啜者。怀献侯尝曰：'吾人劳心劳力，终日勤苦，偶于暇日一至茶肆，与二三知己瀹茗深谈，固无不可。乃竟有日夕流连，乐而忘返，不以废时失业为可惜者，诚可慨也。'"

《清稗类钞》的编撰者徐珂，字仲可，浙江杭州人，清光绪举人，曾任上海商务印书馆编辑。著名文献学家谢国桢称徐珂"长于文学，善于诗词，尤喜搜辑有清一代朝野遗闻，以及士大夫阶层所不屑注意的基层社会的事迹。晨钞露纂，著述不辍，以此终老。"
因此，《清稗类钞》所记述的长沙老茶馆景状是真实可信的（图9-3、图9-4）。

图9-3 清末茶馆与茶客

图9-4 清末乡间茶棚

茶馆的服务员称为"茶博士"，亦称"堂倌"。"茶博士"有等级之分，上等的叫"茶
堂"，且分正副。清末《图画日报》所载一幅"茶博士"图上配有一首打油诗（图9-5），
对"茶博士"的职责做了最好的说明，诗云：

茶馆做个茶博士，一天到夜冲开水。铜壶一把手不离，还要扫地揩台端凳子。

茶馆时有官场来，闻呼博士惊欲呆。何况茶堂分正副，有人兼挂正堂衔。

清末民初，红茶大盛，长沙成为湖南茶叶转口贸易的主要城市、湖南最大的茶叶集

图9-5 清末《图画日报》
载"茶博士"图

图9-6 清代茶馆图

散地，也是全国几大著名的茶叶、茶具市场之一。此时的长沙茶馆业出现了"一去二三里，茶园四五家，楼台六七座，八九十品茶"的兴旺景象，遂有"江南茶馆"的美誉。清代长沙的茶馆有高雅和市俗两种类型（图9-6）。高雅茶楼常为达官贵人、文人学士的聚会之所，如青石桥的云阳楼，道光年间号称"湖南四才子"之一的黄本骥曾邀约社会名流登楼看山，举行茶宴，一时传为文坛佳话。市俗茶馆的茶客则多为下层市民和社会三教九流，热闹非凡。1904年7月1日，长沙正式辟为对外通商口岸后，茶馆数居全省之首。1906年，长沙成立"湖南商务总会"，前往注册登记的大小茶馆、茶摊担达200余家。

民国初期，长沙茶馆进入鼎盛时期（图9-7、图9-8）。1922年长沙有茶馆75家，1926年增至115家，还成立了茶馆业同业公会，也略分了档次，东南西北四门各有高档次名茶馆一二所，也逐渐体现了各自的特色。1925年吴晦华编撰的《长沙一览》和1936年邹久白编撰的《长沙市指南》均有茶馆的记述。《长沙一览》载："茶社自早晨七时起至下午四五时止为饮茶时间，以早晨时为最热闹。长沙习惯，晨兴即往茶社洗面用点。茶资各地不同，大约每壶铜元10枚或12枚。点心照算，小费听给。"《长沙市指南》载："长沙茶点开市较他业为早，但无夜市。顾客以车夫菜贩为多，茶资各店不同，大约每壶3～5分或1角止。点心则以件数计算，每件约铜元8～12枚止，大洋2～5分。至于小费自便，并不计较。著名茶馆一览：五芳斋青石街、德园南正街、祥华斋鱼塘街、九如春南正街、景阳楼南门口、洞庭春西牌楼、徐松泉老照壁、普天春南门口。"抗日战争胜利后，长沙有大小茶馆170余家。1938年11月12日夜半后的"文夕大火"将长沙城的物质财富和地面文物毁之七八。因此，这一时期的茶馆大都设备简陋，沿街设店，饮茶者多为附近居民。其中，分布在四门繁华地段，店堂宽敞，茶点俱佳，令人闻香止步，终日高朋满座的有道门口的德园、西牌楼的洞庭春、八角亭的大华斋和老照壁的徐松泉，

图9-7 民国时期茶馆

图9-8 小巷深处的"茶话"馆

号称长沙四大茶馆。

从民国时期到20世纪50年代初期的长沙茶馆，门面以二层楼为主，制作间、外卖多设在一楼店门口。为招徕顾客，店门口一般都悬挂有"山水名茶，时鲜细点"字样的广告牌。

小汤包要求用猛火蒸，一般都用一个大铁油桶做灶，烧无烟块煤，用手拉风箱助燃。拉风箱者一拉一送，风箱发出"通—哒""通—哒"的节奏，炉内蹿出红蓝色的火焰，把小小的蒸笼蒸得热气腾腾。麦面、荷叶的清香洋溢在店门街面，吸引着过往的行人。二楼则是茶座，清一色的四方桌、木板凳，每桌可坐八人。规模大一点的茶馆可容纳百来人，小的仅容纳三五十人。

长沙属于"四塞之国"的内陆城市，长期的战乱使其缺少丰厚的物质财富的底子，虽有全国不少文人在这里来来往往，留下一些锦绣诗文，但其人毕竟多属不得意者之流，表达的闲情逸致较少；土生土长的文人一是数量不够多，加之环境的逼迫也多关注军事、政治，经世致用去了，没有几个大文人有心、有闲来关注、来参与茶文化等社会文化的构建，导致长沙茶馆一直呈现出一种明显的俗文化特色，缺乏高层次文化的提升。久而久之，文人们也浸润其中，却也创造出了花鼓戏、方言相声、长沙弹词等大俗的地方草根文化来。因此，长沙茶馆没有杭州西湖茶馆的雅，没有上海茶馆的静，没有潮汕、闽南功夫茶的深厚文化，没有成都、重庆茶馆的高超技艺，可以说俗气十足、五色人等、五花八门，犹如一锅大杂烩。但它却是长沙市井文化的发源地，长沙方言、长沙俗语在此汇聚，不一定上得台面，但常令人捧腹大笑。长沙茶馆的市井文化还有一个重要的特点就是几乎哪一个茶馆都很热闹，堂倌的唱牌声此起彼伏，"十四席坐客糖、肉包子各四个，六席坐客玫瑰大油饼一个，三席坐客火烤芝麻饼六个……"，堂倌都穿对襟青布衫，右手提一把铜壶，左手托着十来个碟子，左肩上搭着一块白色抹布，不停地招呼着往来客人，穿梭于茶桌之间。

茶馆经营的品种，茶叶有毛尖、云雾绿茶、河西园茶、花茶和混合茶（绿茶、花茶、茶叶末子混合在一起）。长沙人口味重，茶客以喝混合茶者居多。混合茶酽，很"打水"，多次兑开水后茶味仍浓。一斤茶叶分成一百二三十个小铁筒，来一位客人，倒一筒茶叶冲泡即可。除茶叶外，就是经营茶点。清茶馆是纯粹的文人茶馆，旧时长沙是极少的。荤茶馆则遍布大街小巷，茶点以糖、肉包子为主，还有马蹄卷、千层糕、烧卖等。而银丝卷、春卷、小笼汤包、鸳鸯大油饼、小油饼、小芝麻饼等则属于高案师傅制作的精点，多供雅座客人享用。如喝茶喜吃茶根一样，长沙茶客吃包子也有特点，糖、肉包子各取一枚，先在包子的底板上各咬一块纳入口中，然后抓一把花生米用双手一搓，张口吹去皮，将其夹入包子中，再将两个包子合在一块几捏几按，变成一个大圆饼，待糖、肉、花生米均匀分布后，细嚼慢咽，喝一口浓茶，吃一口包子，非常惬意。这种市井吃法叫作"双包按"。同时，子油姜、花生、瓜子、紫苏梅子等小碟茶点也是茶馆经常备有的。坐茶馆的一部分人虽然每天来吃包子，却只吃皮，吃烧卖又只吃糯米不吃皮，肉馅或烧卖皮加两根油条，皆可做成午餐桌上的一份菜汤，也算是一家人的"口福"了。由此可见当时一般市民生活的较低水平。高谈阔论归高谈阔论，民主自由终究是有限的，因此，一般茶馆为免是非、保平安起见，都在店内张贴有"闲谈勿论国事"的警示布告。这就是旧时的长沙茶馆，世俗，平常，见生活之苦，有生活之乐（图9-9）。

改革开放前的计划经济时期，长沙茶馆从整体上处于式微之态。改革开放后尤其是20世纪90年代以来，经济迅猛发展，人民生活水平得到很大提高，各类茶馆又开始大量涌现，成为休闲、旅游、聚会的重要场所之一。

21世纪初的长沙俨然一座休闲娱乐之都。被长沙喧嚣、沸腾的市井生活所冲泡，来回翻滚，浮沉起落，长沙新茶馆有如嫩绿的茶叶，无奈而安静地沉入时代的杯底（图9-10）。

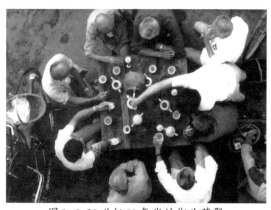 

图9-9 20世纪80年代的街头茶聚　　　　图9-10 21世纪初尚存的铜铺街露天"茶馆"

当代中国，经济社会各方面都在发生着深刻的变化，经济与文化都进入了一个空前活跃的时代，茶业经济与茶文化更是焕发出前所未有的活力与魅力。新老名茶层出不穷，竞相争妍；茶楼茶馆如雨后春笋般涌现，精彩纷呈；茶道、茶艺各展芳姿，标新立异。长沙茶馆适应改革开放后人们社会交往的日趋频繁，流动性的日益增强，从普通的饮茶场所逐步发展到为人们提供一个个高雅的休闲场所，走上了专业化的道路。

首先适应这一变化的是20世纪80年代一些接待外地宾客、商人的国营宾馆，他们大多在宾馆一角开辟出一片区域作为茶厅，供住店客人会客与洽谈生意的场所，如湘江宾馆茶厅等。20世纪90年代初，民营资本开始进入茶馆领域，建成了一批有较大规模、较高格调的茶馆，如五一路的润华茶楼、韭菜园的茶人轩、溁湾镇的御茶园、黄兴路的香飘茶楼和解放路的溢香茶楼等，有少部分是本地人开的，大多数是台湾等地商人开设的。

　　进入21世纪，长沙城市建设日新月异，城市品位迅速提升，城市功能的设置也更加重视人性化、多样化的社会需求，茶馆也日趋多样化。有人把长沙新茶馆分为5种类型，即荤茶馆、清茶馆、玩茶馆、花茶馆和茶空间等。荤茶馆除提供品茶为主的服务外，且能提供餐饮服务，中西兼备。清茶馆专营茶饮，仅提供少量点心和零食。玩茶馆兼具娱乐功能，如音乐茶座、卡拉OK包厢及棋牌茶室等。而提供洗脚、按摩服务的茶馆称为花茶馆，一般人常以不入流视之。茶空间则是附设在某个场所的清茶馆加文化聚集、文化创意活动的空间。随着商业老街黄兴路步行街的建设和解放西路改造建设的完成，长沙出现了历史上第一个现代意义上的酒吧一条街。伴随着现代酒吧、西餐厅出现的，还有同样高档次的中华传统文化茶楼，如怡清源、香飘、和府等。全市各繁华地带则相继出现了和茶园、竹淇茶馆、湖南茶人之家、茶仙遇茶馆、白沙源茶馆、福寿康，以及清悟园、天润福、尚书坊、同逸普洱茶馆、唐羽茶馆、劳止亭、沁香、阳羡人家等各色茶馆，将人性化与个性化，传统文化与现代文化，热闹与安静，世俗与高雅演绎得如火如茶，风生水起，成为长沙文化经济又一道亮丽的风景（图9-11、图9-12）。

图9-11 长沙市政府投资兴建的江阁茶楼

图9-12 芙蓉中路竹淇茶馆

　　从特色上讲，有环境清幽、庭院式的白沙源和地处岳麓山下、湘江之滨的御茶园与尚书房，尽得天时地利，寻求一份自然的情趣。有仿杭州模式的竹淇茶馆、和府等，是将茶与餐饮相结合的自助式茶楼，装修典雅，富于生活气息。有仿古式的和茶园、劳止亭、阳羡人家等，巧妙地通过明清木雕、明式家具、真假古董、名人字画，尽力营造出中国传统文化的氛围。有清悟园、天润福、沁香茗茶等，通过现代装修艺术，将茶艺表演与琴、古筝表演以及宗教文化特色相结合，营造出幽雅环境，着力体现现代都市气息和返璞归真的精神追求。还有山水客轩、神聊茶馆等则以茶为媒，聚集文人雅士，开展书画、文艺创作、评论的主题茶馆。

随着社会的发展，消费的不断升级，人们对茶的关注越来越显示出精神层面的追求，长沙茶馆将日益呈现出更加丰富的层次和文化产业的属性，发展将会更快、更强，在市民的生活中也将有更加重要的地位。

第二节　长沙老茶馆撷英

一、云阳楼茶馆

云阳楼始建于清道光年间（1821—1850年），为清代长沙城一著名茶楼，位于"明藩故城之巅"，即明藩城青石桥之畔，位置在今解放西路一带。青石桥为明吉藩府南护城河上的一座桥，云阳楼就建在桥旁。楼系砖木二层结构，歇山顶小青瓦屋面，底层有木楼

图9-13 清末葛元煦绘茶楼，云阳楼形制与其极为相似　　　图9-14 德源书何绍基联

梯通向二层，二层临街的一面为通透式雕花栏杆和活动窗棂（图9-13）。由于茶楼建在离湘江不远的高地上，登楼可面对岳麓山的"云阳"美景，故称云阳楼。

云阳楼为"市人卖茶所也"，兼卖包点，楼上悬挂着何绍基的名联，引人注目（图9-14）。联云：

花笺茗碗香千载；云影波光活一楼。

此联咏事赋景，熨帖自然，使茶楼增色不少。上联写登楼怀古，联想到唐代女诗人薛涛曾自制一种彩笺专门用来写诗，又用自己烹煮的香茶款待客人。一个"香"字，既切"花笺""茗碗"，写出了茶楼的雅兴，又颂扬了女诗人的流芳百世。下联写楼，但不直接点楼，而从江中摇曳的光影落笔，一个"活"字有着含蓄不尽的情味，用活水煮茗，岂不令茶客更添逸兴。何绍基（1799—1873年），字子贞，号东洲，晚号蝯叟，湖南道州人，清道光进士，为清代最著名的书法家之一，官至四川学政。通经史，善诗文，尤工书法，自成一格，融篆隶笔意于行楷之中。晚年曾居长沙化龙池，居室名"磻石山房"，清同治年间（1862—1874年）主讲长沙城南书院多年，卒后葬长沙石人村苦竹塍。

乙酉年，即清道光五年（1825年），云阳楼留下了一桩流芳千古的文坛佳话，著名学者、号称"虎痴"的黄本骥曾邀约三湘众多名士来云阳楼看山品茶，多有诗歌和唱。黄本骥首先向众名士发出了《云阳楼看山约》，约曰：

长沙秋色以麓山为胜，郡城看山以云阳楼为宜。楼踞明藩故城之巅，市人卖茶所也。选兹胜日，招集同人，扫花煮茗，为看山之会。俾旧能联，重阳可展。或凭高而作赋，或分韵以留题，善画者洒墨成图，能琴者挥弦寄兴。云峰佳处，良会难逢，本无空谷遐心，致使山灵负屈。

黄本骥（1781—1856年），字仲良，号虎痴，长沙府宁乡县人，道光举人，授黔阳县教谕。黄博览群书，知识渊深，于考古、文物、地理、方志、古史、姓氏和官职，无所不通，与新化邓显鹤、沅陵李沆训、湘潭张家榘誉为"湖南四才子"。著有《姓氏解纷》《孟子年谱》《湖南方物志》《皇朝经籍志》《郡县分韵考》《续金石萃编》等。

《云阳楼看山约》发出后，响应者非常踊跃（图9-15）。赴约者，互赠书画，蔚为一时之盛。黄本骥《云阳楼》（图9-16）一诗的跋中说："乙酉重九后四日，集同人于云阳楼，为看山之会。时以诗画见赠者裒然成册，因题其末，以志胜游。"

图9-15 黄本骥《云阳楼看山约》手迹　　　　图9-16 黄本骥《云阳楼》诗手迹

云阳楼

平生颇结名山缘，太行太华随所幰。结庐况在湘江曲，开门便对后山麓。

后山之麓云模糊，秋客巧绘偃迁图。道乡台接道林寺，中有福地仙人居。

惜为饥驱走四海，未暇遍瞰山颠迹。偶然在家翻似客，片时曾憩劳人躯。

揭来山光正晴霁，林叶未黄苔似蘮。开筵赖有酒家楼，借与吾侪作秋禊。

黔阳夫子王江宁，一门再结通家契。肯为李贺枉高轩，未压陈平门席敞。

座中诸客皆名流，能诗能画能觞筹。不许簾栊暂隐蔽，要将峰岫穷雕镂。

凭栏日暮不欲去，兴酣忘是他人楼。安得渊明不乞食，日与名师胜友看杀秋山秋。

（黄本骥）

黄诗一出，和诗如云，同为"湖南四才子"的嘉庆拔贡李沆训即兴赋《云阳楼看山联诗》，诗中记录了云阳楼诗会"管弦声沸刊茶肆，游人几为看山至"的盛况。黄本骥《云阳楼》诗和众名流的和诗，以及互赠画集为一册，今藏湖南省博物馆，成为该馆的镇馆宝藏之一。

二、宜春园与同春园

宜春园集戏园与茶馆于一体，清光绪三十四年（1908年）开业，沈姓商人建于长沙太平街孚嘉巷。该园仿北京"广德楼戏园"款式营建，与旧式茶园无异，只是多了个戏台，演出湘剧，是湖南省第一家湘剧戏园，为戏班班主经营。厅内造三面舞台，台前置茶桌方凳，卖茶而不售戏票。这种边喝茶边看戏的娱乐方式，清末称之为"视听之娱"（图9-17）。湘剧仁和班、春台班在此演出，晚晚座无虚席。

清末经学诗文大家王闿运（1833—1916年）题外舞台联云：

东馆接朱陵，好与长沙回舞袖；南山笼紫盖，共听仙乐奏云傲。

廖重垲题内舞台联云：

笛歌吹开九面云，看舞袖频翻，风流当忆长沙国；

家山共此三湘水，听乡音无改，雅调如翻渔父词。

清宣统二年（1910年）宜春园歇业，1917年在药王街口三尊炮巷重新开业，以演戏为主（图9-18、图9-19）。2005年长沙市政府在太平街重建了宜春园戏台（图9-20）。

图9-17 清末《点石斋画报》所载茶馆"视听之娱"图　　图9-18 1917年长沙《大公报》宜春园

图9-19 清末宜春园老照片

图9-20 2005年重建的宜春园戏台

1910年宜春园歇业当年，又一座兼具茶馆和剧院功能的戏园开业，仍用其"春"，起名同春园。同春园系叶德辉在坡子街苏家巷口辟出私宅怡园改建。该园首创湖南省镜框式舞台，场内设包厢、雅座及长条木靠椅，舞台有灯光幕布。戏园始售戏票，但仍备茶水，另收茶资。叶德辉亲题台联：

> 同车攻马，抗怀三代；春秋兰菊，竞秀一时。

时湘剧名伶皆荟集于此，生意远在各园之上。同春园将当时长沙湘剧同庆班、仁和班名角组成同春班，下按技艺高低分天、地、玄、黄4个演出单位，按角色不同身份演出，角色齐全，行箱富丽，为湖南第一大湘剧名园。戏台联云：

> 同声歌绛树；春色望青葱。

辛亥革命后戏园交湘剧名演员李芝云等31人经营管理，号称"川一堂"。1929年同春园歇业。

叶德辉（1864—1927年），字奂彬，号直山，长沙人。21岁乡试中举，28岁会试中第九名进士，殿试二甲，授吏部主事。但他对仕途不感兴趣，不久弃官归里，开始营造他的"观古堂"。到1912年观古堂藏书已达20万余卷。叶最大的学术成就是版本目录学研究，他编撰的《观古堂书目丛刻》至今仍有价值。但是，叶德辉思想保守，他反对戊戌变法，反对辛亥革命，大革命时又反对工农运动。1927年4月，被湖南农、工、商学各界团体大会处死。尽管如此，爱喝茶、看戏的长沙人对叶德辉办茶馆戏园的轶事还是津津乐道。

三、天然台茶馆

天然台茶馆位于长沙鱼塘街，系湖北商人戴季梅于清光绪三十四年（1908年）购得湖北会馆对门基地所建，为石库门三层楼建筑，门顶枋安有一块大招牌，上书"天然台"3个大金字，货架上陈列着一排排景泰蓝锡茶罐，茶罐上标有全国各地名茶茶名，环境古色古香，优雅别致（图9-21）。据说天然台茶馆盖碗茶贵到百钱一杯，还是座无虚席。当然，它基本上是为达官贵人服务的。

长沙府茶陵人、湖南省都督谭延闿（1880—1930年），后官至南京国民政府主席、行政院院长。他好美食，善书法和对

图9-21　1912年《长沙日报》、1916年长沙《大公报》天然台广告

联，民国初年曾题赠天然台茶馆一联。联曰：

        客来能解相如渴；火候闲评坡老诗。

此联用了西汉辞赋家司马相如患了消渴症（糖尿病）和苏东坡《试院煎茶》等诗论煮茶火候两个典故，明里描写茶馆的解渴功能和烹茶技巧，暗里奉承来此休闲品茗客人的才气和修养，叫人心领神会，又不着痕迹，艺术手法十分高明。加之谭为当时闻名全国的大书法家，他那笔麻姑体的颜字人见人爱，说使天然台茶馆店面生辉，一点也不夸张。

天然台是长沙最早推出鲜肉包子的茶馆之一。初时包子品种主要有闽笋鲜肉包、玫瑰白糖包和冰糖盐菜包，后来又推出香蕈鲜肉包、枣泥包、豆沙包、叉烧包等新品种。

清宣统二年初（1910年），老板从上海购来制蒸馏水用具，置于门前，取湘江之水蒸之，用以泡茶，确具特色。茶叶是用河西园茶为主，配皖西六安黄茶，并加玳玳花三五朵，每杯用茶叶五钱。水清、茶热、味浓、香烈，可泡5次以上，每杯收制钱120文。当时长沙牛碾子米每升值65文（一升为750g），即差不多要两升米的钱才能喝一杯茶。

同年初夏，因水灾和奸商外运粮食，造成长沙米价上涨，一度涨到七十八文一升，因此饥民数千人聚集南门外鳌山庙，奋起抗争。巡抚岑春蓂指示省巡警道前往弹压。巡警道赖承裕坐四人绿呢大轿到鳌山庙。此庙原为太守祠，位于长沙市天心区里仁坡。里仁坡原名醴陵坡，传为祭祀醴陵人丁鳌山而得名。丁曾任夔州太守，为官清正，晚年居此，传说殁为神。赖承裕对饥民们说："长沙天然台的茶一百二十文一杯有人吃得，七十八文一升的米吃不得吗？"这句话使饥民们更为愤怒，立即把赖承裕拖下轿来，用绳子绑在一株老垂杨树上，以示惩戒。头被瓦片打破，弄得狼狈不堪，威风扫地。长沙有人戏写竹枝词云：

      瓦片飞来势最凶，顿教白发染成红。鳌山庙外垂杨柳，不系青骢系赖公。

天然台老板闻谣传要砸他的茶馆，赶快把蒸馏机收起，清茶每杯降价为十文。至20世纪30年代，天然台茶馆改为酒楼，由湘菜名厨罗凤楼掌案，以红烧菜见长，如红烧鸟丸、红烧土鲍皆其拿手菜。

天然台今已不存，连鱼塘街也作为"棚户区"拆掉了，徒留世事沧桑之叹。

四、半江楼茶馆

半江楼茶馆亦位于长沙鱼塘街，始建于清光绪年间。半江楼起名于唐代杜甫《赠花卿》诗：

锦城丝管日纷纷，半入江风半入云。此曲只应天上有，人间能得几回闻。

"半入江风半入云"用来比喻看不见、摸不着的抽象的乐曲，这就从人的听觉和视觉的通感上，化无形为有形，极其准确、形象地描绘出弦管那种轻悠、柔靡，杂错而又和谐的音乐效果。悠扬动听的乐曲，从花卿家的宴席上飞出，随风荡漾在锦江上，冉冉飘入蓝天白云间，使人们真切地感受到了乐曲的那种"行云流水"般的美妙（图9-22）。两个"半"字空灵活脱，给全诗增添了不少的情趣。以该诗名茶馆，也使湘茶的品味如行云流水一般妙不可言。

图9-22 杜甫《赠花卿》诗意画

清末长沙"落魄狂士"吴士萱为其作有《半江楼坐茶》诗，诗曰：

已厌尘嚣遍九州，每耽清啸坐斯楼。洗心但饮一杯水，濯足如临万里流。

文字早成刍狗物，功名都付烂羊头。生逢乱世甘长贱，总觉春来气似秋。

半江楼早已不存，今日连鱼塘街也被拆除，代之而起的是高达450m号称"三湘第一高楼"的"国金中心"楼盘。

五、德园茶馆

德园茶馆始建于清光绪年间，唐姓业主在八角亭附近开店，取《左传》中"有德则乐，乐则能久"之意，名"德园"。民国初年，几位失业官厨集资入伙，盘下几经易手却无起色的德园，迁址于南正街（今黄兴南路）樊西巷口，以官府菜招徕食客。其他茶馆做肉包子，都是加放水发闽笋作配料，德园却用水发香蕈，糖包子用土白糖，加肥肉及玫瑰糖，又因菜肴制作总是海味鲜货等，留下大量上乘余料。为免浪费，故将其剁碎拌入包点馅料中，不料竟使其包点风味特异，备受食客喜爱，从此德园包子声名鹊起，有"出笼热喷喷，白色皮喧松，玫瑰甜香美，香菇爽鲜嫩"之赞语，有人还将之与天津的狗不理包子相提并论（图9-23）。

1938年“文夕”大火后，原班部分厨师重新集资，再度建店，取名德园茶馆，继续经营饭菜、包点，并逐步形成驰名的玫瑰白糖、冬菇鲜肉、白糖盐菜、水晶白糖、麻蓉、金钩鲜肉、瑶柱鲜肉、叉烧等“八大名包”。

据当时市井流传，德园有四大特色：茶味香浓、包点精美、佐食雅致、招待热情。茶客一走进雅座，便有舒适之感，窗明几净，锃亮的黑漆桌凳一尘不染。桌上摆着一壶四杯，两盘两碟。客人落座，堂倌先用开水冲洗茶杯，然后向壶内“冲开”，令人顿觉茶香扑鼻。据说用的茶叶，系多种绿茶混合，再窨以茉莉香花，故香味异常。两盘是花生米和黑西瓜子，花生米颗粒均匀，五香燥脆；瓜子壳薄肉实，一嗑即开。据店主云：花生米非安化籽不收，瓜子非江西樟树的不买。两碟是冰糖梅苏和玉醋嫩姜片，爽口开胃，最宜佐茶。尤妙的是小碟均盖小竹笠，望去清洁卫生，典雅宜人，使食者放心。喝茶间隙上包点，一碟4个，花色配搭，品种有香菇鲜肉、玫瑰、水晶、冰糖盐菜、麻蓉、洗沙、枣泥、瑶柱、金钩等，面白丰满，皮薄馅足，含油欲滴，落口消溶，别饶风味。除包子外，还供应季节点心，春季有春卷，夏季有千层糕、凉发糕，秋季有脑髓卷，冬季有萝卜饼。还经常供应蒸饺、锅饺、蝴蝶卷、银丝卷、馒头等，花色繁多，适合各类顾客需要。

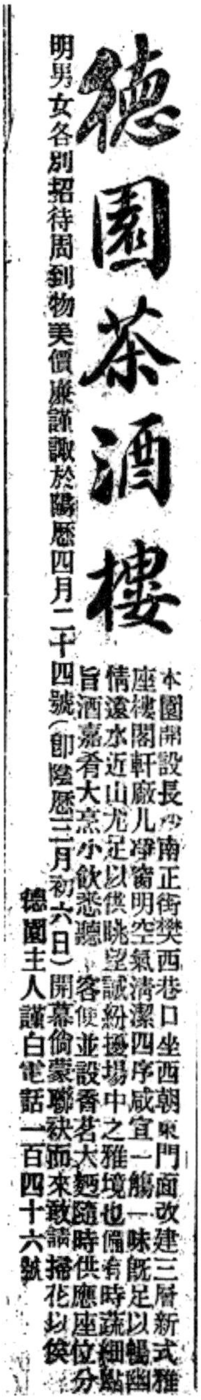
德園茶酒樓
本園開設長沙南正街樊西巷口坐西朝東門面改建三層新式雅座樓閣軒廠几凈窗明空氣清潔四序咸宜一觴一味既足以暢幽情遠水近山尤足以供眺望誠紛擾場中之雅境也備有時蔬細點旨酒嘉肴大烹小飲悉聽客便並設香茗大麵隨時供應座位分明男女各別招待周到物美價廉謹諏於陽歷四月二十四號（卽陰歷三月初六日）開幕倘蒙聯袂而來敬請掃花以俟
德園主人謹白電話一百四十六號

图9-23 1920年长沙《大公报》德园广告

政界及教育界人士喜欢到德园，但百工杂役、城市贫民等各阶层人士也都有，且多属健谈之客，上下古今，天南地北，高谈阔论，眉飞色舞，也有搞调解的，谈交易的。但大家都注意到墙上贴的4个大字“莫谈国事”。民国时曾任湖南大学校长和湖南省代主席，1949年后曾任湖南省文史研究馆副馆长的长沙人曹典球（1877—1960年）曾撰一嵌字联赠德园茶馆，联云：

德必有邻邀陆羽；园经涉足学卢仝。

此联用了陆羽撰《茶经》和卢仝七碗生风两个典故，嵌字自然，对仗风趣，虽往事如烟，但仍使人回味。

民国时德园茶馆内还悬有一联，也与卢仝之典有关，系清康熙间进士、岳麓书院山长车万育（1632—1705年，邵阳人）所撰，联云：

闲捧竹根，饮李白一壶之酒；偶擎桐叶，啜卢仝七碗之茶。

1993年，原国内贸易部授予德园茶馆中华老字号称号。21世纪初，德园茶馆由于黄兴南路改建步行街而被拆迁，后因没有实力迁回房价高昂的原地，仅存侯家塘、韭菜园等家分店勉力维持（图9-24）。

六、徐松泉茶馆

清同治年间，长沙人徐松泉亲自去上海茶馆学手艺，回长沙后在老照壁开了一家"松泉茶室"，并亲撰一副门联，把"松泉茶室"四字嵌入联内，联云：

松号大夫，泉名甘醴；茶称博士，室结香山。

徐松泉茶室开业后，聚集了不少手艺工人，成为了当地不少手艺工人交流技艺行情的重要场所。清末改名为徐松泉茶馆，其茶点以烧卖、春卷和火烧饼子最著名。烧卖米糯油透，如食珍珠；春卷松脆鲜嫩。

当时流传一则轶事：一日，一位老茶客到徐松泉买春卷，见茶馆座无虚席（图9-25），只好到隔壁小茶馆买春卷。因徐松泉茶馆的春卷太著名，那家小茶馆自知竞争不过徐松泉，因此并不做春卷。因这位茶客

图9-24 2002年拆迁前的黄兴南路德园茶馆

图9-25 徐松泉茶馆的茶客

要买春卷，店员只好从后门出去，到徐松泉买回来卖给这位茶客。待茶客品吃完碟中春卷，小茶馆老板便问茶客："您老觉得本店春卷如何？"茶客认真地答道："味道还可以，但比起徐松泉茶馆的来，那还是要差些。"由此可见顾客对徐松泉茶馆的认同和迷恋。

民国元年（1912年），徐松泉茶馆因业务发展需要，又在南阳街口开设姊妹店"双品香茶馆"。当时没有黄兴路，南阳街是交通要道。"双品香"当时是一栋三层楼房，二楼经营茶水，三楼经营酒宴堂菜。因其母店徐松泉茶馆是烧卖、春卷和火烧饼子最出名，"双品香"也以此出了名。

1922年，毛泽东、郭亮等组织长沙泥木工人开展罢工运动。其时，老照壁徐松泉茶馆的老板徐亮彩是中共地下党员。徐亮彩与郭亮等利用茶馆雅座，召集地下党组织长沙泥木工人大罢工。据当时在徐松泉茶馆工作的老店员周汉初回忆，毛泽东当时也常来徐松泉茶馆找徐老板。周汉初当年并不认识毛泽东，后来，看到《毛主席去安源》的油画后，才恍然大悟：当年看到的一个常常来徐松泉茶馆的年轻先生就是毛泽东。

在后来的革命活动中，郭亮、徐亮彩先后被捕，被杀害于长沙司门口。

老照壁的徐松泉茶馆毁于1938年"文夕"大火，南阳街口的"双品香"也烧毁一空，就在原地搭了个棚子，从此便只开茶馆了。但过去的烧卖、春卷、火烧饼子等名点，也还是继承了下来，"双品香"一直经营到1949年后。据朱振国1957年6月16日在《长沙日报》（今《长沙晚报》）上登的《茶馆一朝》所载，当年"双品香"还有16张方桌，店经理是徐松泉的侄孙媳妇，到此喝茶的大多仍是手工业工人和摊贩。

今徐松泉茶馆早已不存，就连老照壁这条老街也于2004年拆掉了。

七、火宫殿茶馆

火宫殿位于长沙坡子街，又名乾元宫，实为火神庙，始建于明万历五年（1577年），清乾隆十二年（1747年），清道光六年（1826年）重建。占地6000m²，建筑宏伟，正殿为火神庙，供有3m多高的泥塑火神像，屋脊上安有7个铜铸大葫芦，金光闪耀，左为弥陀阁，右为普慈阁（财神殿）。前坪搭一戏台，据传台前"静观"与"一曲熏风"匾及柱联皆由清代书法家何绍基书。联曰：

象以虚成，具几多世态人情，好向虚中求实；

味于苦出，看千古忠臣孝子，都从苦里回甘。

戏台后矗立一座面向坡子街的浮雕大牌坊，原有清末著名书法家、长沙府安化人黄自元（1873—1916年）竖书的"乾元宫"三字，今为"火宫殿"三字所遮盖（图9-26）。

旧时长沙因火灾多，来火宫殿敬火神的人川流不息。每年农历六月二十三日举行大规模祭祀活动；同时形成庙会，久而久之，便有零食、小饮、说书、相面、卖艺各色人等聚集于此，逐渐形成独具风味的集娱乐和饮食为一体的小吃市场（图9-27）。1938年

"文夕"大火时被焚,1941年重建,1942年有小吃铺面48间,占地2200m²多,形成品种多样,其规模与特色均可与当时上海的城隍庙、南京的夫子庙和天津的三不管等处媲美。火宫殿的小吃具有浓郁的地方特色,其中以姜二爹的油炸臭豆腐、姜氏姐妹的姊妹团子、李子泉的神仙钵饭、张桂生的煮徽子、胡桂英的麻油猪血、周福生的荷兰粉、邓春香的红烧蹄花等最为著名。这些小吃来自民间,经年累月改进,从选料、配方到制作代代相传,各具独特风味,至今为长沙市民所津津乐道。

图9-26 民国时期火宫殿牌楼

图9-27 1938年观察日报有关火宫殿的报道

清代至民国戏曲繁盛,茶馆与戏园同为民众常去的地方,久而久之便合二为一了,所以有人称"戏曲是茶汁浇灌起来的一门艺术"。京剧大师梅兰芳回忆说,"当年的戏馆不卖门票,只收茶钱,听戏的刚进馆子",看座的"就忙着过来招呼了,先替他找好座儿,再顺手给他一个蓝布垫子,很快沏来一壶香片茶,最后才递给他一张也不过两个火柴盒这么大的薄黄纸片,这就是那时的戏单"。火宫殿的茶馆,大致也就是这般光景。长沙著名评弹艺人舒三和在火宫殿设棚,演唱《说唐》《岳飞传》等篇,深受欢迎。在火宫殿说书的则有号称"唐济公"的唐元方和号称"廖三国"的廖夔等人。

火宫殿的书棚茶馆,以听书、听长沙弹词为主,兼带喝茶。火宫殿书棚茶馆出现于19世纪末,除评书外,主要就是弹词。长沙弹词是城市曲艺的一种,它源于道情,因用长沙方言说唱,也称长沙道情。流行于长沙、益阳、湘潭等地,有200多年的历史。长沙弹词多为一人自弹月琴说唱,后来有了两人对唱,一人弹月琴伴唱,一人以鱼鼓筒板和小钹击节。早期的唱腔简单,只有板式变化。后来吸收民间小调和地方唱腔,成为板式变化和曲牌连套体相结合的形式。具体说来为上下句结构的板腔体，有九板九腔。不同的腔调分别用在各种板式中。平板是各种板式的基础，平腔是平板中用途最广泛的腔调。弹词以唱为主，以说为辅。艺人手捧月琴，依据不同故事情节，配上不同弹词曲牌边弹边唱。唱到情节紧张激烈处，艺人停下月琴，解说个中缘由，右手拍打月琴，发出类似惊堂木的震响，声情并茂，环环相扣，很是引人入胜。评书棚里，艺人讲得眉飞色舞，听众听得如醉如痴。说到两军对垒时，说书者提高嗓门道："只见两军中各冲出一员猛将，一人身高八尺，虎背熊腰，骑着一匹白雪马，右手提着把腾龙刀，来到敌军阵前叫阵；敌方猛将眼似铜铃，紫红脸膛，高举一支虎头长枪，骑乘一匹青色快马，来到阵前大喝一声'贼子看枪'。一时间，寒光闪闪，只听得兵器叮哨作响，喊杀声震天。忽听'哎哟'一声，红光一闪，一股鲜血喷涌而出。若问此人性命如何，请听下回分解。"艺人此时把惊堂木一拍，开口道："列位听客莫愣住哒。"其助手则手端旧礼帽，挨座向茶客收取茶资，然后艺人又开讲道："列位，刚才讲到红光一闪，一股鲜血喷涌而出，被挑下马者正是……"喝茶听书，时光在流逝，文化在传承，倒也其乐融融。到20世纪60年代，书棚停办，逐步过渡到茶馆。

2001年火宫殿扩建，不仅扩大了茶馆的规模，还恢复了长沙弹词、乡土相声、快板等曲艺内容的曲艺晚茶（图9-28、图9-29）。目前，火宫殿茶馆可称得上是长沙市内规模最大、地点最繁华、茶点最丰富的市民茶馆。一杯花茶，两块沱茶，外加两个包子，可舒舒服服坐一上午，实在是经济、实惠、方便，因天天顾客盈门，遇上双休日还经常找不到座位。为了更好地满足食客的要求，茶馆已搬到面积更大的西楼营业，原茶馆拆

图9-28 当代火宫殿茶馆

图9-29 艺人彭延坤在火宫殿
演唱弹词

除后已于其上重建了一个古戏台，火宫殿茶馆将成为长沙市民听戏品茶的一个更好的去处。当代楹联家胡静怡题联曰：

谁携太白来耶，全谷宴芳园，春夜羽觞宜醉月；

休问季鹰归未，火宫罗美食，秋风鲈脍不思乡。

2010年，"火宫殿"被国家商务部重新认定为中华老字号。

八、洞庭春茶馆

洞庭春茶馆是旧长沙四大茶馆中唯一在原址经营、以原有建筑为店铺延续至今的茶馆，也是长沙仅存的老式茶馆（图9-30）。洞庭春茶馆位于今西牌楼82号，为二层旧式砖木结构楼房，坐北朝南、歇山顶，红砖清水墙，窗为圆拱式、木扇格，内部空间精巧，分前后两进，二楼木楼梯、木地板仍保存完整，建筑面积580m²，为长沙地区典型的民国时期的商业建筑，有长沙老茶馆的"活化石"之称，2005年被列为太平街历史文化街区保护建筑之一。

图9-30 西牌楼洞庭春茶馆

洞庭春的茶点以油饼最为出名，号称香甜松脆，油而不腻。另有珍珠烧卖、水饺及枣泥、盐菜包子。因地处行栈集聚之地的太平街旁，故其顾客以行栈老板、经纪人为主。洞庭春茶馆与道门口的德园、老照壁的徐松泉、八角亭的大华斋，号称旧长沙四大茶馆。

这4家茶馆基本分布在四门繁华地段，客源各有偏重。如政界及教育界人士喜欢惠顾德园，工商界人士习惯聚集在大华斋，手艺工人喜欢到徐松泉交流技艺行情，行栈老板及上街先生、经纪人则爱到洞庭春相会。

洞庭春茶馆一色的方桌板凳，桌上一把茶壶，4个杯子，泡一壶茶可供4客饮用，时间不限，独饮一壶或二三人对饮一壶均可。饮茶数杯后，即上点心，主要是包子、油饼类的东西，以作早餐。茶客一般分两类：一类是喝早茶后上班，或碰头谈生意，约8点钟后即离席而去；另一类为有闲人士，如退休老人、休假和休业人员，以饮茶消磨时间。少则二三小时，多则四五小时。

由于洞庭春茶馆靠近西牌楼百合戏院，邻近的太平街上又有楚南、湘春园等戏院，因而洞庭春茶馆还专设有以应女伶会面配戏之需的"雅座"，消费一般由商号老板买单。茶馆每天有专人送戏码单子，戏迷们在戏院售票窗口难买到的票，在茶馆一经疏通，都能弄到。

九、银苑茶厅

银苑茶厅始建于1922年，中途一度停业，1950年复业，原位于五一广场东南角，1996年因此地兴建"平和堂"商厦而整体拆迁，1997年企业改制，更名为银苑有限公司（图9-31）。银苑茶厅虽然地处五一路与黄兴路交汇处的繁华闹市，规模也较大，但其经营方式、特色等其实与一般长沙茶馆并无区别。

值得一书的是，银苑茶厅于1987年曾改名银苑茶艺馆。它开长沙茶艺表演之先河。这与一个叫刘蒲生的人有关。1987年5月，刘蒲生从市饮食公司的行政岗位，中标到银苑茶厅担任总经理，使他有机会了解博大精深的中华茶文化。1991年初，刘蒲生获准去台北市探亲。台北市的夜生活丰富多彩，当时在长沙还很少的卡拉OK厅遍布大街小巷。但在这一派灯红酒绿、热闹喧嚣的都市夜生活中，茶艺馆等清幽雅

图9-31 1996年拆迁前的银苑茶厅

静的处所竟也有不少，并且也是顾客盈门。透过那些古香古色、充满山野气息的茶馆装饰，经过与亲友及台北同行的多次茶叙，使刘蒲生萌发了以茶为主，带动其他经营，组建茶艺馆和茶艺表演队的想法；同时想以茶艺馆为龙头，以茶艺表演队为骨干，以经营湖南各地名茶为特色，让湖湘文化得以更好地传承和发扬。

刘是个敏于行事的人，他提前结束探亲，仅用两个月时间就解决了上上下下的思想认识问题，并从400名职工中挑选出翟舞湘、李明华、李瑞芬、王娟、刘珊艳、熊白云、蔡敏、易英等8名服务员进行1个月的全脱产强化训练，打造出了长沙，也是湖南省第一支茶艺表演队。在对茶艺表演进行培训的同时，刘蒲生把银苑茶厅四楼腾出来，进行装修改造。同时请来省内知名人士题诗作画；购入君山银针、古丈毛尖、玲珑茶、东山秀峰、碣滩茶、北港毛尖、兰岭毛尖、汝白银针、狗脑贡、沩山毛尖、安化松针、益阳竹峰、益阳茯砖、千两茶、高桥银峰、湘波绿、福建乌龙、西湖龙井、信阳毛尖、碧螺春等名茶和宜兴紫砂壶等著名茶具，建成了湖南首家茶艺馆。茶艺馆系列活动主要围绕湖湘茶史、茶具、茶萃进行，包括茶史研究、茶具收集、茶萃整理、名家书画售卖、盆景花卉展示、围棋、桥牌技艺探讨以及湖南银苑茶艺表演等各种形式。茶艺馆兼具研究文化、拓展茶业等多种功能，以新的服务方式，广招顾客，振兴湖湘茶文化。

1991年5月，银苑茶艺馆正式开馆。湖南省副省长陈彬藩、湖南省商业厅厅长曹文斌及省市文艺界有关人士共200余人莅临。在银苑茶艺馆开馆仪式上，银苑茶艺表演队8位茶艺小姐，托着茶盘飘飘欲仙，在木质茶几前一字排开坐下，把客人们带进了祥和、融洽、礼仪、逸静的境界中。茶艺小姐首先为客人们作四川盖碗茶的示范动作表演。接着表演的是粤东闽南地区独具特色的功夫茶（图9-32）。

功夫茶示范表演过后，是地道的湖南姜盐豆子茶示范表演。事前，刘蒲生曾深入桃江、益阳、湘阴等地民间，学习擂茶、姜盐豆子茶知识，深得其要领。据说，姜盐豆子茶调制水平高低，是评价当地女子是否贤淑的重要标准。银苑茶艺小姐经过一个多月的磨练，调制出来的姜盐豆子茶和擂茶别具风味，获得客人们频频点头赞

图9-32 银苑茶厅的茶艺表演

许。第四道是茶艺表演的高潮。茶艺队所用的擂棍和擂钵，都是刘蒲生等人直接从桃花江选购的，具有浓郁的地方特色。擂茶开始时，一位茶艺小姐用地道的桃江土语领头吆喝："姐妹们，快点。"其他茶艺小姐和道："快点、快点、快点。"随着一阵阵的吆喝声，擂茶动作更加急促流畅，待到把客人们的兴头和好奇心牢牢地吸引住的时候，仿佛又一松弛，把动作放慢了下来，领头的茶小姐又喊起了悠扬、欢快的擂茶歌："一根擂棍长又长，姐妹们擂茶忙又忙；擂出香茶敬宾客，桃花江擂茶君难忘……"至此，擂茶的浓郁乡情，永远留在茶客们的脑海之中。

银苑茶艺馆的开业，一时间成为省会长沙街谈巷议的热门话题，使中华茶文化这一古老的文化遗产又成为了长沙人热切关注的对象，电视台、报纸、杂志等连篇累牍进行报道，更使银苑茶艺馆在短时间内便声名鹊起。潇湘书画院的老人们是这里的常客，书法老人谢凯题联：

　　　　茶客一堂，座无醉客；艺林三味，世有方家。

1992年3月，第二届国际茶文化研讨会在湖南常德桃花源举行时，来自日本、韩国、新加坡、中国香港、台湾以及福建、杭州等十几支茶道茶艺队进行了表演和交流，银苑茶艺队表演的擂茶，格外引人注目。同年10月10日，银苑茶艺队作为全国唯一的特邀队前往杭州表演擂茶技艺，艺惊四座，获高度评价。

银苑茶艺馆的经营和银苑茶艺表演队的表演活动一直坚持到1993年初，由于各种原因才告结束。在不到两年的时间里，引起了广泛的社会关注，极大地普及了中华茶文化的知识，特别是擂茶、芝麻豆子茶等湖湘茶艺，为弘扬中华茶文化做出了贡献。当代楹联家王俨思撰联，横批"螺盏浮香"，联曰：

　　　　银海生光，名店百年增胜概；苑花迎客，清茶一盏涤尘襟。

"银苑"造就了一批又一批的优秀技术骨干，先后有李寿泉、黄自强、何华山、郝新国、张小春等一流特级技师，李寿泉被省内同行誉为"发面大王"，何华山曾获全国烹饪大赛金牌，张小春是全国烹饪大赛银牌得主，黄自强曾任法国巴黎使馆主厨。银苑的特色湘菜有40多种，如东坡方肉、银苑金牌鸭、东安子鸡等，特色点心有银苑鲜肉包、水晶包、滚酥大油饼、鸳鸯馅饼等，其制作讲究，用料正宗，备受顾客青睐。

2010年，"银苑"被国家商务部重新认定为中华老字号。

第三节　长沙新茶馆采风

一、白沙源茶馆

白沙源茶馆位于长沙市天心区白沙路白沙古井公园的前门附近，是一座中西合璧的特色茶楼，如同一颗璀璨的红钻石镶嵌在城中（图9-33）。东倚回龙山，南接白沙古井，北朝天心阁，西望云麓宫。在白沙集团的支持下，由设计大师陈幼坚先生领衔设计的茶馆被自然美

图9-33　白沙源茶馆

景以及深邃历史文化所簇拥。白沙古井离茶馆仅咫尺之遥。古井的泉水闻名遐迩，清香甘美，有"煮为茗，芳洁不变"之说。茶馆原本属于公园的一部分，占地855m²，采用传统苏州风格建筑。茶楼周边的建筑仍保留着原有的城乡风貌，而茶楼的室内设计则经精心装修，展现出时尚的气派。茶馆以红、黑及白色为基调，红色玻璃墙体通透而又含蓄，缀以朴实简洁的胡桃木制品，与园林景色相互融合，以古朴和简洁演绎出极致和品位，是中国茶馆的唯美经典代表作。红灯高挂，鱼翔浅底，竹影摇曳，琴瑟绕梁，入可拥抱别样艺术空间，出可观古井千年风情。特别是夜幕降临，光影绰绰，白沙源无处不在的美丽，令人陶醉，被誉为白沙古井千年的等待。

茶馆的主人不仅在环境上独具匠心，而且所用的茶要亲自到产地去采购，不仅有湖南的茶，还有上等的安吉白茶、福建铁观音、西湖龙井等，只要您能知道的全国名茶这里应有尽有。还直接进口销售国外现代植物药茶。茶馆内长期陈列展卖各种艺术品、高级礼品、奇石、多种名贵茶叶和茶具。每个座位配送纯净白沙井水，有现作的西点、茶点和煲仔套餐等，并提供免费宽带接入服务。可以称得上是一座与时代节奏紧密结合的茶馆。

人坐白沙源，一椅一枕、一杯一盏，细细把赏之中，感受的是浓郁的湖湘文化。无处不在的精彩细节，体味到的是人性化的细致周到。纯净的白沙井水、飘香的咖啡、甘

醇的名茶，啜饮的是中西精髓的融入与糅合。白沙源茶馆与白沙古井两相辉映，成为长沙本地人及外来游客向往之所。

2018年茶馆因租约到期而关闭，白沙源茶馆的老茶客们无不为之惋惜。

二、怡清源茶艺馆

怡清源茶艺馆是湖南省怡清源茶业有限公司创办，是一个汇聚文人茶客的沙龙，是一所以古代江南民居风格作为设计源头的茶艺馆，楹联字画、雕梁画栋，细节之中处处体现了茶文化悠久的历史和湖湘建筑装饰的文脉（图9-34）。茶艺馆内设茶

图9-34 怡清源茶艺馆

水服务、茶艺表演、卡拉OK、棋牌娱乐4个分区，约400m²。在这里，以茶代酒，以客为尊，闭窗可与三五知己无所不谈，推窗则与回廊池水亲密接触。

怡清源茶道追求的是"真"，真茶真水，真情真意；怡清源茶道提倡的是"善"，友善亲和，敬客以礼；怡清源茶道颂扬的是"美"，生活之美，艺术之美，哲学之美融和其中。怡清源茶艺馆富有湖湘特色的茶艺表演是其一大特色，在开业以来，编创了具有湖湘特色的"潇湘八景""擂茶茶艺""夹山寺禅茶茶艺"等，怡清源茶艺馆也因此获得"茶道潇湘第一家"的美称，成为众多名人雅士聚集畅谈之所。现在怡清源分馆已遍及长沙、常德、桃源等地区。

三、杜甫江阁藏天阁

杜甫江阁是为了纪念把生命最后岁月留在湖湘的诗圣杜甫而修建的公共文化设施，是长沙市地标性建筑物，被誉为长沙的名片、湖南的客厅（图9-35）。

藏天阁茶馆会所设在杜甫江阁主阁楼内，2009年正式营业，营业面积500m²，主推湖南黑茶、湘西黄金茶、君山银针、古丈毛尖等湖湘佳茗，是长沙市唯一一家临江清茶馆。现有员工36人，其中30岁以下员工25人，大专以上学历31人，高级品茶师2人，全国十佳金牌茶

艺师1人，高级茶艺师2人，中级茶艺师9人。藏天阁始终秉承"诚信、创新、高效、一流"的服务宗旨，树立服务是立行兴业之本的思想，以服务促管理，以服务促和谐，以服务促发展，工作质量和服务水平不断提高，社会满意度和美誉度逐步上升，先后荣获"湖南百佳茶馆""全国百佳茶馆""湖南省茶业协会茶馆分会副会长单位"等称号。

图9-35 杜甫江阁

四、竹淇茶馆

2000—2012年，历经12年风雨的竹淇茶馆用独特的经营理念和企业风格荣获2012年湖南"十大特色茶馆"。历史回放到2000年，刚刚起步的竹淇，在湖南大胆地开创了茶馆"自助"形式的饮茶方式（图9-36）。一时，在整个长沙市乃至湖南获得了极大的反响，为整个长沙市的茶馆业带来了一种全新的理念和活力。

图9-36 竹淇茶馆内的茶具陈列

从2003年开始，竹淇逐步建立了一整套完善的管理机制，培养了一批茶艺师队伍及管理、经营人才。目前，竹淇茶馆已拥有6家自主经营规模较大的茶馆和两家较大规模的茶行，现有员工100余名，其中拥有初级茶艺师、中级茶艺师和高级茶艺师共36人，营业面积上万平方米，固定资产6000余万元。

"竹淇"位于闹市而不"闹"，以茶为载体，以"一叶总关情，杯水能修身"之情怀，扎根于湖湘文化的土壤，濡染着深厚的传统文化，在文化强省的芙蓉国里尽己力而弘中华之茶道。践行着一个国茶馆的历史使命。竹淇以雄壮的气势和海纳百川的胸怀屹立于都市，为都市人提供了一个良好修养和静心品茗的胜境。在竹淇，可真正领略到"潺潺流水，琴瑟怡人，曲径幽幽，绮户依旧，流光翡翠，千茗飘香"之神韵，可品尝出"茶中和、静、怡、真之真谛"。在竹淇，"道法自然，清雅幽玄"的气质无时无刻不在阐释着竹淇高尚的追求。在此品茗，必使人"神定气朗，迁想妙得"。在竹淇，使人顿生"竹以虚养身，茶以德养心"之感，可消除人们的烦恼，沉浸在静馨的中华传统文化环境之中。在竹淇，"茶禅一味"的品格，不断地引领着都市人"举杯泡茶如同涵养冲虚"之圣境，让人走进心性安和的禅定之中。在此品茗，使人顿生"茶蕴乾坤，杯显人生"之大慧，能明"心即佛"之大道。虽身处闹市，然在此"观竹赏茶，偷闲即闲"，此乐何不极焉。

五、"大夫第"茶空间

"大夫第"在长沙河西爱民路100号，改革开放初期，这里曾是有名的华侨村，多住港、澳、台商及家属。大夫第选址独到，用长沙话讲，选在河西文化区的街头巷尾，像一位身怀绝学的隐士，收剑光芒让人不易察觉。很奇怪，这样当时偏僻的地方，停车都困难，硬是被他搞得风生水起，大名在外。从开张，生意就红火，并蒸蒸日上，每逢节假日，中餐等桌的客人有时排到下午三点，还是有人要等。有人叹道："节假日如不预订，大夫第真是一位难求、两桌成了奢望。"大夫第生意红火与主人张伟真学建筑、曾搞过建筑与装修不无关联。这里的茶饮空间，过道、楼梯、包厢甚至卡坐是一样，集中展示的明清木雕、牌匾、漆画、石器、门道、条案、八仙桌、太师椅、家训、中堂文化，还原了古典主义的艺术格调装饰风格，吸引各种层次的茶客，包括追求时尚的长沙河西的青年大学生，让每位奉茶者，像一位明清时代穿越到21世纪的翩翩雅士，在光影交错间轻言浅笑，行走在时间的长廊里，如同进入"可以喝茶、吃饭的博物馆"。总之，大夫第的茶空间让人茶饭之余神飞驰，在传统物质文化印记里，寻找心灵的养分而令人心旷神怡，为聚饮者提供了不少话题与乐趣。

大夫第茶空间最大的特点，间间房装满了传统文化，充满了讲不尽的话题，特别是主人充分利用中国传统的建筑文化精灵，在"大夫第"的茶空间设计上，得到充分的体现，每个地方都有文化，也充满故事（图9-37）。来喝茶、吃饭讲的就是来轻松，这样的优质环境、换个轻松文化话题，让人更为放松。将中国建筑常用的照壁影壁、歪门斜道、偷（抽）梁换柱、天圆地方、勾心斗角、拐弯抹角、曲径通幽、中堂门道等，十分巧妙地借用在茶饮空间里。将中国传统的建筑文化，系统地用在茶饮空间的装修，供人品茶时享受，自然又多了几番情趣。到这里喝茶的人，大多是回头客。能吸引人多次回头喝茶的茶室，长沙并不是很多，但大夫第做到了，像生意场上的常青树，树立了她在人们心目中"大隐于市"的地位。

大夫第收集的中堂老件，如同一个开放的博物馆，在这样的空间里，邀上三五好友品茶、说事、休闲，每个人都感觉到有一种家庭传统文化的氛围、仿佛有一种似曾熟悉的信息向你迎面扑来，在安静中彼此心灵互动，任其文化的冲击和洗礼，使人心情豁然开朗。这种环境下，不知走出了多少能人志士，成为了国家栋梁，光宗耀祖。

图9-37 大夫第茶空间的传统文化

六、尚书房

尚书房茶馆是一家融合湖湘文化与茶香神韵的文化主题茶馆，位于长沙市河西新民路口与潇湘大道的交汇处，蓄麓山之灵秀，集湘水之神韵，以儒、释、道精神为骨，以传统文化为肌，香书为裳，倚麓山，望湘水，如一位佳人，在水一方（图9-38）。

尚书房的名字来自于北京一个中国科学院的退休老院士。当时，尚书房处于草创阶段，雏形未具，没有合适的名号，百思不能其解。尚书房创始人王小保协同设计师刘伟前往北京考察茶馆，其间拜访一位中国科学院的老院士，将心中的疑虑和盘托出，虚心请教。老院士微微一笑，朗声说道："我这里有一名字，不知二位敢不敢用？"二位一听，立即来了精神，表示愿意洗耳恭听。老院士娓娓道来："就叫尚书房怎么样？叫尚书房有二义。一是，尚书房在清朝原是皇子读书的地方，后来改为皇帝和诸大臣商议国事的地方。你们的茶馆位于麓山脚下的大学城区，文人雅士集聚，谈天说地，比较吻合。二是，'尚'可以作崇尚讲，尚书房就是崇尚读书的地方，比较有书卷气。"二位一听，正合心意，就叫"尚书房"。尚书房在筹建的过程中，又偶遇一对木制老对联，上书"相与观所尚，时还读我书"，两句末尾为"尚书"两字，经查这对联原是祝枝山所写，暗合尚书房的本义，自然的造化，似乎早有安排。

图9-38 尚书房客厅

尚书房分一、二楼上下两层，面积600m²多，传统、自然、古朴、雅致。四周花草树木围绕，修竹婆娑，树影摇曳，虽然处于闹市之中，却闹中取静，全无车马之喧。店内四处散陈珍奇古玩，可随意触摸把玩，厚重雅韵，静坐之余，可体味历史的厚重，光阴的流逝，似乎时光凝滞，给人恍如隔世之感。雪白的墙面，辉煌的灯具，落地的玻璃窗，给人以强烈的视觉冲击，整个茶馆现代时尚，古朴雅致，其间散置包厢、雅座、饰以湘绣、牌匾、明清家具、文人字画等，曲折通幽，意蕴深远。包厢的名字，全部来自古典的词牌名，浪淘沙、虞美人、满庭芳、虞美人，浪漫优雅之情，溢于室之内外。传统与时尚完美结合，浓郁的人情味，个性化的服务，令前来品茗、用餐和休憩的客人，心静神宁，一涤尘埃。

尚书房于2005年11月下旬开业，将文化艺术与茶韵完美融合，打造一家具有湖湘文化底蕴的特色茶馆。茶事、书事、花事、香事、昆曲、文化活动、沙龙活动、连绵不断，营造了尚书房浓郁的文化氛围，尚书房已成为长沙文化地理标志性品牌，在业界拥有很高的知名度。在这里，捧一杯清茗，闻香气四溢，听古琴雅韵，赏兰花清幽，阅中华经典，揽千年神品，倍感风轻云淡，工作的压力、生活的烦恼，净抛九霄云外。一楼的润德堂是文人雅士聚会的地方，书画艺术家、音乐家、戏剧家、建筑设计大师、大学教授和他们的粉丝相约前来，茶会、琴会、笔会、雅集、讲座、轮番上演，共享文化艺术的盛宴。每到传统佳节，茶馆内的庆祝活动、民乐欣赏、茶艺表演吸引着各方雅客，大家浸染在浓浓的节日氛围之中，流连忘返。

七、陆羽会茶馆

陆羽会起源于湖北武汉，总部位于上海，是著名的茶文化品牌，也是茶标准和茶文化推广平台，业务覆盖全国核心城市和主要茶产区。长沙陆羽会茶馆位于芙蓉区车站北路烈士公园东门，面积240m²，成立于2016年。

陆羽会主营福鼎太姥山白茶，兼有茶水接待、会议接待、茶文化推广等功能。茶叶品类齐全，有绿茶、白茶、黄茶、青茶（乌龙）、黑茶、红茶、花茶等七大茶类。有适合自饮的口粮茶、可存放收藏的紧压茶、也有包装精致的礼品茶。喝茶环境清雅宁静，店面位于长沙市地标性景点烈士公园东门门口南侧，出门即是跃进湖。于店内喝茶，视野甚是开阔，窗外绿树成荫；若是金秋十月里，门口桂花树盛开季，满室金桂飘香。陆羽会有定期举办茶文化相关活动，如二十四节气茶会、茶社交、茶培训、花道培训等。装修为现代中式明亮风格（图9-39）。

图9-39 陆羽会装修风格

陆羽会拥有私人定制、中国茶礼、陆羽七茗和陆羽茶道等系列产品及服务，覆盖全国核心省份和各大城市，正在成为金融、地产、酒店、航空、交通茶和茶文化服务标配，各大金融机构尤其私人银行、各大房地产商如碧桂园、酒店如四季、航空如东航、机场高铁贵宾厅、各大私人银行和财富管理机构，均邀请陆羽会成为茶文化服务标配，为客户打造身边的陆羽会、全国的移动茶室。

八、唐羽茶馆

唐羽茶馆隶属于湖南省唐羽茶业有限公司。公司集茶叶茶具的生产与销售、清茶馆经营、茶事培训于一体，始创于1998年，2008年成立公司，2013年成为湖南省著名商标。今有50家门店，紧密型连锁模式。唐羽总部设雨花区环保中路188号国际企业中心，总经理杨国辉。长沙市内较大营业场馆位于东风路与营盘东路的交叉口（图9-40）。

唐羽打出"品饮中国茶，追寻真善美，选择健康、真实、温暖的生活"的口号。通过茶，传递他们所倡导与一直奉行的专注、热爱、平和、分享的理念，打造中国茶业终端连锁品牌，让茶文化的普及成为人类文明进步的阶梯之一。唐羽奉行"客户第一，员工第二，股东第三"的价值观。服务做到实实在在，注重细节、良心经营，以"和、敬、恬、雅"为茶道精神。店内悬《唐羽茶赋》曰："夫茶者，灵物也，藏日月之精，天孕洁性而香清，糅山川之秀，地萌嘉叶而味和。清和妙道，以德赋形，德释有敬，德道有恬，德儒有雅，和敬恬雅，唐羽依承。色香味韵，换骨轻身，玉川七碗羽一经，唐风今韵兮，斟复斟。"

图9-40 唐羽茶馆

九、儒和茶馆

　　儒和茶馆长沙店位于芙蓉南路二段128号现代广场现代凯莱大酒店10楼，由长沙儒和茶业有限公司法人张红梅创办，面积485m²。装修风格为新中式，集品茗、赏艺、琴棋书画、商务洽谈为一体（图9-41）。"儒和茶馆"之名，源自馆主父名，又切合中国的传统文化：儒，文雅、包容的象征；和，和谐、和气、团圆，寓意天、地、人、万物和谐。

　　大凡痴迷于茶者，皆有故事或情怀。张红梅从小随父习茶，耳濡目染、浸淫其中，一番商海沉浮之后，更觉乃父可敬，茶茗可亲。于是，茶馆界中就又多了一位女主的身影。她在《儒和茶记》中夫子自道地说："人文茶馆，和谐社会，茶人世家，传承渊久。

吾父儒和，一生好茶以论道；爱女红梅，承脉父恩常习茶。于是在2005年创立儒和茶馆，以期光大。"

图9-41 儒和茶馆的摆设

儒和茶馆坚持"产品质量是永久的生产力"，始终在坚持坚守做一杯"清茶"。所谓清，先要"清静"，走进茶馆心身宁静，放松成生活自然的模样。其次就是"清净"，心境洁净，纯粹素朴，不与物杂。忘记时间，忘记身份，忘记世俗。在一杯茶里，找到内心最真实的感受。并将"一人做好一件事，泡一壶好茶，泡好一壶茶"作为目标，把每一泡茶最好的状态呈现给客户。团队人员以"先做茶德，后做茶人，再做茶生意"为导向，争当身心健康，乐观向上的新一代茶人。

儒和茶馆先后成为湖南省茶业协会茶馆分会副会长单位、湖南广播电视台茶频道指定工作站，获得"全国百佳茶馆"称号。

第四节　长沙茶馆对联拾趣

长沙新茶馆在极力现代化、极力前卫化、极力豪华化的同时，亦欲融进一些中华优秀传统文化的气息。而现代与传统的融合，体现在茶馆文化上，最便捷的途径乃是茶联的运用。茶联对提升茶馆的文化品位是不言而喻的。对联这种艺术形式荟萃了文、诗、曲、画的艺术精华，形成一种独特的文体，成为世界文苑里独具魅力的一朵奇葩。中华茶文化，一经对联渲泄、创意，顿显光芒四射，光彩夺目，扣人心弦，犹如画龙点睛，锦上添花，深为广大茶客所喜爱、传诵和倾倒。旧时长沙茶馆曾流传两副绝妙的茶联，分别是：

瑞草抽芽分雀舌；名花采蕊结龙团。

花间渴望相如露；竹下闲参陆羽经。

雀舌、龙团都是名茶，相如指西汉大文学家司马相如，相传他患有消渴病（糖尿病），陆羽是《茶经》的作者，名茶名人尽集联内，这两副对联所托出的意境，使人产生一种涤尘消烦的美妙心境，似乎斟饮也不失为一种文化心理上的陶冶与追求，对渲染茶之美、茶馆之美，起到了一般广告画都起不到的作用。好的茶联还能起到"点牌"的作用，使人很轻松地联想到该茶馆招牌的寓意。

长沙解放西路上有一家"陶陶"茶馆，其联曰：

陶潜喜饮，易牙喜烹，饮烹有度；陶侃惜分，夏禹惜寸，分寸无遗。

此联嵌入"陶陶"二字，很容易使人产生获得如意休憩的思绪，"乐陶陶"的滋味油然而生。该联虽系从广州"陶陶居"茶楼借来，但"陶陶"二典颇具湖湘特色。因为陶潜、陶侃与长沙的渊源，较之与广州的渊源更加深厚。东晋大诗人、《桃花源记》的作者陶潜乃是长沙郡公陶侃的曾孙。陶侃（257—333年）系晋代名将，以军功封为长沙郡公，拜大将军。陶侃雄毅明断，勤于吏职，深为长沙百姓爱戴。陶侃常劝人珍惜每分光阴，因而长沙建有"惜阴书院"。长沙至今还留有礼贤街、射蟒台、陶公杉庵、陶公山、陶关等许多与陶侃有关的遗迹。长沙县㮾梨镇陶公庙开山鼻祖陶烜也是陶潜的共祖兄弟。该联一连用了4个典故，耐人品玩和思索。"陶陶"二字嵌入联首，使人在艺术欣赏之中感受到品茶的乐趣。

意境深远的茶联再配上精湛的书法和工艺，更令人赏心悦目，增添茶馆装饰的艺术美。楹联书法有的俊逸若云，有的遒劲似松，有的龙飞凤舞，有的朴拙方正，与茶馆招牌相映成趣，构成门店美的统一整体（图9-42）。如果再加上别具特色的工艺美术，如嵌镶、镂刻、装裱等，就可使茶馆富于民族特色和地方特色，反映了湖湘茶文化的繁荣和多姿。

图9-42 解放西路"陶陶"茶馆

长沙新茶馆的经营者似乎领悟到了这个道理，纷纷举办征联活动或请高手撰联，形成了长沙茶联百花齐放的局面。尽管长沙当代茶联良莠不齐、鱼龙混杂，有的遣词欠工，有的商业味过浓，有的甚至俗不可耐，但仍不乏上品和名家之作，兹选录如下：

汲长沙水，烹洞庭茶，凭岳色江声，喜迎中外三千客；

唱少陵诗，和龟年曲，仗铜琶铁板，盛赞湖湘百万家。

——江阁茶楼联，胡静怡撰

品茗话长沙，清流绕郭，峻岳凌霄，擅三楚山川之胜；

临江怀杜老，高韵忧时，大名盖世，享千秋诗圣而尊。

——江阁茶楼联（图9-43），祝钦坡撰

欲尝清味邀茶去；为洗尘心啜茗来。

——怡清源茶艺馆联，简伯华撰

山径摘花春酿酒；片窗留月夜品茶。

——怡清源茶艺馆联，颜家龙撰

仙源地出无双叶；茗艺声传第一家。

——怡清源茶馆联（图9-44），余德泉撰

叠秀峦峰，绿水青山皆成画稿；吐奇岚气，松声茶韵俱是禅机。

——怡清源茶馆联，曾小明撰

图9-43 江阁茶楼门联（牌匾为莫立唐书）　　图9-44 余德泉撰怡清源联手迹

风物宜人，看碧水一湾，青山百座；宾朋品茗，想卢仝七碗，陆羽十篇。

——怡清源茶馆联，刘人寿撰

源本怡清，四时客好来卢陆；茶殊有品，一室仙谈伴雨花。

——怡清源茶馆联，余德泉撰

一占禅中味；三家村里茶。

——江阁茶楼联，三家村文化茶座张九撰

兰香合补离骚传；茶道宜研陆羽经。

——兰香茶室联，伏家芬撰

一壶茗煮潇湘雪；千里香浮日月潭。

——阿里山源茶艺厅联，余德泉撰

品茶论道焚松果；醉月飞觞弄桂花。

——松桂园宾馆茶饮部联，祝钦坡撰

心清如泉清，清泉如清心；人品即茶品，品茶即品人。

——竹淇茶馆联，李立撰

馆客熙熙，咸具兰姿竹节；茶汤汩汩，无非湘水淇波。

——竹淇茶馆联，陈书良撰

斗品分甘，邀山月江风入座；寄情托兴，有龙芽雀舌相怡。

——白沙源茶艺馆联，祝钦坡撰

井应玉川多，深浅不随瓢贮白；座论青史远，英雄都出浪淘沙。

——白沙源茶艺馆联，蔡干军撰

骚人雅客闻茶至；岳色江声扑馆来。

——白沙井茶馆联，蒋光任撰

深涧清泉汇碧；茂林枫叶流丹。

——岳麓山清风峡茶室联，刘世善撰

一帘花雨香候座；四面松云翠作屏。

——岳麓山听松轩茶室联（图9-45）

风动茗香来竹坞；雨催花气入珠帘。

——岳麓山泉香茶室联

一庭花雨溶溶月；万倾松涛猎猎风。

——岳麓山月波茶室联

云淡天当画；水清茶溢香。

——水云居茶楼联

细品香茗，涤一身烦尘；淡交佳友，结今生缘分。

——茗香缘茶楼联

福汲沙水千年寿；康护中华七碗茶。

——福寿康茶馆联

天心纵目湘流远；岳麓横空橘子浮。

——天心阁映山茶楼联（图9-46），曹瑛撰

图9-45 岳麓山听松轩茶室　　　　　　　图9-46 天心阁映山茶楼

喝一杯茶，浇胸中垒块；穷千里目，极天下之观。

——天心阁茶室联，萧长迈撰

劳力劳心，留片刻休闲品茗；止浮止躁，得半日雅坐评茶。

——劳止亭茶庄联

福建茗茶香国饮；南园极品铁观音。

——南园极茶艺馆联（图9-47）

客亦疲乎，何妨小歇；亭其幽矣，且饮大杯。

——民俗文化村土家茶亭联，胡静怡撰

一筷表衷情，何分老中少；三杯通大道，尝遍苦辣甜。

——民俗文化村侗寨茶楼联，易仲威撰

图 9-47 南园极茶艺馆

第十章　长沙茶与历代名人

古老的长沙茶乡，有着悠久坚实的茶产业基础，深厚灿烂的茶文化土壤，加之岳麓山的婀娜秀美、湘江水的云蒸霞蔚、浏阳河的动人棹歌、马王堆的神奇瑰丽、密印寺的千年佛光，这一方千娇百媚的江山胜景、不同寻常的热土、瑰丽的历史文化，不仅滋养着长沙茶的文化内涵，而且引来一大批文人骚客对长沙茶及茶礼往来的咏叹。他们中有暮鼓晨钟、茶禅一味的大德高僧怀素、齐己、惠洪、圆悟克勤、八指头陀，有文学巨匠李群玉、辛弃疾，学界泰斗张栻、李东阳、王闿运，杏林至尊孙思邈，国画大师齐白石，现代茶圣吴觉农等。不管他们是否长沙人，在长沙生活的时间是长是短，他们都为长沙的茶文化留下了可圈可点的宝贵篇章。

一、孙思邈妙论茶叶药用功能

孙思邈（约581—682年），隋唐间医学家，京兆华原（今陕西耀县）人（图10-1）。少时因病学医，并广泛涉猎经史百家与佛教典籍。隋文帝、唐太宗、唐高宗均曾召其做官，皆辞不就。一生致力于医药学研究，总结了唐以前临床经验和医学理论，并广收方药、针灸等著作。著有《千金方》《千金翼方》，其书首列妇女、幼儿疾病，并创立脏病、腑病分类系统，在医学上有较大贡献，被后世尊为"药王"，自注《老子》《庄子》，又撰《枕中素书》。

相传孙思邈晚年隐居长沙地区，以致长沙地区药王崇拜盛行千年而不衰，市内有"药王街""药王宫""洗药庵""洗药井"等街道和遗迹；远郊浏阳也有"孙隐山""洗药桥""炼丹台""升冲观"等地名，还兴建了孙思邈公园，"药桥泉石"为旧浏阳八景之一（图10-2）。

图10-1 孙思邈画像

图10-2 孙隐山（孙思邈公园）

浪淘沙·浏阳八景·药桥泉石

涧曲水云连，仿佛桃源，杏林枯井迹犹传。洗濯临流香泽泛，龙虎堪痊。

羽化已千年，销尽炉烟。丹台何处问神仙，惟有溪桥泉石在，灵气悠然。

（清代浏阳人周忠信）

孙思邈年幼多病而最终寿高102岁，成为人中之瑞，被尊为道教祖师之一。宋徽宗时大兴道教，孙思邈被追封为"妙应真人"。长沙由此建起了"药王宫"。药王宫所在街道就称为"药王街"。长沙的药材行业则供奉其为祖师。

孙思邈首次对茶叶的药用保健功能进行了科学的阐述。在其所撰《千金食治·菜蔬》中云："茗叶，味甘咸、酸、冷，无毒。可久食，令人有力，悦志，微动气。黄帝云：'不可共韭食，令人身重。'"

浏阳民间盛传药王用茶叶为巨龙治病的神话故事，其中以"九鸡洞"的故事最为有名。九鸡洞即浏阳砰山乡鲤鱼山下的九溪洞，为一天然石灰岩溶洞。传说古时洞藏一巨龙，因病求治于药王。药王以治愈后应从善不伤人为约，龙答应了。于是孙思邈取山中野茶树之叶夹入龙鳞之中，龙果然病愈。龙化成九只锦鸡飞出洞外，所以又叫九鸡洞。其中，一只从北盛经过，尾巴在地上一拖，就变成了现在的"拖塘"。还有几只落地后变成水边的一块块陆地，即是现在的三汊矶、城陵矶、采石矶、燕子矶。

二、怀素与《苦笋帖》

怀素（725—785年），俗姓钱，号藏真，唐"大历十才子"之一钱起的晚辈（图10-3）。自幼出家，于参禅礼佛之余，勤研翰墨，且颇具悟性。其《自叙帖》云："怀素，家

图10-3 怀素画像

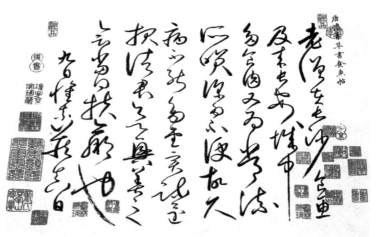

图10-4 怀素《老僧在长沙食鱼帖》

长沙，幼而事佛。经禅之暇，颇好笔翰。"初临王羲之等书法名家之草书帖，后游学长安，得草圣张旭及其弟子邬彤和颜真卿、韦陟等的传授，终于形成自己奔放飘逸、骤雨旋风的"狂草"风格。其运笔如游丝袅空，圆转自如，似惊蛇起虺，像狂风骤雨，虽野逸而法度俱在；字形狂怪怒张，线条电激流星，一种"狂来经世界，醉里得真知"的创作激情在风驰电掣的线条中奔泻而出。

怀素年轻时由于贫困买不起练书用纸，就在佛庵边种植芭蕉万株，将芭蕉叶晒干铺平练字，并称自己的居所为"绿天庵"。又特制一木板和盘子来习字，盘板都被他写穿，写秃的毛笔堆成了小丘。他性格豪放，不拘小节，其《食鱼帖》云："老僧在长沙食鱼。"（图10-4）性嗜酒，乘酒性作书，更加挥洒自如。时人将他与张旭并举，称为"颠张醉素"。李白游湖南时写有《草书歌行》盛赞怀素的书法成就。

草书歌行

少年上人号怀素，草书天下称独步。墨池飞出北溟鱼，笔锋杀尽山中兔。

吾师醉后倚绳床，须臾扫尽数千张。飘风骤雨惊飒飒，落花飞雪何茫茫。

起来向壁不停手，一行数字大如斗。怳怳如闻神鬼惊，时时只见龙蛇走。

左盘右蹙如惊电，状如楚汉相攻战。

（李　白）

其传世作品有《自叙帖》《千字文》《苦笋帖》《四十二章经》《绿天庵记》等（图10-5、图10-6）。怀素与茶和茶界名人缘分颇深。怀素与茶圣陆羽为同时代人，长陆羽八岁。唐德宗贞元三年（787年），陆羽的旧识裴胄出为潭州刺史、湖南观察使。陆羽应邀来到潭州，就在这时与怀素相识，并结为好友。陆羽《陆文学传》所称"名僧高士，谈宴永日"，就包括怀素。陆羽对怀素推崇备至，还曾为之作过《僧怀素传》。传曰："怀素疏放不拘细行，万缘皆缪心自得之。于是饮酒以养性，草书以畅志。时酒酣兴发，遇寺壁、里墙、衣裳、器皿，靡不书之。贫无纸可书，尝于故里种芭蕉万余株，以供挥洒。"

怀素的《苦笋帖》是向人乞茶的茶帖手扎，虽只寥寥"苦笋及茗异常佳，乃可径来，怀素上"等14字，却是我国现存最早的与茶有关的佛门法帖。怀素特别喜欢吃"茗"和"苦笋"。茗是一种茶芽，或者说是晚采的茶。苦笋则是一种特殊的茶，其特点是微苦、温润缜密。李太白曰："但得醉中趣，勿为醒者传。"可见苦笋是嗜酒之人喜欢的妙物。怀素的草书后人惯以"狂"视之，但《苦笋帖》却是清逸多于狂诡，连绵的笔墨之中颇有几分古雅淡泊的茶禅意境。帖为绢本，长25.1cm，宽12cm，字径约3.3cm，藏于上海博物馆，为中国书林茶界之瑰宝。

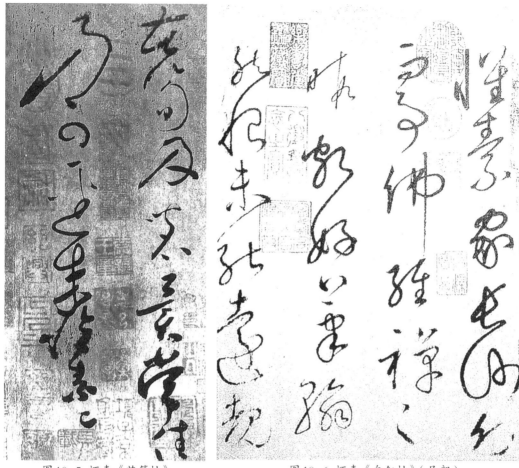

图10-5 怀素《苦笋帖》　　　　　图10-6 怀素《自叙帖》（局部）

怀素嗜茶，醉酒狂书，以蕉代纸等故事成为历代画家津津乐道的创作题材。宋代画家刘松年的两幅名画画的均为怀素。一幅为《撵茶图》，图中坐立挥写者为怀素，坐于书桌一侧者为怀素的叔父钱起，坐于怀素对面者为诗人

图10-7 宋刘松年《撵茶图》，中坐立者为怀素

戴叔伦（图10-7）。书桌对面的桌案为两名仆人在专心撵茶。怀素《自叙帖》中说："目愚劣，则有从父司勋外郎钱起。"钱起生于开元十年（727年），比怀素大十五岁，是怀素

父亲之弟，故怀素称钱起为"从父"。钱起为"大历十才子"之首，怀素到长安后，第一要事就是拜访钱起，一是问候，另一目的恐怕是寻求必要的指点。

刘松年的另一幅《醉僧图》（图10-8），明显画的是怀素，上有题诗云：

人人送酒不曾沽，每日松间挂一壶。草圣欲来狂便发，真堪画作醉僧图。

另外，清代石涛的《怀素种蕉代纸图》（图10-9），现代李可染的《怀素学书图》都是不可多得的传世佳作。

图10-8 宋刘松年《醉僧图》

图10-9 清石涛《怀素种蕉代纸图》

三、李群玉咏茶

李群玉（约813—863年），字文山，唐澧州（今湖南澧县）人（图10-10）。早岁发奋苦读，喜吟咏，工书法。举进士不第，遂以布衣游长安。裴休对其颇为欣赏，宣宗大中八年（854年）经裴休引荐，授弘文馆校书郎，上表进诗300篇，受到唐宣宗的赏识。大中十年，裴休罢相外出任地方官，群玉亦去官。裴休任湖南观察使时，又被延至幕中。后漫游各地，在长沙岳麓山与长沙诗人王璘相遇，二人竞相联诗属对，传为文坛佳话。

李群玉描绘长沙窑烧制茶具一诗，是现存有关长沙窑的宝贵文字资料。

图10-10 李群玉画像

石 渚

古岸陶为器，高林尽一焚。焰红湘浦口，烟浊洞庭云。

迥野煤飞乱，遥空爆响闻。地形穿凿势，恐到祝融坟。

（李群玉）

唐代长沙舞蹈艺术盛行，有一种著名的"绿腰舞"在长沙流行。一日，李群玉登上东楼，一边喝茶，一边观舞，写下《长沙九日登东楼观舞》。

长沙九日登东楼观舞

南国有佳人，轻盈绿腰舞。华筵九秋暮，飞袂拂云雨。

翩如兰苕翠，婉如游龙举。越艳罢前溪，吴姬停白纻。

慢态不能穷，繁姿曲向终。低回莲破浪，凌乱雪萦风。

坠珥时流盼，修裾欲溯空。唯愁捉不住，飞去逐惊鸿。

（李群玉）

绿腰舞本属于形式典雅的宫廷舞蹈，但它传入长沙后，与楚舞相融合，成了带地域特色的长沙宫廷舞蹈，并逐渐走出宫廷，进入民间（图10-11）。李群玉的诗为唐代长沙舞蹈作了真实的注脚。

李群玉不仅追随裴休参禅，写有《长沙陪裴大夫登北楼》《三月五日陪裴大夫泛长沙东湖》等诗，而且与道教亦有缘，他来到今长沙县安沙镇水塘乡绘塑有"河图、洛书"的河图观，题下《紫府》一诗：

图10-11 据李群玉《长沙九日登东楼观舞》编排的"绿腰舞"

紫 府

紫府空歌碧落寒，晓星寥亮月光残。一群白鹤高飞上，惟有松风吹石坛。

（李群玉）

李群玉的诗于晚唐诗坛独具风格。《一瓢诗话》谓其"脱尽晚唐蹊径"。贺棠《载酒园诗话又编》称："文山虽生晚唐，不染轻靡假涩之习，五言古颇有素风。"《唐才子传》

卷七有《李群玉集》传世："（群玉）清才旷逸，不乐仕进，专以吟咏自适，诗笔遒丽，文体丰妍。好吹笙，美翰墨，如王、谢子弟，另有一种风流。"《全唐诗》编入3卷，共263篇。咏茶诗主要有《龙山人惠石廪方及团茶》《答友人寄新茗》等。

龙山人惠石廪方及团茶

客有衡岳隐，遗余石廪茶。自云凌烟露，采掇春山芽。

珪璧相压叠，积芳莫能加。碾成黄金粉，轻嫩如松花。

红炉爨霜枝，越儿斟井华。滩声起鱼眼，满鼎漂清霞。

凝澄坐晓镫，病眼如蒙纱。一瓯拂昏寐，襟鬲开烦挐。

顾渚与方山，谁人留品差。持瓯默吟味，摇膝空咨嗟。

（李群玉）

答友人寄新茗

满火芳香碾曲尘，吴瓯湘水绿花新。愧君千里分滋味，寄与春风酒渴人。

（李群玉）

四、齐己茶禅一味

齐己（约860—937年），唐末至五代十国之际诗僧，潭州益阳人（图10-12）。俗姓胡，名得生，自号衡岳沙门。本佃户子，幼丧父母，寄宁乡大沩山同庆寺为司牧（图10-13），后入佛门为僧。齐己自幼聪颖，7岁能取竹枝画牛背为小诗。此后"风变日改，声价益隆"。

图10-12 齐己画像

图10-13 齐己出家之处——宁乡同庆寺
（图为民国初期同庆寺废墟）

中国茶全书 ✱ 湖南长沙卷

342

齐己游遍江海名山，曾至洪州、九江、袁州等地，且作《早梅》诗。

早 梅

万木冻欲折，孤根暖独回。前村深雪里，昨夜一枝开。

风递幽香出，禽窥素颜来。明年应如律，先发映春台。

（齐 己）

据说原诗中是"昨夜数枝开"，郑谷对他说："数枝，非早也，未若一枝。"齐己非常佩服，马上拜谢，与郑谷结为诗友。后来诗界称郑谷为"一字师"。

齐己居长安数载，遍览终南山、中条山、华山之胜。后居长沙道林寺，因颈部有赘疣，人戏呼为诗囊。后梁龙德元年（921年），将入蜀，至江陵，为割据荆南的南平王高季兴所留，入住龙兴寺，署为僧正，因病卒于该寺。

齐己能琴工书，为诗尚锻炼，好苦吟，工于吟物，往往融情于景，其诗风格清润，语言简淡，含蓄有致，多登临酬答之作。尝登岳阳楼，望洞庭，时秋高水落。君山如黛，唯湘川一条而已。欲吟杳不可得，徘徊久之。从长安归，路过豫章郡，当时陈陶近仙逝，留题下有名的"夜过修竹寺，醉打老僧门"之句。居长沙时遇零陵高僧乾康。乾康以《呈诗释齐己》诗谒之，齐己大喜。

呈诗释齐己

隔岸红尘忙似火，当轩青嶂冷如冰。烹茶童子休相问，报道门前是衲僧。

（乾 康）

齐己撰有《玄机分别要览》一卷、《风骚旨格》（又名《诗格》）一卷，有《白莲集》十卷传世。《白莲集》由齐己弟子西文编辑，共收齐己诗809首，是至今已知的湖南文人诗文集中最早的雕版书，比我国现存最早的雕版书唐代的《金刚经》仅迟70年（图10-14）。

齐己是著名的诗僧和茶人，共写有茶诗13首，是唐代仅次于皎然的禅宗茶道的代表人物。《过陆鸿渐旧居》诗，是关于陆羽生平的可靠实录，殊为可贵。

图10-14 齐己《白莲集》

过陆鸿渐旧居

楚客西来过旧居，读碑寻传见终初。佯狂未必轻儒业，高尚何妨诵佛书。
种竹岸香连菡萏，煮茶泉影落蟾蜍。如今若更生来此，知有何人赠白驴。

（齐 己）

注：陆生自有传于井石。又云：行坐诵佛书，故有此句。

尝 茶

石屋晚烟生，松窗铁碾声。因留来客试，共说寄僧名。
味击诗魔乱，香搜睡思轻。春风雪川上，忆傍绿丛行。

（齐 己）

注：《与节供奉大德游京口寺留题》云："煮茶尝摘兴何极，直至残阳未欲回"。可知
亦为嗜茶成癖者。《尝茶》中"味击诗魔乱，香搜睡思轻"是"咏茶功佳句"。

谢中上人寄茶

春山谷雨前，并手摘芳烟。绿嫩难盈笼，清和易晚天。
且招邻院客，试煮落花泉。地远劳相寄，无来又隔年。

（齐 己）

注：《谢中上人寄茶》中"清和易晚天"句，表现了诗人对茶性的深刻理解。

怀东湖寺

铁柱东湖岸，寺高人亦闲。往年曾每日，来此看西山。
竹径青苔合，茶轩白鸟还。而今在天末，欲去已衰颜。

（齐 己）

注：《怀东湖寺》中点明"茶轩"，说明唐代寺庙已有专用茶室供僧人饮用和待客。

咏茶十二韵

百草让为灵，功先百草成。甘传天下口，贵占火前名。
出处春无雁，收时谷有莺。封题从泽国，贡献入秦京。
嗅觉精新极，尝知骨自轻。研通天柱响，摘绕蜀山明。
赋客秋吟起，禅师昼卧惊。角开香满室，炉动绿凝铛。
晚忆凉泉对，闲思异果平。松黄干旋泛，云母滑随倾。

颇贵高人寄，尤宜别柜盛。曾寻修事法，妙尽陆先生。

（齐　己）

注：《咏茶十二韵》表现了茶与禅之间的关系及其对陆羽的崇敬之情。

闻道林诸友尝茶因有寄

枪旗冉冉绿丛园，谷雨初晴叫杜鹃。摘带岳华蒸晓露，碾和松粉煮春泉。

高人爱惜藏岩里，白硾封题寄火前。应念苦吟耽睡起，不堪无过夕阳天。

（齐　己）

注：《闻道林诸友尝茶因有寄》也为脍炙人口的佳作。夕阳的余晖洒在山冈上，石上仿佛着上了一层薄薄的烟雾，窗外松树林立，传来金属茶碾碾茶的声音。为将客人留下，取出好茶相待，品着如此美味的茶，心中十分感激寄茶的僧友。茶味如此浓烈，扰乱了心中的诗思，香气如此持久，让人久久不能入睡。让人怀想雪川的山坡上春风暖暖地吹着，茶园里一行行茶树葱绿青翠。

五、惠洪的潭州茶禅之旅

惠洪（1070—1128年），一名德洪，字觉范，自号寂音尊者，俗姓喻（一作姓彭），江西宜丰县桥西乡潜头竹山里人，北宋著名诗僧（图10-15）。自幼家贫，14岁父母双亡，入寺为沙弥，北宋元祐四年（1089年），19岁的惠洪入京师，于天王寺剃度为僧。由于当时是冒用天王寺旧籍"惠洪"度牒（度牒是旧时官府发给僧尼予以证明身份的文书），遂以惠洪为己名。之所以冒用他人旧籍，大概是因为年少而孤，无法缴纳昂贵的度牒费。但是这一小小的事件为日后种下了祸根，四度入狱。惠洪以诗文名世，善画梅竹。其诗清新有致，笔力颇健，极度推崇苏（轼）、黄（庭坚），作诗也勉力追摹，出入其间，时时近之，于黄庭坚所得尤多。清代推其诗为"宋僧之冠"。

图10-15　惠洪画像

北宋大观元年（1107年）、大观三年（1109年），惠洪先后短期主持临川北景德寺、金陵清凉寺。惠洪入住金陵清凉寺不到一月，即"为狂僧诬，以为伪度牒，且旁连前狂僧法和等议讪事，入制狱一年"（《寂音自序》）。从此以后，惠洪陷入了被他自称为"奇祸"的一连串灾难之中，历经磨难，"出九死而仅生"。虽然惠洪以"宝公开锁寻常事"

来开导自己，但是削籍停僧牒三年还是给生活带来了诸多困难。北宋大观四年（1110年）八月，获释出狱的惠洪在衣食无依的困境中，前往投奔旧相识张商英。此时，张商英已被拜相，因此奏请徽宗恢复惠洪僧籍，并于次年上元节诏赐"宝觉圆明"师号。得到张商英等达官显宦的礼遇和庇护，惠洪喜出望外，得意地说"我有僧中富贵缘"。但是由于"元祐党禁"之故，张商英很快被贬罢相，其他幕僚也因此受到打击清算。惠洪因和张商英等过往密切，下开封狱，褫夺僧籍，受脊杖黥刑，并于北宋政和元年（1111年）十月二十六日被发配朱崖军（今海南三亚）。北宋政和三年（1113年）五月，惠洪获释，听其自便。

北宋政和四年（1114年）惠洪从海南北返，先到湖南潭州南岳衡山，住方广寺，又拜访"南山第一古刹"福严寺。福严寺位于掷钵峰下，寺庙依山就势而建，整个寺宇逐进递高，气势非凡，四周风光秀美，惠洪登上"高级台"已近黄昏，未及歇息就题壁写下了《晚归福严寺》。

晚归福严寺

浅抹浓堆翠却烟，老松无数更苍然。石梯又入千峰去，时见楼台夕照边。

（惠 洪）

他登上南岳绝顶后，品到了志上人的"小月团"茶，特作诗谢之：

鋈源独步宝带夸，官焙无双小月团。未作浓甘生齿颊，先飞微白上眉端。

汤声蜂稚秋窗晚，乳面鹅儿春瓮寒。饮罢为君登绝顶，俯临落日看跳丸。

惠洪离开衡山后回到家乡，移居石门寺。但是不久又被押往太原下狱，逾月方得以释放。这次入狱的原因无从考证。北宋政和八年（1118年）八月，惠洪"为狂道士诬以为张怀素党人。官吏皆知其误认张丞相为怀素，然事须根治，坐南昌狱百余日"（《寂音自序》）。所幸是这年的十一月一日徽宗改元重和，大赦天下，惠洪因此获释出狱。此

图10-16 古麓山寺龙井玉泉

后，惠洪浪迹于湖湘大地，交游广泛，曾寓居于长沙河西岳麓寺，沉醉于寺内的龙井和玉池（图10-16），留下咏岳麓山下飞来湖（今桃子湖）"烟云有奇志，草木秋不枯"等诗。

又游历宁乡沩山密印寺（图10-17、图10-18），写有不少应景感怀之诗，如写宁乡道中"黄柑绿橘平芜路，剩水残山夕照村"，记同庆寺"万叶正黄落，群峰时白烟"，把以往的牢狱之灾抛却九霄云外。到了密印寺又沉醉于品尝名茶"沩山毛尖"，发出"日长齿颊茶甘在"的感叹，作有不少茶诗。

图10-17 宁乡密印寺一景

图10-18 密印寺龙泉

沩山立雪轩

沩山雪晓试凭栏，露地牛儿觅转难。脱体见前谁对立，一尘不受眼空寒。

日长齿颊茶甘在，客去轩窗篆缕残。好在少陵成想象，祖师时卷画图看。

（惠　洪）

谢大沩空印禅师惠茶

钟鼓五千指，翔空楼殿开。不知大沩水，何尔小南台。

让子钿斧信，问禅春露杯。故应念岑寂，先寄出山来。

（惠　洪）

在长沙时，惠洪巧遇同乡黄庭坚，黄是被贬往广西宜州路过长沙的。两人在长沙碧湘宫勾连一月有余，相互酬唱，不忍离去，留下了一段佳话。离开碧湘宫后，两人同舟赴衡州，他们在碧湘门外租了一艘小舟，惠洪始嫌其窄小。黄庭坚笑曰："烟波万顷，水宿小舟，与大厦千楹、醉眠一榻何所异？"两人分别后，惠洪还对这次不寻常的湘水行舟津津乐道，回头笑往事，作《西江月》词寄之。

西江月

大厦吞风吐月，小舟坐水眠空。雾窗春晓翠如葱，睡起云涛正涌。

往事回头笑处，此生弹指声中。玉笺佳句数惊鸿，闻到衡阳价重。

（惠　洪）

靖康元年（1126年），诏除"元祐党禁"，张商英被追赠太保，惠洪的冤屈才得以洗尽，并重新获得度牒。南宋建炎二年（1128年）初，惠洪回到江西宜丰同安，五月圆寂，终年五十八岁。惠洪入寂后，门人曾为其建骨塔于凤栖山。

惠洪著有《冷斋夜话》10卷，主要论诗、间杂传闻琐事。论诗多引苏、黄等人论点，引黄庭坚语尤多。又著《天厨禁脔》3卷，以唐宋各家之篇、句为式，标论诗格，可供研究文学批评史者参考。又有《僧宝传》32卷等，对研究中国佛教史有极高的价值。

惠洪一生嗜茶，作有不少茶诗，与湘茶、湘茶人多有关联。

次韵曾嘉言赋茶

不嫌滞留湘水涯，时作新诗夸露芽。此篇醉墨翻龙蛇，雷锤雨霓飞尘沙。

开卷疾读喜欲哗，此郎真是能世家。气如横槊万骑遮，妙如琢玉无疵瑕。

缙绅传观众口夸，矧余秃鬓缠袈裟。崔嵬胸次书五车，于人岂止一等加。

坐令应手开天葩，不因笔端梦生花。何时词刃诛奸邪，世途嗜好纷万差。

风流扫地吁万嗟，十年去国道路赊。两手未忍置所拿，卖生岂欲从蚍虾。

渊明但爱谈桑麻，湘西有舍如藏蛙。年来颇种东陵瓜，爱君才宜践清华。

妙年声誉闻童牙，君看爱客自著茶。红妆聚观烂朝霞，撑突万卷遭搜爬。

职宜莲烛烧窗纱，不宜槐笏趋早衙。

未甘终老勤山畲，尚能见子昂霄耶，想见雾窗烟缕斜。

六、张栻白鹤泉酌茶

张栻（1133—1180年），字敬夫、钦夫，号南轩，汉州绵竹（今四川绵竹）人（图

10-19）。其父张浚为宋代著名抗金将领，官至宰相。6岁时随父至湖南永州居住，27岁与著名理学家胡宏通信求教，29岁时前往衡山拜胡宏为师。同年，随父至长沙，在妙高峰上筑城南书院以作家居。34岁（1166年）时开始主教岳麓书院；至南宋乾道十三年（1173年），先后两次主教岳麓书院，培养了一批湖湘弟子及外省籍弟子。以荫补官，累官至吏部侍郎、右文殿修撰。著作有《经世编年》《南轩集》等。在南宋时与朱熹、吕祖谦齐名，时称"东南三贤"。

图10-19 张栻画像

张栻与他的老师胡宏创立了湖湘学派，为后来的湖湘文化奠定了架构规模。他与朱熹在城南书院与岳麓书院互设讲席，往返湘江之上开展朱张会讲，树立了湖湘文化兼容并包的典范。逝世后，葬于宁乡县（今宁乡市）官山乡官山村官山南麓张浚墓西侧，今为全国重点文物保护单位（图10-20）。

张栻自幼入湘，在湖南先后生活了40余年，终老湖湘，葬宁乡巷子口。其中在长沙生活了十几年，对湖南、长沙山水风物十分热爱，留下了不少吟咏之作，喜喝茶，尤爱以岳麓山白鹤泉水沏茶。

白鹤泉位于岳麓山麓山寺的左后侧。清《古今图书集成·职方典》云："泉出岩石中，仅一勺许，最甘洌，相传尝有白鹤飞止其上，故云。"白鹤泉有"麓山第一芳润"之称，其泉甘洌异常，清澈透明，冬夏不竭（图10-21）。传说古时常有双鹤飞其上，并留影泉中，以泉水沏茶热气似鹤腾出，栩栩如生。

张栻主讲岳麓书院时，常与一位石通判一起到麓山寺品茶，品的自然是麓山毛尖。麓山毛尖茶，采摘于清明谷雨期间，取一芽二叶，经摊青、杀青、二揉三烘和整形理条等工序后制成。其外形卷曲多毫，深绿油润，栗香高长持久，味醇甘爽，汤色黄绿明亮，

图10-20 宁乡巷子口张栻墓园

图10-21 白鹤泉

叶底肥壮匀嫩。

以"甘冽异常"的白鹤泉水来沏麓山毛尖，豪饮是喝不出"妙处"的，所以张栻用了一个"酌"字，以茶代酒，慢慢小酌，才有了妙不可言的"清甘醒舌根"之品味。

和石通判酌白鹤泉

谈天终日口澜翻，来乞清甘醒舌根。满座松声闻金石，微澜鹤影漾瑶琨。
淡中知味谁三咽，妙处相期岂一樽。有本自应来不竭，滥觞端可验龙门。

（张　栻）

白鹤泉自明代以来，麓山寺各住持僧多次对其整修。清光绪三年（1877年）湖南粮道夏献云建亭护泉，刻碑立石以纪其事，就刻有翰林院编修杨翰所书张栻的这首诗。另，张栻还有多首白鹤泉茶诗。

腊月二十二日渡湘登道乡台夜归

人来人去空千古，花落花开任四时。白鹤泉头茶味永，山僧元自不曾知。

（张　栻）

张栻在茶礼往来中也写下了不少茶诗，录三首如下：

和安国送茶

官焙苍云小卧龙，使君分饷自题封。打门惊起曲肱梦，公案从今又一重。

（张　栻）

夜得岳后庵僧家园新茶甚不多辄分数碗奉伯承（二首）

其　一

小园茶树数十许，走寄萌芽初得尝。虽无山顶烟岚润，亦有灵泉一派香。

其　二

黄蘗山前水浇沙，春风吹石长灵芽。午窗落硙飞琼屑，鸣碗翻汤涌雪花。
日长燕寝无公事，忽忆故人云水边。包裹甘芳慰幽独，使君风味故依然。

（张　栻）

七、辛弃疾词贺平定茶商军

长沙旧有营盘街，今已拓宽为营盘路。街名源于南宋词人辛弃疾淳熙年间任潭州知州兼湖南安抚使时创建的飞虎军（图10-22）。飞虎军以五代马殷故垒为营，即营盘街所在地。

辛弃疾（1140—1207年），字幼安，号稼轩，历城（今济南）人（图10-23）。21岁参加抗金义军，为掌书记，提出不少恢复失地的建议。孝宗时任湖南转运判官，又知潭州兼湖南安抚使，两次被黜，起用后加龙图阁侍制，赠少师。其词豪放，与苏轼并称"苏辛"，有《稼轩长短句》传世。

图10-22 长沙营盘路辛弃疾雕塑

图10-23 辛弃疾画像

辛弃疾与湖南的渊源与一起茶商军起事有关。南宋淳熙二年（1175年）四月，湖北茶贩首领赖文政因反对朝廷"榷茶"政策，率领茶农、茶商数百人起义，转战湖南、江西。六月，茶军进入江西吉州永新县禾山。宋廷以辛弃疾为江西提点刑狱，领兵镇压，茶军战败，赖遁走。辛弃疾因平息赖文政起事有功，加秘阁修撰。南宋淳熙六年（1179年）辛弃疾出任潭州知州兼湖南安抚使，此时"茶盗"再起湖湘，"弃疾悉讨平之"，帝诏奖谕之。辛弃疾奏曰：

今朝廷清明，比年李金、赖文政、陈子明、陈峒相继窃发，皆能一呼啸聚千百……夫民为国本，而贪吏迫使为盗，今年剿除，明年划荡，譬之木焉，日刻月削，不损则折。欲望陛下深思致盗之由，讲求弭盗之术，无徒恃平盗之兵。申饬州县，以惠养元元为意，有违法贪冒者，使诸司各扬其职，无徒按举小吏以应故事，自为文过之地。

南宋湖南"茶寇"多次起事，多次被平息。南宋淳熙八年（1184年）辛弃疾已离开湖南到江西的任上，还写有祝贺湖南官军平定茶商军的词。

满江红·贺王宣子平湖南寇

筦鼓归来，举鞭问、何如诸葛？人道是，匆匆五月，渡泸深入。白羽风生貔虎噪，青溪路断猩鼯泣。早红尘、一骑落平冈，捷书急。

三万卷，龙头客。浑未得，文章力。把诗书马上，笑驱锋镝。金印明年如斗大，貂蝉却自兜鍪出。待刻公、勋业到云霄，湣溪石。

（辛弃疾）

赖文政（？—1175年），一名赖五，南宋茶农起义首领，荆南（今湖北江陵）人。当时，湖北、湖南、江西的茶农、茶贩因政府实行茶叶专卖、加重茶税，生活极端困苦。江西、湖北、湖南等地的茶贩，经常结成几百人到上千人的队伍，武装贩运茶叶，抵抗政府对茶叶的专卖。茶贩的队伍常常是一个人担茶叶，两个人负责保卫，"横刀揭斧，叫呼踊跃"。宋朝官方称这支队伍为"茶盗""茶寇"，多次重兵围剿。南宋乾道八至九年（1172—1173年），江西茶军曾多次进攻江洲和兴国军。南宋淳熙元年（1174年），湖北茶军几千人进入湖南潭州。此时，曾重建岳麓书院的刘珙再任荆湖南路安抚使。刘珙揭榜采取"来毋呕战，去毋穷追"的缓和策略，事遂平息。

南宋淳熙二年（1175年）四月，赖文政率数百人，再次起义于湖北，转战湖南、江西。六月，茶军进入吉州永新县禾山。南宋朝廷一面派军队镇压，同时下诏号令地主武装参与，采取赏官办法，如能捕杀贼首之人，每人捕获或杀贼首一名，特补进武校尉，二人承信郎，三人承节郎，四人保义郎，五人成忠郎，各添差一次，五人以上取旨优异推恩。

永新县的茶军不过400余人，而南宋朝廷从江州、鄂州、赣州、吉州调集的兵将，加之地主武装却有近万人，但始终不能战胜茶军。茶军出没茶园山谷之间，和当地人民群众联系广泛，利益相关，因此得到了人民群众的积极支持。七月，赖文政率部从广东又折回江西。宋廷以辛弃疾为江西提点刑狱，领兵镇压，茶军战败。辛弃疾因平息赖文政起事有功，才得以出任潭州知州兼湖南安抚使。

辛弃疾在潭州任上的"政绩"除平定"茶商军"外，当数于南宋淳熙七年（1180年）在长沙建立飞虎军了。辛知潭州时，正值金兵入侵中原，南宋朝廷偏安江南。他力主抗金北伐，在长沙创建飞虎军，并建造营房，以作武力收复国土的准备。辛弃疾借此机会，在长沙招募步军2000人、骑兵500人，配备精良武器，日夜严格操练，把飞虎军练成一支骁勇善战的地方军。南宋淳熙八年（1181年）辛弃疾离开湖南后，飞虎军仍维持了40年之久。

辛弃疾满怀收复国土的大志，但长期未得到南宋朝廷的重用，常以词来抒发无限的悲愤。他于"淳熙己亥，自湖北漕移湖南，同官王正之置酒小山亭，为赋《摸鱼儿》"。

摸鱼儿

更能消几番风雨，匆匆春又归去。惜春长怕花开早，何况落红无数。春且住，且说道，天涯芳草无归路。怨春不语。算只有殷勤、画檐蛛网，尽日惹飞絮。

长门事，准拟佳期又误。娥眉曾有人妒。千金纵买相如赋，脉脉此情谁诉？君莫舞，君不见，玉环飞燕皆尘土。闲愁最苦。休去倚危栏，斜阳正在，烟柳断肠处。

（辛弃疾）

词中"斜阳正在，烟柳断肠处"，正是对南宋偏安的凄凉景象的感叹。

作为一位杰出的词人，辛弃疾在长沙也写下了不少词章。一次，他在"长沙道中"，见"壁上有妇人题字，若有恨者"，乃"用其意为赋"，写下了《减字木兰花》一词。

减字木兰花

盈盈泪眼，往日青楼天样远。秋月春花，输与寻常姊妹家。

水村山驿，日暮行云无力气。锦字偷裁，立尽西风雁不来。

（辛弃疾）

该词借一个被遗弃的妇女的话，委婉地道出自己远离前线、郁郁不得志的愤懑。辛词素以慷慨激昂著称，而这首词却意在言外，委婉有致，深得骚人比兴之旨。

八、李东阳诗歌溢茶香

李东阳（1447—1516年），字宾之，号西涯，长沙府茶陵州人，世称"李长沙"（图10-24、图10-25）。受其父李淳的影响，4岁时就能写直径一尺的榜书，有神童之誉。先后被明景帝朱祁钰召见过3次，特许入顺天府学。16岁时考取顺天举人，18岁考中天顺甲申进士，选为翰林院庶吉士。历官翰林院编修、侍讲、侍学学士，礼部、户部、吏部尚书，文渊阁、谨身殿大学士。李东阳为朝官50年，参与内阁机务18年，担任实际相当于宰相职务的内阁大学士15年，政治上达到顶峰。其间多次回长沙省亲、省墓，长沙重修府学宫尊经阁、贾太傅祠、李忠烈祠等，他都为之作记。有《怀麓堂集》100卷传世，明清两代多次刻印，流传广泛。大学者杨一清在《怀麓堂稿序》中这样评价李东阳："高才绝识，独步一时也，而充之以学问，故其诗文深厚浑雄，不少屈奇可骇之辞，而法度森严，思味隽永，尽脱凡近而古意独存。"

李东阳也是一位才华横溢的诗人，是为领袖明代诗坛五十年的"茶陵诗派"盟主。

其诗歌主张要有比兴，要表现真实的"情思"。在形式上追求典雅工丽。在风格上主要"出于宋元，溯源唐代"，接受了盛唐杜甫以及中唐白居易、宋朝苏轼、元朝虞集等人的影响，着眼于体制法度、音节声调，直接影响到前后七子复古运动，一定程度上冲破了以杨士奇、杨荣、杨溥为代表的"词气安闲，首尾停稳"的台阁体，开辟了真诗复生的局面，成为台阁体到前后七子的过渡流派。所以清人沈德潜说："永乐以后诗，茶陵起而振之，如老鹤一唱，喧啾俱废。"李东阳诗在内容上也有不少关注社稷民生和讴歌祖国大好河山、英雄人物、民俗风情的优秀作品，如《春至》《长江行》《与钱太守诸公游岳麓寺四首·席上作》《花将军》《牧牴曲》等。李东阳诗中还有不少描写家乡风土人情的佳作，如《长沙竹枝词》描写端午节长沙百姓龙舟竞渡的欢腾场面，洋溢着盎然生机。

图10-24 明抄本《怀麓堂稿》中的李东阳画像

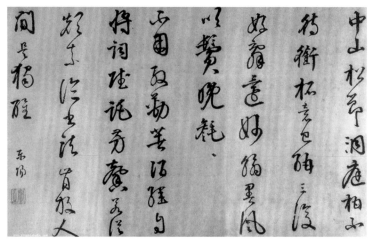

图10-25 李东阳书法

长沙竹枝词

江头彩旗耀日明，船上挝鼓不停声。湖南乐声君记取，五月五日潭州城。

（李东阳）

李东阳出生在中国著名茶乡茶陵，于茶人茶事与茶，自是十分熟悉和喜爱，诗中屡见咏茶佳句，如"佳期忽与春争到，正及雷鸣二月茶"，"他时细说熊罴梦，夜榻留连到几茶"，"相看只合无言坐，小泛清茶当一卮"等，均成为中国茶诗的经典。他的《东坡煎茶（次坡韵）》描写了茶饮与文人生活的密切关系。

东坡煎茶（次坡韵）

君不见玉川两腋清风生，又不见黄家竹几车声鸣。

东坡别有煎茶法，一勺解使千金轻。

江南雷鸣二月二，已识山人采茶意。东京贡院试一煎，汴中哪有中冷泉。

翰林老仙出西蜀，醉扫蛮烟写珠玉。诗成吻渴肠亦饥，长须拂纸扬修眉。

知公此兴不独乐，苏门六子长相随。请看画第题诗手，犹似当炉运笔时。

（李东阳）

在中国茶诗作者中，李东阳也算得上是一位高产作家，信手拈来，还可列出十数篇，其中"用瓜祝韵"一组诗，竟然首首离不开茶。下录其四首：

贺陈玉汝得孙，用瓜祝韵

祝子生孙喜更赊，始知为瓞胜为瓜。拟分座上金钱满，来看风前玉树斜。

诗学早传韦孟业，德星偏聚大邱家。佳期忽与春争到，正及雷鸣二月茶。

呈李若虚、冯佩之二君，用瓜祝韵

地接东陵路不赊，冷官生计只篱瓜。闲行似受凉阴薄，醉笔多随野蔓斜。

名自雅歌传圣代，例分风味与诗家。从今记取宜男祝，贺客来时好荐茶。

若虚馈瓠瓜，仍叠前韵奉谢

野意相看总不赊，园瓠虽大亦称瓜。青囊摘罢烟仍湿，翠笼擎来日半斜。

吟有旧题成左券，酌无清酒愧西家。郎曹兴味清如此，绝胜春风谏议茶。

日川馈无花果答丝瓜之赠，叠前韵

翠笼珍果望还赊，报我真应愧木瓜。采撷恐沾放径湿，传看不觉夜灯斜。

饱和实德非虚语，脱尽浮华是大家。异物清诗而奇绝，渴心何必建溪茶。

（李东阳）

这些诗中有一些虽是贺和之诗，但绝非低俗应酬之作，诗中所散发的茶香，虽历数百年，至今回味无穷。更为难得的是，李东阳茶诗对当时的民间茶俗、茶叶生产及各具风味的名茶作了生动的描写，对研究明代茶文化具有重要的文献价值，《赭亭茶一首谢湖东阁老》便是其代表作。

赭亭茶一首谢湖东阁老

铅山之山正西走，赭亭如山覆江口。地灵人杰岂独然？亦有灵芽秀川薮。

本缘石性感清奇，更远泥沙谢尘垢。采撷常当谷雨前，勾萌不待春雷后。

谁其馈者湖东公，珍重风情托筐篓。惊从谏议得华缄，病比杜陵回白首。

煮爱分江入夜瓶，敲疑隔竹闻山臼。时时醉吻资涵润，曲曲诗肠藉疏溲。

何当远致金山泉？恨不相逢玉川叟。景纯尔雅犹疏略，陆羽茶经太纷糅。

我居京城少游历，稍以闻见分妍丑。六安信美微伤苦，阳美极清差未厚。

武夷龙井来不多，岂以虚名充实有？成都沙坪亦新出，地属宗藩人莫取。

茶陵无茶名尚在，宝庆虽多岂其耦？此山此物镇常存，一啜一吟真不负。

山珍水错非吾好，颇觉嗜茶逾嗜酒。湖东爱诗不爱物，每日百团当一斗。

殿坐曾分龙凤团，溪行独逢烟霞友。上界颠崖迥不同，因君得问苍生否？

（李东阳）

九、袁枚酣畅淋漓饮长沙茶

清代性灵派诗人袁枚（1716—1798年），字子才，钱塘（今杭州）人（图10-26、图10-27）。清乾隆十年（1745年）进士，改庶吉士，散馆授知县。后退居江宁，纵情山水，其诗在清中叶负有盛名。有《小仓山房诗文集》《随园诗话》《随园食单》《子不语》《续子不语》等传世。

据考证，袁枚父亲袁滨曾作衡阳县令高清的幕宾，在衡阳住了九年。清雍正元年（1723年），高清死后，由于亏欠国库钱粮，妻子被关进监牢。袁滨尽全力救之，高妻才被允许放出来为夫送葬。由此袁枚也对衡阳有了深厚感情，曾作《游回雁峰》诗。

图10-26 袁枚画

图10-27 袁枚书

游回雁峰

衡郡小丹丘，鸣琴主客游。万家烟火上，一曲楚江秋。

远水淡将夕，颓云凝不流。自怜人似雁，到此亦回头。

（袁　枚）

袁枚一生二度至长沙，对长沙山水情有独钟，曾作《湘水清绝深至十丈犹能见底》诗。

湘水清绝深至十丈犹能见底

湘水无纤埃，十丈如碧玉。直是银河铺，不用燃犀烛。

我性不茶饮，至此酣千锺。爱极无可奈，藏之胸腹中。

（袁　枚）

袁枚生性不爱茶饮，到了长沙却一反自己的生活习惯，喝茶喝得酣畅淋漓："爱极无可奈，藏之胸腹中"。由此可见湘江水、长沙茶在诗人心中的魅力。

清乾隆四十九年（1784年）袁枚第二次来长沙，其时已是六十九岁老人。他在喝过湘江水、品过长沙茶后，由湖南布政使秦芝轩陪同，游览了岳麓山，作《十一月二十七日秦芝轩方伯陪游岳麓山》一诗。

十一月二十七日秦芝轩方伯陪游岳麓山

方伯名山主，长沙岳麓高。多君陪杖履，为我拥旌旄。

霜叶红如锦，松声响作涛。希文有清德，应赋履霜操。

（袁　枚）

诗中"履霜操"为乐府琴曲歌辞名。《乐府诗集·琴曲歌辞·履霜操》云："琴操曰《履霜操》，尹吉甫之子伯奇所作也。伯奇无罪，为后母谗而见逐，乃集芰荷以为衣，采庭花以为食，晨朝履霜，自伤见放。于是援琴鼓之，而作此操。曲终，投河而死。"后以此比喻人的高洁品德。诗人描写岳麓山，抓住枫叶和松声二景，一诉诸视觉，一诉诸听觉。枫叶红得有如锦缎那样的鲜艳华美，松声响得有如波涛那样的澎湃铿锵，写出了岳麓山自然景观的灵性。进而以麓山美景引伸到范希文（仲淹）心忧天下的清德与高洁，"性灵派诗人"名不虚传。

相传这一天，袁枚还特意去拜访岳麓书院的山长罗典，却吃了闭门羹。罗典不见袁枚的原因，是因为袁枚率先招收女弟子，这在罗典看来，有违礼教。其实，罗典是个惜才之士，心里还是喜欢袁枚才华的。来到清风峡的红叶亭，袁枚说，这个亭名太俗，于是，他便要书童拿出纸笔，将唐代杜牧的《山行》诗草出，并有意地将"停车坐爱枫林晚"中的"爱"和"晚"二字遗漏。这一幅字很快就到了院长罗典的手中。罗典一见，便知端详，知道是袁枚要他将"红叶亭"改为"爱晚亭"。罗典拍案叫绝，叹为奇才，遂改"红叶亭"为"爱晚亭"（图10-28）。当然这只是民间传说。另说，"红叶亭"改"爱晚亭"为湖广总督毕沅所为。

袁枚虽"我性不茶饮"，但茶诗颇多，而且写得清丽婉媚。

湖上杂诗

烟霞石屋两平章，度水穿花趁夕阳。万片绿云春一点，布裙红出采茶娘。

桑女留侬住小车，春蚕食叶响沙沙。一瓯水白茶如雪，足抵人间七品家。

（袁　枚）

袁枚对贾谊非常崇拜，两次来长沙都专程参谒了贾谊故宅，即贾太傅祠（图10-29）。第一次是清乾隆元年（1736年），年仅20岁，这时他还只是一个秀才，穷途落拓，千里迢迢往其在广西巡抚衙门做幕僚的叔父。他路过长沙，写了《长沙谒贾谊祠》五言排律十六韵，该诗表面是凭吊贾谊，实际是抒发自己内心的伤感。

图10-28 民初明信片上爱晚亭图10-29 民国初期的贾谊宅

长沙谒贾谊祠（节选）

神鬼真无状，风云合有缘。长怀夫子哲，转忆孝文贤。

遇合终如此，功名更惘然。我来刚弱冠，流涕返吴船。

（袁　枚）

48年后第二次来长沙时，袁枚在文坛上已独树一帜，海内知名。但只当过几届七品县令，仍然牢骚满腹，故在重访贾谊祠时，又写了《再题贾太傅祠五首》，抒发"怀才不遇"之感慨。

再题贾太傅祠其一

一别先生五十年，洛阳年少也华颠。昏冷枉受吴公荐，白首重来意惘然。

（袁　枚）

十、齐白石画茶

齐白石（1864—1957年），原名纯芝，字渭清，后改名璜，字濒生，号白石（图10-

30）。幼年家境贫寒，仅读了一年蒙学书。长大后，齐白石以做雕花木匠来补贴家用，一次，在一个雇主家中无意发现了一部乾隆年间翻刻的《芥子园画谱》。齐白石如获至宝，立即向雇主借阅，一幅一幅地勾影，足足画了半年。以此为基础，他常忙里偷闲帮人家画画，由于他天性聪慧，在乡里名气也越来越大，人们请他雕花外，还请他画画。27岁，齐白石拜湘潭善于书法绘画的胡沁园和擅长作诗撰文的陈少蕃为师。10年后，他又拜文史大家王闿运为师，在几位老师的指点下，加之他的刻苦勤奋，技艺日益精进。

图10-30 齐白石

1902—1910年，齐白石先后游历了西安、华山、北京、南昌、桂林、广州、钦州等地，画下了各地自然美景。"身行万里半天下"，他不仅饱览了祖国各地的名山大川、名胜古迹，而且鉴赏了许多珍稀秘籍、名画、书法、碑拓，从先人作品中得到借鉴启示，这在他的绘画生涯中是一段重要的经历。

1918年，湖南战乱频繁，难于安居，齐白石决意到北京定居，在北京他琢磨多时，新创红花墨叶一派，受到人们赞赏。这是齐白石画风的又一次变化与发展，他自己作记云："余作画数十年，未称己意，从此决定大变，不欲人知，即饿死京华，公等勿怜，乃余或可自问快心时也。"1922年，陈师曾前往日本参加中国联合绘画展览会，带去几幅齐白石的山水花卉画，在日本引起轰动，画幅全以高价卖出。齐白石的名声开始在世界范围流传。1927年他任国立北平艺术专科学校和京华美术专科学校教授。1937年北平沦陷后，他在大门上贴出"白石老人心痛复作，停止见客"的纸条，闭门谢客，表现了他的爱国情操。中华人民共和国成立后，齐白石历任中央美术学院名誉教授、中国画研究会主席、中国美术家协会主席，1953年获"中国人民杰出的艺术家"称号，1955年又获国际和平奖。

齐白石擅长画、印、诗和书法，尤其以画、印最突出。他以自然为师，画风清新明快，花鸟鱼虫，均栩栩如生，极富神韵。有人称他晚年的画作："独出匠心，用大笔，泼墨淋漓，气韵雄逸。"1953年齐白石90寿诞时，中央美术学院院长徐悲鸿说他的笔法："有的细如雕刻，有的气势磅礴。"田汉还用"半如儿女半风云"来形容他的艺术风格，意思是他的画里，有细如儿女之情，又有如风云变化的气魄。齐白石作画讲究意境，他有句名言："妙在似与不似之间。太似为媚俗，不似为欺世。"

他画的《煮茶图》（图10-31）只画一把旧茶壶、一篝柴火、一把破蒲扇，全画未见煮茶人，却把煮茶人的悠然茶趣刻画得惟妙惟肖，与其《蛙声十里出山泉》只见蝌蚪不见青蛙有异曲同工之妙。

齐白石晚年的另一幅《茶具图》更在"似与不似之间",寥寥数笔就绘出一只瓷壶,两只小瓷杯,毫无雕琢和富丽之感,茶杯一前一后,与壶相拥,壶嘴画得十分突出,老人对乡间茶饮的怀恋之情跃然纸上(图10-32)。

而送"毛主席正"的《茶具梅花图》更具想象力(图10-33),茶壶只画出了顶部,壶身不知哪去了,任由读者去想,外加两只茶杯,一枝红梅,显得简单平淡却又十分意味深长,亦或是两位大师在品茶谈心?

图10-31 齐白石《煮茶图》　　图10-32 齐白石　　　图10-33 齐白石《毛主席正》茶具梅花图
　　　　　　　　　　　　　　《茶具图》

齐白石的印章风格也很独特。常人刻印,总是先在印石上描好字形才下刀,他却不描形,而是顺字的笔势顺刻下去。下刀时,刀向前行,石屑散落,形式或为平整,或为凹凸,完全听其自然,所以显得有力而古朴。在刻印理论方面,他主张初学刻印,应该先讲篆法,次讲章法,再讲刀法。篆法是刻印的根本,章法就是结构,字数的安排要调和得体,刀法要与字形吻合,方的都得方,圆的都得圆。这种议论当时是颇有见地的。有人形容听齐白石谈刻印,如同听到霹雷,看他奏刀刻印,好像呼呼有风声,极显力度。

齐白石篆刻《茶香》尤值得一提,"茶香"二字笔画简单,粗细各异,收束处变化微妙而丰富(图10-34)。二字上紧下松,上部笔划破石而出,寓意茶文化的源远流长;香字与茶字中部相连,寓意香从茶而出;印下方大块留红,则寓意茶香日溢,长久留芳,真可谓匠心独运。

齐白石的得意弟子李立也曾以茶祖神农为题材刻印,曰"神农阁"(图10-35),其风格与齐白石之"茶香"如出一辙。

齐白石1919年之后定居北京，但他对长沙充满着思恋之情，自镌一石印章，曰"中国长沙湘潭人也"（图10-36），每过一段时间都要南下到家乡走走。一次家信来迟了，他焦虑不安，挥泪题诗："夕阳乌鸟正归林，南望乡云泪满襟。"1935年夏夜他做梦重游岳麓山，梦醒作诗：

昨宵飞梦到长沙，岳麓山高夕阳斜。浊世诗人寻不遇，坐看红叶久停车。

图10-34 齐白石篆刻《茶香》

图10-35 齐白石弟子李立篆刻
《神农阁》

图10-36 齐白石篆刻《中国
长沙湘潭人也》

1957年，95岁高龄的齐白石去世，按他的遗愿将其安葬在长沙湘江边的湖南公墓。这位从三湘大地走出来的杰出画家，似乎又最终魂归故里。

十一、吴觉农与湖南茶业

吴觉农（1897—1989年），原名荣堂，后更名觉农，以示为振兴中国农业而奋斗之志，浙江上虞人，曾任中国茶叶学会名誉理事长（图10-37）。陆定一在《茶经述评》序中这样评价吴觉农："觉农先生毕生从事茶事，学识渊博，经验丰富，态度严谨，目光远大，刚直不阿。如果陆羽是茶神，那么说吴觉农是当代中国的茶圣，我认为他是当之无愧的。"

图10-37 吴觉农

吴觉农早年就读于浙江中等农业技术学校时就对茶叶产生了兴趣。1919年考取日本茶叶专业官费留学生。留学期间搜集大量资料，撰写《茶树原产地考》一文，雄辩地论证茶树原产于中国。

1922年底回国后二三年时间内，他先后在家乡上虞、江西。修水、安徽祁门、浙江嵊县（今浙江嵊州市）等地建立茶叶改良场，同时与胡浩川合著《中国茶业复兴计划》一书。在吴觉农的推动下，湖南也建立了茶叶改良试验场。1928年原湖南茶叶讲习所正式改为湖南茶事试验场，增设长沙高桥分场，面积约80亩。后更名高桥茶场，成为今湖南省茶叶科学研究所的前身。

在吴觉农的推动和带领下，1931年秋，中国正式开始了对出口茶叶的检验工作，并制定了各种茶品的品质标准、着色标准、包装标准等标准，湖南的茶叶专家冯绍裘等也参与其中。红茶也有了标准，1931—1936年，商检局一直以湖南红茶的品质作为中国红茶的标准。到了1937年才将红茶分为祁红、宁红、湖红三种标准。全面抗日战争期间，商检局工作停顿，到1946年才重新恢复茶叶检验。其他各茶品的检验标准有不少变化，只有红茶仍以湖红（湖南红茶）为标准。可见，"湖红"成为湖南红茶的公共品牌，吴觉农功不可没。

1932年，在吴觉农的引荐下由上海购入动力制茶机械5台，是为湖南应用茶叶初制机械之始。1938年7月，第三农事试验场并于湖南省农业改进所（现湖南省农业科学院），名为茶作组，辖安化茶场及高桥分场。是年，因日本侵略军逼近湘北，湖红、宜红茶都集中在长沙外运。10月25日武汉沦陷，汉口商品检验局设立长沙茶叶检查组，并正式设立长沙商品检验处。此时吴觉农正在汉口主持中苏贸易谈判，推动华茶出口苏联，也抽出时间对长沙茶叶检验处进行技术指导。

20世纪20—40年代，吴觉农多次来湖南进行茶业调查，为湘省茶史留下了许多珍贵史料。他对清末湖南红茶的生产和贸易做过专门调查。当时湖南航路两岸设有许多收购茶叶的口岸，刘家传在《辰溪县志》中说："洋商在各口岸收买红茶，湖南北所产之茶，多由楚境水路就近装赴各岸分销。"长沙就是当时红茶的最主要的集中分销地。《中国实业》第一卷所载吴觉农《湖南茶叶视察报告书》评论说："此为（湘省）红茶制造之创始，亦即湖南茶对外贸易发展之嚆矢。"

吴觉农对长沙县高桥茶市的历史也有过记载。清代长沙县高桥镇形成中南地区最大的茶市，兴盛时茶号、茶庄达48家之多。清嘉庆十五年（1810年）的《长沙县志·土产》称此地"茶有宝珠、单叶、红白各种"。吴觉农于1934年撰写的《湖南产茶概况调查》记载："长沙锦绣镇（即今高桥镇）的绿茶早负盛名"，"高桥向为茶商云集之地，设立茶行十余家，规模宏大，贸易繁盛。除本县及平、浏茶商集资经营外，尚有外邦至此贸易……所有红茶悉由金井河或高桥交船启运，至捞刀河过载入湘江至洞庭运售汉口。"当年高桥为湘东红茶产销中心。本地茶商茶行5所，外邦来客8家，资本雄厚，规模可观。这些厂商抗战前夕还在武汉设有庄号。如协记、元茂隆、德玉昌、新记、瑞记、咸昌福、铨记、晋丰太等，专营湖南运汉茶叶。以高桥名义在汉口拍卖之茶在湖南茶中亦占有一定地位。

吴觉农致力搜集中国各产茶省、县有关茶业资料，对湖南茶业尤感兴趣，于20世纪60年代发表了《湖南茶业史话》。1979年起，历时5年，主持编写了《茶经述评》，堪称现代茶业泰斗。

十二、杨开智事茶经历

杨开智，曾用名杨子珍，是近代教育家杨昌济的儿子，革命烈士杨开慧的兄长，湖南省长沙县人。杨开智多年从事茶叶生产技术和管理工作，为湖南茶叶事业做出了重要贡献。1932年后，杨开智一直在湖南从事农业、林业和茶叶生产技术工作，他先后在湖南省建设厅、湖南省农业改进所（现湖南省农业科学院）任技士。1936年，湖南茶事试验场总场场长由罗运担任，廖兆龙任高桥分场主任，杨开智任技师；同年7月，湖南茶事试验场改名为湖南省第三农事试验场，由湖南省建设厅委派技师刘宝书任场长。1937年，杨开智任高桥分场主任兼技师。1938年7月，第三农事试验场合并于湖南省农业改进所为茶作组，辖安化茶场及高桥分场。安化茶场仍由刘宝书兼茶场主任。同年8月，高桥分场房屋被日本飞机全部炸毁，分场宣告停办，职工就地遣散，技术人员调安化茶场工作，茶叶科研工作集中于安化茶场。高桥分场停办到湖南解放前夕，杨开智在湖南省农业改进所工作，任技师。湖南解放后，王首道将杨开智调到湖南农林厅任技正兼研究室主任，从事农业技术研究方面的工作。1950年初，根据上级安排，中国茶业公司在湖南设立分支机构，作为茶叶经营的主管单位，以后数年里，茶叶经营机构和隶属关系经过多次变更，但杨开智一直在茶叶管理部门工作，直到退休。

1957年5月初，由湖南省茶叶界陈兴琰、朱先明、刘屏、郭俊英、石爽溪、廖奇伟等发起并联名上报，湖南省自然科学联合会于1957年5月12日常委会议通过，同意成立湖南省茶叶学会筹委会，经与有关单位酝酿协商，由杨开智、陈兴琰、刘屏、程震、蒋庆、姚贤恺、朱先明7人组成筹委会，时任湖南省供销合作社茶叶经营管理处副处长的杨开智担任筹委会主委、陈兴琰任筹委会副主委，刘屏、朱先明任秘书。在杨开智主持下，筹委会先后于1957年5月18日、5月26日、9月15日召开会议，起草会章、研讨通过申请入会会员，提出马川、陈兴琰、朱先明、刘屏、李剑、姚贤恺、阮宇成、胡瑞华、蒋庆等9人为第一届理事会候选人。1958年2月4日，在长沙市湘江宾馆旧址的原省交际处内，召开湖南省茶叶学会成立大会，通过了会章，选举了学会负责人，马川为理事长。杨开智高风亮节，功成身退，湖南省茶叶学会成立时，没有在学会担任任何职务。退休后，杨开智仍以多病之躯积极从事社会活动，同时编写资料，撰写回忆录，宣传革命先烈和推介湖南茶叶。

萬金湖南做茶將歇業做茶本少貲本錢借錢辦貨只靠天若不

比卡我貨到地頭死漢口不售上海售再想留住留不起好把禱

分有魄力與人爭況且機器價極貴不立公司少經費買買來機器

想經官奪利權中國本非民主國一經官勢生疑團商人莫把疑

兩辦事梔穩辦成利可奪洋商莫使他人獨占强幸有湖南大公

墾人經理官到上海辦汽機同執利權莫相擠多錢壽賣古人云

聊生更向茶民說種法茶山有草必芟役播子中分數寸寬肥

利條每行至少隔三尺溝渠積水要清滾積水全清勤灌溉最忌

探摘仍須一半留蓄養精英待葉稠老樹將枯換新樹葉嫩芽

城不分摘得多烘製稍遲不蛩問仿他烘製轉移間味厚春清

既可辦機器湖南如何不與利講明商學立公司茶商定然添

茶言妹宏夬八點鐘待三百籠有三百籠賣大利製笨古去何添

第十一章 长沙茶文艺剪影

差茶利较差，因何区也能栽，自此外国生意旺，益发成贪，国到此地步，挽回难要弱我志，说他巧华茶底子本最佳与比手烘茶叶寄将上海去，洋商夸美，总会中人最公道，歹则歹红茶顶要滋味浓，味浓更要色片红嫩，滚焙制都有法，烘到热时少沾伤茶味，香热烘焙助精华色，烘机火膛面极宽，煤料甚少省缘利谁不想，公司先要商学，讲不讲商务，开学堂利害胸中不明历代名人对茶及其品茗活动的题咏，一旦与哪种茶挂上钩，那种茶也会变得有名气，身价倍增。如唐代"潭湖之含膏"之所以成为名茶，就因为著名诗僧齐己有《谢潭湖茶》诗赞美该茶的高贵与清香。北宋著名诗僧惠洪一生嗜茶，作有不少茶诗，与湘茶、湘茶人多有关联。他登上南岳绝顶后，品到了志上人的"小月团"茶，特作诗谢之："壑源独步宝带夸，官焙无双小月团。"到了密印寺又沉醉于品尝"沩山毛尖"，发出"日长齿颊茶甘在"的感叹。从此，南岳"小月团茶"和宁乡"沩山毛尖"随着惠洪诗的传播而名传遐迩。当代名茶"湘波绿"，其品牌名竟源自北宋词人张先的《菩萨蛮》词中的"哀筝一弄湘江曲，声声写尽湘波绿"。当然茶文艺不局限于古代茶诗文，还包括本章所述的民间茶歌谣、采茶歌和采茶戏、茶文化书刊及媒体等，甚至还包括散见于本书其他章节的茶书画、茶对联等。茶艺术作品创作与展示可衍生出许多领域，每一个领域都可以形成产业，形成市场，可以说，是内涵丰富、潜力无限的朝阳产业。

第一节　古代茶诗文

正文中已录者，本节不重录。

尝　茶

生拍芳丛鹰嘴芽，老郎封寄谪仙家。今宵更有湘江月，照出霏霏满碗花。

（唐·刘禹锡）

山寺喜道者至

闰年春过后，山寺始花开。还有无心者，闲寻此境来。
鸟幽声忽断，茶好味重回。知往南岩久，冥心坐绿苔。

（唐·齐己）

寄江西幕中孙鲂员外

簪履为官兴，芙蓉结社缘。应思陶令醉，时访远公禅。
茶影中残月，松声里落泉。此门曾共说，知未遂终焉。

（唐·齐己）

次韵董夷仲茶磨

前人初用茗饮时，煮之无问叶与骨。浸穷厥味臼始用，复计其初碾方出。

计尽功极至于摩，信哉智者能创物。破槽折杆向墙角，亦其遭遇有伸屈。

岁久讲求知处所，佳者出自衡山窟。巴蜀石工强镌凿，理疏性软良可咄。

予家江陵远莫致，尘土何人为披拂。

（宋·苏轼）

和曾逢原试茶连韵

霜须瘴面豁齿牙，门前小舟尝自拿。茅茨丛竹依垅畲，君来游时方采茶。

传呼部曲江路赊，迎门颠倒披袈裟。仙风照人虔敬加，秀如春露湿兰芽。

和如东风吹奇葩，马蹄归路冲飞花。青松转壑登龙蛇，路人聚观不敢哗。

诗筒复肯来山家，想见戟门兵卫遮。湘江玉展无纤瑕，但闻江空响钓车。

嗟予生计唯摅虾，安识醉墨翻侧麻。喜如小儿抱秋瓜，宣和官焙囊绛纱。

见之美如痒初爬，爱客自试欢无涯。身世都忘是长沙，院落日长蜂趁衙。

园林雨足鸣池蛙，诗成句法规正邪。细窥不容铢两差，逸群翰墨争传夸。

坡谷非子前身耶，沅湘万古一长嗟。明年夜直趋东华，应有佳句怀烟霞。

（宋·惠洪）

淳熙乙未春自湘潭往省过碧泉与客煮茗，泉上徘徊久之

下马步深径，洗盏酌寒泉。念不践此境，于今复三年。

人事多苦变，泉色故依然。缅怀德过人，物物生春妍。

当时疏辟功，妙意太古前。屐齿不可寻，题榜尚觉鲜。

书堂何寂寂，草树亦芊芊。于役有王事，未暇谋息肩。

聊同二三子，煮茗苍崖边。预作他年约，扶犁山下田。

（宋·张栻）

改苏轼汲江煎茶

活水还须活火烹，自临钓石取深清。大瓢贮月归春瓮，小杓分江入夜瓶。

茶雨已翻煎处脚，松风忽作泻时声。枯肠未易禁三碗，坐数荒村长短更。

（明·龙膺）

怡园秋兴

金粟香新瓮，餐英伴晚茶。三湾流活水，一灶煮秋花。

（清·车万育）

洞庭竹枝词

雨前雨后采茶忙，嫩绿新抽一寸香。十二碧峰春色好，一时收取入筠筐。

（清·高爵尚）

松顶煮茶

心泉只合夷齐饮，舌本曾闻陆羽尝。何处车声煎不断？松花风里水初香。

（清·陶澍）

长沙竹枝词

霏霏谷雨满江乡，君山顶上露旗枪。唤个相于采茶去，湘妃祠下默烧香。

（清·陶澍）

劝茶商歌

请君听我说种茶，茶比谷利十倍加。中国向来独专利，于今茶利较前差。
茶利较差因何故，锡兰印度争商务。华人争不过西人，一处跌价处处误。
跌价原想争转来，那知外国也能栽。自此外国生意旺，中华茶业年年衰。
茶业一项衰不得，湖南只有此利息。再不整顿求振兴，长沙益发成贫国。
到此地步挽回难，要求新机可转弯。开了公司办机器，同心打个齐头帮。
齐头帮要回头早，莫弱我志说他巧。华茶底子本最佳，更比印度锡兰好。
货色虽好须人工，福州已办机器烘。茶叶寄将上海去，洋商夸美总会中。
总会中人最公道，歹则歹来妙则妙。极言机器焙茶佳，福州榜样可仿效。
红茶顶要滋味浓，味浓更要色片红。敛滚焙制都有法，烘到热时自生风。
风经炉管气本热，另有烟通送灰出。绝不沾伤茶味香，热烘倍助精华色。
烘机火膛面极宽，煤料甚少省人搬。烘茶又多工又省，如此大利何不攒。
攒营谋利谁不想，公司先要商学讲。不讲商务开学堂，利害胸中不明朗。
开口就说兴公司，人心不齐必有之。要兴公司兴不起，总疑公利不如私。
那知私利决不可，我挤你来你挤我。你我相挤坏行规，同行嫉妒难同伙。
一听涨价大家争，争先已被洋人轻。一听跌价大家怕，要想帮价不齐心。
一家跌价大家跌，跌价不顾把本贴。动贴千金与万金，湖南做茶将歇业。
做茶本少资本钱，借钱办货只靠天。若不跌价早出卖，本利要还难久延。
洋人见我急如此，卡我货到地头死。汉口不售上海售，再想留住留不起。

勸茶商歌

善化皮嘉福撰

請君聽我說種茶茶比穀利十倍加中國向來獨專利於今茶利較前差茶利較差因何故錫蘭印度爭商務華
人爭不過西人一處跌價處處跌價原想爭轉來那知外國也能栽自此外國生意旺中華茶業年年衰茶業
一頹衰不得湖南只有此利息再不整頓求振興長沙益發成貧國到此地步挽回難要求新機可轉灣開了公
司辦機器同心打箇齊頭帮齊頭帮要回頭早莫弱我志說他巧華茶底子本最佳更比印度錫蘭好貨色雖好
須人工福州已辦機器烘茶葉寄將上海去洋商誇美總會中總會中人最公道歹則歹來妙則妙極言機器焙
茶佳福州榜樣可仿傚紅茶頂要滋味濃味濃更要色片紅斂滚焙製都有法烘到熱時自生風風經爐管氣本
熱另有煙通送灰出絕不沾傷茶味香熱烘倍助精華色烘機火膛面極寬煤料甚少省人搬烘茶又多工又省
如此大利何不攢攢營謀利誰不想公司先要商學講不講商務開學堂利害胸中不明朗開口就說與公司人
心不齊必有之要與公司與不起總疑公利不如私那知私利決不可我擠你來你擠我你我相擠壞行規同行
嫉妒難同夥一聽長價大家爭爭先已被洋人輕一聽跌價大家怕要想帮價不齊心一家跌價大家跌跌價不
願把本貼勸貼千金與萬金湖南做茶將歇業做茶本少背本錢借錢辦貨只靠天若不跌價早出賣本利要還
難久延洋人見我急如此卡我貨到地頭死漢口不售上海售再想留住留不起好把情形先說明纔曉公司宜
速興公司一立本錢足方有魄力與人爭況且機器價極貴不立公司少經費買來機器請明師公司一律宜完
備中國商人最怕官惟恐經官奪利權中國本非民主國一經官勢生疑團商人莫把疑團梗此事並非官蠻整
不過借官來護持公司商辦事極穩辦成利可奪洋商莫使他人獨占强幸有湖南大公祖留心商務廣銷場銷
場要從公司起公司尤重人經理宜到上海辦汽機同執利權莫相擠多錢善賈古人云合股集貲在衆人人不
齊心茶減色茶民失業難聊生更向茶民說種法茶山有草必芟殺播子中分數寸寬肥料均勻葉新發發葉成
樹尺多高即能移種樹科條每行至少隔三尺溝渠積水要清濠積水全清勤灌溉最忌荒蕪種蔬菜樹枝修剪
宜向陽二年之後方能採採摘仍須一半留蓄養精英待葉稠老樹將枯換新樹葉嫩芽肥利可取摘葉必須分
老嫩黃梅時節霧氣盛老嫩不分摘得多烘製稍遲不堪問仿他烘製轉移間味厚香清切莫攙現在已登字林
報福州茶裝千萬箱福州既可辦機器湖南如何不與利講明商學立公司茶商定然添旺氣商人莫愁錢用多
大衆合股人心和試看滚茶這麼快八點鐘時三百籮有三百籮真大利製茶古法何必泥從前不准用洋機於

湘報第七十號　二百七十七

六一五

图11-1《湘报》“劝茶商歌”影印件

好把情形先说明，才晓公司宜速兴。公司一立本钱足，方有魄力与人争。况且机器价极贵，不立公司少经费。买来机器请明师，公司一律宜完备。中国商人最怕官，惟恐经官夺利权。中国本非民主国，一经官势生疑团。商人莫把疑团梗，此事并非官蛮整。不过借官来护持，公司商办事极稳。办成利可夺洋商，莫使他人独占强。幸有湖南大公祖，留心商务广销场。

销场要从公司起，公司尤重人经理。宜到上海办汽机，同执利权莫相挤。

多钱善贾古人云，合股集资在众人。人不齐心茶减色，茶民失业难聊生。

更向茶民说种法，茶山有草必芟杀。播子中分数寸宽，肥料均匀叶新发。

发叶成树尺多高，即能移种树科条。每行至少隔三尺，沟渠积水要清濠。

积水全清勤灌溉，最忌荒芜种蔬菜。树枝修剪宜向阳，二年之后方能采。

采摘仍须一半留，蓄养精英待叶稠。老树将枯换新树，叶嫩芽肥利可收。

摘叶必须分老嫩，黄梅时节霉气盛。老嫩不分摘得多，烘制稍迟不堪问。

仿他烘制转移间，味厚香清切莫挼。现在已登字林报，福州茶装千万箱。

福州既可办机器，湖南如何不兴利。讲明商学立公司，茶商定然添旺气。

商人莫愁钱用多，大众合股人心和。试看滚茶这么快，八点钟时三百箩。

有三百箩真大利，制茶古法何必泥。从前不准用洋机，于今要人买机器。

自从机器来中华，人人晓得新法佳。制台新委谭观察，到我湖南办焙茶。

焙茶虽然借官势，也要官商同一气。大家创得公司成，自然大家有利息。

若论学会与公司，行行生意都相宜。岂止茶商要合力，各行都要心力齐。

我今特把商人劝，要求抵力讲商战。学会能使民智开，公司能将利权擅。

请看日本开学堂，东洋商务胜西洋。湖南若能效日本，那怕岳州来通商。

通商他晓我也晓，制货他巧我也巧。早办机器开公司，麻织竹布樟熬脑。

公司公利总一般，人人获利皆欢然。湖南本是工商地，莫使洋人夺利权。

（原载1898年5月26日《湘报》第七十号（图11-1），善化皮嘉福撰）

拟整顿茶务章程十四则

一曰筹费。中国地大物博，就事耗费，皆有一定不移之理法，确切可见诸施行。查各项货物交易，国家特设有牙行，通有无，防倒骗也。惟红茶一宗，内地通商各大码头并无牙贴行户，而奸商之巧于取利者，私开栈行居中交易，各路红茶到埠由该栈行主经手买卖，每茶价银一百两，扣取行用银三两，通计每年五省茶商被扣去行用银不下数十百万两之多，别项需索尚不在内。今诚设立茶政局，则即此项行用银两应归局收，以充经费，除开消各项局用外，度必大有赢余。由局员通报大宪，另款存储，以备朝廷不时之指拨，实于大局不无少补。应求请旨通饬办理，以重新政而固始基。

二曰立局。中国茶商漫无统率，故洋人得以操纵自如。价既定而复翻，名曰打板货；既发而不受，名曰退盘。常有于定价成交之后打板一二两以至十两八两不等者，既买十余日延不过磅，突然退盘不受者，而且多立名目，任意开消。如结单内开码头费每石银一分，捆藤每口银六分，打表换口每口二分一厘七毫，茶楼磅费每口银一分，出栈每口五厘，无理取闹，吸髓剥肤。而该栈行主既取华商三分行用，于此等抑勒悉索事件，丝毫无能为力，可耻可恨。今诚抽提此项行用银两充作经费，以之设立茶政局，绰然裕如，且实为茶商大家所甘愿。应求请旨，饬下各产茶省分择于红茶总汇之区，设立茶政总局，委员督销局内，专派茶师查验茶质。试办之初，似应加慎。现在汉镇茶业公所几聘洋师糜费巨万，而舞弊较胜于前，不啻开门而揖盗，引狼而入室也。惟有华人经理华茶，自能听受局员节制，但将前项弊病概予革除。售即过磅，磅即收银，由局员一意主持，则事权一而众志坚矣。

三曰捐票，即原折内颁引之意也。查税课巨款盐茶两宗，盐必捐票乃可通商，有官为之督销，故利权长立于不败。茶因未会立捐票充商之法，以致今昔情形天渊判隔。即以浏阳而论，犹是红茶，同治初售价三十余两，即至光绪初犹售三十两，次至二十七八两，今则仅售二十两，以至十七八两。推原其故，由于小贩眼热茶商获利颇厚，亦遂勉强冒昧充商采茶，自家无甚资本，或集股于亲朋，或贷银于汇号，大约皆以四月归还为期，迨茶到埠，逼近归还日期，急求售脱。洋商知其底蕴，故意恫喝勒卡。一商贱售，遂据为行市，而众商因之靡矣。今欲整顿茶务，惟有捐票方准充商之一法。应求请旨，饬下办理，责成各处地方红茶行户承捐茶票，招集殷实商人认真采办。盖该茶行熟悉地方商情，相信相亲劝办较易，每票拟着捐银三千两，分作十年上兑。每年春茶到埠，由局售脱后坐扣捐票银三百两，给予实收印纸。一俟缴足三仟两，请由户部颁发印票收执，永远充商办茶。请以光绪二十三年作为试办票银之始，奉旨之日大宪颁发钤印捐单，由地方官传谕茶行遵照办理。令其随时开具花名填给捐单，汇详请转饬茶政局查照花名登册，以便商茶到埠时挂号查对。无捐单花名者，即以私茶论，查获充公。两湖限以六百票为率，仍仿盐政章程，分别湘岸鄂岸，鄂票只行鄂省，湘票只行湘省，惟本省则听其到处流行，并不拘限。

四曰定额。即原折内茶引之说也。今既立茶票之名，应颁定茶箱之额。中国茶商原因无票滥充，不论茶之优劣，一味贪多，漫无限制，致有今日之忧。应救请旨，饬下每年每票定为一千箱额，纵多不得过一千一百箱，远者治罪。但任其分作一二三次成箱，不及额者，听力不足者，听其招商承顶，并听其呈请注销。如此办理，茶有限制，可无壅滞之虞矣。

五曰估价。中国别宗货物价值相去不远，惟有红茶则地土年岁之不齐，故涨落贵贱之无定。若预定为额价，诚恐转滋弊端，有妨大局，自应随时凭茶估值，方昭公道。然某县处之茶，原售某价，虽今昔情表不同，究应酌中办理。由地方官谕饬茶行茶商，公同议价买茶，核其山厘数目，便知实在茶价，加入做工、拣工、庄租、水脚薪资各项开除，每箱实合成本银若干两，由厘金局备文据实审报，茶政局查照登记，俾局员发售时不至漫无把握。纵使市价低贱，自应以成本为权衡斟酌估价，庶可以保全商体，厘税悠长，而捐票银两尤所乐输矣。

六曰输当。红茶上市同时，到埠同日，争先恐后，人心惶惶。洋商乘而恫喝，以致市价疲滥，流弊滋生。今既特立茶政局，委员督销商茶，即系官茶。应求请旨，饬下嗣后红茶到埠，由该商持本处厘金局申文，并将茶箱投呈茶政局查照，当堂注册挂号，依先后次第轮当，由局布样发售，不许该商私自布样，违者治罪。拟以二十票为一起，设如第一起挂号之茶尚未售脱，则第二起不得发卖。且如第一起茶即令售脱，尚未过磅，第二起茶并不得布样召集，以防积压，致蹈前愆。凡事慎之于始，方无后患。况红茶尤华洋交涉要件，岂容掉以轻心。矢慎矢公，我行我法，杜渐防微，洋商虽巧计无所施矣。

七曰重订厘章。红茶征取山厘，即如湘省各县亦有异同，究以茶价每串抽取二十文为适中之制。宜责成红茶行户于买茶付钱时即代为照数扣出，一俟茶竣缴呈厘金局核收，但该行户既有经手微劳，自应酌筹薪资。拟请于征收山厘项下每串厘钱酌提六十文赏给行户，以示体恤，以资鼓励。如此办理，则红茶山厘滴滴归原，自然日有起色，永无偷漏之弊。

八曰审订税则。红茶收税，向章每二五茶箱净茶百斤，征收税银一两二钱五分正，近来外加二成。在当日茶务方兴，茶价正昂，准此征收，与洋货见百抽五之例尚相符合。今则不然，茶业败坏以来，卖价较当日低贱过半，而税则照常征收，至有以沽售仅十两内外之茶，而亦征收税银一两五钱，商情未免大困。且以湘茶而论，安化茶常沽六七十两而税亦仅收一两五钱，似又未免太轻。今既整顿茶政，应求请旨，饬令嗣后茶税由茶政局查照该商人卖价银两，照依见百抽五之税则一律征收，以匀甘苦。如此变通办理，既与立法之初心相合，而于救时恤商之计尤为得其要矣。再查茶税向分省分由厘局征收，今即改归茶政局坐扣，似应仍饬局查照省分，分别解送原省，以符旧制。

九曰正经以示信。红茶交易向由茶栈，弊端百出，事皆不经，年甚一年，猜疑益启。今既立局督销，从整顿红茶起见，欲正洋商先正华商。如有茶不对样，舞弊欺朦，从重处罚。至茶秤应由局较准，洋商自不至压磅。茶银应由局现收，洋商自不得拖延。

出以精心，持以果力，遇事公平，以昭大信。应求请旨，饬令开局之日，即查照应兴应革事宜，体察情形，悉心酌定，咨部立案。

十日应变以行权。近来红茶因外洋土产抵塞，以致精益求精，无美不备。然间有火太过而茶已枯焦，火不足而茶且霉滥。他如船破而沾水，溃舟沉而受水伤，凡兹意外之变，年年有之者也。若亦必概照成本发售，似与轮消之制有碍，适足以滋口实而招外侮。应求请旨饬下，如遇此等红茶，自应行权办理，由茶政局随市随时代为沽脱，其受累折本太重者，请仿盐政章程，准其补运，随到随消，不在轮当之例。至应纳厘税，并求加恩减半征取，以恤商艰而维茶政。

十一日立公栈以存茶箱。茶船停泊江河，实有风水性命之忧，到埠即应起存，此公栈之所以万不能不立也。然以今日而论，欲饬茶商私建，其力有所不胜；欲借库款公营，于理又诚不合。拟请自光绪二十三年春起，暂由茶商自起自存，但不准再起洋栈，受其卡制。拟俟秋间茶竣，将茶政局用银余款即择地购料兴工起造，限仅光绪二十四年春间毕工，存箱起茶。仍查照洋栈每箱抽费若干，定为章程，照额抽收栈费。如此办理，公私两有裨益。

十二日借小轮以拖茶船。湘茶过湖至危至险，诚得小轮拖带，不惟快捷，且极平安。拟请三五年间即仰局用余款并公栈箱费，购造小轮，绰有余裕。目前应求大湖南北抚督宪咨商两江督宪，除湖北现在公轮酌派拖带外，暂借南洋公轮，以济急需而维商政。或其时茶船太多，拖带不及，自应照依次第，以昭公平。应求札饬岳州厘金局卡妥为照料，挂号轮当，以次拖带。所有公轮煤炭各项应用开消，茶箱应派箱费银若干，概由茶商预备，交纳管带。如此办理，官轮应无小损，而茶商受骏惠矣。

十三日倡用机器。外洋以器代工，事半功倍，坐致富强，蒸蒸日上，其明效也。中国亟应仿照办理，以与五大洲争自强之衡。惟湘省风气未开，浏阳尤僻处偏隅，暂刻势难照办。拟请先由茶政局购造机器一二副，聘师制造茶饼、茶砖，一面分招各府州县茶行茶商子弟入局学习，一俟学业有成，饬回原籍倡用机器仿办。如此不十年间，将内地产茶之区，皆用机器制造。外洋自乐采买，华茶自然获利。以后一切洋务有所观感而兴起矣，天下幸甚，后世幸甚。

十四日广开码头。五大洲华洋并处，褢乎一人一家之势。目前富强首推英吉利，而考其致此之由，皆因广开码头，远涉重洋，以通商务。论红茶一宗水，我中华独擅之利，而为英所攘夺，且于印度等处地方讲求种植，此其志不在小。惟闻其茶味不如华茶之美，故外洋仍重华茶，亟应广开码头，以扩销路。现有钦差大臣驻扎彼国，似可带办局务。应求请旨饬下各省，设立茶政局后，即由局员选择上品春茶，禀请总理衙门分途咨送钦差，就地开办，务使华茶充溢各国。外洋之食茶较便，内地之生计日饶，则万年有道之基立于此。

（原载 1898 年 7 月 12、13 日《湘报》第一百零九、一百十号，浏阳王杨鑫撰）

第二节　民间茶歌谣

浏阳摘茶歌

三月摘茶露水大哟，打湿罗裙绣花鞋呀，

我的哥吔，手里拿起招凉扇哟，头上插起引郎花呀，梳妆打扮回娘家。

我的哥呀，我在路上有人想，坐在家里有人来，不是情哥哪不会来。

（黄连珍演唱，刘冰记录）

宁乡茶农歌

正月采茶是新年，姐妹双双进茶园。典得茶园十二亩，呈官写纸交现钱。

二月采茶茶发芽，姐妹双双采细茶。郎采多来妹采少，多多少少转回家。

三月里来茶叶青，姐妹双双绣手巾。两边绣的茶花朵，中间又绣采茶郎。

四月采茶茶叶长，郎在田中使牛忙。使得牛来秧又老，插得田来麦又黄。

五月采茶茶叶长，茶菀底下恶蛇盘。多把金钱敬土地，山中土地保郎君。

六月采茶热忙忙，多栽杨柳多栽桑。多栽杨柳成荫绿，多栽桑树好风凉。

七月采茶秋风吹，姐在家中坐高椅。织出绫罗无双数，穿出衣来一斩齐。

八月采茶秋风凉，头茶不比晚茶香。头茶香过三间屋，晚茶香出九间房。

九月采茶桂花香，桂花不及细茶香。细茶一担香千里，都赞茶姐手艺香。

十月采茶是立冬，十担茶包九担空。茶包落在高楼上，扁担搁在姐房中。

（陈云甫讲述，彭亚军搜集）

长沙县白沙乡赞喜茶

鞭炮喧天闹新房，春色喜气盈满堂。我今特地来贺喜，想看新娘贺新郎。

先请新娘高声唱，再请新郎舞场歌。载歌载舞人人乐，百年和好乐无疆。

还请新娘把茶献，呷口细茶甜又香。今天细把新娘看，明年来吃三朝饭。

红漆茶盘紫木边，夫妇抬茶沾两边。甜甜蜜蜜盘中果，香茶更是润心田。

抬头看见新娘面，红颜映衬茶果鲜。左手端茶生贵子，右手拿钱点状元。

鸾凤和鸣好姻缘，花好月圆乐百年。红叶题诗天作美，胶漆相投情意牵。

淑女贤男情深厚，你帮我助建家园。夫妇同把茶果献，大家助兴更陶然。

（谢钦竖演唱，向孟仪搜集）

长沙县回龙乡赞茶词

郎不高来姐不低，天生一对好夫妻。男爱女来女爱男，今夜双双入洞房。

明年生个好孩子，不象爹爹就象娘。新郎新娘来抬茶，香茶胜过谷雨芽。

一盘香茶手中抬，新郎新娘好人才。鸾凤和鸣配成双，幸福生活万年长。

新郎新娘满身新，真是才子配佳人。情到十分成配偶，笑在眉头喜在心。

锦绣前程跨骏马，心心相印恩爱深。兴家创业多幸福，白头偕老万年春。

（新郎新娘，抬茶奉上）多谢茶客，众客请赞。

一赞月圆花好，二赞喜气满堂，三赞白头到老，四赞凤舞鸾翔，五赞万事如意，

六赞幸福无疆，七赞得富得贵，八赞大吉大昌，九赞生个贵子，十赞全家福寿。

要喝抬茶要赞茶，天生一对人人夸。新郎体强才学好，新娘美貌似鲜花。

今晚洞房花烛夜，喜得心头开了花。新娘就把新郎抱，明年养个胖娃娃。

你看新娘笑哈哈，说我赞得真不差。赞完茶，出房门，多谢贺茶香烟与红包。

（蒋振海演唱，陈家社搜集）

长沙县谷塘乡赞茶歌

托盘端茶到四周，我今说起八百秋。八百春来八百秋，好比彭祖把寿求。

彭祖求寿福分好，他的儿子彭香宝。彭祖求寿本是真，他的干女陶迎春。

新郎好比彭香宝，新娘好比陶迎春，来年有个贵子生。

（刘金万演唱，刘忠民搜集）

长沙县开慧乡赞茶歌

要我赞，我就赞，百而千，千而万。三才者，天地人。三光者，日月星。

早生贵子跳龙门。红漆茶盘紫木边，夫妇抬茶站两边。

左手端茶生贵子，右手端茶点状元。茶盘圆又圆，夫妇抬茶站两边。

新娘，眉清目秀面孔方圆，身材窈窕月中仙，

新郎，不胖不瘦相貌堂堂，雄姿健美似吴刚。

我，搞出口货不行，搞进口货有方，这盘茶全归我尝。

（缪庆云演唱，吴光明搜集）

长沙县河田乡赞茶歌

清水泡茶香喷喷，香气冲上半天云。我把香茶呷一口，清凉解渴颂贤人。

谷雨芽，细又匀，呷茶过后忆古人。昔日有个陈广玉，所生一子送佛门。

玄奘本是他法号，唐王封他叫唐僧。唐王要把佛经取，特命唐僧西天行。

一带徒弟孙行者，二带徒弟猪悟能。三带徒弟沙和尚，四人同去取真经。

王母娘娘撒茶种，要使神州茶生根。留下仙茶有七颗，唐僧伞把里藏身。

西眉山上种三颗，太阳照破未生成。洞庭湖边种三颗，人马犁得碎纷纷。

流落一颗无处种，丢得安化小地名。安化地方土质好，千树发得万条根。

三月初三茶生日，王母娘娘喜万分。头茶摘了献圣上，二茶摘了献唐僧。

三茶摘了留百姓，人来客往泡几轮。茶碗出在景德镇，曹德仙师造成功。

十八大姐把茶摘，搓揉熏晒香气芬。吃后清风生两腋，提神醒脑劲倍增。

香茶底细表完了，感谢主东款洽情。

（易守清演唱，吴贵搜集）

长沙郊区赞茶歌

（一）

托盆抬茶四四方，两头站的是鸳鸯。今晚洞房花烛夜，明年生个状元郎。

茶叶青，碗又白，近水楼台先得月，向阳花木早逢春，早生贵子跳龙门。

托盆抬茶四只角，新娘一双好细脚。细脚细手细纹身，早生贵子跳龙门。

（二）

茶叶子，茶梗子，新娘子，新郎子。手抬托盆子，明年生个好孩子。

男不高来姐不低，天生一对好夫妻。今年吃了热闹酒，明年来吃三朝茶。

新娘生得俏，新郎生得妙，新郎变只猫连罩地罩，明年生个好毛毛。

（三）

唐僧去取经，随身带茶有七棵，伞把子里头去藏身。

安化山上点两棵，三日南风遍地青。洛阳桥上点两棵，骡马踩得乱纷纷。

洞庭湖上点两棵，大水茫茫未生根。还有一棵无处点，点在府上后园中。

头茶出来盖世上，二茶出来买金银。买了金银无处放，多买良田给子孙。

（周招娣搜集）

宁乡县井冲乡赞茶歌

（一）

唐僧留下一支茶，先有枝叶后有花。今日洞房下种籽，两朵茶花开到头。

（二）

红漆茶盘长又长，鲜花茶碗摆中央。昨日凤凰各一处，今日双双站两旁。

左手端茶金鸡叫，右手端茶凤凰啼，双手端茶富贵荣华。

（黄四友搜集）

第三节　采茶歌和采茶戏

湖南地花鼓、花灯的曲调是在民歌小调"采茶歌"的基础上形成的，民歌小调在长沙和湖南其他地区曾普遍风行。

南岳摘茶词

沙弥新学唱皈依，板眼初清错字稀。贪听姨姨采茶曲，家鸡又逐野兔飞。

（清·王夫之）

王夫之（1617—1692年），湖南衡阳人。《南岳摘茶词十首》注明"己亥"，即作于清顺治十六年（1659年），《采茶曲》当在前代流行。清初刘献廷在《广阳杂记》中记载：

旧春上元，在衡山县曾卧听《采茶歌》。赏其音调，而于词句懵如也。今又至衡山，于其虽不尽解，然十可三四领其意义。因之而叹古今相去不甚远。村妇稚子口中之歌，而有十五国之章法。

刘献廷，字继庄，原籍江苏吴江，清顺治、康熙时人，清康熙二十七年（1688年）左右寄居湖南。以上两种记述说明明代末期至清代初期，《采茶歌》在湖南农村中已广为传唱。

《采茶歌》作为曲牌已见北曲采用，一作楚江秋，元杂剧《窦娥冤》《扬州梦》《张天师》等运用了这个曲调，明弦索调时剧《思凡》也使用［采茶歌］，但都与今名同而实异。现今流传民间的［采茶歌］一类的民歌小调，是劳动人民创造的劳动歌曲。湖南的地花鼓、花灯都采用［采茶歌］这个曲牌，也是最早的地花鼓节目之一。唱词内容是一年十二个月农民采茶的生活写照，表演女子采茶时的舞蹈动作（图11-2）。清乾隆李调元的《南越笔记》记载了《采茶歌》唱词的部分内容："《采茶歌》尤善，粤俗岁之正月，饰儿童为采女，每队十二人，人持花篮，篮中燃一宝

图11-2 采茶歌表演

灯，罩以绛纱，以为大圈，缘之踏歌，歌《十二月采茶》。有曰：'三月采茶是清明，娘在房中绣手巾，两头绣出茶花朵，中央绣出采茶人'。有曰：'四月采茶茶叶黄，三角田中使牛忙，使得牛来茶已老，采得茶来秧又黄。'"湘、粤两省毗邻，政治、经济、文化的历史发展有极为密切的关系，文化的交流，艺术的传播有着深远的影响。广东的《采茶歌》与清同治六年（1876年）《宁乡县志·卷二四·风俗·里曲》所记《采茶歌》的歌词大同小异。如说：3正月里是新年，借得金钗典茶园。明前难似雨前贵，雨前半篓值千钱。

二月里发新芽，人家都爱吃新茶。个个奉承新到好，新官好坐旧官衙。

三月里摘茶尖，焙茶天气暖炎炎。妈妈催我春工急，又买棉花似白毡。

湖南花鼓戏中也有［采茶歌］，如《装疯吵嫁》中的［采茶调］唱词：

正月采茶是新年，姑嫂双双进茶园。十指尖尖把茶采，采起茶叶转家园。把是把茶采，采起转家园，手挽茶篮喜呀喜连连。

《扯萝卜菜》中的［采花歌］有了一些变化：

正月采茶是新年，姊妹双双进茶园。姊妹双双进茶园去，采起细茶转回还。大户人家称几担，小户人家买几斤。称是称几担，买是买几斤。茄八哥哥也！喂！湖北大姐哪！人人个个笑盈盈。

这两段唱词与地花鼓、花灯的《采茶歌》唱词基本上相类似，这说明花鼓戏是从地花鼓中移植过来。在历史演变中，［采茶调］逐渐发展成"弦子调"，除十二采茶的唱词外，根据剧情的要求，还可以配上多种唱词，以表现剧本内容。如《双推磨》中［采茶

调〕的唱词，就采用了〔采茶调〕的曲调：

（小生）叫嫂嫂喂，火儿烧得好不好？（旦）叫叔叔，火儿烧得真正好。叔叔手艺真正巧，做起工夫算头挑。我若有妹妹，给你做家小，就是穷苦也不烦恼。（小生）何人像嫂嫂，心肠这样好？（旦）叫叔叔莫心焦，家小总能讨得到。（小生）说得好容易，就是无处找。（旦）只要你寻找，就找呃找得到。

〔采茶调〕曲调在许多花鼓戏中，如《刘海戏金蟾》《扯萝卜菜》《逃水荒》《三里湾》《打铜锣》《八品官》等剧中广泛采用，是花鼓戏音乐中常用的曲调之一。从剧情、音乐、角色表演到舞蹈动作，地花鼓《采茶歌》演变发展而成花鼓戏，是湖南花鼓戏流变的一个典型实例。所以花鼓戏最初也叫采茶戏。

湖南地花鼓、花灯一类的歌舞演唱形式最早的历史记载，已无从可考。但前人做过一些推测，如嘉庆《湘潭县志》的一段记叙："上元，祀太一神，食浮圆子。向夕六街三市，竞赛花灯，及花爆烟火诸杂剧。故褚遂良《潭州偶题》云：'踏遍九衢灯火夜，归来月挂海棠前。'唐时风俗已如此。"

湖南花鼓戏的形成年代较地花鼓迟，现在所见较早的记载出于清乾隆年间。清乾隆《辰州府志》记载："舞灯之后，又各聚唱梨园，名曰灯戏。"《辰州府志》为清乾隆三十年（1765年）刻本，故"灯戏"的流行当在乾隆三十年以前。"花鼓戏"又称"采茶戏""灯戏"等。湘西沅陵等地至今仍称花鼓戏为"灯戏"。花鼓戏在乾隆以后记载尤多，如清嘉庆《巴陵县志》说："唯近岁竞演小戏，农月不止。"是说嘉庆年间岳阳农村盛演花鼓小戏，在农忙季节也竞相演出，可见影响深广。黄启衔《近事录真》说："采茶戏，亦名三脚班……二旦、一小花醨，所唱皆里语淫词。近日吾袁州及长沙各处，此风尤炽，乡村彻夜搬演，浅识者多为此迷惑……又有湘阴某，亦业是戏。"可见清道光年间长沙、湘阴等地演唱采茶戏，在农村非常盛行，深受群众的欢迎。

江西采茶戏发现较早的资料记载约在清乾隆初年。四川灯戏于嘉庆、道光年间就有记载，〔梁山调〕曾流行

图11-3 采茶戏

川东北一带。湖南花鼓戏也在这一时期兴起，是符合我国戏曲艺术发展的总趋势的。由于它的表现形式的独特多样，语言活泼通俗，又富有生活气息和地方色彩，所以很快在湖南各地发展起来（图11-3）。

杨恩寿《坦园日记》说："泊西河口，距永兴二十余里。对岸人声腾沸，正唱花鼓词。"是说清咸丰、同治年间，湘南永兴演唱花鼓戏的盛况。民国《醴陵县志》载："采茶戏一名花鼓戏，政府以其导淫，悬为厉禁，然农村往往于新春偷演，禁不能绝。如能改良其剧本，因势利导，亦未始不可为社会教育一助也。"历代统治者都不能禁止花鼓戏的蓬勃发展，广大人民群众非常喜爱花鼓戏，屡禁不绝，反而更为兴盛。

湖南各地的花鼓戏大致可分为长沙花鼓戏、岳阳花鼓戏、邵阳花鼓戏、湘西阳戏、湖南花灯戏等。各个种类的花鼓戏的基本形式和主要曲调是相同的，但在地方语言、演出特点、表演风格、音乐曲调诸方面有不同的艺术风格和地方特色，因此又形成各种花鼓戏中不同的艺术流派。

长沙花鼓戏流行于长沙、湘潭、株洲、宁乡、平江、浏阳、醴陵、益阳、沅江、南县、华容、安乡等地，是湖南花鼓戏中影响最大的一个艺术种类。清代中叶以后，地花鼓与花鼓戏都很盛行。如清嘉庆《浏阳县志》记载："以童子妆丑、旦剧唱，金鼓喧阗。"清嘉庆《湘潭县志》记载："六街三市，竞赛花灯，及花爆烟火诸杂剧。"

第四节　民间传说故事

一、云游湾与云游茶

云游湾位于望城区靖港镇格塘片区，这个地名有一传说故事。相传有一天吕洞宾醉酒后，失足踏入泥沼。此时天上三通鼓响，正是天上神仙点卯之时，吕洞宾欲上云头，可怎么也飞不起来，低头一看，原来鞋底上沾有泥巴，便使劲一甩，这才飘然而去。那甩下的泥巴，就成了一片山丘，其中一处又高又大，后世人们便取名为"仙泥墩"。之后奇迹出现了，那片山丘上长出了很多小树，小树叶子绿绿的、嫩嫩的。好奇的人们摘下几片一尝，顿觉清凉可口。一个姓杨的有心人便采摘大把绿叶回家，晒干后泡水喝。这时奇迹又出现了，杨家人自喝了这种绿叶泡的水后，个个都无病无灾且精神焕发。一天，吕洞宾变成一个老者来到杨家，指名要喝这种干绿叶泡的水，然后，又告诉杨家人，将鲜绿叶先炒后揉再烘干，其味更好。杨家人为感谢老者指点，又连忙取出自家蒸的谷酒，请老者喝。老者喝了酒，顿时兴奋起来，见杨家人又都到里屋张罗去了，便从袖内取出笔，在东边墙上题诗曰：

举杯尽兴饮清茶，方外云游到此家。茶树满山休小看，添丁长寿享荣华。

待杨家人从里屋出来，老者早已飘然而去。此后，杨家人把这事传开，住在那片山丘上的人才都知道，这满山的小树就叫茶树，也从此都精心呵护起来，也都按老者所说的做起干茶叶来。60年后，吕洞宾变成老者又来了，杨家的那位当家人已有一百多岁。故人相见，杨家老人一面安排家里人招待，一面陪老者说话。杨家老人喝了一口酒，便有些走神，老者见状，又从袖内取出笔来，在西边墙上题诗曰：

天上方三日，人间六十秋。众皆夸玉阙，我独喜云游。

万事皆缘定，荣华善里求。此来题壁者，已过岳阳楼。

待杨家老人回过神来，老者已不知去向，见到墙上题诗，方知是吕大神仙到此。消息在小山村里传开后，大家认为，既然吕大仙都喜欢这里，那这里就叫云游湾吧。从此以后，那片小山村得名云游湾，而云游湾一带做出的干茶也得名云游茶。

当地种茶，习以橘茶相间，农户喜在宅旁、菜园四周种植，然后自采自制自食，这种分散的种植和制作方式一直传到现代。从2002年起，云游茶业有限公司因势利导，一方面收集零散的鲜叶加工，一方面指导推广新的栽培、制作方式，从而开发出一个新的品牌——云游牌河西园茶。云游牌河西园茶所用鲜叶原料以一芽二叶为主，加工工序为杀青、初揉、初烘、渥坯、复揉、再干、再渥坯、三揉和全干9道工序。在全干工序中用少量枯枝明火再加三两根黄滕、三四个水湿枫球，小火慢烘。全干后茶叶完整，提起呈串钩状，俗称"挂面茶"。云游牌河西园茶既有茶香，又有烟香和桔香，喝起来更是回味无穷。其功效既能振奋精神、消除疲劳，又具有利尿作用，还能对治水肿、哮喘及减肥有良好的辅助作用。

在云游湾这个小山村里，有一个传承了多年的习俗——茶罐子会。茶罐子会的主角是山村里的大妈大嫂。茶罐子会的时间并不固定，谁家小孩"长尾巴"（周岁），谁过散生日，或者相互邀约，大妈大嫂们就到谁家闹腾一番。这家的女主人便拿出看家本事，取清泉烧开水，取最好的茶叶泡上，再放上芝麻豆子，一人一碗。同时还要拿出自家做的菜菇子、辣萝卜、炒花生、凉黄瓜、鲜藕片等摆上，作为饮茶的佐料。说笑中，一碗茶快喝完了，女主人又麻利地浪动茶罐，给饮茶者续上。女人们一面喝着可口的茶，品尝着时鲜，时而说家常，时而相互倾诉，末了就哼唱着夸奖起女主人来：

芝麻豆子谷雨茶，姐妹喝了又有加。

喝了一碗又一碗，喝得不想收嘴巴。老板娘子像朵花。

加茶的女主人听了，打一串哈哈唱道：

日头出来照山腰，我在灶屋把茶烧。

铜壶烧得泡泡转，罐子浪得转转泡。客人喝哒福寿高。

二、沩山茶的传说

相传被奉为华夏至圣舜帝晚年到南方巡视，久久不回，舜与娥皇所生之幼女"妠"南方寻父，过洞庭，经湘江，沿沩水而上，历经千难万险，终无缘相见。传说是否属实，无从考证，但据史料记载，舜南巡时死于苍梧，葬于永州九嶷山。而湘江上游的潇水多长斑竹，传说为娥皇、女英二妃之泪所染。先是妃子潇水寻夫，后女儿沩水寻父，虽方向有误，但都在湖南，大方向相同也合乎情理。这天，行至一青山秀水处，云遮雾绕，峰险水奇，恍若仙境。妠被秀丽的风景牵绊，在此流连，恰遇一淳朴英俊的少年，心生爱慕，就和少年私订终身，结婚生子。转眼四年过去，妠和丈夫生育了一儿一女，突然有一天妠所在村庄的村民很多人都感染了一种可怕的疾病"瘟疫"，妠略通医术，没日没夜为村民治病却不见多大效果。妠绞尽脑汁寻找医病良方并一筹莫展时，做了一个奇怪的梦，其父舜帝告诉她所在的山上有一种奇特的植物叫茶树，树叶煮水喝可治此病。第二天一醒来妠立即和丈夫一起上山采集树叶煮水给乡亲们送去，乡亲们喝了茶叶水以后疾病果然逐渐治愈。送走了瘟神以后，山上的乡亲们纷纷把茶树移栽到庭前院后，闲暇之时用茶叶煮水喝。渐渐的乡亲们发现喝茶水不但能解渴，还能让人身体强健，延年益寿，百病不生。乡亲们为纪念妠的功德，就将这座山叫做了妠山。后来就有人误把"妠"写成了"沩"，从此以讹传讹，就成了"沩山"。

那时候的沩山乡亲们只知道将茶叶煮水喝，有病治病、无病强身，或者将采回来的茶叶晒干储存。唐宪宗元和二年（807年），灵祐禅师来沩山创宗立派，至847年，由时任湖南观察使、曾任唐朝宰相的裴休奏请朝廷，唐宣宗李忱御笔亲书"密印禅寺"门额，修建密印寺，并赐僧田3600亩，遂使密印禅寺成为禅宗五派之首沩仰宗祖庭。灵祐禅师是一位制茶高手，能识土辨茶。为招待宾客，他踏破铁屐，寻遍沩山，遴选上好茶苗，移植至寺中，并教导僧众及沩山信男善女种茶、采茶、制茶和品茶。灵祐禅师采谷雨茶芽尖，用独特的"闷黄"工艺，让茶叶半发酵，制出的茶叶色泽黄润，滋味醇爽回甘，香气嫩香持久。寺内来往宾客，凡喝此茶者均如沐春风，清净心雅，这就是灵祐禅师始创的"沩山茶"。后由裴休将灵祐禅师亲手制作的"沩山茶"，献给当时的皇上——唐宣宗李忱。由于"沩山茶"香气高爽，汤色橙黄，滋味甘醇，唐宣宗李忱品尝后大加赞赏，自此沩山茶就成了当时的贡茶，供皇室享用。

佛教传入中国初期，寺庙的经济来源主要依靠皇室支持、社会捐助和民众布施，一衣一钵、化缘度日。当时僧人是不参加劳动的，由于佛教强调众生平等和不杀生命，认为农业生产劳动会伤害无数的地下生命而得无量罪孽，故沙门禁止"一切种植、斩伐草木、垦土掘地"。但随着佛教在中国的发展，僧尼人数增多，社会负担问题日渐突出，灵祐的师傅百丈怀海禅师折衷大小乘戒律而制《禅苑清规》，首次提出了"一日不作，一日不食"、农禅并重的禅修方式，从佛教伦理和善恶的本质意义上肯定了劳动的道德性和合律性，也是对中国文化传统中重视劳动、反对乞食和不劳而获的融合。

灵祐禅师在承嗣百丈的这一宗风的同时，也把这一宗风推向了新的高度。由于灵祐禅师基本不承认有一种支配客观世界精神的存在，也不能宣扬寺院能帮人消灾降病，因而沩山没有世俗化的抽签问卦，香火不旺，经济来源短缺。当初其师的百丈道场规模也仅仅达常住800众的规模，现在沩山则是能容纳1500僧众的大道场，要解决众多僧侣的吃喝，坚持农禅作风的实际意义也就更为凸显出来了。由此，把生产劳动成为沩山禅林常课和内在经济保障，已经成为了沩山道场的重要举措。

综观所有禅门文献，可以说没有哪位禅师的语录中记载农禅事迹有沩山之多的，这就足以见出农禅在沩山道场中的重要地位了。《景德传灯录》卷九"沩山灵祐"中，就载有沩山师徒采茶的一则公案：师摘茶次，谓仰山云："终日摘茶，只闻子声，不见子形。"仰山撼茶树。师云："子只得其用，不得其体。"仰山云："未审和尚如何？"师良久。仰山云："和尚只得其体，不得其用。"师云："放子三十棒。"仰山云："和尚棒某甲吃，某甲棒阿谁吃？"师云："放子三十棒。"

在灵祐与仰山师徒这里，他们通过采茶的劳作，把对禅法的"体""用"的领会贯彻进来了，因而也使得这寻常的劳作变得活脱起来了。在他们师徒这里，农作不仅是解决僧供的重要途径，同时更是参学解脱的殊胜道场。事实上，也只有在这种意义上，才称得上是真正的农禅，农作因禅修而注入了活力，禅修因农作而获得了生活保障。

三、沩山茶助消化

沩山茶，又嫩又香，呷了除生津解渴，还有一宗好处就是能助消化。据说，最先发现它的人，是沩山密印寺的一个和尚。

寺庙里生活很清苦，这和尚每天三餐斋饭素茶，没油少盐，真是心里馋得发痛，嘴里淡得出水来。实在打熬不过，他就偷偷地在庙后喂了一只生蛋鸡婆。这只鸡也蛮会生，一天一个蛋靠得稳。

这一天，和尚听得鸡婆子又在"哥哥大，哥哥大"地叫，他照老例规又到鸡窝里去捡蛋，奇怪，这回怎么鸡窝空着，没有鸡蛋？心想，这只鸡是要抱蛋了呢，还是受了惊吓呀？

第二天，鸡一叫，他就跑去捡蛋，又是只见空窝，不见鸡蛋。

第三天，还是只听见鸡唱歌，不见鸡生蛋。

这和尚恼了火，下决心要搞出个青红皂白来。

第四天，鸡婆刚跳窝，他就躲在鸡窝旁边守着。没多久，一个又大又白的鸡蛋，从鸡屁里滚了出来。鸡婆子从窝里跳出来，扑拉了几下翅膀，就"哥哥大、哥哥大"地叫，和尚连忙去捡蛋，刚一伸手，吓得把手一缩，怎么回事？原来有一条酒杯粗的黑蛇，吐着溜溜的红

舌头，箭一般窜过来，把蛋一叼，就吞进了肚里。

和尚心里气不过，原来是这条孽畜跟他来抢食啊，他顺手捡起几个石头，对准蛇头就要打，但一想当和尚要积善修行，开不得杀戒，那手又松下来。但是总不甘心呀，他想了一想，便寻了个鹅卵大的石头，放在鸡窝里。

第二天，鸡刚跳窝，和尚几棍子把鸡赶开，鸡被赶得"哥哥大"地扯起喉咙叫。吃了惯食的蛇，又窜了过来，它分不清是真是假，一下子把石头又叼住，吞进肚子里去了。

和尚喜欢不过，心里骂这条黑蛇，这下子可好啦，老子不打，让你自己去胀死。

蛇慢慢地向前爬，和尚远远地跟了上去，想看个明白。

怪事出现了，只见蛇绕着一丛灌木，一边翻滚，一边咬嚼着树叶子，边翻边吃，边吃边翻，那胀鼓鼓的肚皮，从菜碗大绞成了茶杯大，从茶杯大变成了酒杯大，不一会，肚皮变得平平扁扁，蛇又嘶溜溜地梭走了。

和尚找到那丛灌木一看，原来是庙后的茶树，地下还掉着许多咬碎的茶叶。

不久，和尚积食不化，肚胀气满，一身都不好过，他想起了这条蛇的事，也摘了一把茶叶回来，试着泡水喝，病很快就好了。

以后，他把这方子又告诉了别人，都很灵验。茶能助消化，很快地传开了，于是宁乡人都爱喝茶，吃了饭后要泡茶喝，客人来了，首先就泡茶敬客。

至今宁乡还流传着这样一句话："沩山茶，喝一杯，郎中饿得要舔灰。"

四、吃擂茶

宁乡和安化、桃江交界的地方，叫作沩山。这里山高路陡、雾气大、湿气重。这里的村民都很好客。

客人一进屋，主人就拿出花生米、茶叶、绿豆、南瓜籽、姜、板栗、糯米来，先把

板栗和糯米煮滚，放上一小汤匙盐，再把花生米、茶叶、姜、绿豆炒枯，放到特制的擂钵里，用一根香叶树枝做擂棍，把这些东西擂得粉碎，然后把煮滚的板栗汤倒了进去。这就叫擂茶。既止得口干，又能饱肚。吃擂茶时，主人没等客人吃完，又敬来第二碗，一直要敬到客人吃饱。

吃擂茶的风俗，不知有多少年了。

相传唐僖宗时，安化的梅山，有一个名叫张钟的恶霸，勾结当地一批流氓地痞，占山为王，打家劫舍，这一带的人们过不得安宁日子。潭州刺史裴休知道后，带兵来这一带平寇。当时正是炎天六月，潭州离沩山又有三四百里，这里山又高，路又陡。裴休带的兵士才到这里，就水土不服，病倒不少，而且一天比一天多，莫说打仗，回去连走路的力气也没有了。

裴休很着急。有一天，他急得没办法，就出来散散心，到了密印寺，他便摆下供品香烛，求菩萨出示个药签给士兵们治病。密印寺的主持是灵祐和尚，这和尚道行高，医术好，看到裴休求菩萨开药签，就上前问道："施主从哪里来？得了什么病？"裴休把事情告诉了灵祐，和尚听完，双手合在胸前，口里念了句"阿弥陀佛"，就进屋去了。一会儿他就拿来一包东西交给裴休说："将军，拿回去给士兵治病吧！"裴休打开一看，里面是花生、南瓜籽、玉米、板栗、茶叶、姜、绿豆等，心里很奇怪，他想，这不是药呀？灵祐告诉裴休说，"把这些东西放到锅里炒枯，再放到擂钵里，用一根香叶树枝做擂棍，擂得粉碎，然后把糯米煮滚了倒进去，再放上一汤匙盐，给士兵做茶喝，他们的病就会好的。"

裴休回去按照灵祐讲的做了，士兵们吃了这些东西，不到几天，病就好了。又吃了几天，士兵们个个长得结实有劲了。

裴休见士兵病好了，士气又足，就在离沩山不远的那个叫节龙的地方，和张钟打了一仗，活捉了张钟。

五、赵匡胤脱甲村饮茶

在美丽富饶的长沙县金井镇，有许多以"脱甲"命名的地名，如脱甲桥、脱甲街、脱甲村、脱甲社区、脱甲小学、脱甲中学、脱甲卫生院等。在这一系列含有"脱甲"二字的地名中，"脱甲桥"是其"母体"，而"脱甲桥"的来历，又与中国历史上大名鼎鼎的宋朝开国皇帝宋太祖赵匡胤有关。

当地老人讲述了这样一个传说：公元963年4月的一天，宋朝开国皇帝赵匡胤带兵平定湖南途中，行至长沙城东约60km的一座石拱桥时，抬眼看到一片望不到尽头的茶园，云雾缭绕，青翠浮现，感觉就像置身于世外桃源般的仙境。于是，风尘仆仆的赵匡胤脱下盔甲（脱甲桥的由来），下令就地扎营休息。接着，赵匡胤还饶有兴致地要随从领他与军事将领慕容延钊到附近一农户家品茶，和农户拉家常。农户为款待皇上，献上用泉水泡的新茶。赵匡胤饮茶后顿觉神清气爽，两腋生风，疲劳顿消，甚至有点飘飘欲仙的惬意。他仔细瞧了瞧杯中轻舞飞扬的嫩绿茶叶，又望了望门前仙境般的茶山，脱口赞叹："快哉，佳茗也！"

公元976年，赵匡胤猝然离世。当地人为了纪念和缅怀宋太祖，便将当地的地名改为"脱甲"，将那座无名小桥起名为"脱甲桥"，将本地产的茶叶称之为"太祖春"贡茶。

其实，金井老人口中的传说，是有其历史可循的——赵匡胤于公元960年2月3日发生陈桥兵变被拥立为北宋皇帝后，在不到一年的时间内便稳定了内部政局，但是在宋的辖区外形式依然严峻：北边有劲敌辽朝和在辽朝控制下的北汉，南方有吴越、南唐、荆南、南汉、后蜀等割据政权。这一客观形势，不能不使赵匡胤深深感觉到一榻之外，皆他人家也。因此，一当政局稳定之后，赵匡胤就开始考虑如何把周世宗统一中国的斗争继续进行下去。起初，他曾经想把北汉作为首要目标，但文武官员却不赞成先攻北汉，认为这样做有害无利，后来赵匡胤就放弃了先攻北汉的打算。在一个大雪纷飞的夜晚，赵匡胤和其弟赵光义走访赵普共商国策。赵普听了宋太祖试探他的话"欲收太原"之后，沉吟良久后说，先打太原有害无利，为何不先削平南方诸国之后再攻打北汉，到那时"彼弹丸黑子之地，将何所逃"？这一分析正合宋太祖走访赵普的初衷，使他大为高兴。一个先消灭南方各个割据势力，后消灭北汉的统一战争的战略方针就这样确定了，这就是著名的"雪夜定策"。也就是后人归纳的北宋的统一战争基本是按照"先南后北""先易后难"的方略进行的，对辽和北汉，在削平南方割据势力前，基本上采取守势，只在边境适当显示武力，并对来犯之敌适当反击。同时与契丹互派使臣发展关系，力图保持北方战线的暂时安定。对南方各国则密切注视它们的政治动向，寻找时机，准备找到合适的突破口。

北宋建隆三年（962年）九月，割据湖南的武平节度使周行逢病死，其幼子周保权嗣位。盘踞衡州（今湖南衡阳）的张文表不服，发兵攻占潭州，企图取而代之。周保权为此一面派杨师璠率军抵挡，一面派人向宋求援，这就给北宋出兵消灭这个割据势力制造了一个好机会。宋太祖抓住战机，立即以慕容延钊为湖南道行营都部署，李处耘为都监，亲自带兵以讨张文表为名从襄阳（今湖北襄樊）出兵湖南。当时北宋军队挺进湖南，要经过荆南节度使割据的地方，这时荆南节度使已由高保融之子高继冲嗣位，北宋早已清楚探明，高继冲只有军队3万人，且内困于暴政，外迫于诸强，其势日不暇给。于是赵匡胤制定了以援周保权讨伐张文表为名，"假道"荆南，一举削平荆南和湖南两个割据势力的方针。北宋乾德元年（963年），宋军兵临江陵府，要求假道过境，荆南主高继冲束手无策，被迫出迎宋军，荆南亡。接着宋军继续向湖南进发，击败抵御的守军，擒获湖南主周保权，平定了湖南。至此，荆湖之地全入宋土，成为宋朝一个大粮仓，从物质上保障了宋军下一步军事目标的实现。

上述脱甲饮茶的传说，便发生在赵匡胤带兵平定湖南途中。金井老人还对上述传说作了延展：接待赵匡胤的那家农户见赵匡胤对这里的绿茶如此偏爱，在赵匡胤和慕容延钊临行时，贡给他们一大包绿茶。从此，这里的绿茶声名远播，并一直得以传承。如今，有着悠久种茶制茶历史的金井镇已成为闻名于三湘大地的"茶乡小镇"。这里连绵起伏、种植面积居全国前茅的原生态茶园，成了景致优美、颇具魅力的观光茶区，每年吸引大批游客来此地亲游踏访。目前脱甲村已经于2016年4月与原脱甲社区、东山村1～7组、西山村合并，正式更名为湘丰村，辖74个村民小组，成为了长沙市第一大行政建制村。湘丰村正在全力发展全域旅游，茶产业更是本村的支柱产业。

六、民间传说长沙茶

（一）龙送金鼎茶

走进长沙县金鼎山境内，鸟飞茶海，山青水绿。春风吹过万亩茶山，绿浪层层飞卷，真似那南海波涛汹涌，难怪人们不叫茶山，而竟呼"茶海"了。

这里的长春茶厂是湖南最大的优质茶叶生产基地，他们生产的"金鼎山"牌系列名茶、绿茶、红茶、花茶及铁观音、人参乌龙茶共20余个品种。这些系列名茶都先后荣获湖南名优特新农产品博览会金奖，全国"中茶杯"银奖。他们生产的工夫红茶、碎茶、花茶，历年来都远销非洲、独联体、欧盟等国，并在中亚、北美、中东享有盛誉。

长春茶厂出产的名茶，为何要叫"金鼎山"茶呢？说来，它还有个蛮有味的传说。

相传，龙王的三太子生性贪玩。这日，它又偷偷溜出龙宫，去人间玩耍。龙王获知，雷霆大怒："这等孽子，怎成大器？"一怒之下，便将三太子软禁于这金鼎山一深井中，并铸金鼎作盖，封闭严实。日久，三太子在其坐井思过，潜心修炼，参道悟理，终成正果。

龙王得知，大喜。这日便率众前来，亲迎三太子回宫。时见此地荒山秃岭，人烟稀少，悲凉凄冷，龙王心中顿生"寒意"，不经意间打一喷嚏，因其是龙津龙液，山地吸其精华，刹时漫山冒出一片新绿……

新绿不久长成茶树，满山清香四溢，郁郁葱葱。一山民见之，顺手摘下一片嫩叶，放在口中咀嚼，顿觉神气倍增。惊诧间，他又用这嫩叶揉制成茶，白毫满披，世人喜呼："此龙须也！"于是周围山民纷至沓来，聚山而居。用金鼎井水，泡金鼎山茶，饮之都健康长寿。于是呼之为"金鼎山茶"，世代传袭。

清朝年间，乾隆皇帝出游江南，慕名特来金鼎山品茗。饮之，顿觉清香四溢，两腋生风。其年高阳弱，而陡感阳壮蓬勃。乾隆一时兴起，挥毫写下"金鼎银毫"，并御赐为历年贡茶。世世代代，传承下来，这里的人们都掌握了种茶、采茶、制茶的绝技，令这个"茶叶之乡"，常年清香弥漫。

这就是金鼎山茶的来历。虽说，这只是个美丽的传说，但也可以看出，长沙是茶的故乡，茶叶历史之悠久，自古就有流传。

（二）鸟衔白鹭种

走进长沙县高桥小镇，走进鸿大茶叶公司，你会惊羡他那品种繁多的系列名茶，你会惊讶于他那悠久的产茶历史。

说起高桥名茶，还有一个优美的传说故事呢。

相传唐朝太宗贞观年间，太平盛世，玉皇峰紫气东来，一群身披白色羽毛的大鸟，绕玉皇峰顶盘旋，盘七七四十九圈后，齐落于玉皇峰下，栖息于白鹭湖边歇息，口中吐出数枚仙果。数日后，仙果发芽，长出48株从未见过的树苗。村中一老翁见其稀巧，好生看护。树苗越长越大，嫩芽越发越多，有一日，老翁无意间摘一片嫩叶，放在口中细嚼，只觉得舌上生津，消暑解渴，异香无比。老翁惊喜，心想，这一定是白鹭仙鸟送来的好宝贝，怎能我一人独享？于是他挖出这48个小茶树，除自留一棵栽种外，其他分送给47户乡邻人家。从此后，众多乡邻以种茶为业，茶园连片，采制出许多名茶，销内地，出外河，高桥48家茶庄，从此就闻名全国。这里后代人感激白鹭鸟送来茶种，于是遂将其栖身之处称为"白鹭湖"，茶则以地传名呼为"高桥茶"，茶其原产地曰为"白鹭庄"。清代著名书法家黄自然，慕其名，也墓葬于此。可惜墓址太低，后被湖水淹没，我们难寻其踪了。

现在的白鹭湖，已发展成为一个很大的旅游休闲中心，这里湖光山色，美若仙境，白鹭高飞，蔚为壮观。

（三）鸭飞金井河

长沙县金井镇是革命老区，金井古镇素有"潇湘第一镇"之称。它地处长沙、平江、浏阳交界处，是真正"鸡叫三县"的地方，这里雄鸡引吭一叫，三个县都听见哩。

俗话说：好茶要好水，好水泡好茶。金井镇就是有好茶好水的地方。金井金井，这里真有一口金子一样的井咧。在金井河对岸,至今留存有一口古井,其水清可鉴,水味甘甜,为金井老街左边居民唯一饮用水源。其井大旱年随汲随满,洪涝时不浊不污。

相传明朝洪武年间,有江西孙某,举家迁徙长沙,在长、平、浏三县交界处的大埠岭下安家。孙老爹每日清晨出门放牛,经常发现这金井河边有一袭纱幕,氤氲缥缈,若有若无,定眼一看,原是一股紫气,从一丛茶树间升起,缭绕其上。这老者有心,便呼儿子一道铲去荒草,剔除荆棘,小心翼翼地将茶树移植到新开的坡土上。说也奇怪,那茶就栽就长,看到芽叶鲜嫩可爱,孙老爹将它摘下,却又随摘随发,再到原长茶处观察,发现有一泉眼,不断冒出水花;深挖数尺,见一石板,揭开一看,水底竟浮出一只金鸭,祥光耀眼,叫声"嘎嘎"。蹼底泉眼,涌流不息,突然金鸭不见,泉涌如注。父子惊异不已,倍觉神奇,商议修成一口水井,供村人饮用。井沿以青石护砌,坚固美观,又在一侧竖一石碑,镌刻"金井"二字,人饮之,甘醇无比。用井水煮茶,茶香尤冽,并略呈金色;饮之,心怡气爽,健康长寿,百病消除。金井之名由是而始,金鸭不再浮出水面,金井茶之名却以井传,时人以得饮金井水泡的金井茶为人生一快事。从此金井和金井茶名扬天下。

呵,多么美的民间传说,多么美丽的茶的故事!由此可见,我们中国的茶文化又多么博大精深,多么源远流长!

(四)仙降飘峰山

长沙县开慧茶厂位于毛泽东夫人——杨开慧烈士的故乡。杨开慧烈士就在这个山乡出生,长大,也在这里被捕,最后慷慨就义于长沙识字岭。

开慧茶厂地处汨罗江上游,汨罗江是爱国诗人屈原殉身之江,江润绿色茶海,水泽红色故乡,因而,开慧水,格外绿;开慧茶,分外香。

开慧茶厂地处汨罗、平江、长沙三县交界处,是长沙县又一个"鸡叫三县"的地方。境内有巍峨的飘峰山,飘峰山麓终年云雾缭绕,紫气氤氲,土肥水美,极适宜种茶。那时这里没有茶树,传说,飘峰仙子去山外游玩,在金井山岭上看到那翠绿的茶树,既美丽好看,还能为山民谋生造福,于是她意欲带几株回去,不想,那山神土地不准。无奈,飘峰仙子只好去山顶找到茶王,告知飘峰山麓种茶的种种之好,甚至还说,昭君尚能出境和藩,我们只隔数山之遥,你为什么就不能联姻联亲呢?茶王被她的诚心感动,终于同意派使出境。茶王通知山神土地后,飘峰仙子带回了三位茶姑娘,也就是漂亮的三株茶树。从此,飘峰山有茶树,慢慢也就有茶山、茶园了。

第五节　当代茶散文

一杯香茶敬亲人

不知不觉，已是夕阳时分，一抹黛青色的峰影，横在了车窗的前面。友人告诉我，那是飘峰山。这嵯峨的、温润的、团团葱绿浮涌如浪的峰头，傲立在汨罗、平江、长沙三县的交界处，而繁花簇拥的阳坡，尽在长沙。它的蒸腾的绿雾，出岫便成为无尽的湘云；它的湍流的清泉，每一滴晶露，都溅成汨罗江上游的翡翠般的诗情。

由汨罗江我想到了屈原，他把自己烈火般的生命，终结在如此美丽的河流里。对于俗世，这是抗争；对于个人，这是一种永恒的艺术的选择。但我现在要说的不是屈原，而是另一位伟大的女性。在翩翩的紫燕刚刚衔起的薄薄的暮霭中，我的车，已停在她的故居的门前。

这是潇湘大地上最常见的乡舍。褐黄的斑驳的泥墙，留有雨水冲刷的痕迹；苍黑的屋瓦，尚氤氲着往昔的寂静。推开半掩的柴门，穿过小小的院庭，我脚步轻轻，一间房一间房地走过。啊，我竟是看不到了，寒夜里伟人伏案疾书的身影；也听不到了，娇妻送别丈夫的深情的叮咛。灭了灭了，搁在古老木桌上的油灯；熄了熄了，灶膛里袅出的淡蓝的炊烟……

她走的时候，走进万劫不复的噩梦的时候，她的丈夫，还在赣南的土地上，率领数万红军，与数十倍于己的敌人，展开艰苦的鏖战。数十年后，她的生命已化作家乡土地上的离离青草，她的丈夫，那一位时代的伟人，难以排遣对她的思念，在中南海的菊香书屋里，辗转不眠，深情地为她写下了《蝶恋花》，那是一首千古不朽的名篇啊！现在，当我站在开慧烈士的故居里，我才深切地体会到，什么叫人杰地灵。

自飘峰山脚下如扇面一般展开的这一片自北向南的土地，这一片秀美如庄子的寓言，隽永如唐人绝句的山环水绕的土地啊，古往今来，诞生过多少杰出的人物。众星闪烁，在星斗与星斗之间，是牧歌浮漾的梦土，是江南流水的黄昏。

徜徉在这梦土上，我从清晨走到了黄昏。我早就过了一步就踏进乡愁的年龄，也过了落花成梦的季节，但我仍不免随着渡过小石桥的蛙声，顺着溪边的青石板的小路，去造访那些晚归的农人。我想知道，这么多伟人的故事，从他们的嘴中道出，会是多么的平淡。唯其平淡，我们才有可能体悟到，真正的史诗是多么的朴素。然而幸运的是，我在这里，不但听到了过去的史诗，更听到了正在书写的史诗。一方水土养育一方人。对飘峰山下的这一方水土，长沙县人珍爱有加，他们将它称为百里茶廊。正是因为在这茶廊里，我从清晨走到了黄昏，才充分感受到了潇湘的灵气。自长沙到平江的油黑的沥青路，在积翠的山谷间蜿蜒。路的左与右，山的高与下，由一处处的名人故里连缀起来的这一条百里茶廊，几乎把整个江南的四月，都搬到我的眼前了。

美丽的茶园，郁绿的花坞，在住满鹧鸪的杭州狮子峰上，我见过；在星子跌进深潭的武夷山中，我见过；在渔舟唱晚的太湖的洞庭山腹，我见过；在行行复行行，迷不知终其所止的绍兴的山阴道上，我也见过。现在，我又置身于长沙县境内的这一条湘版的茶廊，一整天，清冽的茶香都在我的胸臆间浮动。

自春华而高桥，自高桥而金井，自金井而白沙，自白沙而北山，曲曲折折的百里啊，每一面山坡都是葱茏的茶园，每一个少女都是美丽的茶姑，每一个异乡的游子，都像我一样，成了一杯饮尽江南的茶客。郭沫若盛赞的铁色茶，我品过了；赵丹称誉的白露茶，我品过了；而他们无缘享受的金井茶，我也品过了。那不可复制的清香，至今还留在我的舌底。

自唐自宋，长沙就是有名的茶乡；20世纪的20年代，飘峰山下，又成了英雄辈出的苏区。赤卫队的旗帜，是鲜红鲜红的；山坡上的茶园，是碧绿碧绿的。这一红二绿，不但给了我们铁马金戈的回忆，也给了我们葱茏茂盛的诗情。

饮了一天的香茶，最后，我才来到开慧烈士居住的板仓，在这座泥墙小院里，我独自品味芬芳与宁静糅成的黄昏。我在想，80多年前，当毛泽东第一次走进这道柴门，开慧迎接他的，一定是一杯驱散严寒的香茶；几年后，当毛泽东再次在这里与亲爱的夫人告别时，开慧眼含热泪，捧给他的，应该仍然是故乡的清茶。离开板仓，我的耳畔，响起了苏区民歌中的句子：一杯香茶敬亲人。

（熊召政）

金井茶赋

三湘首善之东，得天独厚之地，天生贡茶，名号金井，品质如金，史称金茶。采天地正气，汲自然精华，遂成茶中至宝，人神共仰。

银毫披露，自是杯中统帅；嫩芽绽放，原本茶中牡丹。一饮满口香甜，再饮醍醐灌顶，佛门誉为菩提饮，道家视作养生茶。华夏历史五千年，历代金茶传佳话。神农饮之而解百毒，舜帝品之而奏韶乐；老子出关，一牛一书一金达摩弘法，一经一杖一壶茶；秦皇汉武，最喜"湖南白露"，唐宗宋祖，尤好"长沙铁色"；乾隆挥毫，不饮金茶岂有诗，润芝填词，金井相伴字千军。数千年矣，茶启圣人智，茶怡领袖情，品茗时，悟了大道，把盏间，安了天下。

时代大潮，浩浩汤汤，盛世金茶，傲立潮头。生态茶园翻碧浪，万户茶农奔小康。润绿显毫，浓缩人间春色；香气高锐，散发湖湘韵味。非遗工艺，震撼世界；手工毛尖，香怡四海。问天下名茶，谁与争锋？

（汤　万）

佛教茶禅一味的思想能对社会的和谐发挥积极作用

茶，生于青山绿水之地，沐浴雨露云雾，尽得天地精华，故苏东坡称茶为"天下英武之精"，欧阳修称"茶为物之精"。中国是茶的故乡，茶的原产地。中国人最早发现茶的用途并饮用，且形成一种独特的饮茶艺术。中国人上至帝王将相，文人墨客，诸子百家，下至挑夫贩夫，平民百姓，无不以茶为好。人们常说："开门七件事，柴米油盐酱醋茶。"由此可见茶已深入人民群众的各个阶层。

佛教创建于公元前2500多年前的古印度，在两汉之际传入中国，经魏晋南北朝的传播与发展，到隋唐时达到鼎盛时期。而茶是兴于唐、盛于宋。创立中国茶道的茶圣陆羽，自幼曾被智积禅师收养，在竟陵龙盖寺学文识字、习颂佛经。在陆羽的《自传》和《茶经》中都有对佛教的赞叹及和僧人嗜茶的记载。可以说，中国茶道从一开始萌芽，就与佛教有着非常亲密的关系，其中僧俗两方面都津津乐道，并广为人知的便是——茶禅一味。宋代大学问家苏东坡曾经写过一首茶联，曰"茶笋尽禅味，松杉真法音"。我们敬爱的已故中国佛教协会会长赵朴初老先生也写过一首茶诗，曰："七碗受之味，一壶得真趣。空持百千偈，不如吃茶去。"从这些茶联、茶诗中不难从"禅"中闻到"茶"香，从"茶"中品到"禅"味。

所以把茶与佛教的关系概括为"茶禅一味"的殊胜因缘就是因为：茶与佛教的最初关系是茶为僧人提供了无可替代的饮料，而僧人与寺院促进了茶叶生产的发展和制茶技术的进步，进而，在茶事活动中，茶道与佛教之间逐渐找到了越来越多的思想内涵方面的共同之处。

其一为"苦"

佛教教理博大精深，但以"四谛"为总纲。释迦牟尼成道后，第一次在鹿野苑说法时，谈的就是"四谛"之理。而"苦、集、灭、道"四谛以苦为首。人生有多少苦呢？佛以为，有生苦、老苦、病苦、死苦、怨憎会苦、爱别离苦、求不得苦等等，总而言之，凡是构成人类存在的所有物质以及人类生存过程中精神因素都可以给人带来"苦恼"，佛法求的是"苦海无边，回头是岸"。参禅即是要看破生死、达到大彻大悟，求得对"苦"的解脱。茶性也苦。从茶的苦后回甘，苦中有甘的特性，佛教可以产生多种联想，帮助修习佛法的人在品茗时，品味人生，参破"苦谛"。

其二为"静"

茶道讲究"和静怡真"，把"静"作为达到物我双忘的必由之路。佛教也主静。佛教坐禅时的五调（调心、调身、调食、调息、调睡眠）以及佛学中的"戒、定、慧"三学也都是以静为基础。佛教禅宗便是从"静"中悟出来的。可以说，静坐静虑是历代禅师们参悟佛理的重要课程。在静坐静虑中，人难免疲劳发困，这时候，能提神益思克服睡意的只有茶，茶便成了禅者最好的"朋友"。

其三为"凡"

日本茶道宗师千利休曾说过："须知道茶之本不过是烧水点茶"，此话一语道破茶道的本质，确实是从微不足道的日常生活、琐碎的平凡生活中去感悟宇宙的奥秘和人生的哲理。禅也是要求人们通过静虑，从平凡的小事中去契悟大道。

其四为"放"

人的苦恼，归根结底是因为"放不下"，所以，佛教修行特别强调"放下"。近代高僧虚云法师说："修行须放下一切方能入道，否则徒劳无益。"放下一切是放什么呢？内六根，外六尘，中六识，这十八界都要放下，总之，身心世界都要放下。放下了一切，人自然轻松无比，看世界天蓝海碧，月明星朗。品茶也强调"放"，放下手头工作，偷得浮生半日闲，放松一下自己紧绷的神经，放松一下自己被囚禁的行性。

自古以来僧人多爱茶、嗜茶，并以茶为修身静虑之品。为了满足僧众的日常饮用和待客之需，寺庙多有自己的茶园。我国一直有"自古名寺出名茶"的说法。僧人对茶的需求从客观上推动了茶叶生产的发展，为茶道提供了物质基础。

所以佛教不仅是信徒的精神家园，而且促进了中国茶文化的传播：

一、推动了饮茶之风流行

佛教认为，茶有三德：一为提神，夜不能寐，有益静思；二是帮助消化，整日打坐，容易积食，打坐可以助消化；三是使人不思淫欲。禅理与茶道是否相通姑且不论，要使茶成为社会文化现象首先要有大量的饮茶人，僧人清闲，有时间品茶，禅宗修练时为了提神也需要饮茶，唐代佛教发达，僧人行遍天下，高僧们写茶诗、吟茶词、作茶画，或于文人唱和茶事，丰富了茶文化的内容。同时，佛教为茶道提供了"梵我一如"的哲学思想，深化了茶道的思想内涵。其次，佛门的茶事活动为茶道的发展提供了机遇。郑板桥有一副对联写得很妙："从来名士能评水，自古高僧爱斗茶。"佛门寺院持续不断的茶事活动，对提高茗饮技法，规范茗饮礼仪等都广有帮助。

二、为发展茶树栽培、茶叶加工做出贡献

据《庐山志》记载，早在晋代，庐山上的"寺观庙宇僧人相继种茶"。庐山东林寺名僧慧远，曾以自种之茶招待陶渊明，吟诗饮茶，叙事谈经，终日不倦。唐代许多名茶出于寺院，如普陀山寺僧人便广植茶树，形成著名的"普陀佛茶"，一直到明代，普陀山植茶传承不断。唐代寺院经济很发达，有土地，有佃户，寺院又多在深山云雾之间，正是宜于植茶的地方，僧人有饮茶爱好，一院之中百千僧众，都想饮茶，香客施主来临，也想喝杯好茶解除一路劳苦。所以寺院植茶既是僧人坚持"农禅并重"的重要内容，也是接引信众的方便法门。

三、创造了饮茶意境

所谓"茶禅一味"也是说茶道精神与禅学相通、相近。禅宗主张"自心是佛"，从哲学观点看，禅宗强调自身领悟，即所谓"明心见性"，主张所谓有即无，无即有，劝人心胸豁达些。从这点说，茶能使人心静、不乱、不烦，与佛教教规教理相适应。而且，僧人们不只饮茶止睡，而且通过饮茶意境的创造，把禅的哲学精神与茶结合起来。在这里，陆羽挚友僧人皎然作出了杰出贡献。皎然虽削发为僧，但爱作诗好饮茶，号称"诗僧"，又是一个"茶僧"。他把"静心""自悟"的禅宗主旨，贯彻到中国茶道中。茶人希望通过饮茶把自己与山水、自然、宇宙融为一体，在饮茶中求得美好的韵律、精神开释，这与禅的思想是一致的。禅是中国化的佛教，主张"顿悟"，你把事情看得破，放得下，拿得起，明白缘起悟空的道理，就是"大彻大悟"。在茶中得到精神寄托，也是一种"悟"，所以说饮茶可得道，茶中有道，佛与茶便自然而然的紧密相连了。

四、对中国茶道向外传播起了重要作用

熟悉中国茶文化发展史的人都知道，第一个从中国学习饮茶，把茶种带回日本的是日本留学僧最澄。他于公元805年将茶种带回日本，种于比睿山麓，而第一位把中国禅宗茶理带到日本的僧人，即宋代从中国学成归去的荣西禅师（1141—1215年）。荣西的茶学著作《吃茶养生记》，从养生的角度传授了我国宋代制茶方法及泡茶技术，并自此有了"茶禅一味"的说法。这一切都说明，在向海外传播中国茶文化方面，佛教更是作出了重要贡献的。

一言以蔽之，"茶禅一味"，这四字代表了茶与禅的深厚内涵。茶性与禅味，既相通又相似皆源于人的内心体验，是只可意会，不可言传的一种深沉的境界。所以清香的茶叶，不但是我们日常生活中的必需品；而且"喝茶"的风尚，形成了源远流长的茶文化。过去了的岁月，长长的茶马古道，既传播了茶文化，将浓浓的茶香送到了西藏、内蒙古等边疆，跨越国境，远达欧洲，促进了民族的团结，对外的友好交流。而今天我们正处在伟大的新时代，伟大的时代必须由伟大的文化来推动，"茶禅一味"的

思想，成为所有炎黄子孙亲情、友情、乡情、血脉相连的桥梁，从而对社会的和谐与远离庸俗、媚俗、低俗，繁荣中华文化做出积极贡献。

（圣辉，中国佛教协会副会长、湖南省佛教协会会长、长沙麓山寺方丈）

呷茶饭，过日子

山里人见面的时候，时常能听到对方这样问你："你屋里几个人呷茶饭呀？"

茶饭，茶饭，茶与饭是连在一起的。

呷茶饭，即过日子。呷茶饭，是这些平实的山里人，对人生最朴实、最简洁的概括。

这些年来，国人饭桌上的品种是越来越精了，国人茶杯中的茶也愈来愈上档次了。小时候，我们虽然生活在茶山里，却极少呷到嫩嫩的细茶。每当那茶树上刚刚冒出嫩芽芽，家里的大人就小心地把它摘下来，做成上等的细茶，到街上卖掉，换回盐巴、洋油之类山里人急需的物品。自己呢，把茶丛中的老叶子拽下，洗净，用冬日在山里捡来的枫树球，熏干食用，山里人称之为"老巴叶"。夏天，下地劳作的时候，流汗多，喝茶自然也多，每家每户，每天都会烧一大锅开水。水开之时，顺手抓一把"老巴叶"投入锅中。这种茶水，清凉解渴，还飘出一种浓浓的烟火香气。这，岂不是"人间烟火"？

2006年春节的烟花、鞭炮，似乎还留在自己的眼帘、耳际，春风却急匆匆地把一山一山的茶园染绿了。这一天，我们穿行在长沙城北的一条百里茶廊。一山一山的茶丛，一垄一垄整齐地排列着，多像大地上一行一行绿色的新叶，油光光的，毛茸茸的，令人看后欣喜不已。啊，原来长沙的春天，是从这百里茶廊间荡漾开来的。

追根溯源，长沙种茶有一千多年的历史了。从明清时起，茶馆烹茶就饮誉华夏了。李时珍在《本草纲目》中，就书有"楚之茶，则有湖南之白露，长沙之铁色"的赞誉。金井、高桥一带，一家一家的茶庄，生意红火，长盛不衰。一担一担的上等绿茶，就远销华夏大地和东南亚许多国家。1964年，一代文豪郭沫若，在饮了长沙高桥银峰之后，挥笔写下了"芙蓉国里产新茶，九嶷香风阜万家，肯让湖州夸紫笋，愿同双井斗红纱"的优美诗句。

在湘丰、金井、开慧茶厂那一山连着一山的茶园里，一队队的村姑和村妇，置身在这绿海之间，只见一只只手在茶丛间闪动，她们在采摘今年的新茶了。在一个收购点上，我们看见，几个村妇，正把她们刚采下的新茶，送给验收员过秤。从她们的竹筐里倒出来的茶叶，每一丛都是刚冒出的三片鲜嫩鲜嫩的叶子，那叶片上白白的茸毛间，飘逸出一种能洗净肺叶的清香。

"能卖多少钱一斤呢？"我问。

"8元。"她头一扬，抿嘴一笑，答我。

"茶园是你的吗？"

"不是。那只是采摘的工钱。"

"那么，要多少斤湿叶子才能制一斤干茶呢？"

"至少要5斤。"

收购点的验收员抢先回答我。

一路走去，不觉间走过了9个乡镇，行程百余里。春风拂面，新绿满目。春在茶丛里长，茶在春风中生，人在绿海里走，大家兴奋不已。这些年，长沙县的决策者们，在狠抓工业强县的同时，下大力气抓"茶叶"这一绿色产业的发展。他们采取以"奖"代"投"的手段，鼓励茶农大力开发茶叶生产。连续3年，全县每年新扩茶园3万多亩。2005年，全县实现茶叶加工总量2.3万t，总产值为2.8亿元，出口创汇1000多万美元。全县茶农通过订单收购实现鲜叶收入近4个亿，茶农人平均收入700多元。这真是茶绿百里，致富万家。绿色茶叶现已成为致富长沙千万茶农的"绿色黄金"。

呷茶饭，过日子。如今长沙百里茶廊的茶农，茶饭一年比一年香，日子一年比一年甜。

（谭 谈）

茶中有道

茶、酒都属奢侈品，爱好者遍及社会各阶层，遍及各色人等。宋朝人道是"有井水处即歌柳词"，而爱好茶、酒的人比爱好柳（永）词的人不知要多几万倍。茶、酒都有刺激性，酒较偏重于感官享受，茶则较偏重于精神享受。说白了，它们虽然亲若兄弟，性格却迥然不同。酒是外向的，是奔放的，是富于攻击性的；茶则正好相反，它是内敛的，是沉静的，是富于防御性的。希腊文明最辉煌之处就在于它的酒神（狄俄尼索斯）精神，乐观，向上，激情四射，创造力惊人。中华文明最灿烂之处，若要一言以蔽之，若要寻求对应，即在于它的茶圣精神，内省，中庸，万物和谐，天人合一。

如果说酒能通神，那么茶就能入道，它的"道"用10个字即可概括，这10个字是："淡泊以明志，宁静以致远。"我们稍稍留心观察一下，就不难发现，那些嗜欲较深的人，急功近利的人，往往好酒而不好茶，就算好茶，也不懂茶，牛饮者、鲸吸者、饮而不解其味者多。这种人当然要被《红楼梦》中的妙玉白眼相待啦。好茶而又懂茶的，多半是一些逍遥的人、闲适的人、雅静的人、从容的人、气度恢弘的人，他们不仅有闲暇，而且有恬静的心情，与茶相对，品啜之间，触动禅机，奇思妙想纷呈沓至，精神如夏日沐浴之后一般爽净。

茶最拒俗子，不是拒绝他饮，而是拒绝他享受其中澄神净心的妙处。苏东坡微服游灵隐寺，方丈俗眼不识雅士，前倨而后恭，"坐，请坐，请上坐；茶，上茶，上好茶"，被诙谐多智的苏东坡逮个正着，成就了这副讽刺名联。方丈戴着有色眼镜看人，就算是上了好茶，其中的妙趣也大打折扣了。

茶为灵秀之物，必产自风和日丽的南方，湖南的茶，以往驰名者有古丈的毛尖和君山的银针，近十年来，紧挨省会的长沙县更是大规模种茶，高品味制茶，已博得"百里茶廊"的美誉。我有幸跑了一趟茶乡，喝的是谷雨前后采摘的新茶，那沁脾的清香在舌尖留下悠悠不绝的余味。饮茶有道，种茶亦有道，我听了几位种茶高手介绍科学种茶的经验，方知此中大有学问，大有讲究。

如今，"茶文化"三字已耳熟能详，"百里茶廊"即透着浓厚的文化气息，茶成了一个很好的文化载体，长沙县的茗茶有好几个品牌出口欧美，正可将我们的茶圣文化冲泡在西方人的杯中，与他们的酒神文化联姻，共结百年之好。

（王开林）

如歌如茶

现在要写好一篇关于茶的文章已经很难很难。

事关茶的由来、历史、传说、制作工艺、饮茶讲究，已经由很多人写了很多的书了，看来花三五年功夫也未必能读完这些书。茶文化这口井有多深？于我而言，不可得知。比如我这喝了几十年茶的人，一俟进入那些讲究的茶馆，看看那些五花八门的茶的名称和繁复优雅的茶艺表演，人就懵了，哀叹几十年茶是白喝了。连喝都不会，更不懂得种茶与制茶。在茶文化的深井旁，不由得腿脚发软。

但对茶的无知并不影响我爱茶。在所有饮品（包括古老的酒和时尚的牛奶）中，我仅选择茶。当然我不反对他人的多种选择。但得知近些年来茶成了国际国内的热门饮品，连传统的咖啡国家也开始风靡喝茶，于是我就要为我是大多数人中的一员而自豪了。

在"茶文化"这个好听的词还没出现的20世70年代，有一首叫作《挑担茶叶上北京》的歌便唱红了大江南北。写歌的唱歌的都是湖南人。这首歌动情地描述着一个湖南老乡挑担茶叶上北京送给毛主席的感人场面。那么送的是哪里出产的茶叶呢？歌里没有说。现在据我考证，可能就是长沙市附近的茶。理由有三：第一，挑担茶叶从省会长沙出发必声势浩大，路程也最近。第二，长沙近郊如今普种绿茶，茶园连成了片，绵延号称百里，从如此场面来看，当年的规模也不会太小，否则创作者也不会有冲动要打造这么一首歌。第三，杨开慧烈士的家乡如今便是百里茶廊中的一景，老百姓也有普称这百里好茶作"开慧茶"的，因此我们的老乡挑担茶叶上北京给毛主席送开慧茶，无论是感情上道理上都是存在的、应该的，于是便有了这首歌非同一般的意义。

长沙县百里茶廊如今做的茶成吨成吨的销往海内外。这首歌与这茶的销路是否有关系？不得而之。但这植茶、制茶之人是不可有负开慧家乡茶的，也不可负了当年的这首好歌。这就很好。毛主席爱喝的茶是应永久地好下去的。

我同我的许多茶友都能唱几句《挑担茶叶上北京》，尽管我至今仍不懂茶文化，但一边喝着茶一边哼几句那湘味十足的茶歌，再想想那扁担挑着茶叶的"吱呀"声，就十分陶醉了。

这是不是"茶文化"的感染呢？或许是。倘若还往深处想一想：当年湘人的杰出代表毛泽东也是爱着这一口湘茶的，而每有了新茶，湘人必需给他送一口，这份极其浓郁的乡情和亲情，便要掺杂在今日的杯中了，再用"陶醉"来形容此时的口感，便有些不足了。

好歌好茶仍在，伊人却远去，伤感是无法抹去的。但因这茶中潜藏着一份缅怀，这茶这歌便更地道更醇厚了。

（彭见明）

百里茶廊的幸福感

入春后，最惬意的一件事就是长沙县政府办的庭杰兄邀几位茶友去该县百里茶廊一游，我有幸成为其中一员。于是从春华到高桥，从金井到双江，一路走下来，但见大大小小的茶园依附在美丽的山丘间，碧绿叠嶂，犹如木刻版画；忍不住不时地下得车来，把自己放进这幅版画中，近距离吮吸着湿润清新的茶之灵气；然后任意走进一户农家，品饮主人用山泉水沏泡的头轮新茶。按精神学的"五感享受"来说，视觉、味觉、嗅觉、触觉似乎都有了。再细想一下，山风微拂，泉水叮咚，还有乡里汉子对着茶山调情的歌子："绿油油的山坳，红润润的采茶女哟。"嗬，分明听觉也有了。林语堂老先生说人类的快乐是感觉上的。可想而知，我的快乐指数便在那一日的百里茶廊里陡增起来了。

时隔多日，我的幸福感还留在唇齿间。甚至，我的电脑也因蓄存了我们在百里茶廊采茶扑蝶的幸福画面，而依稀飘出早春茶的清香来。独乐乐不如众乐乐，于是继续和大家分享。

首先我为勾起20多年前热衷长沙茶文化采访的美好回忆而不亦快哉。那时我结识了研究"茶与健康"的曹进先生，他预言，在苍翠的森林渐渐消失，在霸道的科技文明垄断下，以茶会友的心灵需求仍会顽强地存在并且光大起来。20年后的今天，我捧读他的新书《喝茶的民族》，不亦快哉；只是那时我还仅是在茶的终端享受上感受这种需求，今天则有幸看到茶的发祥从源头就有了光大，其实长沙周遭的茶园星罗棋布，甚至还有明清留下的老茶园，而长沙县的谋略人却用"百里茶廊"这根金丝线将散落的茶园像拣珍珠般串起来，做成了一个大产业概念，让农业终归通过工业的规模化操作得以发展，不亦快哉；那么于我们这些平素只需终端享受的城里喝茶人来说，种茶的劳作和经营离我们很远，幸福却离我们很近，完全可以籍此地盘延伸我们的幸福感，那便是将这里视作生命中的一块绿洲，设计一下周末的日子，突围钢筋水泥，寄予山野茶趣，在百里茶廊自己动手参与一下茶的采摘捻制过程，再将自己的劳动成果拎回家，不亦快哉；利用百里茶廊这个品牌发展茶产业之外的休闲旅游，让乡下人和城里人同乐，这是一个幸福的提议，那么为了表彰我的幸福提议，请为我砌上一杯标有"百里茶廊"统一标识的上等好茶，不亦快哉。

（霍　红）

白鹭湖畔访茶乡

在绿深如海、茶香弥漫的季节里，我们走进了湖南长沙县高桥古镇，走进了这个湖南茶叶的故乡。

高桥镇是个典型的江南山乡小镇，它东依白鹭湖，西托玉皇峰；这里山深水静，鸟语花香，你抓一把空气嗅嗅，都是清甜的。莫看这山深镇子小，却真还人杰地灵呢，清代著名书法家黄自元先生，云游至此，竟慕茶仰景，于此定居，逝后墓葬白鹭湖。革命先驱李维汉、柳直荀，亦从这高桥茶乡走出。

说起这高桥茶，更是历史悠久，源远流长。据考证，高桥茶发于神农，兴于唐宋，鼎盛于明清。明李时珍《本草纲目》载："楚之茶，则有湖南之白露，长沙之铁色。"其"白露"即为此白露溪（今白鹭湖）。清朝康熙年间，高桥茶已奉为宫廷贡品。早在明清时期，高桥48家茶庄就已闻名全国，其茶远销沙俄、波斯等异邦。当时的48家茶庄，大都沿河而建。因为当时交通闭塞，江河以舟为渡，高桥茶出外河，涉重洋，都靠船舟运渡。人们怀念古时的茶庄，今天，在高桥茶厂旁有一个村民组，至今还叫茶庄组，在这里，还有两处古代的茶庄遗址。20世纪30年代，民国政府在全国仅设杭州、高桥两家茶叶实验站，就将其列为全国茶叶名产地。

新中国成立后，高桥茶业快速发展，1964年，一代文豪郭沫若先生，细品高桥茶之后，顿觉目明脑醒，心旷神怡，旋欣然命笔，赋诗一首："芙蓉国里产新茶，九嶷香风阜万家。肯让湖州夸紫笋，愿同双井斗红纱。脑如冰雪心如火，舌不饾饤眼不花。协力免教天下醉，三闾无用独醒嗟。"郭老在诗中盛赞高桥茶可与著名的绿茶"红纱""紫笋"相媲美。我国著名的艺术家何香凝女士、赵丹先生，也曾为高桥茶赋诗、赠画。

国强茶盛，国运兴而茶运兴。在今天长沙县的东北方，贯穿一条绿色长廊，跨越9个乡镇，蜿蜒100余里，它，有一个儒雅而大气的名字"百里茶廊"。在这条百里茶廊上，全县茶叶的生产、加工、销售自成一体，已形成了规模化生产、区域化布局、专业化加工、产业化经营的大格局。这条长廊上源源输出的茶叶，不仅畅销全国各地，而且远销东南亚及欧美各国。长沙县的"百里茶廊"，在全国享有很高的声誉，专家们评价：它是悬挂在中国茶界的一颗璀璨明珠。

生产高桥名茶的湖南鸿大茶叶有限公司，与"百里茶廊"上的金井、湘丰、长春、开慧、韵春园等兄弟茶厂，多年来都是相互呼唤，比翼齐飞，形成了这条独特的茶叶风景线。一走进高桥浩瀚的茶园，你就像扑进了那绿色的大海，真如一幅"春山空雨后，百里茶廊香，村姑忙采摘，绿海飞红衫"的生动画面。也许源于这里独特的自然环境，采天地之灵气，沐日月之精华，高桥茶园长势格外茂盛，鲜叶品质自然上乘，加工精制的茶叶，当然就品高一筹了。公司副总经理告诉我们："鸿大"历来以"茶品彰显人品，发展源于创新"为经营宗旨，从摘到销，严抓产品质量。因而，公司先后通过了国际质量体系认证，绿色食品认证，并被国家农业部授予全国乡镇企业创品牌重点企业名称。高桥系列名茶能先后获国家、省、部各项大奖，自然也在情理之中了。

走进加工厂，我们惊叹于那漂亮的排列有序的现代化流水线，操作在机器旁的茶农，轻松而自豪地告诉我们：他们生产的"高桥"牌绿茶、花茶、红碎茶、乌龙茶、参银茶、特种茶系列，年年远销俄罗斯、欧美等地。近两年，又先后开发了"人参乌龙""玫瑰凤凰""CTP颗粒茶"等多个新稀品种。难怪，曾以小说《小镇上的将军》而一举成名的江西省文联主席、作协主席陈世旭先生，最近莅临高桥茶厂，也情不自禁地泼墨挥毫："高桥奇珍，九嶷香风。"呵，无独有偶，两个世纪，两代文人，都不约而同，盛赞高桥名茶。

登上白鹭湖大坝，纵目眺望，碧波万顷，白鹭高飞，真让人有一种世外仙境之感。

公司副老总笑着说：据民间传说，我们这些高桥茶种，还是这些白鹭鸟衔来的呢！我们询之黄自元先生墓葬处，副老总告诉我们，可惜当时墓址太低，后被湖水淹没，我们难寻其踪了。黄先生慕茶仰景，才在我们这里安居、安歇的，我们为不负厚望，准备沿白鹭湖，再开发4千亩生态茶园，把高桥名茶做强做大，以告慰他在湖之灵。我们释然了，哦：黄公休眠处，今日好栽茶。

（章资超）

茶廊百里路还香

长沙县数年辛苦为茶忙，终有了个叫响湘楚的亮点——百里茶廊，闪耀着全国三绿工程茶业示范县的荣光，吸引着一络溜的文化名人，来这里采风。内中，除了谭谈等数位湘籍名家，还有赣籍陈世旭，鄂籍熊召政等。这天，我们有幸奉陪左右。

茶叶是地道绿色产品，产地就很有讲究，叫作"远尘嚣而就清幽"。我们从新县城星沙往东出发，发现合并到星沙的原本叫螺丝塘的小乡，自是就"螺丝"而远茶叶，向工业进发，早从茶业退出。我们沿着一片红土地北上，越黄花而春华，始为百里茶廊第一站。这里的长春茶厂，就坐落在撤区并乡前的茶业乡。第一届采茶节，主会场就在这茶山绿海之间。电视台来做节目，怕是想到了湘妃娥皇女英，惊叹这地方就像江南绝代佳人一样上镜。原来，这里茶山错落有致，层次分明，额外摇曳多姿，香艳绝伦。

而且，这里左近，就是湖南最长最高的春华渡槽，横空出世，十里飞虹，如果不特别说明，人们会把它看成一座现时习见的高架长桥，而不会想到竟是毛主席在世时的一项农田水利设施。而且，渡槽东侧，就是一座毛主席纪念亭，琉璃金碧，翘角飞檐，远眺县域百里茶廊，近眺渡槽九天虹彩。这亭是在中国农村社会主义高潮中，因毛主席为长沙县高山乡武塘农业合作社撰写按语而建。彭见明捷思飞越，马上想到当年《挑担茶叶上北京》那首湖南民歌，曾经唱红大江南北，且根据那著名的《浏阳河》并非出自浏阳，而是作于原先的长沙县域，推断这歌的缘起，说，这不就是长沙县乡亲给毛主席送"开慧茶"吗？于是，博得了一车的认同和一齐起哄，非要他高歌一曲不可。见明是平江县花鼓剧团出身，自是字正腔圆。长沙县出身的何立伟，便说他唱的是"花鼓歌"，惹得一路茶香之上，又添撒了茶香般一层歌声，一层笑闹。

经由路口韵春园茶业培训中心，车到高桥，茶香中远远便有了一股古朴的简牍气。这倒不是说鸿大茶厂墙头张挂有装饰成竹简的辞赋文字，而是这里的茶史更为古久。

不说首先发现茶的效用的神农炎帝陵寝在湘东，中国唯一以茶为名的县份茶陵在湘东，长沙县百里茶廊也在湘东，只说清光绪同治年间，高桥茶商云集，民间盛传"四十八条秤"，亦即茶庄便有48家。1932年，杨开慧胞兄杨开智供职的省茶事试验场，新辟高桥分场，这就是现在仍在这里的省茶叶研究所。1964年，郭沫若与何香凝，一诗一画相赠。郭诗尽将典故信手拈来，使湘茶芳名，远播遐迩。何画以瘦梅冷香，隐喻茶香，香飘画外。高桥还是李维汉和柳直荀的故乡，也可谓茶香姓字，引得世旭兄欣然命笔，留下八个大字，"高桥奇珍，九嶷香风"。高桥的山水景观白鹭湖，云赊衡岳，水藉洞庭，更是令来自千湖之省的召政兄，喝过这里《本草纲目》中的铁色和白露茶后，口角生香，对其湖光山色，赞不绝口。

金井井澈泉香，莫说井底无波，却是百里茶廊的高潮。这里齐肩比翼，有着全县最大的两家茶厂，厂容新，茶园美。书画名家纷纷泼墨挥毫，茗汤翰墨齐芳。引得作家不甘示弱，何立伟停了与彭见明斗嘴，《闲敲棋子慢品茶》，两人合作了一幅画。何画彭题，珠联璧合，妙趣天成。一向老成持重的谭谈主席，按捺不住，也欣然留下了一幅"茶可养人，文能化人"的墨宝，省报蔡栋主任亦书"厚德载物，香远益清"，概括诠释茶文化，均不失为画龙点睛之笔。到得这里，我们才发觉来路迢迢，正好回溯着湖南和平起义时，解放军进军长沙之路，故而长沙县人民政府第一处所在地，就是金井。而后我们从金井折向白沙、开慧，又是回溯着当年毛委员领导秋收起义出发之路，曾任解放军总后勤部长的杨立三，就是从这里跟随毛主席走上井冈山的。这里长平浏鸡鸣三县的双江，便有着全县最多的使这片土地变红的革命烈士，今时，政府奖励政策下，又有着全县最多的使老区日子变红的高标准新扩茶园。这里还是刘英和廖静文的故乡，她们一为革命家，一为艺术家，可是她们从家乡走出前，也许都是这季节采摘新绿幽香的茶姑。

到得开慧，见明所说产开慧茶的地方。这里除了毛泽东和云比翼的骄杨，还走出过中共第一位女党员缪伯英。新科茅盾文学奖得主熊召政，蟾宫折桂，香阵冲天，一路题咏不绝。这时更是灵感一动，一篇《一杯香茶敬亲人》的美文构思，又已跃然脑海。车到板仓，天色向晚，落日熔金，暮云合璧，天地茶园，浑然一体。在清茗的馨香中，回眸茶山喷灌的彩虹下，听着当年毛委员三次板仓调查茶话和智过天王寺的故事，远眺屈原投江和弼时故里的汨罗，再眷顾来路，春华渡槽，泽润"桥梁"，百里茶廊，宛如飘带，一条走廊，一路醇香，更是感到了茶这古老"南方嘉木"和这新辟百里茶廊那有如茶韵的和谐与通融，在历史和现实中绵延着悠久而深远的芬芳。

（章庭杰）

乔口古镇的豆子芝麻茶

回到北京一个月了，我记忆中的乔口古镇，最美的景色不是江边曲折的栈道，不是垂钓渔夫和码头工人的雕塑，也不是倒映着黑瓦石墙、木门木窗的一池江水。我记忆中最美的景色是乔江书院里的一杯茶，一杯豆子芝麻茶。

这是我平生第一次喝的豆子芝麻茶，也是我平生第一次见到的豆子芝麻茶。炒熟的黄豆和芝麻，伴着细碎的姜丝和茶叶末，一半漂浮在杯中，一半沉落在杯底，像一幅绝美的丰收画。

热腾腾、香喷喷的豆子芝麻茶递到手中，喝起来，豆味、芝麻味、茶叶味、姜味、盐味，还有水的甜味，品这种种混杂在一起的滋味，就觉得这哪里是在品茶，分别是在品一个人的一生，自己的，也可以是他人的。

这茶除了解渴，还具有清暑解热、祛寒去风、健脾开胃、益气怡神等功效，常喝此茶可以益寿延年。怪不得乔口的寿星那么多，百寿街门口的百寿牌坊上镌刻了30多位百岁以上老人的姓氏和生卒年。依然健在的百岁以上的老人还有几十位。这茶仿佛是一把密钥，能用它打开乔口古镇人的长寿之谜。

我想，供奉在乔口古镇"三贤祠"里三贤应该没有喝过此茶。三位贤人，屈原在62岁那年结束了自己的生命；贾谊短暂的一生在33岁那年戛然而逝；杜甫也只活了58岁。

而且，根据史料，豆子芝麻茶最早出现在晚唐诗人薛能的诗中："盐损添常戒，姜宜著更夸。"三贤出生的时代，长沙的老百姓还没有发明这种益寿延年的茶。薛能约生于公元817年，他出生的那一年，"三贤祠"中的最后一贤——杜甫已经辞世47年了。假如考虑到诗家的记录可能比现实生活发生的要滞后的因素，"三贤"中也可能只有杜甫一个人喝过这样的豆子芝麻茶。

杜甫来到乔口这一年，是公元769年。故人韦之晋任衡州（衡阳）刺史，杜甫想去韦之晋手下谋一份差事，从川入湘，经过乔口，写下了让今天的乔口人津津乐道的《入乔口》诗：

> 漠漠旧京远，迟迟归路赊。残年傍水国，落日对春华。
> 树蜜早蜂乱，江泥轻燕斜。贾生骨已朽，凄恻近长沙。

那么，假如杜甫喝过豆子芝麻茶，他从中品出的恐怕多是盐的苦咸和姜丝的辛辣。他叹贾生的凄恻，何尝不是自叹。杜甫卒于公元770年，也许到乔口的时候，他就有了自己来日无多的预感。

杜甫哀悼的贾谊应该没有喝过豆子芝麻茶。公元前177年，贾谊为长沙王太傅时，经乔口去汨罗江悼念屈原，写下了千古名篇《吊屈原赋》，在赋中哀叹屈原生逢不祥，对屈原寄予了无限的同情，但反对屈原投江自尽，认为屈原最终的不幸在于他未能"自引而远去"，贾谊主张"远浊世而自藏"，以此保全自己。然而，让我一直没有搞明白的是，这个自诩为"翔于千仞，览德辉而下之"的凤凰，这个才调绝伦的贾生，却在几年后因梁怀王坠马，抑郁而亡。难不成是因为他来到乔口，没有喝到豆子芝麻茶，有一个健康的灵魂的人却没有一个健康的体魄。

贾谊哀悼的屈原更是不用说了，这个"众人皆醉我独醒，举世皆浊我独清"的人，从洞庭湖上溯湘江，途径乔口。他没有喝到豆子芝麻茶，但他把自己的一生化作了一杯豆子芝麻茶，让后人细细地品，有滋有味地品，却没有谁能一一品出这杯茶中所包含的种种况味。

我们来乔口古镇的那天，屈原、贾谊和杜甫相聚在三贤祠里，圣哲一般地望着来朝拜他们的后人，嘴角泛着浅浅而又意味深长的笑。

往事越千年，韶华虽然飞逝，然而乔口古镇的妩媚与繁华仍在。那天，我来到乔口古镇，望着街上杂沓的脚步，想着，除了三贤外，还有多少璀璨的群星来过这里。

在如烟的往事中，我看到了一条船从乔江驶来，一对夫妇相拥着站在船头，惊艳了三国时代。

来到乔口，我才知道，乔口这个美丽的名字，竟然来自美丽的小乔。原来有着"长沙十万户，乔口八千家；朝有千人作揖，夜有万盏明灯"之美誉的乔口，竟然与我家乡的人物相遇，撞出一朵娇艳的鲜花。

我的家乡安徽桐城，周瑜的家乡安徽舒城，桐城和舒城紧邻；小乔的家乡安徽潜山，桐城与潜山同属安庆市管辖。

传说，周瑜当年携小乔率领水军由洞庭湖入此江而上，两人新婚燕尔，缱绻在这条江上，这条江便得名为"乔江"，而此地因处乔江与湘江交汇入口，便得名为"乔口"。

周瑜和小乔也应该没有喝过豆子芝麻茶。赤壁之战后，刘璋任益州牧，张鲁不断生事滋扰。周瑜向孙权建议："今曹操新折衄，方忧在腹心，未能与将军连兵相事也。乞与奋威俱进取蜀，得蜀而并张鲁，因留奋威固守其地，好与马超结援。瑜还与将军据襄阳以蹙操，北方可图也。"（《三国志吴书周瑜鲁肃吕蒙传》）奋威将军是孙权的堂兄孙瑜。孙权非常赞同周瑜的建议。周瑜为了准备出征，当即从建业赶回江陵。谁料天妒英才，半途染病，死于巴丘（今湖南岳阳；一说死于庐陵巴丘，今峡江县巴邱镇），享年36岁。灵柩运回吴郡。

安徽的说法，周瑜病逝后，小乔回到夫家，扶养遗孤，公元223年病逝，享年47岁。安徽有两座小乔墓，一在庐江，一在南陵。

可是，在离乔口不远的湖南岳阳也有一座小乔墓。按照流传在湖南的说法，小乔跟随周瑜镇守巴丘，死后葬于此地。如此说来，小乔是死在周瑜之前了。

我家乡的一位美丽又才华横溢的女子，来到这么一个养生福地，却让她青春早逝。湖南的传说怎么可以如此狠心呢！

（俞　胜）

第六节　长沙禅茶与茶艺表演

一、茶禅一味与禅茶茶艺

中国茶艺的真谛为"和静清寂"，它与"禅"一脉相通，所有茶艺的程式均受"茶禅一味"的影响。

湖南佛教界与茶文化有着极深的渊源，从长沙岳麓山、沩山到南岳衡山、石门夹山，有禅林寺院的地方就有茶的清香，长沙铜官窑出土的唐代茶碗上便有"岳麓寺茶碗"字样（图11-4），以至宋代名士魏野有"独来城里访僧家""为我亲烹岳麓茶"之吟唱。

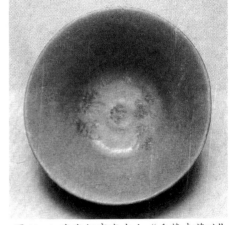

图11-4　唐代铜官窑出土"岳麓寺茶碗"

从怀素、齐己到惠洪、善会，大德高僧所行之处，皆留下茶的禅思和诗文书画瑰宝。湖南是中国佛教禅宗的发源地之一，长沙岳麓山麓山寺、宁乡沩山密印寺、石门夹山寺等名山名寺一脉相传，均起源于南岳衡山的禅宗之南宗，鼎盛于我国的唐宋时代。夹山寺开山祖师善会悟出"茶禅一味"，长沙开福寺住持圆悟克勤则以禅宗的理念和思辨来喝茶、品茶、传法，将"茶禅一味"发扬光大，流传至今（图11-5、图11-6）。

克勤（1063—1135年），号佛果，圆悟，俗姓骆，彭州（治今四川彭州市）崇宁人。出家后游历各地参禅，最后在舒州白云山寺（今安徽太湖县城东）从杨岐下二世法演禅师嗣法，曾在法演身边辅助传法，逐渐闻名于四方丛林。克勤一生先后在七处寺院住持传法，曾应请到澧州（今属石门县）住持夹山灵泉禅院，又应请到潭州住持道林寺和开福寺。克勤除有弟子记录整理的《圆悟佛果禅师语录》二十卷之外，还有以云门宗雪窦重显的《颂古百则》为基础而编撰的《碧岩录》十卷，以其禅思深刻、格调新颖和文笔优美而风行一时。"碧岩"一词，来源于灵泉院中所悬"鸟衔花落碧岩前"诗句。书中收录其对禅宗公案和《颂古》所作评析100则，结构严谨，文字洗练流畅。为禅宗评唱体之开创性著作，被禅界称为"宗门第一书"，收入《大藏经》《大正藏》。

图11-5 圆悟克勤画像

图11-6 开福寺

石门夹山寺开山祖师善会悟出"茶禅一味"，而圆悟克勤将"茶禅一味"更加发扬光大。圆悟克勤于北宋政和年间（1111—1125年）和南宋绍兴年间（1131—1162年）先后住持石门夹山寺和长沙道林寺、开福寺。圆悟克勤在长沙开福寺设讲坛"讲明心性"，认为品茶的真谛也在于心性，宋高宗特赐佛经以宏象教。其手书"茶禅一味"流传到海外，今藏于日本奈良大德寺。日本茶道奉"茶禅一味"为四字真诀，其"和静清寂"的茶道四规亦深受其影响，充满了宗教的气氛，并公认圆悟克勤的《碧岩录》为其"茶禅之祖"。佛教讲修禅，修禅即静虑。静即定，虑即慧，定慧均等之妙体曰"禅那"。也就是佛家一般讲的参禅。虚灵宁静，把杂念都摒弃掉，把神灵收回来，使精神返观自身，即是"禅"。

以"茶禅一味"为中心的"茶禅说"，是中国茶道的高境界之一，是茶文化的精髓，也是湖南茶人对中国与世界茶文化的重大贡献。在茶艺表演多彩纷呈的湖南，禅茶茶艺作为一种禅文化与茶文化结合的表演，成为中华茶艺中的一朵奇葩（图11-7、图11-8）。长沙怡清源、碧如庄茶等茶艺表演队多次在茶馆、茶叶博览会等场表演，其禅的意境，茶的清香让观赏者陶醉，成为向国内外推介湖湘文化的载体。在长沙星沙举行的2007国际茶业大会上，在国际茶人品茗会上石门县的禅茶表演博得了中外与会人员的高度评价。在木鱼声声，佛乐渺渺，梵音阵阵，高香袅袅中，表演了禅茶的18道程序：黎明沐浴、天明采茶、焚香合掌、达摩面壁、法海听潮、香汤浴佛、漫天法雨、涵盖乾坤、普度众生、圆通妙觉、再吃茶去。茶艺人员招招庄重，式式肃穆，手法娴熟，一气呵成，使在座的近30个国家的来宾陶醉于天人合一的佛法茶道境界，赢得全场经久不息掌声，成为大会的亮点、媒体报道的焦点。

图11-7 禅茶茶艺

图11-8 禅茶表演

怡清源公司善于及时从文化中发掘商机，根据国内外茶文化热的趋势，结合湖南佛教茶文化的诸要素，于长沙创设了禅茶茶艺。

用具： ①蜡台4个；②香炉1个；③香塔2个；④红烛2对；⑤香4支；⑥石茶盘1个；⑦茶壶1个；⑧茶杯4个；⑨茶罐1个；⑩茶道1个；⑪托盘1个；⑫茶碟2个；⑬陶瓷酒精炉1套；⑭怡清源野尖王10g。

程序： ①入场—莲步净土；②静心—焚香礼拜；③洁具—轮回转世；④投茶—观音下凡；⑤洗茶—漫天法雨；⑥泡茶—菩萨点化；⑦敬茶—普度众生；⑧品茶—苦海无边；⑨悟茶—超凡脱俗；⑩谢茶—功德圆满。

解说词：

怡清源禅茶茶艺解说词

"从来名士能评水，自古高僧爱斗茶。"佛教从古印度传入中国近2000年的历史，形成了许多宗，禅宗就是其中的一种。佛理博大无垠，但以"苦、集、灭、道"四谛为总纲；茶道博大精深，却以"怡、清、和、真"四谛为总揽。佛与茶的共同凭藉是心，即心灵的顿悟和感想，故"茶佛一理"；佛谛"苦"为先，茶性"苦"为本，欲修佛道，悟茶道，须参"苦谛"，是以"茶禅一味"。

湖南常德夹山寺是佛教的圣地，更是茶禅的祖庭。"焚香引幽步，酌茗开净筵。"

拜请各位居士，一心不乱，抛却尘虑烦恼，以平和虚静之心，伴着怡清源茶艺表演队的"夹山寺禅茶茶艺"表演，我们一同走进常德夹山寺的碧水青山，也走进那佛的清静世界。

第一道　莲步净土（入场）

莲花生于污泥，开放于炎热夏天的水中。污泥，炎热，表示烦恼；水，表示清凉。佛经上说：莲花，能给烦恼的人间，带来清凉的境界，佛教信女的茶艺小姐，以莲步走向禅茶台，走向那"猿抱子归青嶂岭，鸟衔花落碧岩泉"的夹山古寺，此道称："莲步净土"。

第二道　焚香礼拜（静心）

在佛乐声中，以佛教礼仪的动作焚香礼拜，以表示对佛及夹山寺开山祖师善会和各位居士的虔诚之意，与茶道的友善亲和、敬客以礼一脉相承。同时也是营造祥和、肃穆的气氛，使烦躁不安的心平静下来，去感受"香烟茶晕满袈裟"的神韵；幽雅、庄严、平和的佛乐声，将把我们的心牵引到那虚无缥缈的境界。

第三道　轮回转世（洁具）

"常德德山山有德，长沙沙水水无沙。"用白沙泉水将茶杯洗干净，目的是使茶杯洁净无尘，亦如修佛，除却妄念，纯洁身心。洗的是茶杯，悟的是禅理。"一尘不染清静地，万善同归般若门。"只有布施修佛，行善积德，方能"善有善报"，这是佛经所说的"因果报应"，此道称："轮回转世"。

第四道　观音下凡（投茶）

茶即佛，佛即茶，投茶入壶，如观音菩萨下凡，福纳众生。此道称："观音下凡"。

第五道　漫天法雨（洗茶）

"一壶茗茶道禅味，半塌茶烟养性灵。"用水冲洗滋润茶叶，也洗尽茶人尘心，好比漫天法雨普降，清洁尘世，润泽众生，此道称："漫天法雨"。

第六道　菩萨点化（泡茶）

"月印千江水，门门尽有僧。"在泡茶中，我们以茶悟道，感悟到的是：茶清如露，心洁如佛。"茶笋尽禅味，松杉真法音。"清洗茶叶后，再冲入第二道水，此道称："菩萨点化"。

第七道　普度众生（敬茶）

茶叶含有多种人体所需的营养成分，是独一无二的天然保健饮料，称为"神奇之药""健康之液""灵魂之饮"，能饱人口福，予人清福，正是慈悲为怀，功德无量。茶人在苦涩的茶中，品出人生百味，达到大彻大悟，得到大智大慧，此乃大恩大德，大慈大悲。因此，敬茶给客人，称为"普渡众生"。

第八道　苦海无边（品茶）

"苦海无边，回头是岸。"佛经说"凡夫生存是苦"，生苦，病苦，老苦，死苦，怨憎会苦，爱别离苦，求不得苦。茶性亦苦，修佛悟茶，须参破"苦谛"，达到对"苦"的解脱。"茶味人生随意过，知足淡泊苦后甘。"此道是品茶，称为"苦海无边"。

第九道　超凡脱俗（悟茶）

"大梦谁先觉，平生我自知，草堂春睡足，窗外日迟迟。"人生苦短，品茶如品人生。放下苦恼烦忧，抛却功名利禄，超脱尘世之外。傍竹松听桃源洞，卧虹石枕碧岩泉。南岳伴云游，洞庭生月恋。蓬莱随处是，广寒一片天。此道称："超凡脱俗"。

第十道　功德圆满（谢茶）

"高灯喜雨坐僧楼，共语茶林意更幽。"佛教有五戒十善，茶道有四要十德。经过品茶论佛，品茶悟道，各位居士，您是否从中悟得：七碗受至味，一壶得真趣。空持千百偈，不如吃茶去。

二、兼容并蓄的长沙茶艺

茶艺是煮、泡茶技术，品、饮茶水平和茶文化发育到成熟时期的产物。虽说"开门七件事，柴米油盐酱醋茶"，茶排在最后，但饮茶之俗早在史前就有了。所以陆羽在《茶经》里说："茶之为饮，发乎神农氏，闻于鲁周公。"但当时仅限于药用，如传说中的"神农尝百草，日遇七十二毒，得荼（茶）而解之。"春秋战国到汉以前，茶是作食物用的，多制作羹汤饮食之。茶的药用和食用时期，茶艺自是无从谈起。茶作为饮料比较普及的时代是从汉代开始，到唐朝达到高潮的，因此陆羽在《茶经》里又说："汉有杨雄、司马相如，吴有韦曜，晋有刘琨、张载、远祖纳、谢安、左思之徒，皆饮焉。滂时浸俗，盛于国朝，两都并荆渝间，以为比屋之饮。"日常的饮茶之俗最早出现在江南。三国时，吴王孙皓每宴请群臣，必大醉方休。其中有位叫韦昭的宠臣酒量小，孙皓密使他用茶水替代。东晋时，谢安每次造访陆纳，陆纳无所供办，就设茶果招待之。可见饮茶之风已盛行当时的上流社会。后来由于佛教禅宗的竭力推崇，加上江南本来就多产茶叶，故而饮茶之风在江南愈演愈盛，为茶艺的诞生奠定了基础。

但真正的茶艺是从陆羽开始的。陆羽从小在寺院长大，煮茶是其日常事务之一，后来甚至还应诏为唐朝皇帝煮过茶。当时饮茶风盛，只会煮茶，并没有一套理论与程式。陆羽在总结吸收唐代文人茶艺成果的基础上，创制了第一套成套的茶具，开创了中华茶艺的先河，推崇精行俭德、修身养性的茶道。在其毕生推广下，民间的痷茶、茗茶之法逐渐退居其次。他博采众长，发展文人士大夫煮茶基础上创立的煎茶法逐渐被世人认同，科学合理、有较多文化韵味的茶艺得到较为广泛的普及。陆羽煎茶法的饮茶方式与程序为炙茶、碾茶、箩茶、择水、煮水、起火、投茶、育华、分茶、饮茶、洁器、贮器等等。至晚唐时，已出现"点茶法"，即以茶瓶滴注而得名，其关键器具就是茶瓶。点茶法风行于宋代，故有"唐煎宋点"之说。

蒙古族入主中原后，忽必烈在今北京建大都，开始学习中原文化，但由于游牧民族质朴的秉性，对繁琐的宋代茶艺不感兴趣。而中原的士大夫身处故国残破、民族压迫环境下，也无心以茶艺表现自己的风流倜傥，而是藉茶表现自己的气节，磨砺自己的意志。这两股不同的思想潮流，在茶文化中却暗暗契合，即都希望茶艺简约，回真归朴。于是，在制茶、饮茶方式上出现了重大变化，团茶数量剧减，散茶则大增。

泡茶法的流行是在明朱元璋洪武二十四年（1391年）罢造团饼茶，推广散茶之后的事。散茶的制作有蒸青与炒青。蒸青制法实际上导源于团茶制法，只不过蒸后不揉压，直接烘便了，茶香受到较大损失。茶叶的炒制唐代即有，唐代刘禹锡（772—842年）谪朗州（今常德市）时写的《西山兰若试茶歌》就有"斯须炒成满室香"的诗句，是炒青茶最早的文字记载。宋元对炒青法亦有所继承，不过普及定型却是在明代。高温杀青的炒青制法，大大增进了绿茶的色、香、味，明朝人尝到了天然、纯真的茶香。与散茶普及相联系的就是茶的饮法改变，由研末而饮变成了沸水冲泡的瀹饮法，从而开创了后来流传至今的开水冲泡饮法的先河。在此基础上，简约的散茶茶艺变为整个社会的生活文化，普及到各个社会阶层，产生了五花八门、异彩纷呈的茶艺，其中以闽、粤、台的功夫茶艺、四川的盖碗茶艺、杭州的龙井茶艺等名声卓著。

长沙是中国首批公布的24个历史文化名城之一，是湖南地方历代的政治、经济、文化中心。在长期的自然、人文社会环境下，产生了经世致用、兼容并蓄的湖湘文化，也造就了长沙最鲜明的市井气息。生于斯长于斯，又以写长沙出名的作家何立伟在《长沙的市井气息》一文里说："一座城市历得时间越久，市民生活的传统就越深，市井气息也就越积越浓厚，发酵成文化性格里显然的特征，一代一代遗传了下去。长沙人……且讲吃，讲玩。吃不在精，在热闹，玩也不在精，同样在热闹。你看看长沙的茶楼酒肆，洗脚城麻将馆，那里头蒸蒸的人气，了得！长沙人消费着这个时代，亦消费着他自己的生命。快活是快活，但快乐之外呢？只怕长沙人想都懒得去想……但市井气息不是没有它好的地方。它亦是一种地方民气，是一座城市里活泼响亮的民间生机……长沙人喜欢自己的自在，因有了自在，长沙人性情中更有本真。你说我俗气么？我就俗气，你不俗气，你少了的正是这俗气的生活原味同喜乐。"读到这里，我们就不难理解：为什么长

图11-9 大树妈妈——黄嘉宁茶艺展示

沙没有产生像潮州、成都那样复杂、精巧、雅致、文化内涵深厚的茶艺；为什么"云南印象"之类的节目难以在长沙产生，而想唱就唱的"超级女声"和"快乐男声"却能诞生在这里。

但高雅文化在长沙也并不乏追求者和生存的土壤。虽然每次现场听众多有令人不满意之处，但长沙市委、市政府已坚持数年举办新春音乐晚会，市民能接受与欣赏高雅音乐的人也越来越多。在解放西路这条喧嚣的酒吧一条街上，散落的几家茶馆一直坚守着一份民族文化的从容，并渐渐被更多的年轻人所接受，在悄悄地改变和丰富着人们的休闲生活方式，甚至精到、雅致得近于繁琐的茶艺也同样影响着人们的生活和审美趣味。

长沙茶艺沐浴着改革开放的春风，正由历史上的自在随意走向五彩缤纷的文化艺术境界，充分体现出与经世致用一脉相承的一种兼容并蓄的拿来主义文化精神，长沙几乎就成了中国民族茶艺的一个巨大的展示舞台（图11-9）。银苑的桃花江擂茶茶艺，润华茶楼的成都铜壶盖碗茶艺，御茶园的闽台功夫茶艺，新洞庭春的君山银针茶艺，怡清源的潇湘八景茶艺等，不一而足，纷纷亮相长沙茶馆之中，甚至连日本茶道馆也登陆过银苑茶楼。长沙缺少鲜明的地方茶艺，市井气息太浓，但长沙文化中的包容精神、开放姿态与茶的和谐包容的本质精神却是天然相似相近，从这一点讲，长沙又是个发展茶艺的好地方。

（一）潇湘八景茶艺

潇湘八景茶艺由民营湖南怡清源茶业有限公司于20世纪末所创（图11-10）。怡清源于2000年成立怡清源茶文化艺术团，2002年成立怡清源茶艺长沙培训中心，创立了自成一系统的怡清源茶艺。其代表作包括"潇湘八景茶艺""怡清源茶艺十六道""桃花源擂茶茶艺""石门夹山寺禅茶茶艺""怡清源野针王茶艺"等极具湖湘文化特色的茶艺，使湖南的茶文化慢慢走向全国。2003年，由董事长简伯华先生主编的"怡清源湖湘茶与茶文化系列丛书"之《茶与茶文化概论》《古今茶与茶文化对联观

图11-10 潇湘八景茶艺

止》出版发行，受到专家和读者的广泛好评。潇湘八景茶艺于2005年荣获"湖南省首届茶艺师技能大赛"冠军，开创长沙本土文化茶艺的先河。

潇湘八景，素负盛名。所谓"潇湘八景"系宋代人沈所概括，是指"潇湘夜雨、山市晴岚、远浦归帆、烟寺晚钟、渔村夕照、洞庭秋月、平沙落雁、江天暮雪"等湖湘美景。北宋的米芾（1051—1107年），明代的文征明（1470—1559年）都画过潇湘八景。潇湘八景茶艺为绿茶茶艺，主要用具有竹盘、奉茶盘、竹茶道、竹茶筒、醴陵瓷盖碗、洗手盅、白茶巾、玻璃酒精炉等，茶则用怡清源自产的野针王等，水用白沙古井水。其用具多为竹制品，应是有意与米氏"水竹云林，映带左右"之意相合，且湘竹也属湖湘名产，斑竹、楚竹之属，前人亦多有吟咏。醴陵素瓷茶具是湘瓷的精品，有"素瓷遗古韵，芳气满闲轩"的赞誉。白沙井为乾隆皇帝御定的七大名泉之一，甘美爽口，前人有"常德德山山有德，长沙沙水水无沙"之美誉。

潇湘八景茶艺分为八道程序：

第一道　洞庭秋月（备具）

白色圆形的湘瓷精品茶具形似明月，所以借用潇湘八景名称之六，叫做"洞庭秋月"。

第二道　平沙落雁（看茶、投茶）

苏东坡有"从来佳茗似佳人"之咏，这青青翠翠、玉树临风般的野针茶，不正似美丽婀娜的湘女吗？当茶叶在茶艺小姐的纤纤玉手前纷纷落入茶杯之际，确乎有雁落平沙之美，因此取潇湘八景之七，称之为"平沙落雁"应属贴切，能发人幽思。

第三道　潇湘夜雨（润茶）

将煮沸的白沙泉水少许冲入茶杯，吸水后慢慢膨胀的茶芽，有如春笋破土，杨柳吐绿。当今时代，茶道正兴，用"好雨知时节，当春乃发生，随风潜入夜，润物细无声"的积极心态来理解潇湘夜雨应属自然，再用潇湘八景之一的"潇湘夜雨"来命名这道程序，也颇有诗情画意，耐人寻味。

第四道　江天暮雪（泡茶）

在润茶之后紧接着冲入第二道水，绿色的嫩芽银毫满披，似松染雪花，伴随着向上升腾的水汽，银珠似的细小水泡在洁白的瓷杯中翻滚，有如雪浪喷珠，又似江中漫天白雪飞舞。此情此景，如诗如画，因此用潇湘八景之八，

图11-11 用"野针王"演示的
第四道程序"江天暮雪"

称之为"江天暮雪"也似无不可。较之自然界的冰雪清绝，此茶艺中的江天暮雪倒是暖意融融，座上生春了（图11-11）。

第五道　远浦归帆（茶艺小姐敬茶、茶客受茶）

已泡好的茶在杯中清香氤氲，似乎在等待着茶客的品尝；而茶客也在这种清香缭绕的环境里等待着，茶与茶客就是在这种如红粉思知己、佳人盼渔郎的相互吸引过程中开始茶与人、人与茶、人与自然的对话，进入品茗的审美心理氛围。没有这种氛围就不能算是最高精神境界的品茶。因此，用潇湘八景之三，称之为"远浦归帆"，至于能不能领悟此中的玄妙，那就要看各人的造化了。

第六道　山市晴岚（闻香）

一杯香茗在手，茶客按捺住激动的心情，将杯盖轻轻揭开，沁人心脾的悠悠茶香在茶客手中杯盖的微微导引下从茶杯中扑鼻而来，形似雨后初晴山中升腾的云雾，神状云收雨住、日照山岚般的欣喜，物喜己悲，情动神定，一杯小小的茶，在浸泡着喝茶人的心性，积蓄着喝茶人的修为，消磨着喝茶人的生命。用潇湘八景之二，称之为"山市晴岚"，令人遐想。

第七道　渔村夕照（赏茶、品茶）

喝也好，品也罢，色、香、味、形、神，到口的茶水终究是根本。闻香后，仔细欣赏茶叶的汤色、形状、动态，感受春染杯底，风起绿洲，渔村夕照、柳绿桃红，享受一份难得的悠闲，找回一点可贵的自然。因此，用潇湘八景之五，称之为"渔村夕照"，倒也契合了茶道的某种本质和茶道兴盛的原因。现代人在人造的世界里生活得有些窒息，渔村夕照等世外桃源般的原始生态关系早已遥不可及，能在几片还释放得出几缕自然之香的茶叶里面，回归到渔村夕照的自然也算是一种难能可贵的精神享受。

第八道　烟寺晚钟（悟茶、谢茶）

茶禅一味是茶道的最高境界之一。中国茶道集儒、释、道于一体，在茶的品悟过程中形成了中国文化中最大的亚文化体系。湖南释界，在中国茶文化的发展史上有着极为重要的地位，烟弥寺庙、钟响深林的南岳衡山，是传播茶与茶文化的圣地之一。此道程序用潇湘八景之四，以"烟寺晚钟"名之，状绵远悠长之文化，似余音不绝之茶香，亦深有禅味。

潇湘八景茶艺古为今用，文为茶用，推陈出新，触类旁通，可谓用心良苦，于当代长沙茶业之崛起，茶文化之繁荣居功甚伟。

（二）擂茶茶艺

擂茶在长沙地区古已有之，不过其茶料品种较之称为"三生汤"的桃源擂茶要多，浓度因此就高了，可饮可食，更接近原始形态。改革开放以来，桃源擂茶得桃花源旅游兴旺之益广为人知。加上桃源擂茶本身较为清淡，又有花样繁多的佐茶"压桌"小吃相配，茶客饮食的选择性强，适合更多人的饮食需要，因此，长沙到处流行桃源擂茶，桃源擂茶茶艺也就在长沙传播开来（图11-12）。最先有银苑等处，后有怡清源茶馆一直坚持到现在（图11-13）。

图11-12 分酉擂茶

图11-13 怡清源擂茶茶艺

怡清源原董事长简伯华是桃源县人氏，对桃源擂茶从小耳濡目染，饱受其滋养，大概有意弘扬它，并将怡清源公司的茶文化理念也揉入到擂茶茶艺之中，形成了一定的风格。

使用的用具主要有：①擂钵一个；②擂棒一根；③酒精炉一个；④开水壶一个；⑤托擂茶茶艺盘三个；⑥石瓷小碗、小汤匙各六个；⑦白色碟子一个；⑧小碟六个；⑨小汤匙一个；⑩白色茶巾二条；⑪怡清源野针绿茶5g；⑫生米10g；⑬生姜30g；⑭食盐3g；⑮熟黄豆25g；⑯芝麻25g。

擂茶茶艺的基本程序为：①示器——寻石访木；②备茶料——精备"三生"；③煮水——桃花清泉；④擂茶料——棒擂乾坤；⑤冲泡——妙液神浆；⑥品茶——芳香仙赐。

擂茶茶艺解说词：

桃花源擂茶茶艺（民俗茶艺）

红树青天、斜阳古道；桃花流水、福地洞天。

桃花源的景色，因芳草鲜美、落英缤纷，而名扬四海。

桃花源的擂茶，因千古遗韵、独具风情，而誉满九州。

到桃花源旅游的中外客人，不仅对其迷人的景色，低徊流连，对极具地方特色的桃花源擂茶，也赞赏不已。

下面，由怡清源茶艺表演队，为大家表演"桃花源擂茶茶艺"，共分为六道。

第一道　寻石访木（示器）

相传东汉时期，伏波将军马援带兵驻扎桃花源时，不幸兵士染病，久治不愈。当地一老妇，献擂茶秘方治之，服者便愈。其秘方擂茶原料，须用石钵，木棒擂碎，而石钵，又称擂钵，要用桃花源质地坚硬的石头凿成，木棒须用山苍子木，俗称山胡椒木做成，山胡椒木擂下的木屑有药效。所以第一道是"寻石访木"。

第二道　精备"三生"（备料）

擂茶又称"三生饮"或"三生汤"，其原料由生米、生姜、生茶叶组成，称"三生"。米，须是优质的糯米；姜，须用当地辣味浓的老生姜；茶叶，须是未经发酵的晒青绿茶，要求叶片大，相对老而不是嫩芽。此道称"精备三生"。

第三道　桃花清泉（煮水）

在桃花源里有一清澈的山泉水叫桃花溪水，从方竹亭旁潺潺流过，取桃花溪水，边擂茶时边将水烧开（我们今天用的是纯净水）。此道称"桃花清泉"。

第四道　棒擂乾坤（擂茶）

先将浸泡好的生米，置入擂钵将其捣擂成末，为了表演的方便，我们事先将原料擂好，现场只用少量原料进行表演。首先将生米置入擂钵将其擂碎，生米擂好后，再将生茶叶置入擂碎，最后擂生姜。姜放在最后擂是为了更好地发挥其效果，因为姜放在碗里的时间越长，其姜味会散发更多。姜擂好后，再将已擂好的黄豆、芝麻粉倒入镭钵，佐以食盐少许，与"三生"一起再擂，以便其充分混合。在镭钵里擂、捣的过程中，木棒上面的山胡椒木的木屑，也与"三生"融合在一起，使其药效更好和更具清香。据传马援将军的兵士服用擂茶后，一夜之间，病痛全好了，精神抖擞，出征打了胜仗，马援将军很感激，从此以后，擂茶也就流传下来。此道称"棒擂乾坤"。

第五道　妙液神浆（冲泡）

将各种原料擂成浆糊后，加上山胡椒木的清香，正是诸香齐发，将其放入开水中煮一会儿成稀糊状，这就是擂茶。为了使其更加芳香，后人又在"三生"里加上擂碎的熟黄豆、芝麻粉，佐以食盐少许，所以"三生饮"又称"五味汤"。我们今天的擂茶加入了黄豆、芝麻。喝擂茶能消暑气、去寒气、释烦、去瘴、解渴、治疾，老少四季皆宜，饮擂茶已成为桃花源民俗，一直流传至今。去桃花源做客，主人定会用擂茶招待，在喝擂茶时佐以红薯片、荞麦粑粑等茶点，统称为"压桌"。

现在擂茶已做好，此道称"妙液神浆"。

第六道　芳香仙赐（品茶）

桃花源乃人间仙境，茂林修竹，藏风聚气，据说当年献"三生"秘方的老妇是

"仙姑"。仙姑已去，玉人今来。怡清源的茶艺小姐，捧上仙赐的擂茶，给各位送来万福安康、通体舒泰、事事如意、好运常在。

"古道、竹林、篱笆，小桥、流水、人家；福地洞天都是景，欢歌笑语品擂茶。"各位茶友："桑麻鸡犬自成村，天遣渔郎得问津。世上神仙知不远，桃花只待有缘人。"

（三）功夫茶茶艺及其他

功夫茶茶艺以其悠久的历史，深厚的历史文化底蕴，在改革开放以来传入长沙后，一直为长沙茶客所推崇，极大地普及了茶文化知识，提高了长沙茶艺的技术水准，丰富了长沙茶艺的审美内容，陶冶了长沙茶人的性情。

功夫茶，流行于我国东南福建、台湾、广东等地。关于功夫茶名称来历众说纷纭，有的说因为泡功夫茶用的茶叶制作上特别费功夫；有的说因为喝这种味浓苦，杯又特别小，品饮时间长的茶要磨功夫；有的说因为品茶方式讲究，操作技艺需要有学问、有功夫。不管怎样说，讲究沏泡的学问，品饮的功夫是其特点。功夫茶在各地沏泡的方法与技艺又有区别，而以广东潮州、汕头地区最为有名。潮

图 11-14　功夫茶道

汕功夫茶是融精神、礼仪、沏泡技艺、巡茶艺术、评品质量为一体的完整茶道形式，是中国茶道、茶艺的集大成者（图 11-14）。

最先推广功夫茶艺的有银苑茶厅等，随之，茶人轩、御茶园、和茶园等一大批茶馆如雨后春笋般涌现，粤、闽、台各派功夫茶艺在长沙大行其道，本地人士也纷纷效仿，但渐渐的便有了本土化的风格特色，体现出多种地方茶文化交融的趋势，如怡清源茶艺十六道（功夫茶茶艺）等，除了传承，也在作某些差异化的努力。对于长沙而言，茶艺的创设和差异化的努力是尤为可贵的。虽然，湖湘文化有兼容并蓄、拿来主义的优良传统，但只会拿来，不会创造，只会照搬，不会更好地为我所用，就会失去自己的风格和特点，这对地方经济社会的发展就十分不利。未来学家阿尔文·托夫勒在《未来的冲击》一书中预言服务经济的下一代将是体验经济。在体验经济中，人们的消费只是一个过程，当这个过程结束后，体验记忆将长久保存在消费者的头脑中。消费者愿意为体验付费，因为它美好、难得、非我莫属、不可复制、不可转让、转瞬即逝，它的每一瞬间都是唯一。人们在休闲、旅游或某种社交活动中品茶，参与茶艺活动，也是一种典型的体验经济，但人们绝不会总是喝一道大江南北都有的茶，看一场毫无特色的茶艺表演。要让人

们乐于接受，得到享受，心甘情愿掏腰包，关键在于要有本土特色、地方风情，即它美好难得，非我莫属，不可复制……用本土文化设计本土茶艺，用本土文化改造外来茶艺，其意义就在于此。

除功夫茶茶艺外，成都的长嘴铜壶盖碗茶茶艺在长沙也是比较流行的一种（图11-15）。长沙作家宋元在《茶》一文中曾经写下了这么一段话："四川比较实在，茶馆多极，且愿意守旧。发黄发紫发黑的竹靠椅、竹茶几，粗瓷盖碗，开水在长嘴的铜壶里沸腾，一派老气横秋。坐茶馆的

图11-15 成都长嘴壶茶艺也传入了长沙

四川人喜欢扯开喉咙讲话，粗声大气，谓之摆龙门阵。龙门阵就是故事，就是自己或别人的种种传奇，讲的人需要有一点经历，有一点年岁，有一点走南闯北的沧桑，老气横秋一点，是合适……那茶馆的伙计……也决不同长沙一些'吧'里穿旗袍的小姐那样，张口就问先生要杯什么饮料。或自作主张地建议，先生是不是来杯'绿牡丹'。成都伙计把盖碗往我面前一落，二话不说提起茶壶，水已经飞流直下。茶叶是先就备在碗里的，粗茶，很黄，很酽，像围绕在周围的浓稠的四川口音。不知为什么，忽然，我想起老舍、张爱玲和沈从文的小说。"

宋先生欣赏盖碗茶的生活化韵味，却未必了解盖碗茶茶艺的丰富层次性的特点，尤其是那种种令人眼花缭乱，啧啧称奇的功夫。如果说粤、闽、台功夫茶的功夫表现在文化修养与有时间且能静坐品茗等方面，表现的是文化功夫的话，那四川盖碗茶艺单射茶所展示的诸如"仙人摆渡""雪花盖顶""双龙戏珠""海上飞虹"等套路，就不得不令人产生"武"茶的联想，表现的是一种夸张的国粹武术文化功夫。

第七节　茶文化的研究、传播与推广

茶文化作为茶产业的灵魂，在激烈的国内、国际多元茶叶市场中越来越发挥其独特的作用，也显示其不可或缺的魅力。湖南茶文化在历史上具有重要的地位，是中华茶文化的发祥地之一。长沙茶人对湖湘茶文化乃至中华茶文化的研究，在全国一马当先。其显著特点有3个方面：

一是确立了中华茶祖与中华茶祖节。谁是中华茶祖，这是争论不休的几千年难题。20世纪60年代，湖南茶科所王威廉等先生《茶陵与茶叶史话》，率先考察茶陵与炎帝神农氏的关系，为湘茶文化研究探索了一条"神农—茶陵—茶叶"之路。20世纪90年代初，湖南农业大学王建国、王淦出版《茶文化论》，从人文地理到民俗风情，提出湖南是中国茶文化发祥地的论点。而后，湖南师范大学文学院教授、文艺学博士点"文化批评与文化产业研究方向"首席导师蔡镇楚研究唐宋诗词时，进入茶文化领域，先后在《唐诗文化学》与《宋词文化学研究》二著设茶文化专章，新世纪初，蔡镇楚又出版《中国品茶诗话》，将神农氏定为湘茶文化之祖。2006年，湖南省茶业协会成立，曹文成会长提出"茶祖在湖南，茶源始三湘"的命题后，长沙茶人开始了"谁为中华茶祖"的专题研究。2007年，第七届世界茶博会之际，蔡镇楚、曹文成、陈晓阳联名出版了《茶祖神农》专著，引起重大反响。2008、2009年，湖南省茶业协会与湖南省茶叶学会联手六大国家级茶业社团组织，分别在长沙市和炎陵县炎帝陵隆重举办了两次全国性的"中华茶祖神农文化论坛"，先后发表《中华茶祖神农文化论坛倡议书》与《茶祖神农炎陵共识》，正式确立中华茶祖炎帝神农氏的国际地位，确定每年谷雨节为中华茶祖节。自此，全国各地对炎帝神农中华茶祖的认可获得了广泛一致，掀起了茶祖文化研究、宣传和弘扬的高潮。

二是长沙的茶文化研究大多属于学术创新型，填补了中华茶文化的历史空白。如蔡镇楚的《茶美学》，朱海燕的《唐宋茶美学研究》《明清茶美学研究》等，将中华茶文化研究提升到美学的高度；黄仲先主编的《中国古代茶文化研究》，曹文成主编的《魅力湘茶诗词文赋选》，蔡镇楚的《湘茶文化的十八大贡献》与《灵芽传·中华茶文化史诗书画谱》，陈先枢等的《长沙茶文化》等，都是中华茶文化研究的创新成果。同时启动编纂大型综合性茶叶丛书，如刘仲华任总编的《中华茶通典》、王德安任总编的《中国茶全书》，影响了全国乃至全世界。

三是长沙的茶文化研究与湖南茶产业的发展相互促进、相得益彰。作为茶业大省，近年来，湖南一直致力于打造"千亿茶产业"，向茶业强省迈进。2019年底，湖南茶园面积达280万亩，茶叶产量28万t，综合产值约为910亿元，是湖南省农业经济一张闪亮名片。长沙的茶文化研究，从增强茶文化自信、推广茶知识普及、促进茶产业融合、提升茶产业品牌、畅通茶农茶企沟通渠道等方面着手，经常开展茶事节会及学术交流、课题研究咨询、宣传、鉴定评估、教育培训等业务活动，为弘扬湖湘茶文化、振兴湖南茶产业作出了积极贡献，实现了以茶文化引领茶产业发展，以茶产业促进茶文化繁荣。

一、茶文化书籍

21世纪以来，随着湖南茶业产业的加速发展，长沙茶人掀起了茶文化书籍出版的热潮。《茶祖神农》《中国名家茶诗》《魅力湘茶》《湖南茶文化》《湖南十大名茶》等茶文化书籍的出版，进一步提高了湘茶的知名度和美誉度。

《茶祖神农》，作者蔡镇楚、曹文成、陈晓阳（图11-16）。全书分为神农氏考、茶祖神农、神农茶祖文化、茶与中国神话、茶祖与医药等章节，是专门研究茶祖神农与茶文化的一部中国茶文化力作。该书的学术宗旨在于正本清源，为茶祖神农氏张目，从史学、文献学、考据学、地舆学、文化学、民俗学、茶学、医药学、神话学乃至文化人类学的各个不同角度，对"谁为茶祖"这一重大的学术命题进行严肃认真的考察与周详的研究，经过详尽考证、科学分析与缜密推论，旗帜鲜明地标举炎帝神农氏为"茶祖"。该书在中国茶叶与中国茶文化史上，具有廓清之功。

《中国名家茶诗》，作者蔡镇楚、施兆鹏（图11-17）。该书从历代茶诗中精选出部分富有代表性的名家名作编撰而成，自唐代而至于清代，共计收录425位名家的813首茶诗（含词曲）。上下一千年的中国茶诗之精华，基本集于一册之中。

《魅力湘茶》，是集体撰写的湘茶文化著作，湖南省茶业协会原会长曹文成先生担任主编，蔡镇楚、包小村为执行主编，是展示湘茶历史、现状、前景与茶叶企业风采的宣传著作（图11-18）。

《湖南茶文化》，作者陈先枢、汤青峰、朱海燕（图11-19）。系湖湘文库编辑出版委员会编辑出版的《湖湘文库》丛书之一，是第一部系统反映湖南茶文化的专著，既涵盖

图11-16《茶祖神农》封面

图11-17 蔡镇楚、施兆鹏编著的《中国名家茶诗》

图11-18《魅力湘茶》封面

了湖南茶文化的方方面面，又对湖南地区自古至今的茶文化资料，进行了广泛、全面的收集、整理、研究，其大大提高了茶文化在湖湘文化体系中的地位和作用，提供了可以利用的原始资料和可资借鉴的历史经验。

《中国长沙·茶文化采风》，作者陈先枢、汤青峰（图11-20）。该书通过对长沙地区古往今来茶文化资料的收集、整理、甄别、研究，以及茶文化精神的弘扬，较为全面地反映了长沙地区茶产业和茶文化的历史风貌，从一个侧面和一个产业领域解读了长沙、展示了长沙、宣传了长沙，为长沙茶产业的兴盛发展提供了丰富的原始资料和可借鉴的宝贵历史文化经验。2008年，该书于获得长沙市第十届社会科学优秀成果二等奖。

《湖南十大名茶》，作者施兆鹏、刘仲华（图11-21）。该书分两编，一编介绍湖湘茶文化，一编对湖南省十大名茶进行了系统介绍。

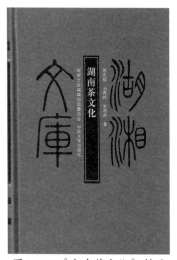  

图11-19《湖南茶文化》封面　　图11-20《中国长沙·茶文化采风》　　图11-21《湖南十大名茶》
　　　　　　　　　　　　　　　　　　　　封面　　　　　　　　　　　　　封面

二、茶文化刊物

《茶叶通讯》，季刊，湖南省茶叶学会主办。其前身为《茶讯》（创办于1958年），1961年11月《茶讯》更名为《茶叶通讯》，1962年3月第1期正式出刊。1966年停刊，至1979年复刊，复刊后改为季刊。这是茶学专业的科学文化刊物，在国内茶学界久负盛名，学术文化声誉很好，对宣传湖南茶业与茶文化起了重大的推动作用。

《湖南茶业》，季刊，湖南省茶业协会主办。于2005年创刊，原名《魅力湘茶》，是宣传湖南茶业与湖湘茶文化的传播媒介与主要窗口。

《长沙茶业》，季刊，长沙市茶业协会主办，主编周长树，责任编辑饶佩。刊物以发展长沙茶业经济、振兴茶产业、弘扬茶文化为己任，主要由本刊特稿、茶业要闻、茶业动态、茶人专访、茶闻轶事、茶苑杂谈等栏目组成，通过图文并茂的形式宣传普及茶文化知识。

三、湖南电视台茶频道

茶频道是全国首个且唯一一个全面对接茶产业、致力传承茶文化的电视推广平台，依靠湖南广播电视台强大的节目资源和创意人才资源优势，充分挖掘茶产业线下资源的开发，与茶企、茶厂、茶文化旅游基地、茶叶协会、茶叶研究机构、国学等优质品牌紧密合作，以电视节目制作宣传为基础，阶段性地开发关联产业，开创一个全新、完整产业形态。茶频道以身体力行践行了电视湘军的"大广播、大电视、大宣传、大产业"的战略梦想，其中茶频道的栏目主要有倩倩直播间、百姓茶典、茶馆、茶闻天下等（图11-22、图11-23）。

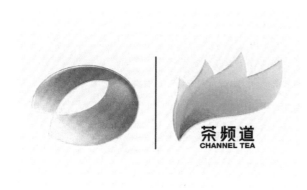

图 11-22 茶频道商标

图 11-23 倩倩直播间图标

第十二章 长沙茶旅指南

《中国茶全书》总编纂委员会将茶旅定义为以茶为主题、以茶为媒介的旅游、文化活动或产业。好山好水出好茶，名茶皆产自风景名胜之地。历史上有"茶山游""茶山行"等类似的概念，可以说是茶旅的雏形。发展到今天，茶旅已经成为一种独立的产业和文化现象，并且茶旅的目的地也并不仅仅局限于茶山。长沙地区茶叶生产分布广泛，茶园风光各具特色，长沙"儒释道"文化源远流长，三家皆推崇茶。"柴米油盐酱醋茶""琴棋书画诗酒茶"，大俗大雅皆有茶。以茶为主题的展示场馆将茶产业、茶文化等资源有效整合，推动了茶旅游观光。从产地茶园观光，到茶文化展览参观、茶叶采摘加工体验、民俗风情观赏、名茶品茗选购、品饮方法交流等，既促进消费，提升贸易，又增进文化交流。

第一节　长沙茶亭之旅

亭很古老，就其功用而言，有一类大致是供人们避风躲雨遮阳、休息饮水和迎来送往用的，称之为路亭，亦叫凉亭，即诗句"长亭外，古道边，芳草碧连天""长亭连短亭"里的"亭"。山中的茶亭就属这一类，它是一种极具中国民族特色的建筑，积淀着中华民族的浓厚情感。

另一种是休闲、观景之亭，如岳麓山上的爱晚亭（图12-1）。爱晚亭初名红叶亭，后取杜牧的七绝《山行》"远上寒山石径斜，白云生处有人家。停车坐爱枫林晚，霜叶红于二月花"诗意改名爱晚亭。清嘉庆举人俞敬之作有《盛暑憩爱晚亭》诗。亭一旦与憩联系在一起，也就有了茶亭的属性。

茶亭是个温情之所，也是个教化之所。小小茶亭，遍布穷乡僻壤，毫不起眼，却是中国古代老百姓行善积德、与人方便的集中体现。开福区洪山地区旧时境内有通往捞刀河渡口和浏阳河渡口的古道，岸边开有油盐、南货、杂货店铺和客栈、茶馆等，为市区

图12-1　岳麓山爱晚亭

图12-2　洪山寺一味亭

北郊交通要道，道旁有座洪山寺。为方便来往行人和善男信女休憩，寺内建有茶亭，名为"一味亭"（图12-2），亭柱上悬联云：

四大皆空，坐片刻不分你我；两头是路，吃一盏各奔东西。

长途跋涉之中，炎炎烈日之下，唇干口燥之时，能得一憩所，喝口清茶，心存感激，难于言表。最具典型意义的是，大多数茶亭都有对联，很多对联都写得情景交融，饶有意味。宁乡人岳障东是一位写茶亭联的高手。岳障东，字蔗坡，号百川，沙田乡水源村人，清末举人，曾任道州学政，有诗名，著有《亦橄轩诗集》行世，但他更擅长的是撰茶亭联，如惠同桥茶亭联二副：

一般春梦无痕，名利走红尘，劝过客喝些茶去；
今日海疆多故，神仙到黄石，看传书谁上圯来？

天开小画图，双流涧口泉声，断岸悬虹围柳絮；
客来好风景，一笠波心亭影，淡烟飞翠点茶瓯。

惠同桥茶亭位于宁乡市沙田乡沙田村，茶亭建在桥上，桥跨沩水支流黄绢水上游，为三孔两磴石平桥（图12-3）。桥全长22m，原为木桥，清光绪二十五年（1899年）何开周等倡募改建成石桥，桥上建有青瓦木柱长亭，亭两侧护栏下原设有长凳，供行人休憩、喝茶。邑人岳衡作《惠同桥碑记》称，"有亭

图12-3 宁乡沙田惠同桥茶亭

以憩行者，炎熇渴饮，开畅烦襟，惠也"。2006年惠同桥茶亭公布为湖南省文物保护单位。

宁乡沩山长香岭茶亭联和堆子山茶亭联亦为岳障东所撰。

绝磴古沩峰，正宜茶话舒筋，天际行云同客憩；
孤亭老秋树，为爱松涛到耳，山深警夜有龙吟。

——长香岭茶亭联

当代楹联家易仲威评此联说："上联从沩峰绝磴，联系到过客在茶亭小憩舒展下筋骨，似天际行云一样飘荡不定；下联却拓宽到孤亭秋树，进一层想到松涛，归结到'山深警夜有龙吟'，使读者思想意境也跟着步步深入，遐想不尽，余味无穷，成为传颂佳联。"

古来除芳泽美人，谁个怜才，请看蜀客尘衫，病渴同嘲司马赋；

公余造莲花君子，借他消暑，擎出沩山露叶，思家欲学季鹰归。

——堆子山茶亭联

易仲威评此联说："上联从美人怜才想到蜀客尘衫，结合司马相如患有消渴症，与茶亭牵上关系。下联却用'借他消暑''沩山露叶'引出张翰思归的思想，使人飘欲仙。"张翰，字季鹰，西晋吴县（今苏州）人，有文才而纵任不拘，时人比之籍，因思念家乡美味常有弃官归隐之心。

峡水最清涟，邀过客煮茗谈心，莫嫌他水峡；

山河多破碎，望诸君匡时努力，誓还我河山。

——宁乡峡山茶亭，李元燮抗日战争时期撰联

此地是通衢，迁客骚人，莫道关山难越；有亭临桥畔，英雄知己，岂无萍水相逢。

——宁乡、安化、涟源三县毗邻处新建桥茶亭，朱人骥撰联

这些茶亭联写得各有特色。小小的茶亭，朴实的民风，殷勤的主人，亲切的对联，甘醇的茶水，交换着乡民的关怀和体贴，传递着乡情和温馨，也在润物细无声地善化着世道人心。

茶亭、茶棚等建筑物的出现，是茶饮为日常生活必需的见证。茶亭多建筑在离村镇人家较远的交通要道之处，内设茶缸、茶桶，一般都是免费施舍茶水，以供往过商旅之人歇息解渴，地址一般选择在岭头或清冽的山泉边。随着时代的进步，交通条件改变，人们的出行条件已发生了翻天覆地的变化，茶亭类建筑已基本上退出了历史的舞台，成为一种时代的见证。

长沙市南门外回龙山下过去有座著名的义茶亭。"义茶"当然是不收分文的"施茶"，义茶亭的对联道出了建亭者的初衷，联曰：

不费一文钱，过客莫嫌茶叶淡；且停双脚履，劝君休说路途长。

到20世纪中叶茶亭已荡然无存，只留下了一个"义茶亭"的街名，令有心人凭吊历史，发思古之幽情。如今，连"义茶亭"这条街也不存在了，它已成为湖南省财政厅驻地的一部分。

在今天的长沙地区，以"茶"命名的地名，辖区地域行政级别最高的要属望城区的茶亭镇。茶亭镇旧有"歇凉茶亭"，相传为清代当地乡官张子初捐建。今亭已不存，但有副茶亭联流传至今，联曰：

为名忙，为利忙，忙里偷闲，众生不妨坐坐；

劳力苦，劳心苦，苦中生乐，大家打个哈哈。

茶亭镇位于望城区的东北角，毗邻铜官街道，东临汩罗，北接湘阴，与湘阴县城相距25km，南靠长沙，与市中心区相距21km。东到京广铁路，西到湘江铜官码头，都在10km以内，是三县交界、地理位置重要、交通方便的边陲大镇。

茶亭镇之茶亭虽然早已不存，但茶亭塔却可堪称奇观。茶亭塔位于官冲村，地处九峰山下，仙姑岭山嘴之上，清溪水由东而西从塔的北侧流过注入湘江（图12-4）。塔的顶部生长一株野山椒树，枝叶繁茂，树高5m。塔由花岗石砌成，五层，高12m，呈六边形，塔身内空，设有石阶可旋至第三层。塔门刻"惜字塔"3字，但惜字塔之名早不常用。塔檐较短，檐角微翘，起坡平缓，二层内壁嵌有"道光十八年戊戌（1838年）秋建"石碑。据传清光绪二十六年（1890年）塔尖被雷击倒，遂生此奇树于塔上，2005年被公布为长沙市文物保护单位。由于山椒树不断长大，2006年在长沙市引起了一场"毁树保塔，还是保树毁塔"的热议，但无结论。2012年经植保专家和古建筑专家会诊，有了两全齐美的办法。

题九峰夕照

古树斜阳灿，亭亭立若仙。扶疏临暑丽，执著抗寒妍。

紫气来衡岳，香云绕洞天。清溪垂塔影，鱼跃上峰颠。

（邑人谭建祥）

今长沙地区留存至今而建造时间最早的茶亭为浏阳市社港镇新安桥茶亭（图12-5）。该亭位于今社港镇新安村，建于明成化十年（1474年）。建造者为寻京南，明嘉靖八年（1529年）寻梦科、寻大贵重修。茶亭建在石板桥上，长19m，宽4.4m，由15根木柱斗拱支撑，坡屋顶青瓦屋面，造型别致，建筑工艺独特，支撑架由木柱凿眼搭建，木柱与桥面的结合部全靠自身重力平衡，无任何基础和榫接，全亭无一根铁钉。茶亭两旁有木板坐凳，整日有村夫恭坐其上，喝茶谈天，悠闲自乐。2006年，新安桥茶亭公布为湖南省文物保护单位。

图 12-4 望城茶亭惜字塔

图 12-5 浏阳社港新安桥茶亭

今长沙地区保存茶亭较多之地为宁乡沩山。沩山茶亭多且出名，得益于茶。沩山古道连桃江安化茶区，本身又是个重要的产茶地区，是安化、桃江、宁乡茶进入长沙的陆路交通要道，是一条茶之路。茶之路上有禅宗沩仰宗祖庭密印寺，还有同庆寺、白云寺、回龙寺等著名庙宇，茶禅诗僧齐己在这里出家。湖湘第一个状元、宁乡开国男易袚故居亦在此地的巷子口镇，因而此地民风向学，文教发达。茶之路上自然不缺茶，文教之邦自然多才子，故宁乡沩山多茶亭，其中以巷子口的南风茶亭和司徒茶亭最为有名（图12-6）。

南风亭位于巷子口镇通往安化东山要道上，木架结构，建于清同治年间（1862—1874年）。亭名出自舜帝《南风歌》："南风之薰兮，可以解吾民之愠兮；南风之时兮，可以阜吾民之财兮。"古亭建在南风墩去东山的山坳上，长10m余，宽4m，过道外侧6个大木柱间设有固定木条凳供过往行人歇息。亭南北走向，又设在坳头关口，每当赤日炎天，人们爬山越岭，酷暑难当，一经进入茶亭，凉风习习，如入仙境，故名南风亭。原亭中四季设有茶水，免费供路人饮用。南方门额书"南风亭"3字，笔力苍劲雄浑。门联为南风墩清末秀才龚稀星所撰，何叔衡、谢觉哉、姜梦周的老师李藕苏所书。

南去北来，过客何妨聊坐坐；风和日暖，劝君且莫急忙忙。

——南风亭联

司徒茶亭则位于宁乡县巷子口镇与安化县交界的司徒岭上，建于清光绪十四年（1888年），系为过路人歇脚而建的凉亭（图12-7）。亭呈长方棚屋形，人字形坡屋顶，盖小青瓦，以木柱支撑，孤立于山野之间，给人以清新之感。惊闻近日倒塌，不胜怅惜。

图12-6 宁乡巷子口南风亭

图12-7 宁乡巷子口
司徒茶亭

据《宁乡县志》载："宋司徒王全驻兵于此，以拒瑶寇，战死，后人立庙祀之。"此亭则伴庙而得名司徒古亭。这是当年长沙通梅城古驿道的必经之地。从司徒岭到仑脚正好10里，峰岭盘踞、林壑幽深。据传，清刑部主事、巷子口人李新庄曾从贵州办案回乡途经此地，见险峻无比，常有路人跌崖丧生，责令地方官吏修5尺宽的石级路，共3000余级，自此有惊无险。

清光绪十四年（1888年），又有当地的龙飞舞、龙飞汉等人在司徒岭上新建了这一茶亭。亭坐北朝南，亭后坡陡如壁，亭前悬崖如削。1.67m宽的石级古道穿亭依坡斜挂，险象横生。茶亭分东西两部分，西部（安化地域）为立柱框架式凉亭，占地40m²多，高5m，固定的长木条凳分列两边，正墙下嵌砌建亭碑，刻有清二品衔、署广东按察使张寿荃撰写的《新修司徒岭茶亭记》碑文。清代至民国时期，茶亭由两地派人长住亭下，负责烧茶水义务供应路人。比邻而居的两县乡民虽人员有变，但风尚一直沿袭不变。古亭后有口水井，石壁崖缝中有酒杯口大的泉水涌入井中，长年不断，清凉可口，故此亭又称凉水井亭。旧二副有题茶亭联，流传甚广。

野鸟啼风，絮语劝君姑且息；山花媚目，点头笑客不须忙。

四在皆空，坐片刻无分尔我；两头是路，吃一盏各自东西。

——司徒古亭联

司徒岭新修茶亭记

佳岭嶙峋，梅山岌嵷，连峰亘地，群峭摩天。鸟道廻而烟萝深，蚕层高而栈道远。地为司徒岭，为宁乡、安化往来要道。洵夫邱石堆螺，雨生缪篆，屏山叠黛，风满南窗。露浥芙蓉，旧是青平之地；云开华盖，遥分白马之尊。为楚泽之奥区，辟渚宫之胜地。概尔其鸡足名山，鹜头作岭，当阙踞虎，细路萦蛇。引蔓拔藤，悬趾劲刺，二分在外，扪参历井，抚膺而十陟，为劳冠盖往来，轮蹄辐凑。途非蜀道，难竟等于登天；人异长房，术鸡咨夫缩地。一亭一驿，加银鹊而弥多；三暮三朝，见黄牛而如故。若乃青春受谢，赤帝司权，大伞当空，凉珠难御。奔走乎铄石流金之顷，坌息乎炎风赤日之中。美词容之追凉，坐调水质；嗟仆夫之况瘁，谁酌金垒。惟应广厦千间，庇兹热客；安得杨枝一滴，偏炎陬是。拓地半方，造亭十笏，诛茅启宇，接笕通泉。披襟当大王之风，举盏携小团之月。每当游人驻足，行李息肩，当壁无尘水瓯饷，容息薪劳之粟，陵听铃语之即，当小住为佳。息影非同恶木，劝公无渡临河，何必投钱徐春雨月领夜风生，双瓶火活忘却当头日午一笠阴圆，又有古井澄波，长生拂日。苍鬐千尺，即是浔阳；寒碧一泓，便分河润。不够移山之策，何须调水之符。左右逢源，盘桓永日。是题小序，俾勤贞珉。此时啜茗挥毫，作元次山语亭之记；他日扪萝腊屐，寻杜少陵长沙之驿。

（张寿荃）

第二节　湖南省茶叶博物馆

湖南省茶叶博物馆创建于2013年4月，2015年6月15日开馆，坐落于长沙市芙蓉区隆园一路19号隆平高科技园内的湘茶高科技产业园，建筑面积3500m²，展厅面积2100m²（图12-8）。湘茶高科技产业园由湖南省农林工业勘察设计研究总院设计，占地61.87余亩，主楼整栋楼为框架砖混结构，是一座坐南朝北的现代化建筑。博物馆共设两层楼，二楼为展厅区及文物库房，一楼为湘茶品茗区，主楼西侧设有茶叶资源圃。

以"和谐茶汇"为核心的湖南省茶叶博物馆茶文化科普区采用目前最先进的信息技术、灯光音响、大型触屏操控设备及高清显微镜和硕大展柜等科技设施，配以场景复原、雕塑等艺术展示手段，拉深展陈的意境。整个展区凸显高端、大气。场馆由中茶馆及湘茶馆两大展区构成，着重推介、展示湖湘茶文化，湖南茶产业及

图12-8　湖南省茶叶博物馆

湖南茶叶品牌产品和特色茶叶珍品，将中国传统文化——茶及茶文化生动、鲜活地展现在观众面前，引领参观者全方位了解极具地方特色的湖湘茶及茶文化。

基本陈列由中茶馆、湘茶馆两大展区构成（图12-9至图12-12）。

图12-9 中茶馆：中华茶源

图12-10 中茶馆：茶马古道

图12-11 湘茶馆：湖湘茶韵

图12-12 湘茶馆：湘茶习俗

中茶馆对中国茶叶的发展历史、中国茶及茶文化的世界传播、茶叶加工工艺、茶与健康以及茶产业发展的状况等做系统知识介绍，并配有极具时代特色的藏品展示及实物场景，引导各位爱茶人士全方位地了解中国茶及茶文化的发展历程。真实复原安化茶马古道的场景，使参观者置身其中可以直观地感受到茶马易市的震撼场景，而生动形象的微缩泥塑场景，生动还原中国（湖南）传统名茶——君山银针的手工制作技艺，展览兼具科普性及趣味性于一体。

湖南产茶历史悠久，有着深厚的茶文化底蕴。博物馆重点推介作为中华茶文化的重要发祥地之一的湖南茶及茶文化发展、特色及茶产业情况，配以极具地方特色的藏品及场景展示。展陈按原尺寸打造反映从前湖南民间售茶、喝茶的"黑茶铺"（图12-13）和"民俗一角——芝麻豆子茶"场景，置身其中仿佛穿越青砖黑瓦的旧时街市，感受浓浓的湖南地域茶文化。同时非物质文化遗产手筑茯茶、千两茶的制作场景，同样生动地展现极具魅力的湖湘茶。为增添场馆互动性及科普性，在本区域还配有大型触屏操控设备及高清显微镜，让参观者亲自观察、体验，在趣味无限的环境中了解湖湘茶及茶文化。

图12-13 传统黑茶铺

位于博物馆一楼西侧（外）的茶叶资源圃占地面积1500m²，种植包括半乔木和灌木在内的两大种类，70多个来自全国的优良茶叶品种资源（图12-14）。亲临体验区，不仅可以感受茶叶由古至今的演变（其中移植有距今约500多年历史的乔木型野生古茶树），更可以近距离观察不同茶叶品种的形态，亲身体验和参与采茶、制茶的全过程。

800m²的品茗中心，涵盖茶艺欣赏、品茶论道、茶文化主题沙龙、茶艺培训等，体现传统茶文化与现代生活完美融合（图12-15）。

图12-14 茶叶资源圃

图12-15 湘茶品茗区

藏品主要有历史老茶和传统茶器。

历史老茶：馆藏有包括成品茶及散茶样在内的老茶藏品286件，其中最具代表性为20世纪80年代生产的一批黑茶，如1.8kg、2kg特制茯茶，赵李桥青砖茶，500g洞庭青砖茶（图12-16）。博物馆特别珍藏有1958年天尖、1959年贡尖茶样等，老茶样在茶产业发展史上极具历史研究意义。

传统茶器：博物馆共收藏中国及外国传统茶器90余件（图12-17），其中56件紫砂壶均为70年代老壶，器形繁多、款式多样，精美绝伦。另有古法制茶器械，茶叶生产、制作的农用器具。

图12-16 老青砖茶

图12-17 日本铁壶

湖南省茶叶博物馆为更好地提高社会教育工作效率和科学管理，进一步强化服务意识，专门设立社会宣教部。从博物馆试运营至今，积极开展各项优质、丰富多彩的教育活动，为社会和公众提供参观、交流、学习等一系列公益科普服务。积极配合长沙市教育局开展中小学生假期实践活动，学生们在实践过程中感受到茶科学和茶文化的魅力。

博物馆常年为幼、小、中及大学生提供茶及茶文化知识普及及推广服务，与湖南农业大学、湖南大众传媒学校、湖南商务职业技术学院等多所高等院校开展深度合作，通过走进课堂，学生进馆参观，参与实训等多种方式为传播茶叶科学，倡导健康生活方式，普及茶文化知识做出积极贡献（图12-18）。而茶博堂的活动一经开展，相继迎来韩国、日本、英国、美国、俄罗斯、罗马尼亚等国来访团的好评，各国友人不仅对中国传统的茶叶加工技术、茶文化青睐有加，对科研价值比较高的新型茶产品以及茶叶保健产品，更是赞不绝口。

同时博物馆还兼具有茶艺师、评茶员、考评员以及茶艺讲师等职业培训等社会教育服务功能，为茶文化的推广起着积极的作用。

图12-18 小朋友参观茶叶博物馆

第三节 百里茶廊旅游

一、金井茶文化交流展示中心

金井茶文化交流展示中心位于长沙县金井镇金龙村，是由湖南金井茶业有限公司利用自身的茶园开发的文旅项目（图12-19）。

2014年公司为了进一步打造金井茶叶强势品牌，逐步走向工业旅游路线，总投资1500万元在金井镇金龙村，完成3000m²茶文化交流展示中心项目建设。该中心的建设主要实现茶文化收藏、研究、布展。通过分设"茶史""茶萃""茶事""茶具""茶俗""茶缘"等多个展厅，以实物和图版为主要展览形式，并配以多媒体视听等科技手段来阐述我国源远流长的茶文化。适时地推出了"学生社会实践茶文化套餐"活动，组织包括参观讲解、观看茶艺表演、茶文化知识有奖竞答、猜茶谜、观光品种茶园、亲手采摘茶叶、观看现场炒茶、品尝名茶、茶艺比赛等多种形式的活动，对中国悠久的茶文化进行传播推广。

金井茶文化交流中心内设有大型会议室一间，可为单位提供商务会议服务。会场环境优雅，实木座椅，设施齐全，内设隔音，装有室内投影仪、调音台、小型音响、中央空调等。设有品茶室四间，古色古香的茶桌茶凳，让人忍不住停留驻足（图12-20）。在这里游客可放松心情，细细体味茶道、茶艺的雅趣。还设有装潢精致、菜色可口的茶特色餐厅。其中单独豪华包厢多间，优雅舒适、古韵悠然。大厅可同时容纳200人就餐，精致宽敞、气势非凡，是朋友聚会、随意小酌的理想场所。

图12-19 金井茶文化交流展示中心

图12-20 金井茶室

为丰富游客的茶文化体验项目，交流中心特设标准双人间温馨客房5间，豪华单人客房2间，豪华总统套房1间，浪漫小木屋5间（双标）以及棋牌室5间、可供30人KTV歌的豪华KTV包厢1间。配备中央空调，24小时热水，装修全部按照茶叶古韵的风格，很适合茶香小镇的特色。

前来体验茶文化的游客可以骑行自行车穿梭于茶间小道，不想骑车的我们还有两辆豪华电瓶旅游观光车可免费带游客鉴赏茶园美景。游客们还可戴上竹笠、手提竹篮，围上茶兜，在茶园内亲手采摘新鲜茶叶，并且能在金井茶厂内自己动手体验手工制茶过程。游客们可在厂区内参观制茶工序，全程体验从茶鲜叶到干茶的新奇过程。

茶文化中心的茶特色餐厅为游客预备了具有地方特色的美食。餐厅内的蔬菜全部由当地的村民自己种植提供，绝对的有机无公害，并且有茶叶特色菜如茶香藕遇、凉拌茶叶、茶香鸡、茶酥饼等。用餐后游客可参观中心内的有关茶文化的起源、茶叶的分类、制作方法以及中国各种茶叶分布情况的贴图及文字介绍（图12-21）。还可到棋牌室、KTV包厢、烧烤场等和三五个好友一起享受休闲的乐趣。

茶文化中心内设有金井特产店一间，在这里能购买到金井特色农副产品，包括金井茶叶、金井小花片、惠农腐乳、沃园薯片等，让广大游客们看到我们金井所产的特色产品，同时也为游客购买提供了便利。

为了使茶产品和茶文化更好地结合，金井茶业在原来茶叶种植和加工的基础上，按照休闲旅游、亲子体验的模式，注重乡村旅游的发展，实现一二三产业的融合。公司自2014年底已经建成茶文化乐园，每年3月春茶开采始，周末每天都有超过500名市民前来游玩。

游客在金井茶文化中心可以体验自行车骑行、茶园观光、茶叶采摘、学习茶艺表演，还可通过在茶厂技术人员的指导下自己动手制作一杯"孝心茶"，送给父母及长辈。

茶文化中心还集住宿、餐饮、会务等于一体，为市民周末休闲提供了良好的环境（图12-22）。2018年，旅游收入已达600多万元。

图12-21 茶文化走廊

图12-22 金井茶业自然茶馆

二、湘丰茶业庄园

湘丰茶业庄园位于长沙县金井镇湘丰村（原脱甲村），是由湘丰茶业集团有限公司利用自身的茶园开发的文旅项目（图12-23）。

图12-23 湘丰茶业庄园大门

面对经济发展新常态，湘丰茶业集团提出了"三产融合，创新驱动"的发展理念，通过轻资产、重经营、高效益确保可持续发展。湘丰茶旅融合战略在产业链优势的聚集效应下，按照"全国示范，湖南最美，全市唯一"的要求打造"茶乡小镇"，围绕"山、水、茶、镇"组团开发，凭借花园式茶园优势打造茶文化旅游业，成功实现茶旅融合式发展，变产区为景区，变茶园为公园，变劳动为运动，引得爱茶之人，纷纷慕"茗"而来（图12-24）。

公司基于国家标准化茶叶基地——飞跃基地打造的湘丰茶业庄园，已被评为3A级景区，目前已建成精品乡村酒店、帐篷酒店、观光平台、露营基地等设施（图12-25）。与企业以商招商引入的虎园、猕猴桃园一起，湘丰茶旅目前已形成一定的旅游吸引力，年接待长沙市及周边游客30万人次，实现旅游收入3000多万元。

图12-24 湘丰茶园全景

图12-25 湘丰茶园帐篷酒店

2015年，长沙国际茶文化旅游节期间，来自全国各地的8位微博大咖齐聚湘丰茶园飞跃基地，参加"中国最美茶乡大V行"，体验行走茶园的乐趣、揭开古今制茶的神秘面纱，并通过微博、微信等自媒体，将最具中国特色的茶园美景和茶业趣事分享给广大网友。2016年，飞跃基地有机茶园被农业部（现农业农村部）评为中国美丽田园景观。茶园修建了长30km多的自行车道，游客既可骑车穿行，又可漫步而上，体验采茶制茶，尽情赏茶品茗。登上观景平台一览茶园核心景区。

公司下一步将深入发掘茶园的观光价值，通过建设游客服务中心、研学拓展基地、产教融合基地、古茶树观赏园等项目，规划利用现有105亩生产总部改建集住宿、餐饮、会务、休闲、养生养老功能于一体的湘丰度假村，将采茶、制茶、饮茶等体验活动与观光旅游、文化旅游融于一体，让游客领悟"茶禅一味"的真谛。

湘丰禅茶

春分谷雨绿新芽，早撷湘丰入释家。好汲碧湖清浅水，疏钟声里煮禅茶。

（湖南省文史馆馆员吕可夫）

三、百里茶廊精品线路

"百里茶廊精品线路"项目由长沙市农业农村局和长沙县农业农村局于2019年联合开发。从长沙县县城星沙出发，沿省道S206线一路北上，横跨春华、高桥、金井、开慧等9个乡镇100余里（图12-26）。是一条以"长沙绿茶"公共品牌企业为主导，集观光茶园、茶文化、茶叶加工、茶体验于一线，融合红色文化、生态休闲、民宿体验于一体，以茶旅文为特色的"百里茶廊"休闲农业与乡村旅游精品线路。从云雾缭绕的飘峰山顶到波光浩淼的金井湖畔，骑行茶马古道，徜徉美丽茶园，品味特色茶宴，采摘柔嫩春茶，体验茶禅一味……吸引了大量游客。

长沙县紧紧围绕传统与现代相结合、产业与科技相结合、农业与工业相结合、国内与国际相结合、一二三产业相结合的发展理念，着力打造以金井镇S207沙田—蒲塘、金双线到龙华山为主线，以金井三棵树茶园—湘丰飞跃基地—茶博园等为亮点的连片旅游专线，实现茶产业与旅游业的深度融合发展，全力支持将金井镇打造成为全国闻名的"茶叶之乡"、国家特色小镇、全域旅游茶乡小镇（图12-27）。围绕蒲塘村和龙华山建设生态有机新茶园，提质完善茶博园、茶文化主题公园、金茶游客接待中心、石壁湖公园，打造湖湘风情茶文化老街；围绕开慧金湘园3000多亩绿色生态茶园，升级配套设施，强化历史文化联结，打造"茶＋红色旅游"专线（图12-28）；坚持以茶带旅、以旅促茶、茶旅融合的发展思路，结合飞芦生态农庄、玉皇峰紫竹山禅院、鸿大茶叶仿明清茶庄建筑风格、"高桥茶庄"建设等，继续打造高桥老街成为向外展示高桥茶历史，弘扬高桥

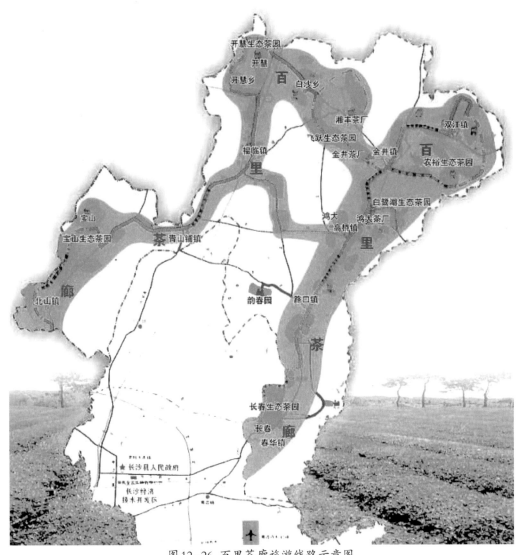

图 12-26 百里茶廊旅游线路示意图

茶文化，振兴高桥茶产业的"明清茶文化主题街"（2018年12月开园）（图12-29）。鼓励"慧润乡村"和湖南省茶叶研究所高桥实验茶场合作，开发茶旅、茶教融合产品；围绕北山"宝山"1000亩高山有机茶园与北山森林公园、国家地理标志产品"北山梅"，打造"林中有茶，茶中有梅"的"茶梅旅"开发模式（图12-30）。2019年，长沙县实现茶旅营业收入7.3亿元；2020年实现茶旅营业收入8.61亿元，增长18%。对推动茶旅融合发展、打造茶旅品牌、带动农民增收致富发挥了示范引领作用。

2019年，长沙市接待国内旅游者人数为16699.63万人，接待入境旅游者人数为132.98万人。2018年长沙市国内旅游收入为1767.03亿元，增速为3.1%；2019年长沙市国内旅游收入为1983.41亿元，增速为12.1%。其中，茶旅贡献率接近了10%。

金井茶业三棵树茶园基地

杨立三故居

湘丰茶业帐篷酒店

三珍虎园

图12-27 长沙县茶乡小镇（金井镇）

杨开慧烈士陵园

杨开慧烈士生平业绩陈列馆

金湘园（骄杨）茶园基地

图12-28 长沙县开慧镇"红色茶旅"

高桥老街俯瞰图

高桥老街全景

高桥老街游客服务中心

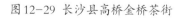

图12-29 长沙县高桥金桥茶街

图 12-30 长沙县北山镇"茶梅之旅"——北山梅

第四节　沩山与密印寺

沩山又名大沩山，沩水的发源地，是湖南省著名的茶山，位于宁乡市西北部，北邻桃江，西接安化，"周回百四十里"，为雪峰山余脉，最高峰瓦子寨，海拔1070m。在海拔800m上下的崇山之中，隐匿着一块长达数里的盆地，明末清初有"楚陶三绝"之誉的陶汝鼐《游沩山记》称此盆地："平畴修曲，农世其阡，意乃坦然，夹润林木，且蓊蔚。境幽人淳，鸡犬桑麻，如一小桃花源。"清顾祖禹《读史方舆纪要》称："四面水流深澜，故曰大沩。"四周云气在这里相汇，搅动旋转，漫山升腾，故有"四面爬坡上沩山""人到沩山不见山"之说。

游沩山

叠翠几重飞黛色，盘蛇一道引丹梯。平沙修竹望沩西，行近灵山路转迷。

飞桥仿佛过灵隐，结社相将到虎溪。更向南崖寻瀑布，净瓶公案与新提。

（清末经学大师王闿运）

关于沩山之名的来历还有一说，即说因舜帝有个叫"沩"的儿子在这里开发而得名。相传舜帝南巡带着两个妃子，即娥皇、女英和儿子沩，溯湘江，过长沙，跋涉苍梧，引水灌田，因积劳成疾而"葬在长沙零陵界中"。

沩山茶与密印寺有着不解之缘，唐代僧人首先在寺周围开山种茶，以满足僧人饮用，也常给施主品味。20世纪60年代曾发现密印寺大佛殿中大佛像体内藏有茶叶30余斤，揭开时满殿清香扑鼻，令人惊异。

据密印寺监院贤心法师介绍，从唐朝末年开始，密印寺便大面积种植茶叶。如今，从全国范围来看，寺庙周围种茶最多的就是密印寺。他还表示，沩山毛尖的兴盛，与灵祐祖师有着很大的关系。福建和杭州，是灵祐祖师一生当中两个很重要的地方。这两个地方，都产名茶。带着对这些名茶的浸悟，灵祐祖师在沩山种出名茶来是一种必然。

由于佛教禅宗需要茶来协助修行，而密印寺僧众嗜茶风尚，又促进了茶业的发展。精神境界上，禅是讲求清净、修心、静虑，以求得智能，开悟生命的道理。茶早期是被药用特用作物，有别于一般的农作物，它的性状与禅的追求境界颇为相似。于是"茶禅一味""茶意禅味"，茶

图12-31 密印寺

与禅形成一体，饮茶成为平静、和谐、专心、敬意、清明、整洁，至高宁静的心灵境界。饮茶即是禅的一部分，或者说："茶是简单的禅""生活的禅"。

密印寺位于沩山山腰、毗卢峰下，海拔400m多（图12-31）。这里虽是山腰，却纵横数里平畴绿野，流水淙淙，清风习习。青松、翠竹、银杏、红枫相映成趣。沩山有十二景，陶汝鼐撰有《沩山有十二景》诗，其中一景便是盛产茶的芙蓉峰，诗云：

更横柳栗向千峰，绝壁粘天觐面逢。莫诉芙蓉青未了，孤猿啼彻白云封。

密印寺为唐元和二年（806年）时任湖南观察使的裴休奏建，唐宪宗御题匾额，原寺院建筑宏伟富丽，有"九进十三横"，最盛时僧徒多达3000人，有3700多亩庙田，其中不少是茶园。密印寺从宋代至民国寺庙4次毁于火，后又多次重建。现存建筑大多为民国时期所建，今为湖南省文物保护单位。所在沩山乡小镇，也沾密印寺之福，入选湖南省历史文化名镇。

密印寺分为8个部分，即山门、庭院、大殿、后殿、左右配殿、左右禅堂、祖堂等。山门高大庄严，为红色三开牌楼式砖石结构建筑，硬山顶，盖黄色琉璃瓦，中置宝瓶，两端有鳌鱼鸱尾。中为拱形大门。拱门左右有侧门，又有红色排墙两扇，分别向两边展开，并接土红围墙转而朝后延伸，直到山腰。

图12-32 密印寺大殿

进入山门，有一长约67m，宽约62m的宽阔庭院，穿过庭院，即是大殿（图12-32）。大殿又称万佛殿，因殿中四壁的每块砖上都有一尊镀金的佛像，共12182块，这在全国绝无仅有。相传其中有一尊佛像为纯金打造，谁能指出则同缘殊胜，五福加身。万佛殿是密印寺的主体建筑，也是全寺的中心。大殿为砖木

石混合结构，重檐歇山顶，黄色琉璃瓦，高27m。正脊饰蟠龙吐珠等泥塑浮雕图案，中置宝顶，两端为鳌鱼鸥尾。大殿正面有石金柱八根，其他三面石檐柱18根，均为白色花岗石所制；四周为走廊，庄严肃重，气度大方。殿前有朱红槅门三排18扇，上雕以花卉禽兽图案。迈入槅门，正面即为3尊大佛像，通体箔金，辉煌耀目。正中是释迦牟尼像，高10m多，端坐于金莲座上，手持宝塔，仪态端庄。

大殿两侧为配殿，左为斋堂；右为卧室，有石金柱10根，石檐柱12根。大殿后为禅堂，又称法堂，是僧众举行法事之处。禅堂为二层砖木结构建筑，堂外有走廊，内为厅堂，又有石金柱4根。祖堂是历代寺僧祭祀沩仰宗始祖灵祐禅师之所，处于禅堂左右，中有游亭相接。裴休撰联云：

> 雷雨护龙湫，洗钵安禅，昨夜梦伽蓝微笑；
>
> 松花迷鹿径，鸣钟入定，何人知节度重来。

寺内有银杏一株，相传为裴休所植，经历了一千多年的风雨，如今依然生机勃勃，树干高大中空，一檀树寄生其中，人们称这一奇景为"白果含檀"（图12-33）。裴休与沩山的缘分太深了，不仅密印寺为他所奏建，而且沩山茶业的兴起也始于他任湖南观察使时在长沙颁《税茶十二法》（见第一章"第三节 陆羽寓长沙和裴休颁税茶十二法"）。裴休在长沙终老，卒后与夫人陈氏同葬于沩山密印寺对面端山之阳，其墓葬今为湖南省文物保护单位。

寺内和周边有美人笕、优钵泉、油盐石、来木井、牧牛石等名胜，各有故事（图12-34）。21世纪之初，对密印寺进入了一次大规模的扩建，在毗庐峰上建千手千眼观音文化公园、巨型观音雕塑，高99.19m，象征观音菩萨出家日九月十九日。毗庐峰海拔579m，故此观音像的高度为世界之最。圣像共有11个头，代表33个应变化身；40只手，每只手心上有一颗眼睛，每颗眼分别有25种法力，故称"千手千眼观音"。依山背建拜道，呈菩提树造型，主拜道619级台阶，寓观音六月十九日得道成佛。主拜道中轴线逐级而上，分设吉祥、如意、莲升、平安四大广场，密印寺更显得气势恢宏。

密印寺四周遍布名胜古迹，除灵祐禅师的肉身寺——同庆寺外，稍南有晚唐大诗僧齐己藏修遗址——齐己庵。再南至官山，有南宋抗金名相张浚及其子理学大师张栻的墓葬。往西南至巷子口是南宋状元、礼部尚书易祓的故里，附近有易状元墓。"客有问沩山胜者"，清末诗僧八指头陀（释敬安）"赋七律二章以答"：

> 猿鸟犹嫌馆宇喧，此中真趣共谁论。澄潭云净龙归钵，幽谷风生虎啸村。
>
> 四面奇峰争入座，一渠流水自当门。客来欲问沩山胜，手把芙蓉笑不言。

峭石幽泉结四邻，莲花佛国净无尘。长松细草自春夏，野鹤闲云谁主宾。

万竹绿撑岩下水，千峰寒绕定中身。只于文字留残习，争写苍山面目真。

图12-33 裴休手植千年银杏

图12-34 密印寺泉池

沩山一带屡屡出土精妙绝伦的商周青铜器。1938年，月山铺农民姜景舒兄弟挖土时，掘出商代青铜器——四羊方尊。方尊四肩饰浮雕蟠龙，腹饰四羊，造型生动，为国宝级文物，今藏中国历史博物馆。还有铸有"禾大"二字的人面方鼎、兽面提梁卣、大铜铙等等，均为商周青铜器的珍品。人们不禁要问，为什么这么多高品位的商周青铜器集中出现在大沩山一带？果真是舜及其儿子"沩"在这里开发吗？或是商周某部落、某诸侯的祭祀地点？或是商周"禾大"方国的国都所在？这就是有待考古学家进一步揭示的"沩山青铜器之谜"。

据长沙晚报全媒体记者李广军报道，2019年3月31日，宁乡市沩山首届茶旅文化节暨沩山风景名胜区春季旅游推介会在沩山国家级风景名胜区密印景区举行。第一批体验的千余名游客参加启动仪式，还观看了沩水源船舞、沩山情、茶山情歌、山歌对唱、茶园秀等文化节系列茶文化表演，体验了采茶、品茶、尝美食、农特产品展销和参观密印寺景区等活动。

沩山首届茶旅文化节以"千年茶旅、康养沩山"为主题，从2019年3月31日至5月30日，为期两个月，以春为约、以茶为媒，开展采制春茶、找寻春芳、购置春鲜等一系列活动，让游客体验采茶乐趣，品尝沩山新茶及美食，购买沩山茶及土特产，欣赏采茶秀、舞龙等文艺演出。活动期间，主办方联合旅行社推出了以茶园风光、密印景区、炭河古城景区、千佛洞景区等为核心的一日游和二日游精品旅游线路，参与人数在10万人以上。

参考文献

[1]（晋）皇甫谧.帝王世纪[M].济南：齐鲁书社，2010.

[2]（唐）陆羽.茶经[M].哈尔滨：黑龙江科学技术出版社，2010.

[3]（唐）李肇.唐国史补[M].济南：山东人民出版社,2010.

[4]（唐）封演.封氏闻见记[M].北京：国家图书馆出版社,2012.

[5]（唐）齐己.白莲集[M].北京：商务印书馆，1986.

[6]（宋）王象之.舆地纪胜[M].北京：中华书局，2018.

[7]（宋）乐史.太平寰宇记[M].北京：中华书局，2007.

[8]（宋）惠洪.冷斋夜话[M].长沙：凤凰出版社，2009.

[9]（宋）周辉.清波杂志[M].上海：上海古籍出版社，2012.

[10]（宋）周密.癸辛杂识[M].上海：上海古籍出版社，2012.

[11]（宋）孟元老等.东京梦华录[M].南京：江苏凤凰文艺出版社，2019.

[12]（宋）龙膺.蒙史[M].北京：中央民族大学出版社，2007.

[13]（明）李时珍.本草纲目[M].天津：天津科学技术出版社，2010.

[14]（明）雷起龙.长沙府志[M].长沙：湖南师范大学出版社，2010.

[15]（明）冯可宾.广百川学海：岕茶笺[M].北京：人民出版社，2012.

[16]（明）潘永因.宋稗类钞[M].北京：书目文献出版社，2018.

[17]（清）圣祖玄烨御定，彭定求，季振宜等.全唐诗[M].北京：中华书局，1979.

[18]（清）吴任臣.十国春秋[M].北京：中华书局，1983.

[19]（清）徐珂.清稗类钞[M].北京：中华书局，2017.

[20]（清）杨恩寿.坦园日记[M].上海古籍出版社，1983.

[21]（清）熊希龄等.湘报[J].北京：中华书局，2006.

[22]（清）李瀚章.湖南通志[M].长沙：岳麓书社，2009.

[23] 湖南省地方志编纂委员会.光绪湖南通志[M].长沙：湖南人民出版社，2017.

[24] 湖南长沙县志编纂委员会.长沙县志[M].长沙：三联书店出版社，1995.

[25]（清）吴兆熙.善化县志[M].长沙：岳麓书社，2011.

[26]（清）王汝惺等.浏阳县志[M].长沙：岳麓书社，2018.

[27] 宁乡县地方志编纂委员会.宁乡县志[M].北京：方志出版社，2008.

[28] 吴觉农.湖南产茶概况调查[M].[出版地不详]：[出版者不详]，1934

[29] 吴晦华.长沙一览[J].长沙：湖南史地学会，1924.

[30] 邹久白.长沙市指南[J].长沙：湖南人民出版社，2015.

[31] 湖南省志编纂委员会.湖南省志·贸易志[M].长沙：湖南出版社，1990.

[32] 湖南省志编纂委员会.湖南省志·对外经济贸易志[M].长沙：湖南人民出版社，1999.

[33] 长沙市志编纂委员会.长沙市志·农业志[M].长沙：湖南出版社，1997.

[34] 长沙市志编纂委员会.长沙年鉴2017[M].北京：方志出版社，2017.

[35] 长沙市民间文学集成编委会.中国民间故事集成长沙市分卷[M].中国ISBN中心，1986.

[36] 长沙市民间文学集成编委会.中国民间歌谣集成长沙市分卷[M].中国ISBN中心，1986.

[37] 朱羲农，朱保训.湖南实业志[M].长沙：湖南人民出版社，2008.

[38] 孙洪升.唐宋茶叶经济[M].北京：社会科学文献出版社，2001.

[39] 陈宗懋.中国茶叶大辞典[M].北京：中国轻工业出版社，2002.

[40] 余悦.中国茶文化经典[M].北京：光明日报出版社，1999.

[41] 刘勤晋.中国茶文化[M].北京：中国农业出版社，2000.

[42] 阮浩耕，沈冬梅，于良子.中国古代茶叶全书[M].杭州：浙江摄影出版社，1999.

[43] 吴觉农.茶经述评[M].北京：中国农业出版社，2005.

[44] 中国茶叶有限公司.中国茶叶上下五千年[M].北京：人民出版社，2001.

[45] 彭继光.湖南名茶[M].长沙：湖南科学技术出版社.1993.

[46] 施兆鹏，刘仲华.湖南十大名茶[M].北京：中国农业出版社.2007.

[47] 陈香白.中国茶文化[M].太原：山西人民出版社，2002.

[48] 彭华安，陈先枢.商品包装学[M].沈阳：辽宁人民出版社，1988.

[49] 陈先枢.实用商品美学[M].北京：北京科学技术出版社，1990.

[50] 陈先枢.实用广告辞典[M].长沙：湖南科学技术出版社，1993.

[51] 陈先枢，罗斯旦.长沙井文化[M].北京：五洲传播出版社，2005.

[52] 陈先枢.长沙民间艺术[M].北京：五洲传播出版社，2008.

[53] 朱世英，王镇恒，詹罗九.中国茶文化大辞典[M].上海：汉语大词典出版社，

2002.

[54] 简伯华.茶与茶文化概论[M].长沙：湖南科学技术出版社，2003.

[55] 赵丈田.茶海拾贝[M].北京：中国文联出版社，2003.

[56] 王从仁.中国茶文化[M].上海：上海古籍出版社，2005.

[57] 严英怀.湖南人物志[M].长沙：湖南人民出版社，1983.

[58] 陈宗懋.中国茶经[M].上海：上海文化出版社，1992.

[59] 陈先枢，汤青峰.中国长沙·茶文化采风[M].昆明：云南民族出版社，2007.

[60] 陈先枢，汤青峰，朱海燕.湖湘文库·湖南茶文化[M].长沙：中南大学出版社，
2009.

[61] 陈先枢，汤青峰，朱海燕.经典湖湘·湘茶[M].长沙：湖南科学技术出版社，
2012.

[62] 陈先枢.长沙地名古迹揽胜[M].北京：中国文联出版社，2002.

[63] 陈先枢.湘城文史丛谈[M].北京：中国文联出版社，2001.

[64] 曹文成.魅力湘茶[M].长沙：湖南科学技术出版社，2007年.

[65] 周世荣，欧光安.马王堆汉墓探秘[M].长沙：岳麓书社，2005.

[66] 萧湘.唐诗的弃儿[M].北京：中国文联出版社，2000.

[67] 长沙市博物馆.长沙窑[M].北京：紫禁城出版社，1996.

[68] 彭益泽.中国工商行会史料集[M].北京：中华书局，1995.

[69] 易凤葵，罗军政.沩山与密印寺[M].长沙：湖南文艺出版社，2003.

[70] 贺孝武.长沙名老字号[M].上海：国际展望出版社，1993.

[71] 陈先枢.湖南老商号[M].长沙：湖南文艺出版社，2010.

[72] 姚国坤，王存礼.图说中国茶[M].上海：上海文化出版社，2007.

[73] 郭丹英，王建荣.中国老茶具图鉴[M].北京：中国轻工业出版社，2006.

[74] 阮浩耕.茶馆风景[M].杭州：浙江摄影出版社，2004.

[75] 易仲威.湖南名联集粹[M].北京：中国文联出版社，2000.

[76] 余德泉.古今茶文化对联观止[M].长沙：湖南科学技术出版社，2003.

[77] 廖树基，杨方德，罗征全.中华餐饮对联大观[M].北京：金盾出版社，2004.

[78] 蒋义海.画海[M].哈尔滨：哈尔滨出版社，1996.

[79] 刘泱泱.近代湖南社会变迁[M].长沙：湖南人民出版社，1998.

[80] 艾梅霞.茶叶之路[M].北京：中信出版社，2007.

[81] 梁小进，彭振国，舒耀武.历代湖湘饮食诗词[M].长沙：湖南科学技术出版社，

2010.

[82] 饶晗，彭国梁.星沙城脉——中国作家看星沙[M].长沙：湖南人民出版社，2014.

[83] 姜福成，谢佳正.宁乡山水揽胜[M].北京：中国文史出版社，2016.

[84] 胡滔滔.两个世纪的光影[M].长沙：岳麓书社，2017.

[85] 魏勇，余海燕，李伟.望城湘江古镇群[M].长沙：湖南人民出版社，2017.

[86] 罗庆康.马楚国研究[M].长沙：湖南人民出版社，2017.

[87] 陈先枢，杨里昂，彭国梁.长沙名胜诗词选[M].长沙：湖南人民出版社，2017.

[88] 陈先枢，沈绍尧.长沙名胜楹联选[M].长沙：湖南人民出版社，2017.

[89] 陈先枢，沈绍尧.长沙县名山秀水[M].长沙：湖南人民出版社，2018.

[90] 陈先枢，沈绍尧.长沙县名胜古迹[M].长沙：湖南人民出版社，2018.

[91]（明）李东阳.李东阳集[M].长沙：岳麓书社，1984.

[92]（明）李东阳.李东阳续集[M].长沙：岳麓书社，1997.

[93] 陶澍.陶澍集[M].长沙：岳麓书社，1998.

[94] 方行.谭嗣同全集[M].北京：中华书局，1998.

[95] 湖南省博物馆馆藏百位湘籍名人手迹[M].长沙：岳麓书社，2006.

[96] 湖南省图书馆馆藏字画选[M].北京：北京图书馆出版社，2004.

[97] 王旭烽.茶者圣——吴觉农传[M].杭州：浙江人民出版社，2003.

[98] 梅莉.茶圣陆羽[M].武汉：湖北人民出版社，1988.

[99] 株洲市修复炎帝陵筹备委员会，酃县修复炎帝陵工程指挥部.炎帝和炎帝陵[M].
北京：光明日报出版社，1988.

# 附 录

长沙市区划历史

长沙历史发展，可追溯到远古时代。据考古判断，在距今15万—20万年的旧石器时代，长沙地区即有原始人类活动。

新石器时代，已形成氏族及部落。殷商之世，长沙属扬越之地，是百越部落的分支。

春秋战国时期，长沙属楚国黔中郡。秦设长沙郡，为秦初全国三十六郡之一，长沙自此列入中原政权的行政区划，郡治湘县。

西汉置长沙国，治临湘县，辖临湘、罗、连道、益阳、下隽、攸、鄙、承阳、湘南、昭陵、茶陵、容陵、安成13县。

王莽始建国元年（公元9年）改长沙国为填蛮郡，改临湘县为抚睦县。

东汉复置长沙郡，改抚睦县为临湘县，仍为郡治，上隶荆州。辖临湘、攸、茶陵、安成、鄙、湘南（侯国）、连道、昭陵、益阳、下隽、罗、容陵、醴陵13县。

三国时期属东吴。吴晋南朝，临湘县析出湘西县，临湘县为长沙郡首邑，南朝宋开始，湘西县为衡阳郡（长沙郡析出）首邑，上隶荆州或湘州（西晋怀帝永嘉元年即公元307年分荆、江二州置）。

公元589年，隋统一中国，废州郡，行州县二级制，长沙郡改潭州，辖长沙、衡山、益阳、邵阳4县。临湘县（省湘西县）改称长沙县，为潭州州治（大业三年隋一度改潭州为长沙郡）。

唐武德三年入唐版图；唐贞观元年设十道，潭州（唐天宝元年即742年，潭州改为长沙郡，唐至德元年即756年复改为潭州）属江南道，辖长沙、衡山、醴陵（武德四年分长沙县立）、湘乡（武德四年析衡山县置）、益阳、新康（武德四年析益阳设，七年又并入益阳）等6县。

唐开元二十一年（733年）分十五道，潭州属江南西道。

后唐天成二年六月十七日（927年7月18日）马殷"以潭州为长沙府"，长沙为楚国都城。

周太祖广顺二年（952年），南唐边镐陷长沙，湖南政治中心移至朗州（常德）。

宋太祖乾德元年（963年）二月，入宋版图，宋至道三年（997年）分全国为十五路，潭州为荆湖南路路治。

宋哲宗元符元年（1098年）分长沙县5乡及湘潭县2乡设善化县，与长沙县同附廓，潭州辖长沙、善化、浏阳、宁乡、湘潭、湘乡、益阳、安化、湘阴、醴陵、茶陵、攸县等12县，直至民初，长沙城为路、州及长善二县治所。

元世祖至元十三年正月初一（1276年1月18日），长沙入元版图，设安抚司。十四年设潭州行省，十八年二月初九（1281年2月28日）迁潭州行省于鄂州，称湖广等处行中书省，徙湖南道宣慰司治潭州路。

元天历二年三月初九（1329年4月8日），文宗以"潜邸所幸"，改潭州路为天临路，辖长沙、善化、衡山、宁乡、安化5县，醴陵、浏阳、攸、湘乡、湘潭、益阳、湘阴7州，长沙、善化两县依郭。

元元顺帝至正二十四年（吴王朱元璋甲辰年九月二十四日，即1364年10月19日）徐达领兵至潭州，改天临路为潭州府。

明洪武五年（1372年）六月，潭州府更名长沙府，辖长沙、善化（洪武十年省入长沙，十三年五月复置）、湘阴、湘潭、浏阳（洪武二年降为县）、醴陵、宁乡、益阳、湘乡、攸、安化11县及茶陵州，府城依旧设于长沙、善化两县，上隶湖广布政使司。

清顺治四年四月初八（1647年5月12日），高士俊领兵入长沙，长沙纳入清版图，沿明制设长沙府，上隶湖广，仍辖12州县。

清康熙三年（1664年）湖广省设右布政使司、湖南按察使司于长沙，偏沅巡抚移驻长沙。

清雍正元年（1723年）改湖广右布政使司为湖南布政使司。

清雍正二年（1724年）改偏沅巡抚为湖南巡抚（仍隶湖广）。长沙（府）城自此为湖南省会。长沙府上有盐法长宝道。

乾隆时长沙府城不仅为巡抚治，亦为布政、提学、提法三司，巡警、劝业、盐法、长宝四道治所。

1912年4月，并县归府，长沙、善化二县合并为长沙府直辖地。

1913年9月，改定旧长沙府附廓首县裁府改县，长沙府直辖地改为长沙县。

1914年6月2日，湖南划为四道，长沙县属湘江道（即原长宝道，1916年裁撤武陵道，其中11县划归湘江道）。同年，废都甲设乡镇，长沙县辖7乡11镇。

1920年，长沙设市政厅，年底设市政公所。省会警察厅设东、南、西、北、外东、外南、外北、商埠8个警察署（区）。当年废除"道"，县直属省。

1930年7月27日，中国工农红军攻入长沙，成立长沙市苏维埃政府。年底，长沙城分设东、南、西、北、外东特、商埠6个区，下辖158街团，街团下辖甲、牌、联（结），5家为1联，2联为1牌，10牌为1甲。

1931年5月，裁商埠入西区。

1933年5月，裁商埠入西区。8月11日，市县分治，析长沙县城区设长沙市，国民政府行政院同意长沙设市，是第14个设为行政区划的市，也是第7个设市的省会，面积48.5km^2。11月3日，废除街团制。

1934年4月29日，划长沙市为4个区，按东南西北顺序命名为一、二、三、四区，每区分4坊，每坊设2~4保，共58保，40~60户为一甲。

1938年，上属湖南省第一行政督察区。8月11日，改区坊保甲4级制为镇（乡）保甲三级制，原4区为8镇，市郊为4乡。"文夕大火"后缩编为城南、城北两镇及两乡。

1939年，8镇4乡改为4镇4乡。

1945年12月，设城东、城南、城西、城北、文艺、金盆、岳麓、会春8区。

1947—1948年，有83保1843甲。1949年8月，长沙和平解放，长沙市辖8区：城东区、城南区、城西区、城北区、文艺区、金盆区、岳麓区、会春区，下辖82保、1838甲。长沙为湖南省省会。

1950年3月30日，设郊区办事处领导外四区。1950年8月，废除保甲制度。

1953年1月，设水上区。

1955年10月，东、南、西、北4区建306个居委会、2909个居民组，区名去掉"城"。

1956年5月，撤销市郊外四区，辖乡并为7乡1镇。同年撤水上区。

1957年，内4区辖26街道（东区6个、南区5个、西区8个、北区7个），275居委会，2766居民组；郊区辖7乡1镇，44村。

1958年9月，农村实行政社合一的人民公社体制，郊区建立万年红、东风、岳麓公社。城区辖4区25街道233居委会2731居民组。12月24日，湖南省调整县市行政区划，原属湘潭专区的长沙、望城二县划归长沙市管辖。

1959年2月，撤销郊区。3月，长、望两县合并称长沙县，属长沙市领导。长沙市辖25街道5镇26个公社、227居委会、2489居民组。

1962年1月12日，恢复长沙市郊区。

1977年12月，恢复望城县建置，将长沙县分为长沙、望城两县。

1978年底，长沙市辖5区2县，16县辖区，84公社6镇，29街道，1132大队，308居委会。

1983年2月8日，长沙市增辖浏阳、宁乡、湘阴（1983年7月13日湘阴回归恢复后的岳阳地区）。当年着手改变政社合一建制。

1983年2月，浏阳、宁乡、湘阴划归长沙市管辖，湘阴县随即划归岳阳地区。

1984年2月，长沙市辖4县1郊的人民公社先后改为同名的乡（镇）。

1993年1月，浏阳撤县改市。

1995年7月，辖县（市）撤区并乡建镇，长沙市辖5区3县1市，38街道67镇53乡，648居委会3091村。

1996年，辖区区划调整，撤销东、南、西、北、郊5区，设立芙蓉、天心、岳麓、开福、雨花5区。

2002年底，长沙市辖5区3县1市，54街道79镇39乡，568居委会2727村。

2007年，长沙市辖5个区：芙蓉区、天心区、岳麓区、开福区、雨花区；4个县（市）：长沙县、望城县、宁乡县、浏阳市。各区、县（市）共辖83个镇，比2006年增加3个，2007年共31个乡，53个街道。各镇、乡和街道共辖村1258个，社区566个，与2006年相同。

2008年，望城县坪塘、含浦、莲花、雨敞坪四镇划归岳麓区，雷锋镇由望城县委托长沙高新技术产业开发区管理，同年8月长沙县㮾梨镇韶光社区居委会正式划归芙蓉区东岸乡管辖。

2011年7月，望城撤县改区，成为长沙市城区。

2015年1月14日，长沙县暮云街道、南托街道划入天心区，长沙县跳马镇划入雨花区。根据长沙市望城区乡镇区划调整方案，2015年11月30日将乌山镇和喻家坡街道成建制合并设立乌山街道。

2016年4月，原金井镇西山村、脱甲村、东山村1～7组、脱甲社区合并为湘丰村。

2017年4月12日，经国务院批准，同意撤销宁乡县，设立县级宁乡市，以原宁乡县的行政区域为宁乡市的行政区域。宁乡市人民政府仍驻玉潭街道金洲大道5段398号。宁乡市由湖南省直辖，长沙市代管。

2018年，长沙辖6个区1个县，代管2个县级市：长沙市区（芙蓉区、天心区、岳麓区、开福区、雨花区、望城区）及浏阳市、宁乡市、长沙县；80个街道、95个镇、14个乡、715个社区、1169个村。

后 记

长沙作为中国茶文化的高地，长期以来却没有一部全面、系统、翔实介绍长沙茶业历史与现实的经典书籍。社会在期盼长沙茶业的皇皇巨著，茶人在呼唤长沙茶业的鸿篇巨制。2018年，为顺应社会各界的期盼，乘着国家出版基金牵头编纂行业巨著的东风，我们长沙市茶业协会开始编撰《中国茶全书·湖南长沙卷》。经过五年的走访调研、资料收集、艰辛编写、反复修改，这部长沙茶业的百科全书终于付梓成书。

本书不但包罗星城茶业万象，揽尽潭州茶俗风情，还承载着长沙茶业时跨五千年、香飘九万里的发展之道，汇聚着热土长沙以茶兴农、以茶兴国的产业力量，宣示着新时代长沙茶人统筹做好"茶文化、茶产业、茶科技"这篇大文章的决心和信心。

本书洋洋几十万言的背后，是行万里路的走访调研，是破万卷书的资料采集，是得万人助的善缘聚合。

五年来，我们进茶乡、访茶企、问茶人，足迹遍布长沙的山山水水。所到之处，均是民风淳朴之地；所遇之人，皆为谦谦厚德之君。全市各级农业农村主管部门和茶业主管机构不但为我们提供资料、图片和稿件，还召集辖区内的茶企负责人、老茶人与我们座谈，为本书的编写献计献策。本会的会员单位、相关涉茶企业、商铺和培训机构都积极为我们供图、供稿、供资料。初稿完成后，又得到了《中国茶全书》总主编王德安以及茶业界老领导曹文成、黎勇等长者的殷切指导。在此，我向这些单位和个人表示诚挚的谢意！

要在浩如烟海的文献、资料中，系统而全面地归纳、整结长沙茶业的历史与现实，谈何容易？这是一项非常艰巨、枯燥而又细致入微的工作。可是，我们的编写人员却板凳甘做五年冷，为本书的编撰不分昼夜、不遗余力。特别是陈先枢、汤青锋两位主笔，柳伟文、文海涛两位主创为资料的严择精编，为文稿的字斟句酌而废寝忘食、殚精竭虑。本书的问世，还凝聚着曾慧明同志组织协调的智慧，凝聚着饶佩、陈雪姣等人辛勤付出的汗水。在此，我一并向他们表示由衷的感谢！

周长树

2021 年 10 月